Lucy Cooke

BITCH

Lucy Cooke

BITCH

Ein revolutionärer Blick auf Sex, Evolution und die Macht des Weiblichen im Tierreich

Aus dem Englischen von
Jorunn Wissmann und Susanne Warmuth

Mit einem Schwarz-Weiß-Foto

MALIK

Mehr über unsere Autorinnen, Autoren und Bücher:
www.malik.de

Wenn Ihnen dieses Buch gefallen hat, schreiben Sie uns unter Nennung des Titels »Bitch« an *empfehlungen@piper.de*, und wir empfehlen Ihnen gerne vergleichbare Bücher.

Erstmals im Taschenbuch
ISBN 978-3-492-40710-6
1. Auflage November 2025
2. Auflage Mai 2026

www.piper.de
Für einen direkten Kontakt und Fragen zum Produkt wenden Sie sich bitte an:
info@piper.de

Titel der englischen Originalausgabe: »Bitch« bei Doubleday / Transworld Publishers, London 2022
Redaktion: Antje Steinhäuser München
Umschlaggestaltung: Birgit Kohlhaas, kohlhaas-buchgestaltung.de,
nach einem Entwurf von Holly Ovenden
Umschlagabbildung: Bilder unter Lizenzierung von Shutterstock.com genutzt
Autorinnenfoto: Jet
Foto S. 7 © Lucy Cooke
Satz: Satz für Satz, Wangen im Allgäu
Gesetzt aus der Sabon LT, Proxima Nova und Ariata Display
Litho: Lorenz & Zeller, Inning am Ammersee
Druck und Bindung: CPI books GmbH, Leck
Printed in the EU

All den Bitches meines Lebens gewidmet.
Danke für eure Liebe und Inspiration!

VORBEMERKUNG

der Autorin zu Sprache und Wortwahl

Sprache entwickelt sich rasant, und derzeit wird viel über die Verknüpfung von Begriffen zu biologischem *(sex)* und sozialem *(gender)* Geschlecht geredet. Die meisten Wissenschaftler:innen stimmen darin überein, dass nicht-menschliche Tiere kein soziales Geschlecht haben. In diesem Buch beziehen sich die Begriffe weiblich und männlich auf das biologische Geschlecht eines Tieres. Bis zu einem gewissen Maße bediene ich mich vermenschlichender Begriffe, zum Teil, weil es sich dabei um die historisch verwendeten Bezeichnungen handelt. So beschreibe ich beispielsweise, dass die Genitalien eines Tieres »maskulinisiert« wurden oder sein Gehirn »feminisiert« wurde, weil dies der ursprünglichen wissenschaftlichen Beschreibung entspricht. Solche geschlechtszuweisenden Begriffe müssen und sollten in der heutigen Wissenschaft nicht benutzt werden, um Geschlechtseigenschaften und Verhaltensweisen von Tieren zu beschreiben. Ich gebrauche außerdem geschlechtszuweisende Begriffe wie »Mutter« und »Vater« zur Beschreibung von Tieren, weil dies die von den jeweiligen Wissenschaftler:innen benutzten Begriffe sind und die meisten meiner Leserinnen und Leser verstehen, was damit gemeint ist – mit »Mutter« kann beispielsweise das Eier legende Elternteil eines Individuums gemeint sein. An anderer Stelle benutze ich anthropomorphe Begriffe wie Femme fatale, Queen, Lesbe, Schwester, Lady und Bitch als Stilmittel. Diese Bezeichnungen brauchen Leserinnen und Leser in eigenen akademischen Arbeiten nicht wiederzugeben. Mir ist bewusst, dass derlei Vermenschlichungen unbeabsichtigt Auswirkungen im Zusammenhang mit dem sozialen Geschlecht haben können. Mit diesem Buch möchte ich zeigen, dass das biologische Geschlecht ungeheuer variabel ist und Gender-Vorstellungen, die auf der Annahme eines rein binären biologischen Geschlechts beruhen, unsinnig sind. Ich hoffe sehr, das hiermit deutlich kommuniziert zu haben.

Lucy Cooke mit Mary Jane West-Eberhard, Sarah Blaffer Hrdy und Jeanne Altmann (von links nach rechts)

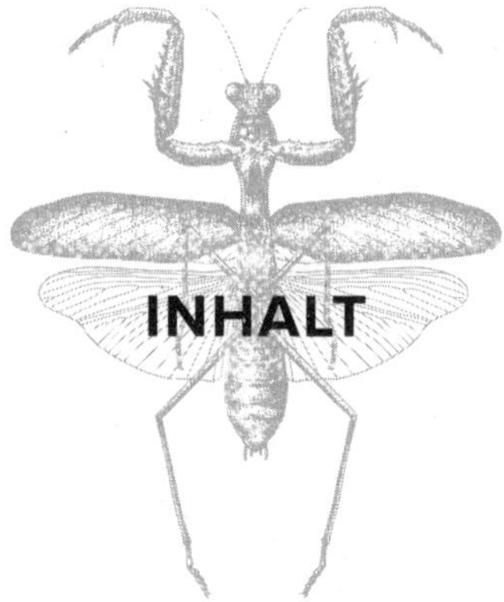

INHALT

EINFÜHRUNG

Zoologie zu studieren, gab mir das Gefühl, eine bedauernswerte Außenseiterin zu sein. Nicht weil ich Spinnen liebte, gerne tote Tiere zerlegte, die ich am Straßenrand gefunden hatte, oder begeistert in Tierkot herumstocherte, um herauszufinden, was seine Urheber gefressen hatten. Alle meine Mitstudent:innen teilten diese seltsamen Vorlieben mit mir, das musste einem also nicht peinlich sein. Nein, der Quell meines Unbehagens war mein Geschlecht. Weiblich zu sein, bedeutete nur eines: Ich war eine Verliererin.

»Das weibliche Geschlecht wird ausgebeutet, und die grundlegende evolutionäre Basis für diese Ausbeutung ist die Tatsache, daß Eizellen größer sind als Samenzellen«,[1] schrieb mein Hochschullehrer Richard Dawkins in seinem Evolutions-Bestseller *Das egoistische Gen*.

Den Lehren der Zoologie zufolge kamen wir Eizellen-Produzentinnen durch unsere massigen Gameten schon immer zu kurz. Da wir unser genetisches Erbe wenigen nährstoffreichen Eizellen anvertrauen und es nicht in Millionen von beweglichen Spermien stecken, haben unsere Urahninnen in der Lotterie des Lebens offensichtlich den Kürzeren gezogen. Somit müssen wir bis in alle Ewigkeit die zweite Geige hinter den Spermaproduzenten spielen, als weibliche Randnotiz zum männlichen Hauptereignis.

Man lehrte mich, dass dieser offensichtlich triviale Unterschied zwischen unseren Geschlechtszellen die Ungleichheit der Geschlechter fest zementiert habe. »Wie wir sehen werden, lassen sich alle anderen Unterschiede zwischen den Geschlechtern aus diesem einen grundlegenden Unterschied ableiten«, so Dawkins. »Damit beginnt die Ausbeutung des weiblichen Geschlechts.«[2]

Männliche Tiere führten demnach ein verwegenes Leben, stets vorwärtsdrängend und aktiv. Sie kämpften miteinander um die Herrschaft oder den Besitz von Weibchen. Sie paarten sich immer und überall, getrieben von dem biologischen Imperativ, ihren Samen möglichst weit zu verbreiten. Und sie dominierten sozial; Weibchen folgten widerspruchslos den männlichen Anführern. Die Rolle des Weibchens war von Natur aus die der selbstlosen Mutter; somit hielt man alle mütterlichen Anstrengungen für gleichartig: Bei uns gab es keinerlei Konkurrenzdenken. Sex war eher eine Pflicht als ein Trieb.

Im Hinblick auf die Evolution galten die Männchen als treibende Kraft des Wandels. Wir Weibchen konnten dank gemeinsamer DNA auf den Zug mit aufspringen, solange wir schön brav waren und nicht den Mund aufmachten.

Als Eizellen produzierende Studentin der Evolutionswissenschaft fand ich mich in diesem 50er-Jahre-Modell der Geschlechterrollen einfach nicht wieder. War ich als Frau etwa vollkommen aus der Art geschlagen?

Die Antwort auf diese Frage lautet zum Glück: nein.

Um die Biologie ist eine sexistische Mythologie gewoben worden, die unsere Wahrnehmung der weiblichen Tiere verzerrt. Tatsächlich gibt es in der Natur eine enorme Vielfalt weiblicher Formen und Rollen, die ein faszinierend breites Spektrum an anatomischen Eigenschaften und Verhaltensweisen abdeckt. Ja, darunter sind auch die hingebungsvollen Mütter, ebenso aber die weiblichen Blatthühnchen, die sich einen Harem aus mehreren Männchen halten und Brut sowie Jungenaufzucht diesen überlassen. Weibchen können durchaus treu sein, doch nur sieben Prozent der Arten sind sexuell monogam – somit sind viele Weibchen »untreu« und suchen sich mehrere Partner. Zudem sind bei Weitem nicht alle tierischen Gesellschaften männlich dominiert. In den verschiedensten Tierklassen gibt es Alphaweibchen, die ihre Autorität auf unterschiedlichste Weise ausüben, von wohlwollend (Bonobos) bis brutal (Bienen). Weibchen können ebenso heftig miteinander konkurrieren wie Männchen: Topiweibchen (eine Leierantilope) kämpfen mit beachtlichen Hörnern erbittert um den Zugang zu den besten Männchen, und Erdmännchen-Matriarchinnen zählen zu den mörderischsten Säugetieren unseres Planeten; sie töten die Jungen ihrer Konkurrentinnen und unterdrücken deren Fortpflanzung. Schließlich wären da noch die Femmes fatales: kannibalistische Spinnenweibchen, die ihre Partner als post- oder gar präkoitale Snacks verputzen, sowie »lesbische« Echsen, die gar keine Männchen mehr brauchen und sich nur noch per Klonen fortpflanzen.

In den letzten Jahrzehnten wurde unser Wissen darüber, was es bedeutet, weiblich zu sein, völlig revolutioniert. Von diesem Umbruch handelt das vorliegende Buch. Ich werde Ihnen darin eine (im Wortsinne) wilde Auswahl bemerkenswerter weiblicher Tiere und der Wissenschaftler:innen, die diese erforschen, präsentieren. Gemeinsam haben sie nicht nur den Begriff des Weiblichen für die Arten, sondern auch die evolutionär wirkenden Kräfte an sich neu definiert.

Wenn wir den Ursprung dieser verzerrten Sicht auf die Natur verstehen wollen, müssen wir ins England des 19. Jahrhunderts zurückgehen, in die Zeit meines wissenschaftlichen Idols: Charles Darwin. Seine Theorie der Evolution durch natürliche Selektion erklärte, wie sich aus einem gemeinsamen Urahn die ganze Vielfalt des Lebens entwickeln konnte. Organismen, die besser an ihre Umwelt angepasst sind als andere, haben eine größere Chance, zu überleben und jene Gene weiterzugeben, die ihnen zu diesem Erfolg verholfen haben. Dieser Prozess führt dazu, dass sich Arten im Lauf der Zeit verändern und aufspalten. Oft mit dem fälschlich »zitierten« *survival of the fittest* (auf Deutsch: »Überleben der am besten Angepassten«) umschrieben – die Wendung stammt von dem Philosophen Herbert Spencer und wurde von Darwin auf Druck von außen erst in die fünfte Auflage von *Über den Ursprung der Arten* (1859) aufgenommen[3] –, ist diese Idee so brillant wie einfach und wird zu Recht als eine der größten intellektuellen Errungenschaften aller Zeiten gefeiert.

Bei aller Genialität kann die natürliche Selektion jedoch nicht alles erklären, was wir in der Natur vorfinden. Darwins Evolutionstheorie wies einige große Erklärungslücken auf, etwa hinsichtlich ausgeprägter Merkmale wie dem Hirschgeweih oder dem Schwanz des männlichen Pfaus. Solche Extravaganzen bieten keinen allgemeinen Überlebensvorteil, sie können sogar das tägliche Leben erschweren. Somit konnten sie nicht durch die utilitaristische Kraft der natürlichen Selektion geformt worden sein. Darwin erkannte dies, was ihn lange quälte. Ihm war klar, dass hier ein anderer Evolutionsmechanismus am Werk sein musste, der eine eigene Zielsetzung hatte. Diese bestand, wie er schließlich realisierte, im Streben nach Sex, und so schuf er den Begriff der geschlechtlichen Zuchtwahl, sprich: der sexuellen Selektion.

Für Darwin erklärte diese weitere evolutionäre Kraft die auffälligen Merkmale – ihr einziger Zweck musste ihm zufolge darin bestehen, das andere Geschlecht für sich zu gewinnen oder anzulocken. Diese Nachrangigkeit drückte Darwin mit der Bezeichnung »secundäre Sexualcharaktere« (sekundäre Geschlechtsmerkmale) aus, um sie von den primären Geschlechtsmerkmalen (wie Fortpflanzungsorganen und äußeren Genitalien) zu unterscheiden, die für den Fortbestand des Lebens essenziell sind.

Ein gutes Jahrzehnt nachdem Darwin der Welt sein Konzept der natürlichen Selektion präsentiert hatte, veröffentlichte er sein zweites theoretisches Meisterwerk: *Die Abstammung des Menschen und die geschlechtliche Zuchtwahl* (1871). In diesem kraftvollen Folgewerk skizzierte er seine neue Theorie der sexuellen Selektion, die die von ihm beobachteten grundlegenden Unterschiede zwischen den Geschlechtern erklärte. Bei der natürlichen Selektion geht es ums Überleben, bei der sexuellen Selektion letztlich um die Konkurrenz um Sexualpartner. Und in Darwins Augen war dieses Konkurrieren ganz überwiegend Männersache.

»... die Männchen beinahe aller Thiere [haben] stärkere Leidenschaften ... als die Weibchen. Daher sind es die Männchen, welche miteinander kämpfen und eifrig ihre Reize vor den Weibchen entfalten«, so Darwin. »Das Weibchen ist andererseits mit sehr seltenen Ausnahmen weniger begierig als das Männchen. ... [es] verlangt ... im Allgemeinen geworben zu werden, es ist spröde ...«[4]

In Darwins Augen erstreckte sich der Geschlechtsdimorphismus, also die körperlichen Unterschiede zwischen Geschlechtern, somit auch auf die Verhaltensweisen. Diese Geschlechterrollen waren so vorhersagbar wie körperliche Merkmale. Die Männchen treiben die Evolution voran, indem sie mit extra dafür entwickelten »Waffen« oder »Reizen« um den »Besitz« der Weibchen kämpfen.[5] Die Konkurrenz bewirkt bei den Männchen einen sehr unterschiedlichen Fortpflanzungserfolg, und diese sexuelle Selektion bringt die weitere Evolution siegreicher Merkmale mit sich. Weibchen stehen unter geringerem Variationsdruck; ihre Rolle besteht darin, sich den männlichen Merkmalen zu unterwerfen und diese weiterzugeben.

Darwin war sich nicht sicher, warum dieser Unterschied bestand,[6] er vermutete aber, dass sich dies unter anderem auf die

Geschlechtszellen und den Energieaufwand der Weibchen für die Jungenaufzucht (mütterliches Investment) zurückführen ließe.

Darwin wusste, dass die sexuelle Selektion neben der Konkurrenz unter den Männchen auch das Element einer Auswahl durch die Weibchen erforderte. Dies zu erklären, war schwieriger, denn es gestand dem schwachen Geschlecht eine unangenehm aktive Rolle bei der Gestaltung der Männchen zu – was im viktorianischen England nicht wohlgelitten war und, wie wir in Kapitel 2 erfahren werden, Darwins Theorie der sexuellen Selektion für das wissenschaftliche Patriarchat besonders ungenießbar machte.[7] Daher mühte sich Darwin nach Kräften, diese weibliche Macht herunterzuspielen, indem er beschrieb, dass diese »vergleichsweise passiv«[8] und auf nicht bedrohliche Art erreicht wird, indem die Weibchen der männlichen Prahlerei »als scheinbar unbeteiligte Zuschauerin« beiwohnen.[9]

Darwins Darstellung der Geschlechter als aktiv (Männchen) und passiv (Weibchen) hätte sich eine teure Werbeagentur mit unbegrenztem Budget nicht besser ausdenken können, bedient sie doch jene säuberliche Art von Dichotomie – wie richtig oder falsch, schwarz oder weiß, Freund oder Feind –, die das menschliche Gehirn so schätzt, weil es sie intuitiv als richtig empfindet.

Doch Darwin war vermutlich nicht der Erfinder dieser bequemen Klassifikation der Geschlechter. Gut möglich, dass er hier Anleihen bei Aristoteles genommen hatte, dem Vater der Zoologie. Im 4. Jahrhundert v. Chr. verfasste der griechische Philosoph den wohl ersten Almanach der Tiere: *Über die Zeugung der Geschöpfe (De generatione animalium)*, eine Abhandlung über die Fortpflanzung. Dieses akademische Grundlagenwerk hatte Darwin sicherlich gelesen, was vielleicht erklärt, warum eine gewisse Ähnlichkeit zu Aristoteles' Aufteilung der Geschlechterrollen besteht:

»Bei jenen Tieren, die … zwei Geschlechter aufweisen …, steht das Männliche für das Effektive und Aktive … und das Weibliche … für das Passive.«[10]

Die Stereotype von weiblicher Passivität und männlicher Tatkraft sind so alt wie die Zoologie selbst. Dass der Zahn der Zeit so wenig an ihnen genagt hat, lässt vermuten, dass sie sich für Generationen von Wissenschaftlern »richtig« angefühlt haben – was nicht bedeutet, dass sie das auch sind. Die Wissenschaft hat uns auf jedem Gebiet gelehrt, dass unsere Intuition uns oft in die Irre leitet. Das größte Problem bei dieser netten binären Klassifikation: Sie stimmt nicht.

Versuchen Sie doch einmal, die Notwendigkeit von Passivität einem dominanten Tüpfelhyänenweibchen zu erklären – es wird Ihnen ins Gesicht lachen (nachdem es es zerbissen hat). Weibliche Tiere sind genauso promisk, kompetitiv, aggressiv, dominant und dynamisch wie männliche. Sie lenken den evolutionären Wandel genauso wie die Männchen. Darwin und all die anderen Herren Zoologen, die zu seiner Erläuterung beisteuerten, konnten (oder wollten) sie nur nicht so sehen. Der größte Erkenntnisschritt in der Biologie, ja vielleicht in der gesamten Naturwissenschaft, wurde von einer Gruppe Männer Mitte des 19. Jahrhunderts vollzogen, und dementsprechend finden sich darin bestimmte Annahmen bezüglich der Natur von sozialem und biologischem Geschlecht.

Dazu sei fairerweise angemerkt, dass Darwin nicht gerade ein ausgewiesener Experte für das andere Geschlecht war. Er hatte seine Cousine Emma geheiratet, nachdem er zuvor eine Pro-und-Contra-Liste zum Thema Ehe erstellt hatte. Diese aufschlussreiche romantische Auflistung, auf die Rückseite eines Briefes an einen Freund gekritzelt, hat beschämenderweise überdauert und enthüllt nun seine intimsten Gedanken, sodass alle Welt darüber für immer urteilen kann.

In zwei kurzen Spalten (»heiraten« und »nicht heiraten«) fasste Darwin seine innere Zerrissenheit zum Thema Heirat zusammen. Besondere Sorge bereitete ihm, dass er vielleicht weniger »Unterhaltungen mit klugen Männern in Clubs« führen und damit »fett und faul« werden könnte, oder schlimmer noch: die mögliche »Verbannung und Erniedrigung mit indolentem faulem Dummkopf« (was wohl nicht ganz dem entsprach, wie Emma sich von ihrem geliebten Bräutigam gern umschrieben gesehen hätte). Als Argument dafür notierte er allerdings, dass er jemanden hätte, der »das Haus versorgt«, und eine »nette, sanfte Frau auf einem Sofa« sei »jedenfalls besser als ein Hund«.[11] Also stürzte sich Darwin mutig in die Ehe.

Man könnte meinen, dass Darwins Beweggründe, obwohl er Vater von zehn Kindern werden sollte, eher vernünftiger als fleischlicher Natur waren. Möglicherweise war er nicht sehr vertraut mit dem weiblichen Geschlecht, ja nicht einmal besonders interessiert daran. Darum war es vielleicht an sich schon unwahrscheinlich, dass er die Evolution auch aus weiblicher Sicht betrachtete, ganz unbesehen der Gesellschaft, in die er hineingeboren worden war.

Selbst die innovativsten und gewissenhaftesten Wissenschaftler:innen sind nicht immun gegen kulturelle Einflüsse. Darwins androzentrische Sicht auf die Geschlechter war zweifellos vom vorherrschenden Chauvinismus seiner Zeit geprägt.[12] In der Oberschicht des 19. Jahrhunderts hatten Frauen nur eine einzige wichtige Rolle im Leben: Sie sollten heiraten, Kinder bekommen und vielleicht noch ihren Ehemann in seinen Interessen und seinem Beruf unterstützen. Sie sollten also vor allem unterstützend und im häuslichen Bereich wirken, denn Frauen wurden – körperlich und intellektuell – als das »schwächere« Geschlecht definiert. Sie waren in jeder Hinsicht der männlichen Autorität untergeordnet, sei es der von Vätern, Ehemännern, Brüdern oder gar erwachsenen Söhnen.

Dieses soziale Vorurteil wurde von den Ansichten der zeitgenössischen Naturwissenschaft praktischerweise noch gestützt. Die führenden akademischen Köpfe des 19. Jahrhunderts sahen in den Geschlechtern grundverschiedene Kreaturen, ja eigentlich absolute Gegensätze. Man glaubte, dass weibliche Wesen in ihrer Entwicklung quasi stehen blieben; sie ähnelten jungen Individuen ihrer Art, da sie kleiner, schwächer und weniger farbenfroh waren. Männliche Wesen steckten ihre Energie ins Wachstum, die weibliche Energie dagegen wurde gebraucht, um Eizellen zu produzieren und Junge auszutragen. Da männliche Wesen meist größer gebaut waren, hielt man sie für komplexer, variabler und mental leistungsfähiger als weibliche. Diese galten als durchschnittlich intelligent; die bei den männlichen Wesen angenommene große Variabilität dagegen schloss auch intelligente Überflieger mit ein, wie man sie beim anderen Geschlecht nicht sah. Insgesamt betrachtete man männliche Wesen als höher *entwickelt* als weibliche.[13]

Diese Ansichten flossen allesamt in Darwins Werk *Die Abstammung des Menschen und die geschlechtliche Zuchtwahl* ein, das, wie der Titel schon verrät, die Evolution des Menschen und die im 19. Jahrhundert verbreiteten Vorstellungen zu Geschlechtsunterschieden mit der sexuellen und der natürlichen Selektion erklärte.

»Der hauptsächlichste Unterschied in den intellectuellen Kräften der beiden Geschlechter zeigt sich darin, dass der Mann zu einer grösseren Höhe in Allem, was er nur immer anfängt, gelangt, als zu welcher sich die Frau erheben kann, mag es nun tiefes Nachdenken, Vernunft oder Einbildung, oder bloss den Gebrauch der Sinne und der Hände erfordern«, so Darwin. »Hierdurch ist schliesslich der Mann dem Weibe überlegen geworden.«[14]

Darwins Theorie der sexuellen Selektion entstand in einer Welt der Misogynie, daher verwundert es nicht, dass das weibliche Tier darin so verzerrt dargestellt, so gering beachtet und unverstanden ist wie eine viktorianische Hausfrau. Viel überraschender und folgenschwerer ist vielleicht, welche Schwierigkeiten es bis heute bereitet, die Wissenschaft von diesem sexistischen Beigeschmack zu bereinigen, und wie sehr sie davon durchdrungen ist.

Darwins Genie war da keine Hilfe. Er wurde geradezu vergöttert, sodass ihm nachfolgende Biologen unter einem chronischen Bestätigungsfehler (Confirmation Bias) litten. Sie suchten nach Belegen für die »typisch weibliche« Passivität und sahen nur, was sie sehen wollten. Bei Ausnahmen, etwa der ausgeprägten Promiskuität von Löwinnen, die sich während des Östrus begeistert etliche Male am Tag mit verschiedenen Männchen paaren, schauten sie geflissentlich weg. Und schlimmer noch: Versuchsergebnisse, die nicht ins Muster passten, wurden sogar geschickt statistisch manipuliert, um das »korrekte« wissenschaftliche Modell zu stützen (mehr dazu später).

Ein zentrales Dogma der Wissenschaft ist das Sparsamkeitsprinzip, auch »Ockhams Rasiermesser« genannt. Es lehrt Wissenschaftler:innen, Beobachtungen zu trauen und die einfachste Erklärung für diese zu wählen, da sie wahrscheinlich zugleich die beste ist. Darwins strenge Geschlechterrollen bewirkten eine Abwendung von diesem grundlegenden Wissenschaftsprinzip, da Forscher mit immer verschraubteren Argumentationen weibliche Verhaltensweisen »wegerklären« mussten, die nicht dem Stereotyp entsprachen.

Ein Beispiel dafür ist der Nackt- oder Schlankschnabelhäher *(Gymnorhinus cyanocephalus)*. Diese kobaltblauen Rabenvögel leben im Nordwesten der USA und bilden dort lärmende Trupps von 50 bis 500 Tieren. Hochintelligente Lebewesen mit einem derart aktiven Sozialleben verfügen wahrscheinlich über Mittel, um ihre sozialen Aktivitäten zu ordnen, kurzum: ein Dominanzgefüge. Andernfalls würde Chaos herrschen. Die Ornithologen John Marzluff und Russell Balda, die die Häher mehr als 20 Jahre lang erforschten und in den 1990er-Jahren ein Standardwerk über sie veröffentlichten, interessierten sich für die soziale Hierarchie der Tiere. Daher machten sie sich auf die Suche nach dem »Alphamännchen«.[15]

Das erforderte einigen Einfallsreichtum. Wie sich zeigte, sind die Hähermännchen strikte Pazifisten und tragen praktisch nie Kämpfe aus. Die eifrigen Ornithologen errichteten also Futterstationen mit Leckereien wie fettigem Popcorn und Mehlwürmern, um möglichst territorialen Unfrieden zu stiften. Doch noch immer kämpften die Häher nicht miteinander. Die Forscher mussten ihre Skala der kämpferischen Aktivität nach recht subtilen Hinweisen ausrichten, etwa Seitenblicken. Warf das dominante Männchen dem rangniederen Männchen auch nur einen scharfen Blick zu, verließ Letzteres die Futterstelle. Das war nicht ganz im Stile von *Game of Thrones*, doch die Forscher dokumentierten eifrig etwa zweieinhalbtausend solcher »aggressiven« Begegnungen.

Als es an die Auswertung der Statistik ging, wurde die Verwirrung noch größer. Nur 14 von 200 Mitgliedern des Trupps qualifizierten sich für einen Platz im Dominanzgefüge, und eine lineare Hierarchie gab es nicht. Die Männchen kehrten die Rangfolge um, und rangniedere zeigten sich »aggressiv« gegen ranghöhere. Trotz dieser verwirrenden Ergebnisse und nicht vorhandener Macho-Feindseligkeit erklärten die Wissenschaftler zufrieden: »Es besteht kaum Zweifel daran, dass Männchen aggressiv Kontrolle ausüben.«[16]

Kurioserweise hatten die Forscher durchaus Häher bei deutlich handfesteren Auseinandersetzungen beobachtet als dem Austausch schiefer Blicke. Sie dokumentierten dramatische Luftkämpfe, bei denen sich die beteiligten Individuen im Flug gegenseitig packten und »wild flatternd zu Boden fielen«, wo sie »einander heftig mit den Schnäbeln pickten«. Diese Zusammenstöße waren »das aggressivste Verhalten, das wir im gesamten Jahr beobachteten«, doch sie wurden von den Wissenschaftlern in kein Dominanzschema eingearbeitet, weil die Beteiligten nicht männlich waren. Es waren allesamt Weibchen. Die Autoren folgerten, dass dieses »gereizte« weibliche Verhalten hormonell bedingt sein musste. Sie vermuteten, dass die

Häherweibchen aufgrund eines Hormonschubs im Frühling unter dem »Vogel-Äquivalent zum PMS, von uns PBS *(prebreeding syndrome)* genannt«, litten.[17]

So etwas wie das aviäre PBS gibt es nicht. Hätten Marzluff und Balda das aggressive Verhalten der Häherweibchen unvoreingenommen beobachtet und mit Ockhams Rasiermesser den Staub von ihrer Schlussfolgerung geschabt, wären sie der Entschlüsselung des komplexen Sozialsystems der Nacktschnabelhäher ziemlich nahe gekommen. Die Hinweise darauf, dass unter den Weibchen tatsächlich eine starke Konkurrenz besteht und sie eine entscheidende Rolle in der Hierarchie der Tiere spielen, finden sich allesamt in ihren sorgfältig aufgezeichneten Daten, aber sie erkannten sie nicht. Stattdessen stießen sie dogmatisch noch weiter vor und suchten nach der »Krönung eines neuen Königs«,[18] die auch ihre Überzeugung gekrönt hätte – und natürlich nie stattfand.

Hier ist keine Verschwörung am Werk, lediglich bornierte Wissenschaft.[19] Marzluff und Balda zeigen beispielhaft, wie gute Wissenschaftler unter böser Voreingenommenheit leiden können. Die beiden Ornithologen hatten völlig neuartige Verhaltensweisen beobachtet, die sie innerhalb eines falschen Rahmenwerks interpretierten. Und mit diesem Fehler stehen sie keineswegs allein da. Die Wissenschaft ist, so zeigt sich, von unabsichtlichem Sexismus durchdrungen.

Erschwerend kommt hinzu, dass das akademische Establishment von Männern dominiert war und oftmals noch ist, die das Tierreich naturgemäß von ihrem Standpunkt aus betrachten;[20] die Fragen, die der Forschung zugrunde lagen, wurden also aus männlicher Perspektive gestellt. Viele Forscher interessierten sich schlichtweg nicht für weibliche Lebewesen. Männchen waren das Hauptereignis und wurden zum Standardorganismus – das Grundmodell, von dem die Weibchen abwichen, der Standard, nach dem die Art beurteilt wurde. Weibliche Tiere mit ihrem »Hormondurcheinander« waren Randerscheinungen, lenkten vom Hauptnarrativ ab und rechtfertigten nicht dasselbe Maß an wissenschaftlicher Gründlichkeit. Ihre Körper und Verhaltensweisen blieben weitgehend unerforscht, und die resultierende Datenlücke wurde dann zur selbsterfüllenden Prophezeiung. Weibliche Lebewesen gelten bis heute als eine invariante, träge Begleiterscheinung des männlichen Strebens – weil es keine Daten gibt, die ein anderes Bild von ihnen zeichnen.

Das Gefährlichste an der sexistischen Voreingenommenheit ist ihr Bumerangeffekt.[21] Was als chauvinistische Kultur des 19. Jahrhunderts begann, wurde in der Wissenschaft ein Jahrhundert lang bebrütet und dann wieder in die Gesellschaft ausgespuckt, als politische Waffe, versehen mit dem Etikett »Darwin«. Dies verlieh einer Handvoll vornehmlich männlicher Verfechter des neuen Wissenschaftszweiges der evolutionären Psychologie die ideologische Autorität zu behaupten, dass verschiedenste üble männliche Verhaltensweisen – von der Vergewaltigung über zwanghaftes Schürzenjägertum bis hin zum Überlegenheitsempfinden – menschlich nur »natürlich« wären, das hätte schließlich schon Darwin so festgestellt. Frauen wurde gesagt, sie hätten dysfunktionale Orgasmen, könnten nie die gläserne Decke durchstoßen, weil ihnen der Ehrgeiz fehle, und sollten sich aufs Muttersein beschränken.[22]

Dieses Psychogebrabbel der Jahrtausendwende wurde von einer neuen Sorte von Männermagazinen gierig aufgegriffen, die diese sexistische »Wissenschaft« in den Mainstream verlagerten. In Buch-Bestsellern und Kolumnen in der populären Presse krähten Journalisten wie Robert Wright, dass der Feminismus dem Untergang geweiht sei, weil er diese wissenschaftlichen Wahrheiten nicht anerkennen wolle. Von seinem ideologischen Sockel herab produzierte Wright anmaßende Artikel mit Titeln wie »Feminists, Meet Mr Darwin« (»Feministinnen, darf ich vorstellen: Mr Darwin«), verlieh seinen Kritiker:innen »eine Drei im Grundkurs Biologie« und behauptete, dass

»keine einzige namhafte Feministin genug über modernen Darwinismus weiß, um sich ein Urteil darüber zu erlauben«.[23]

Doch das taten die Feminist:innen sehr wohl. Die zweite Welle des Feminismus hatte einst verschlossene Labortüren aufgestoßen; Frauen gingen in den besten Universitäten ein und aus und studierten selbst Darwin. Sie betrieben Feldforschung und beobachteten weibliche Tiere mit derselben Neugierde wie männliche. Sie entdeckten sexuell frühreife Affenweibchen, und statt diese zu ignorieren, wie es ihre männlichen Vorgänger getan hatten, fragten sie sich, warum sich diese so verhielten. Sie entwickelten standardisierte Methoden zur Erfassung von Verhaltensweisen, die dieselbe Aufmerksamkeit für *beide* Geschlechter erforderten. Sie nutzten neue Techniken, um Vogelweibchen auszukundschaften, und fanden heraus, dass diese keineswegs Opfer der männlichen Dominanz waren, sondern tatsächlich den Ton angaben. Und sie wiederholten Experimente, die Darwins Geschlechts-Stereotype empirisch untermauerten – und stellten fest, dass die Ergebnisse verzerrt waren.

Es braucht Mut, Darwin infrage zu stellen. Er ist mehr als ein ikonischer Intellekt; er ist (zumindest in Großbritannien) ein Nationalheiligtum. Wie mir ein ehemaliger Professor erklärte, kommt es akademischer Gotteslästerung gleich, wenn man anderer Ansicht ist als Darwin; dies hat bewirkt, dass die Evolutionsforschung in unserem Land eher konservativ ist. Vielleicht wurde die Saat der Rebellion deshalb auf der anderen Seite des Atlantiks ausgebracht, von einer Handvoll US-amerikanischer Wissenschaftler:innen, die sich aufmachten, alternative Narrative zu Evolution, Geschlecht und Sexualität zu entwickeln.

Sie werden diese intellektuellen Kriegerinnen auf den folgenden Seiten kennenlernen. Einige von ihnen traf ich beim Mittagessen auf einer Walnussfarm in Kalifornien, wo wir unter anderem über Darwin, Orgasmen und Geier diskutierten. Sarah Blaffer Hrdy, Jeanne Altmann, Mary Jane West-Eberhard und Patricia Gowaty sind die aufrührerischen Matriarchinnen des modernen Darwinismus, die es wagten, der wissenschaftlichen Phallokratie mit Daten und Logik entgegenzutreten. Sie nennen sich selbst »*The Broads*« (»die Weiber«) und treffen sich seit 30 Jahren alljährlich bei Hrdy daheim, um sich über Evolutionsforschung auszutauschen. Ich hatte das Glück, eine Einladung zu ihrer jährlichen geistigen Sause zu erhalten. Obwohl sie sich inzwischen zum Teil im Ruhestand befinden, treffen sich diese wegbereitenden Professorinnen immer noch, um einander zu unterstützen, neue Ideen zu diskutieren und die Entwicklung der Evolutionsbiologie generell auf einem guten Kurs zu halten. Ja, sie sind Feministinnen, aber sie äußern klar, was das für sie bedeutet: die gleichberechtigte Repräsentation beider Geschlechter, nicht die unverdiente Vorherrschaft nur des einen.

Ihre wissenschaftliche Arbeit hat eine neue Generation von Biolog:innen in die Lage versetzt, die weibliche Seite einer Art mit all ihren faszinierenden Eigenschaften zu betrachten – indem sie weibliche Körper und Verhaltensweisen untersuchten und sich fragten, wie Selektion aus der Sicht einer Tochter, Schwester, Mutter und Konkurrentin wirkt. Diese Wissenschaftler:innen sind willens, hinter die kulturellen Normen zu blicken, unorthodoxe Ideen zur Wechselhaftigkeit von Geschlechterrollen zu verfolgen und dabei dem – unbeabsichtigten oder sonstigen – Machismo in der Evolutionsbiologie ein Ende zu setzen. Viele von ihnen sind Frauen, aber wie wir noch erfahren werden, ist die wissenschaftliche Meuterei keine rein weibliche Angelegenheit. Alle biologischen und sozialen Geschlechter spielen dabei eine Rolle. Auf den Seiten dieses Buches werden Ihnen viele männliche Wissenschaftler begegnen. Die Pionierleistungen von Frans de Waal, William Eberhard und David Crews, um nur einige zu nennen, machen deutlich, dass man sich nicht als Frau identifizieren muss, um Wissenschaft feministisch zu betreiben. Neue Perspektiven aus der LGBTQ-Wissenschaftscommunity tragen zudem entscheidend dazu bei, die heteronormative Kurzsichtigkeit und das binäre Dogma der Zoologie anzugehen. Biolog:innen wie Anne Fausto-Sterling, Joan Roughgarden und andere haben auf die erstaunliche Vielfalt der geschlechtlichen Ausprägungen im Tierreich ebenso aufmerksam gemacht wie auf die entscheidende Rolle, die Diversität als Triebkraft der Evolution einnimmt.

Das Ergebnis ist nicht nur eine viel umfassendere, lebensnahe Darstellung des weiblichen Tiers, sondern auch eine Vielzahl erstaunlicher Erkenntnisse über die komplizierten Mechanismen der Evolution. Dies sind aufregende Zeiten für Evolutionsbiolog:innen. In der Theorie der sexuellen Selektion zeichnet sich ein Paradigmenwechsel ab. Empirische Befunde stellen bisherige »Tatsachen« auf den Kopf, und konzeptuelle Veränderungen weisen althergebrachten Annahmen die Tür. Dabei lag Darwin keinesfalls insgesamt daneben. Männliche Konkurrenz und weibliche Partnerwahl *sind* Triebkräfte der sexuellen Selektion, aber sie sind nur ein Teil des evolutionären Gesamtbildes. Darwin betrachtete die Natur sozusagen durch eine viktorianische Lochkamera. Das Wissen um das weibliche Geschlecht liefert uns nun ein Panoramabild vom Leben auf der Erde in voller Farbenpracht, was die Geschichte umso faszinierender macht.

In diesem Buch begebe ich mich auf eine Abenteuerreise um die Welt, zu den Tieren und zu den Wissenschaftler:innen, die die überkommene patriarchale Sicht auf die Evolution mit neuen Erkenntnissen überschreiben und die weibliche Seite der Arten neu definieren.

Auf Madagaskar erfahren wir, warum weibliche Lemuren – unsere entfernteste Primatenverwandtschaft – die männlichen physisch und geradezu politisch taktierend dominieren. In den schneebedeckten Bergen Kaliforniens entdecken wir, wie ein Roboter-Beifußhuhnweibchen Darwins Mythos vom passiven Weibchen zerlegt. Auf Hawaii lernen wir verliebte, langjährige Albatrosweibchen-Paare kennen, die traditionellen Geschlechterrollen zum Trotz ihre Jungen gemeinsam aufziehen. Und vor der Küste des US-Bundesstaates Washington fühlen wir uns einer Schwertwal-Matriarchin nahe, der weisen alten Anführerin ihrer Jagdgemeinschaft und Angehörigen einer der nur fünf bekannten Arten (einschließlich des Menschen), bei denen die weiblichen Individuen eine Menopause durchleben.

Mit meiner Erkundung aufkommender Berichte aus der Randzone des Weiblichen zeichne ich hoffentlich ein neuartiges, diverses Bild des weiblichen Tieres. Außerdem möchte ich herausfinden, was diese Erkenntnisse, wenn überhaupt, über uns Menschen aussagen.

Mindestens seit Äsops Zeiten sehen wir Tiere als Illustration und Abbild menschlichen Verhaltens. Viele glauben (nicht ganz zu Recht), dass die Natur menschlichen Gesellschaften vermittelt, was gut und richtig ist – der Denkfehler des Naturalismus. Überleben ist jedoch eine unsentimentale Angelegenheit, und tierisches Verhalten begleitet weibliche Narrative von fabelhafter Macht bis zur grauenvollsten Unterdrückung. Wissenschaftliche Erkenntnisse zu weiblichen Tieren können Streitigkeiten beiderseits des feministischen Gartenzauns befeuern; Tiere als ideologische Waffen einzusetzen, ist jedoch ein gefährliches Spiel. Zu wissen, was es bedeutet, ein weibliches Tier zu sein, kann jedoch dabei helfen, faulen Argumenten und strapazierten androzentrischen Stereotypen entgegenzutreten; es kann unsere Annahmen darüber, was natürlich, normal, ja sogar möglich ist, ins Schwanken bringen. Wenn das Weiblichsein neu definiert wird, dann nicht durch strenge, altbackene Regeln und Erwartungen, sondern durch seine dynamische und vielfältige Natur.

Die »Bitches« in diesem Buch zeigen uns, inwiefern weibliche Lebewesen nicht bloß passive Handlangerinnen sind, sondern ums Überleben kämpfen. Darwins Theorie der sexuellen Selektion trieb einen Keil zwischen die Geschlechter, indem sie den Fokus auf die Unterschiede legte, doch diese Unterschiede sind eher kultureller als biologischer Art. Merkmale von Tieren, ob körperlich oder im Verhalten, sind sowohl vielfältig als auch plastisch. Sie können sich den Launen einer Selektion anpassen, und das macht Geschlechtsmerkmale flexibel und formbar. Die Eigenschaften eines weiblichen Tieres lassen sich nicht aus der Kristallkugel seines Geschlechts ablesen, denn Umwelt, Zeit und Zufall haben allesamt Einfluss auf ihre Form. Wie wir in Kapitel 1 erfahren werden, bestehen zwischen Weibchen und Männchen weitaus mehr Gemeinsamkeiten als Unterschiede – so viele, dass es manchmal schwerfällt, die Grenze zwischen beiden zu ziehen.

KAPITEL 1

Die Anarchie der Geschlechter: Was ist weiblich?

Begeben wir uns als Einstieg unter die Erde, wo ein Weibchen sein Leben vollkommen im Verborgenen lebt – als Erzfeindin aller Landschaftsgärtner:innen und unersättliche Vertilgerin von Würmern. Die Rede ist natürlich vom Europäischen Maulwurf *(Talpa europaea)*.

Die meisten von uns kennen Maulwürfe nur zu gut – vielleicht nicht persönlich, aber immerhin ihr Werk. Die kuppenförmigen Haufen aus frisch aufgeworfener Erde lassen gepflegten Rasen aussehen, als hätte er Akne – für viele eine echte Zumutung.

In den 1970er-Jahren wurde mein Vater von Maulwurfshügeln, die sich auf seinem kostbaren Rasen ausbreiteten, schier in den Wahnsinn getrieben. Zu meinem großen Entsetzen stellte er den Baumeistern mit barbarisch aussehenden Metallfallen nach. War ein Maulwurf gefangen, bestand ich darauf, dass er mir das tote Tier aushändigte, damit ich sein samtiges Fell streicheln und sein merkwürdiges Aussehen – die winzigen Knopfaugen (die entgegen landläufiger Meinung schwachsichtig, aber nicht komplett blind sind) und die absurd überdimensionierten rosa Grabhände – bewundern konnte, bevor ich ihm ein angemessenes Begräbnis zukommen ließ. Wieder in der Erde, wo es hingehörte.

Das Maulwurfsweibchen ist ein wundersames Geschöpf. Als Einzelgängerin ernährt es sich vor allem von Regenwürmern, welche es in einem verzweigten Tunnelsystem fängt. Dringt ein Wurm durch die Wand einer dieser Jagdröhren, spürt es ihn mit seiner langen rosa Nase schnell auf. Mit dieser kann es sogar in Stereo riechen – die Nasenöffnungen arbeiten unabhängig voneinander, sodass das Gehirn die Position des Leckerbissens in der Finsternis berechnen kann. Die gefangene Beute wird nicht immer gleich getötet; besonders zum Winter hin beißen Maulwürfe den Regenwürmern die vorderen Körperglieder ab, sodass sie gelähmt sind. Dann verstauen sie sie lebend in Vorratskammern. In solch einer Vorratskammer wurden einmal ganze 470 Würmer gefunden – ein Maulwurfsweibchen mit solchem Jagderfolg kann man durchaus glücklich nennen, muss es doch täglich weit mehr als die Hälfte seines Körpergewichts an Beute verzehren.[24]

Das Leben unter der Erde ist hart. Das Graben der Tunnel ist Schwerstarbeit, und es gibt relativ wenig Sauerstoff zum Atmen. Im Laufe der Zeit hat die Evolution Maulwürfe jedoch mit einigen Besonderheiten ausgestattet, sodass sie in dieser widrigen Umgebung überleben können. Das in ihrem Blut enthaltene Hämoglobin ist so modifiziert, dass es leichter Sauerstoff bindet und die Tiere gegen Kohlendioxid (CO_2) toleranter sind.[25] Zudem verfügen sie über einen Extra-»Daumen«.[26] Wie beim Großen Panda bildet ein Handwurzelknochen einen nützlichen »zusätzlichen Finger«, um mehr Erde beiseitezuschaffen. Am beeindruckendsten aber ist wohl die Tatsache, dass Maulwurfsweibchen sowohl Ovarien (Eierstöcke) als auch Hoden besitzen.

Diese Zwitterdrüsen oder Ovotestes sind innere Fortpflanzungsorgane, die an einem Ende Ovarien- und am anderen Hodengewebe umfassen. Die Ovarienseite bildet Eizellen und vergrößert sich während der kurzen Paarungszeit. Ist die Fortpflanzung jedoch erledigt, schrumpft das Ovarialgewebe, und das Hodengewebe wächst an, bis es größer ist als jenes.[27]

Das Hodengewebe der weiblichen Maulwürfe steckt voller Leydig-Zellen, die Testosteron bilden, jedoch keine Spermien. Dieses Steroid-Sexualhormon wird meist mit Männchen assoziiert, es vergrößert die Muskelmasse und steigert die Aggression. Dieselbe Wirkung zeigt es bei den Maulwurfsweibchen, was ihnen im Untergrund einen evolutionären Vorteil verschafft: mehr Kraft zum Graben und mehr Aggressivität, um ihre Jungen und Regenwurmvorräte zu verteidigen.

Und es verschafft dem Weibchen Genitalien, die von denen des Männchens nicht zu unterscheiden sind: eine vergrößerte Klitoris, die als »Phallus« oder auch »penile Klitoris« beschrieben wird,[28] und eine Vagina, die sich außerhalb der Paarungssaison verschließt.

Das Maulwurfsweibchen zwingt uns, uralte Vorstellungen davon, was die biologischen Geschlechter unterscheidet, zu überdenken. Die meiste Zeit des Jahres könnte man es anhand seiner Genitalien, Gonaden und Hormone für ein Männchen halten. Woher also wissen wir, dass es weiblich ist?

Dieses Buch befasst sich mit nicht-menschlichen Tieren, daher ist es zunächst wichtig, biologisches und soziales Geschlecht zu unterscheiden. Die meisten Biolog:innen sind sich darin einig, dass es bei Tieren kein soziales Geschlecht gibt. Dieses soziale, psychologische und kulturelle Konstrukt ist, so die allgemeine Ansicht, den Menschen vorbehalten.[29] Wenn Biolog:innen von Weibchen sprechen, meinen sie damit nur deren biologisches Geschlecht, aber: Was bedeutet das?

Am Anfang war die Fortpflanzung eine einfache Sache. Die ersten Lebensformen teilten sich einfach, sie verschmolzen, schnürten Knospen ab oder klonten sich, um sich zu vermehren. Dann kam die sexuelle Fortpflanzung auf, was die Sache ein wenig verkomplizierte. Nun mussten die Individuen Geschlechtszellen – Gameten – kombinieren, um sich fortzupflanzen. Im gesamten Tierreich gibt es diese nur in zwei Größen: groß und klein. Diese grundlegende Dichotomie liefert die biologische Standard-Definition des biologischen Geschlechts:[30] Weibliche Tiere produzieren große, nährstoffreiche Eizellen und männliche kleine, bewegliche Spermien.

So weit, so binär. Oder etwa nicht?

Um es kurz zu machen: nein. Das biologische Geschlecht ist eine komplizierte Angelegenheit. Wie wir in diesem Kapitel noch erfahren werden, kann das uralte Zusammenspiel von Genen und Sexualhormonen, das die Geschlechter festlegt und differenziert, auch eine Mixtur aus Gameten, Gonaden, Genitalien, Körpern und Verhaltensweisen erschaffen, die alle binären Erwartungen über den Haufen wirft. Und all das lässt es höchst unlogisch erscheinen, das biologische Geschlecht fein säuberlich in eine von nur zwei Schubladen einzusortieren.

Ganz oberflächlich betrachtet gelten die Genitalien vielen als unkomplizierter Hinweis auf das biologische Geschlecht, doch diese Vorstellung wird vom »Phallus« des Maulwurfsweibchens zunichtegemacht. Und dieses bildet durchaus keine seltsame Ausnahme. Die Weibchen Dutzender Tierarten, von winzigen, in Höhlen lebenden Staubläusen* bis hin zu riesigen Afrikanischen Elefanten, weisen eine uneindeutige Geschlechtsanatomie auf, die meist als phallisch beschrieben wird.

---

* Bei zweierlei Gattungen von Staubläusen, *Neotrogla* in Südamerika und *Afrotrogla* in Südafrika, zeigen die Weibchen voll erigierbare »Penisse« und die Männchen »Vaginen«. Die Weibchen dieser höhlenbewohnenden Insekten sind das promiskere und aggressivere Geschlecht. Sie sind ungefähr so groß wie ein Floh und benutzen ihren mit Widerhaken versehenen Penis, um sich beim Sex am Männchen festzuhaken. Die Paarung kann 40 bis 70 Stunden dauern. Dabei wandert eine Spermakapsel vom Männchen zum Weibchen. Angesichts der geografischen Entfernung zwischen den beiden Arten scheint es naheliegend, dass sich das forsche Paarungsverhalten der Weibchen jeweils unabhängig voneinander entwickelt hat und beide nicht von einer gemeinsamen Vorfahren-Art abstammen. (Yoshizawa; Ferreira; Yao; Lienhard; Kamimura (November 2018), »Independent Origins of Female Penis and its Coevolution with Male Vagina in Cave Insects (Psocodea: Prionoglarididae)«, in *Biology Letters*, 14:11.)

Als ich im Amazonasgebiet zum ersten Mal einen Klammeraffen sah, nahm ich aufgrund des herabbaumelnden äußeren Geschlechtsorgans an, es handele sich um ein Männchen – die ostentative Größe dieses Anhangs erschien mir für das Herumturnen in den Baumkronen nicht gerade ungefährlich. Die Primatolog:innen, mit denen ich unterwegs war, korrigierten mich jedoch höflich. Die männlichen Klammeraffen haben keinen erkennbaren Penis, weil sie ihn einziehen. Die Weibchen dagegen besitzen eine stark vergrößerte, herabhängende Klitoris, die in der Biologie auch als »Pseudo-Penis« bezeichnet wird. Eine solche androzentrische Terminologie hinkt doch ziemlich, besonders wenn man bedenkt, dass der »falsche« Phallus der Klammeraffenweibchen länger ist als der »echte« Phallus der Männchen.

Das ungewöhnlichste Beispiel aber ist möglicherweise die Fossa, auch Frettkatze genannt. Sie ist das größte Raubtier Madagaskars, gehört zur Familie der Eupleridae (Madagassische Raubtiere) und erinnert äußerlich ein wenig an einen kleinköpfigen Puma. Ihr wissenschaftlicher Name *Cryptoprocta ferox* bedeutet »mit verstecktem Anus, wild«. Dass die Taxonom:innen den versteckten Anus der Fossa so betonen, ist etwas merkwürdig, denn eigentlich geben eher ihre Geschlechtsorgane Rätsel auf.

Bei ihrer Geburt haben weibliche Fossas eine kleine Klitoris und Vulva, ganz so, wie man es erwarten würde. Im Alter von etwa sieben Monaten jedoch setzt eine merkwürdige Entwicklung ein. Die Klitoris der Fossa vergrößert sich, in ihrem Inneren wächst ein Knochen und sie bildet Stacheln, kurzum: Sie wird zum Abbild des männlichen Penis. Sie sondert sogar ein gelbliches Sekret an ihrer Unterseite ab, so wie es beim ausgewachsenen Männchen der Fall ist.[31] Das Fossaweibchen behält seine penile Klitoris ein bis zwei Jahre; mit einsetzender Fortpflanzungsaktivität bildet sich diese dann wie von Zauberhand wieder zurück. Die Autor:innen eines wissenschaftlichen Artikels über die Genitalien der Fossa äußerten die Vermutung, dass dies das heranwachsende Weibchen vor unerwünschter Aufmerksamkeit sexuell aufdringlicher Männchen oder aggressiver territorialer Weibchen schützt.[32]

Natürlich ist es auch möglich, dass der vorübergehende Flirt der Fossaweibchen mit einem Quasi-Penis gar keine Funktion erfüllt, denn das tun nicht alle Merkmale. Wie der Blinddarm-Wurmfortsatz des Menschen könnte er schlichtweg ein Relikt aus der evolutionären Vergangenheit der Fossa sein, das unproblematisch war und deshalb nicht durch Selektion ausgemerzt wurde. Oder er ist mit einem anderen Merkmal gekoppelt, auf das die Evolution selektiert hat. Das Entschlüsseln der ultimaten evolutionären Ursache eines neuartigen Merkmals ist eine spekulative Angelegenheit. Jahrzehntelange Forschungen an einer nahen Verwandten der Fossa haben jedoch wertvolle Hinweise zu den Mechanismen ergeben, die derart »maskulinisierten« Genitalien zugrunde liegen. Diese Erkenntnisse bringen ein althergebrachtes wissenschaftliches Vorurteil zur »passiven« Natur der weiblichen Sexualentwicklung und Geschlechts-Stereotype bezüglich der beteiligten Hormone gehörig ins Wanken.

Die Genitalien der Tüpfelhyäne *(Crocuta crocuta)* sorgen schon seit Aristoteles' Zeiten für Unruhe. Naturgelehrte der Antike hielten die Hyäne für einen Zwitter, da die äußeren Geschlechtsorgane der Weibchen wohl die am wenigsten eindeutigen unter allen Säugetieren sind. Die weibliche Tüpfelhyäne besitzt nicht nur eine 20 Zentimeter lange Klitoris, die genauso aussieht und positioniert ist wie der Penis der Männchen, nein: Sie zeigt auch Erektionen. Weibliche wie männliche Tüpfelhyänen demonstrieren und inspizieren ihre Erektionen gegenseitig bei »Begrüßungszeremonien«.[33] Gekrönt wird all diese weibliche Virilität noch von zwei auffälligen, befellten »Hoden«.

Der vermeintliche Hodensack mit Inhalt ist jedoch nicht das, was er zu sein scheint. Die Schamlippen der Hyäne sind miteinander verwachsen und mit Fettgewebe gepolstert; sie ähneln also nur den männlichen Keimdrüsen. Die weibliche Tüpfelhyäne ist somit das einzige Säugetier, das keine Vaginalöffnung besitzt. Urinieren, kopulieren und sogar gebären muss sie durch ihre merkwürdige Multifunktions-Klitoris – daher die alte Mär von ihrem Zwitterdasein. In jüngerer Vergangenheit kam die Wissenschaft sogar zu der Erkenntnis, dass Männchen und Weibchen aufgrund ihrer Ähnlichkeit nur durch »Befühlen des Hodensacks« zu unterscheiden seien[34] – was angesichts der knochenbrechenden Beißkraft dieser Tiere jedoch nur die letzte Option der Geschlechtsbestimmung darstellen dürfte.

Die geschlechtlichen Grenzgänge der Tüpfelhyänenweibchen machen jedoch an ihren Genitalien nicht halt. Für Forscher:innen sind ihr ebenso »maskulinisierter« Körperbau und ihr Verhalten hochinteressant. Die Weibchen sind in freier Wildbahn bis zu zehn Prozent (in Gefangenschaft: 20 Prozent) schwerer als die Männchen. Das ist ungewöhnlich, denn bei Säugetieren sind üblicherweise die Männchen größer.* Im übrigen Tierreich und somit bei der Mehrzahl der Tierarten ist der Geschlechtsdimorphismus hinsichtlich der Größe meist umgekehrter Na-

---

* Noch bei einigen weiteren Arten entsprechen die Weibchen nicht dieser Größenregel. Das extremste Beispiel bei Säugetieren ist die in Südamerika beheimatete Kleine Weißschulterfledermaus *(Ametrida centurio)*. (Ralls, Katherine (1976), »Mammals in which Females Are Larger than Males«, in *The Quarterly Review of Biology*, 51, S. 245–276.) Ihre Männchen sind so viel kleiner als die Weibchen, dass man sie ursprünglich sogar als andere Art einstufte. Dieser »umgekehrte« Geschlechtsdimorphismus könnte mit dem Leben als Flugtier zusammenhängen, denn er ist auch bei Vögeln weitverbreitet – die Überlegung geht dahin, dass konkurrierende Männchen eher agil als kräftig sein müssen und daher nicht die Größe von Weibchen entwickeln. Am anderen Ende der Größenskala stehen die Bartenwale; bei vielen Arten sind die Weibchen größer als die Männchen, auch beim Blauwal. Ein vor der Insel Südgeorgien gefangenes Weibchen war fast 30 Meter lang und rund 173 Tonnen schwer – es hatte also die dreifache Länge eines Doppeldeckerbusses und wog mehr als 13-mal so viel. Somit war das größte Tier, das jemals gelebt hat, tatsächlich weiblich. (Sears, Richard; Calambokidis, John (2002), »COSEWIC Assessment and Update Status Report on the Blue Whale, *Balaenoptera musculus*« (Mingan Island Cetacean Study), S. 3.)

tur. Fruchtbarere Weibchen mit mehr Fettreserven produzieren mehr Eizellen, daher sind bei den meisten Wirbellosen und vielen Fischen, Amphibien und Reptilien die Weibchen größer.*

Weibliche Tüpfelhyänen sind auch aggressiver als männliche. Diese hochintelligenten, sozialen Karnivoren leben in matrilinearen Familienverbänden von bis zu 80 Individuen, die von einem Alphaweibchen angeführt werden. Die Männchen wandern meist aus ihrer Geburtsfamilie ab und bilden dann den untersten Rang der Hyänengesellschaft: unterwürfige Ausgestoßene, die um Akzeptanz, Nahrung und Sex betteln. Die Weibchen gelten in den meisten Situationen als dominant,[35] sie ergehen sich in ruppigem Spiel, setzen intensiv Duftmarken und führen die Verteidigung des Reviers an – alles Verhaltensweisen, die traditionell mit dem anderen Geschlecht assoziiert werden.

Das soziale Geschlechterrollen radikal umkrempelnde Leben der weiblichen Tüpfelhyäne sah man ursprünglich als Folge eines Übermaßes an Testosteron in ihrem Blut. Androgene, jene steroidalen Sexualhormone, zu denen auch das Testosteron gehört, gelten als eindeutig männlich; *andro-* ist Altgriechisch für »Mann-«, »männlich«, und *-gen* bedeutet »hervorbringend«. Daher lag die Vermutung nahe, dass diese großen, angriffslusti-

---

* Der Tiefsee-Anglerfisch *Ceratias holboelli*, ein Rutenangler, bietet hier ein extremes Beispiel. Die Männchen sind mehr als 60-mal kürzer und 500 000-mal leichter als die Weibchen, im Grunde kaum mehr als schwimmende Behälter für Spermatozoen. Sobald ein Männchen in der Finsternis der Tiefsee ein Weibchen aufgrund seiner Pheromone aufgespürt hat, verankert es sich mit seinem Maul an diesem und wächst für den Rest seines Lebens mit ihm zusammen – die evolutionäre Entsprechung für einen sexuellen Schmarotzer, den man einfach nicht loswird. Das Weibchen hat fortan die Kontrolle über die Existenz des Männchens, auch darüber, wann es sein Sperma abgibt. Der dänische Fischer, der diese innige Verbindung 1925 entdeckte, erklärte: »Die Einheit aus Mann und Frau ist so vollendet und komplett, dass man fast sicher sein kann, dass ihre Geschlechtsdrüsen gleichzeitig heranreifen.« (Pietsch, Theodore W. (2009), *Oceanic Anglerfishes: Extraordinary Diversity in the Deep Sea*, University of California Press, S. 277.) Und da sage noch einer, es gebe keine Romantik mehr.

gen Hyänenweibchen, ganz wie die uns schon bekannten Maulwurfsweibchen, von Testosteron durchflutet sein müssten. Zur allgemeinen Überraschung jedoch macht der Testosteronspiegel im Blut adulter weiblicher Tüpfelhyänen dem der Männchen keine Konkurrenz.

Woher also kam diese Vermännlichung? Die Pseudo-Penisse der Weibchen deuteten darauf hin, dass das Testosteron zu einem anderen Zeitpunkt seinen Einfluss entfaltete, nämlich während der Entwicklung im Mutterleib.

Das gängige Paradigma zur biologischen Geschlechtsdifferenzierung wurde in den 1940er- und 1950er-Jahren von dem französischen Endokrinologen Alfred Jost entwickelt, der es auf einer Reihe bahnbrechender, wenn auch barbarischer Experimente mit Kaninchenföten in verschiedenen Entwicklungsstadien im Mutterleib gründete.

Säugetierembryonen, ob weiblich oder männlich, verfügen anfangs allesamt über eine einheitliche Ausstattung, eine Reihe Leitern, Röhren und protogonadaler Gewebe mit dem Potenzial, sich zu Ovarien oder Hoden zu entwickeln. Der sich entwickelnde Fötus gilt daher als »geschlechtsneutral«, bis seine geschlechtliche Grundausstattung den Entwicklungsweg zu Ovarien oder Hoden einschlägt.

Josts Versuche mit Kaninchenföten klärten zwar nicht, was die ursprüngliche Differenzierung auslöst (mehr dazu später), doch er wies nach, dass Testosteron für die Entwicklung der fetalen Gonaden zu Hoden und die anschließende Ausbildung männlicher Genitalien entscheidend ist.

Wie er entdeckte, bildete der Fötus weder Penis noch Skrotum (Hodensack) aus, wenn er die männlichen embryonalen Gonaden zu einem frühen Entwicklungszeitpunkt entfernte. Stattdessen entwickelte er eine Vagina und Klitoris. Das Entfernen der sich entwickelnden Ovarien dagegen schien die Entwicklung des weiblichen Fötus offensichtlich nicht zu beeinträchtigen. Eileiter, Uterus, Gebärmutterhals und Vagina entwickelten sich allesamt in offensichtlich automatischer Abfolge, ohne dass die von den embryonalen Ovarien produzierten Steuerungshormone mitwirkten. Schon »ein einziges Testosteronkristall könnte das Fehlen der Hoden ausgleichen«[36] und die Ausbildung von männlichen Geschlechtsmerkmalen sicherstellen; das bedeutete also, dass dieses steroidale Sexualhormon das dynamische Elixier der Männlichkeit ist.

Mit Dutzenden solcher Entfernungsversuche ermittelte Jost, dass tatsächlich ein hoher Spiegel des sich im entwickelnden Hodengewebe gebildeten Testosterons im männlichen Fötus den Embryo auf den Weg der Geschlechtsdifferenzierung bringt. Die Erschaffung eines Weibchens dagegen wurde als passiver Prozess angesehen – wie eine »Grundeinstellung« für den Fall, dass gonadales Testosteron fehlt.

Josts Theorie passte wunderbar zu der weitverbreiteten und von Darwin populär gemachten Vorstellung, dass weibliche Wesen generell passiv waren und männliche aktiv. Die Theorie wurde von anderen weitergeführt und als »Organisationskonzept« *(Organizational Concept)* bezeichnet, das allgemein akzeptierte Modell für die Geschlechtsdifferenzierung nicht nur hinsichtlich des Körpers, sondern auch des Verhaltens. Darin nahmen männliche Gonaden und Androgene die Hauptrolle ein – Heilsbringer des Geschlechterparadigmas und wichtigste Architekten jeglicher Männlichkeit.

Die Hoden und ihre Testosteron-Produktion galten nun als treibende Kräfte der Abgrenzung nicht nur der embryonalen Gonaden und Genitalien, sondern auch des fetalen neuroendokrinen Systems und des sich entwickelnden Gehirns. Dies wiederum programmierte Geschlechterunterschiede hinsichtlich Körper und Verhalten, die später im Leben durch steroidale Sexualhormone aktiviert werden konnten.[37] Testosteron wurde so zum Exekutivdirektor des Geschlechtsdimorphismus, verantwortlich für Merkmale, die vom gewaltigen Hirschgeweih über die rasende Musth des Elefantenbullen bis hin zur furchterregenden Größe und Aggressivität von Walrossbullen reichen.

Josts Befunde revolutionierten die anhaltenden Debatten in der Endokrinologie bezüglich der hormonellen Ursprünge von Männlichkeit und Weiblichkeit. Während einer Konferenz im Jahr 1969 erklärte er: »Männlich zu werden, ist ein langes, schweres und riskantes Abenteuer; es ist eine Art von Kampf gegen inhärente Tendenzen in Richtung der Weiblichkeit.«[38]

Der maskuline Weg wurde als heroische Mission angesehen, die der Erforschung wert war. Der heute berühmte französische Endokrinologe beschrieb weibliche Wesen dagegen schlicht als »neutrales« oder »anhormonelles« Geschlecht. Ovarien und Östrogene betrachtete man als irrelevant für unsere Geschichte: inert und nicht signifikant. Unsere geschlechtliche Entwicklung war nicht reaktiv und für die Wissenschaft belanglos. Weibliche Wesen »passierten« einfach, weil sie als Embryonen nicht das Zeug dazu hatten, männlich zu sein.[39]

Dieses Vorurteil hielt sich erstaunlich lange und hatte schwere Auswirkungen. Das Vermächtnis des »Organisationskonzepts« mit seinem übermächtigen Männlichkeitsentwickler Testosteron ist ein zu wenig erforschtes weibliches System und eine unergiebige binäre Vorstellung von der Geschlechtsdifferenzierung. Doch dann kam die Tüpfelhyäne mit ihrer großen, phallischen Klitoris um die Ecke und machte ziemlich deutlich, dass das Paradigma große Schwächen hat.

Testosteron ist tatsächlich ein potentes Hormon. Zum richtigen Zeitpunkt verabreicht, kann es das gonadale Geschlecht weiblicher Fische, Amphibien und Reptilien umkehren. Bei Säugetieren kann es zwar das Geschlecht nicht komplett umwandeln, aber ein weiblicher Fötus, auf den Androgene einwirken, bildet stark veränderte Genitalien aus. So erzeugte man bei Experimenten in den 1980er-Jahren Rhesusaffenweibchen mit Penis und Skrotum, die »von denen eines Männchens nicht zu unterscheiden«[40] waren, indem man sie in entscheidenden

Stadien ihrer Entwicklung im Mutterleib Testosteron aussetzte.

Natürlich fand man bei weiblichen Tüpfelhyänen während ihrer Trächtigkeit enorm hohe Testosteronwerte. Da ihnen aber nun einmal die Hoden fehlten, stellte sich die Frage, woher dieses »männliche« Hormon stammte und wie der sich entwickelnde weibliche Fötus dessen Omnipotenz zum Trotz dennoch funktionsfähige Fortpflanzungsorgane entwickeln konnte.

Die Antwort liefert der Syntheseweg des Testosterons. Alle Sexualhormone – Östrogene, Progesteron und Testosteron – leiten sich von Cholesterol ab. Dieses Steroid wird mithilfe von Enzymen in das »Schwangerschaftshormon« Progesteron umgewandelt. Progesteron ist Vorläufer der Androgene, die wiederum Vorläufer der Östrogene sind. Diese »männlichen« und »weiblichen« Sexualhormone können ineinander umgewandelt werden und kommen bei beiden biologischen Geschlechtern vor.

»So etwas wie ein ›männliches‹ oder ein ›weibliches‹ Hormon gibt es nicht. Das ist ein verbreiteter Irrtum. Wir haben alle dieselben Hormone«, erklärte mir Christine Drea via Skype. »Männchen und Weibchen unterscheiden sich nur in den relativen Mengen der Enzyme, die die Sexualhormone ineinander umwandeln, und in der Verteilung und Empfindlichkeit der Hormonrezeptoren.«

Drea ist Professorin an der Duke University im US-Bundesstaat North Carolina und weiß mehr als praktisch jede:r andere über das hormonelle Zusammenspiel bei der weiblichen Geschlechtsdifferenzierung. Sie erforscht schwerpunktmäßig eine ganze Reihe sogenannter maskulinisierter weiblicher Lebewesen, darunter neben der Tüpfelhyäne auch Erdmännchen und Kattas.

Drea ist Teil des Forscher:innenteams, das die Herkunft des Testosterons bei der trächtigen Hyäne ermittelte. Es leitet sich von einem weniger bekannten Androgen ab, dem Androstendion (kurz ASD), das von den Ovarien der Mutter gebildet wird. Dieses Androgen bezeichnet man auch als Hormonvorstufe, denn es wird je nach Aktivität der Enzyme in der Plazenta in Testosteron oder Östrogen umgewandelt.

Bei den meisten Säugetierweibchen, die mit Töchtern trächtig sind, wird ASD bevorzugt in Östrogen umgewandelt; bei der Tüpfelhyäne jedoch verwandelt es sich in Testosteron. Dieses »männliche« Hormon entfaltet dann seinen Einfluss auf die sich entwickelnden Genitalien und das Gehirn des weiblichen Fötus. So transformiert es sowohl dessen Vulva als auch dessen Verhalten nach der Geburt.[41]

In der Vergangenheit interessierte sich die Wissenschaft kaum für ASD als Sexualhormon; man tat es als »inaktiv« ab, da es nicht an bekannte Androgenrezeptoren bindet. Inzwischen aber lokalisiert man Rezeptoren, die darauf hindeuten, dass es sehr wohl eine unmittelbare Aktivität hat und dass, besonders entscheidend, seine Wirkung womöglich vom Geschlecht des Fötus abhängig ist.

»Es gibt immer mehr Veröffentlichungen, die nahelegen, dass Hormone bei unterschiedlichen Tieren je nach Geschlecht unterschiedlich wirken. Dabei dreht sich alles um die Menge, die Dauer und den Zeitpunkt«, erläuterte Drea.

Ihre Forschungen belegen klar, dass die Entwicklung zum Weiblichen alles andere als ein »passiver« Prozess ist; zudem spielen Androgene dabei oft eine aktive Rolle. »Testosteron ist kein ›männliches‹ Hormon. Es ist nur ein Hormon, das bei Männchen eine offensichtlichere Wirkung hat als bei Weibchen.«

Für Christine Drea steht fest, dass die Geschlechtsentwicklung der weiblichen Hyäne auch einer dynamischen genetischen Steuerung unterliegt, sodass eine überschießende Wirkung der großen Mengen an Androgenen verhindert wird und funktionale, wenn auch exzentrische Fortpflanzungsorgane entstehen.

Wie das vor sich geht, liegt allerdings noch im Dunkeln. Die funktionalen genetischen Schritte für das eigentliche Ausbilden weiblicher Fortpflanzungsorgane sind im Vergleich zu denen bei männlichen Wesen noch immer kaum ergründet.

Diese Schräglage unseres Wissensstandes leitet sich von Josts berühmter, aber fehlerhafter Theorie zur Geschlechtsdifferenzierung ab, die immer nur erklärte, wie sich ein männliches Wesen herausbildet, und nie die Frage stellte, wie eigentlich ein weibliches entsteht. Die Vorstellung, dass ein Entwicklungsprozess überhaupt »passiv« ablaufen könne, ist ohne Frage lächerlich – Ovarien werden ebenso aktiv gebildet wie Hoden. Dennoch blieb das »voreingestellte« weibliche System 50 Jahre lang praktisch unerforscht.

Drea sieht es so: »Bei der Geschlechtsdifferenzierung geht es nicht darum zu beschreiben, wie Weibchen und Männchen entstehen. Es geht nur darum darzulegen, wie sich Männchen entwickeln. Jahrzehntelang hat es niemanden gestört, dass man nicht erklären konnte, wie die weibliche Form entsteht, man hat einfach gesagt: ›Na ja, das geschieht eben passiv‹.«

In einer grundlegenden Publikation zur Geschlechtsentwicklung bei Säugern bezeichneten die Autor:innen die Entwicklung des Ovars noch 2007 als »Terra incognita«. Die vorherrschende Meinung, der zufolge die Ovarienentwicklung der »Grundeinstellung« entsprach, führte zu der »weitverbreiteten Ansicht, dass es keinerlei aktiver genetischer Schritte bedarf, um ein Ovar oder weibliche Genitalien zu differenzieren oder hervorzubringen«, so die Autor:innen. Was, wie sie trocken anmerkten, »eine recht sonderbare Situation [ist], wenn man die Bedeutung dieses Organs für die korrekte weibliche Entwicklung und Fortpflanzung bedenkt«.[42]

Nun, die Lage bessert sich. Das unbekannte Land der ovariellen Entwicklung ist heute teilweise erforscht, doch seine genetische Landkarte hat noch deutlich mehr weiße Flecken als die der Hodenentwicklung. Die chauvinistische Unausgeglichenheit des »Organisationskonzepts« richtete das Augenmerk bei der genetischen Erforschung der Geschlechtsdetermination nur auf das Männliche; ihr Kernziel war es, jenen schwer fassbaren Faktor zu ermitteln, der die Hoden determiniert, den genetischen Trigger, der neutrale Gonadenzellen des Fötus dazu anleitet, sich aus ihrer geschlechtlichen Indifferenz zu erheben und sich in Hoden umzuwandeln (und Testosteron zu produzieren).

Das genetische Rezept aber, das über die Geschlechter bestimmt, hat tatsächlich eine sehr ausgeklügelte Zutatenliste und beteiligt eine Reihe entwicklungsgeschichtlich alter, überraschend androgyner Gene.

Chaotische Chromosomen

Man könnte glauben, die ultimative Antwort auf die Frage, was ein Tier weiblich macht, seien zwei X-Chromosomen. Wir alle haben schließlich in der Schule gelernt, dass dieses anomale Geschlechtschromosomenpaar das biologische Geschlecht definiert: XY männlich, XX weiblich. Aber so einfach ist das nicht mit dem Geschlecht.

Das Geschlechtsdeterminations-System mit X- und Y-Chromosom ist am bekanntesten, weil es bei Säugetieren (und einigen anderen Wirbellosen sowie Insekten) vorkommt. Bei diesem System tragen die Weibchen zwei Kopien desselben Geschlechtschromosoms (XX), während Männchen zwei unterschiedliche Geschlechtschromosomen haben (XY). Der erste verbreitete Irrtum besteht schon einmal darin, dass die Buchstaben X und Y die Form der Chromosomen wiedergeben. Alle Chromosomen sind wurstförmig, und als Paar haben sie höchstens zufällig einmal Ähnlichkeit mit einem Schriftzeichen.

Das X-Chromosom wurde 1891 von dem jungen deutschen Zoologen Hermann Henking entdeckt, dem bei der Untersuchung der Hoden von Feuerwanzen etwas Merkwürdiges auffiel. Chromosomen liegen im Zellkern als Paare vor, doch Henking bemerkte, dass bei allen von ihm untersuchten Spermatozyten ein Chromosom offenbar keinen Partner hatte und allein blieb. Er bezeichnete es deshalb als »X« – das mathematische Symbol für »unbekannt«. Henking stellte keinen Zusammenhang zwischen diesem heute so ikonischen und zugleich rätselhaften DNA-Strang und der Geschlechtsdetermination her, was bedauerlich ist, weil es ihm viel Ruhm beschert hätte. Stattdessen aber wandte er sich ein Jahr später von seinen zytologischen Forschungen ab und schlug eine Karriere im Fischereiwesen ein,[43] was finanziell lohnender war, aber deutlich weniger Chancen auf wissenschaftliche Berühmtheit bot.

Das Y-Chromosom wurde letztlich rund 14 Jahre später, also 1905, von der US-Amerikanerin Nettie Stevens – einer Pionierin der genetischen Zunft – in den Fortpflanzungsorganen von Mehlwürmern entdeckt. Stevens erkannte seine entscheidende Bedeutung für die Geschlechtsdetermination, erfuhr aber ebenfalls kaum Anerkennung für ihre bahnbrechende Entdeckung. Dasselbe Chromosom wurde nahezu gleichzeitig von dem Zellbiologen Edmund B. Wilson entdeckt, der den meisten Ruhm erntete. Die Bezeichnung »Y« erhielt es letztlich als alphabetische Fortführung von Henkings Benennung. Da es besonders kurz ist, ähnelt es aber tatsächlich dem Buchstaben Y, wenn es mit dem längeren X-Chromosom als Paar vorliegt.

Im Vergleich zum X-Chromosom wirkt das Y-Chromosom klein geraten, es ist geradezu kümmerlich und enthält deutlich weniger genetisches Material. Doch bei Chromosomen kommt es weniger auf die Größe an, als darauf, für was ihre Gene codieren. Und das Y-Chromosom beherbergt tatsächlich ein sehr wichtiges, das Geschlecht determinierendes Gen namens SRY (abgekürzt aus englisch *Sex Determining Region of Y*).

In den 1980er-Jahren identifizierte das Labor von Peter Goodfellow in London diesen bescheidenen Abschnitt als den genetischen Code für den lang gesuchten hodendeterminierenden Faktor (kurz TDF, aus englisch *testis-determining factor*) beim Menschen. Wie sein Team herausfand, ist das Anschalten von SRY der ausschlaggebende erste genetische Schritt, um die Entwicklung der noch neutralen Gonadenzellen des Fötus zu Hoden und somit zur Testosteron-Produktion anzustoßen. Ohne dieses Anschalten entwickelt sich die ursprüngliche Unisex-Grundausstattung zu embryonalen Ovarien.[44]

Dieses Mal gab es ein großes Tamtam. Der alles entscheidende Schalter für die Geschlechtsdetermination bei Säugetieren war endlich gefunden und die »Essenz der Männlichkeit«[45] lokalisiert. SRY war der bislang fehlende Auslöser für die Abfolge von Genen, die für die Hodenentwicklung codieren – den das männliche Geschlecht determinierenden Pfad.

Die angesehene australische Professorin für Evolutionsgenetik Jennifer Marshall Graves war Teil der internationalen Forscher:innengruppe, die nach diesem entscheidenden das männliche Geschlecht determinierenden Gen suchte. Ihre Arbeit zu Chromosomen der Beuteltiere bewirkte, dass sich die Suche auf einen anderen Abschnitt des Y-Chromosoms konzentrierte, wo SRY dann schließlich auch lokalisiert wurde. Graves erklärte mir im Gespräch, warum ihr Triumphgefühl angesichts der Lösung des Rätsels des biologischen Geschlechts nur kurz währte.

»Wir glaubten, das würde sich als Heiliger Gral entpuppen«, gestand sie mir via Zoom aus ihrem Haus in Melbourne. »Als mein Student das SRY-Gen entdeckte, dachten wir, das alles wäre ganz einfach. Eine Art Schalter. Es zeigt sich aber, dass die Geschlechtsdetermination viel komplizierter ist, als wir angenommen haben.«

Angesichts dessen, was wir in der Schule über biologische Geschlechter lernen, wäre es Ihnen nicht zu verübeln, wenn Sie die Gene für Hoden auf dem Y- und diejenigen für Ovarien auf dem X-Chromosom vermuten würden. Das wäre wirklich hilfreich. Doch leider war es der Evolution ganz egal, ob sie den Genetiker:innen die Arbeit schwer macht.

Der komplette Prozess der Determination der Geschlechtsorgane erfordert das orchestrale Zusammenspiel von rund 60 Genen. Diese das Geschlecht bestimmenden Gene befinden sich durchaus nicht alle auf den Geschlechtschromosomen und schon gar nicht fein säuberlich nach Geschlecht sortiert auf dem X- oder Y-Chromosom. In Wirklichkeit sind sie kreuz und quer im Genom verstreut.

SRY ist dabei so etwas wie ihr Dirigent. Ist dieser entscheidende hodendeterminierende Trigger vorhanden, weist er die geschlechtsbestimmenden Gene sozusagen an, in H-Dur (H wie Hoden) zu spielen. Fehlt SRY, spielt das Orchester in O-Dur (O wie Ovarien). Lange Zeit gingen Genetiker:innen davon aus, dass es sich um zwei komplett separate lineare Entwicklungswege handelt, einen für Männchen (ausgelöst durch das Vorhandensein von SRY) und einen für Weibchen (ausgelöst durch die Abwesenheit von SRY). Aber die Vorstellung, die Evolution würde eine so wohlgeordnete binäre Lösung für das biologische Geschlecht hervorbringen, erwies sich leider als naiv.

An diesem Punkt wird die Geschlechterfrage wirklich kompliziert. Abgesehen von SRY sind die 60 Mitglieder des das Geschlecht bestimmenden Genorchesters bei männlichen und weiblichen Wesen im Grunde die gleichen. Diese Gene können entweder Ovarien oder Hoden entstehen lassen, aber welche Keimdrüse sie tatsächlich hervorbringen, hängt von komplexen Verhandlungen der Gene untereinander ab.

Ich war baff. Aber Graves erklärte es mir geduldig. »Etliche dieser Gene sind keine ›Hoden‹- oder ›Ovarien‹-Gene. Sie sind eine Art ›Beides‹-Gene, und das Ergebnis hängt davon ab, wie viele es gibt und wie sie die biochemischen Reaktionen steuern. Wir stellen immer wieder fest, dass manche dieser Gene mehr als eine Funktion bei mehr als einem Entwicklungsstadium ausüben.«

Überdies sind die beiden Pfade, die zu Hoden oder Ovarien führen, weder linear noch voneinander getrennt. Sie sind vielmehr miteinander verwoben. So werden einige Gene des »Männlich«-Pfades benötigt, um die Entwicklung der Gonaden in Richtung Hoden zu fördern; andere braucht es, um zu verhindern, dass die Entwicklung in Richtung Ovarien verläuft.

»Es ist viel zu simplistisch zu behaupten, dass die Entwicklung der Hoden auf einem einzigen Weg erfolgt, denn es gibt auch einen Weg, der zur gleichen Zeit keine Ovarien hervorbringt. Das Ganze ist ein widersprüchliches Durcheinander von Reaktionen, denn es sind so viele Gene dazwischengeschaltet, die den einen Pfad hemmen und den anderen fördern. Diese beiden Geschlechter-Pfade sind also eng miteinander verknüpft«, erklärte mir Graves.

Um mir die Komplexität zu verdeutlichen, schickte sie mir eine Animation von einer verrückten Maschine, in deren Getriebe mit Dutzenden von rotierenden Zahnrädern kleine blaue Kugeln hin und her gespielt, gelegentlich auch zerdrückt und neu geschaffen wurden. Der Weg der blauen Kugeln durch das undurchschaubare Gewirr entspricht Graves' Vorstellung davon, wie die vermeintlich so schön binären Pfade der Geschlechtsdetermination tatsächlich funktionieren.

Dieses scheinbare Durcheinander miteinander verknüpfter androgyner Gene erklärt, warum das biologische Geschlecht so plastisch ist. Schon kleine Holperer in der Ausprägung (Expression) irgendeines der beteiligten Zahnrädchen lassen neue Varianten entstehen; diese können die Evolution voranbringen und Tierarten ermöglichen, sich anzupassen und neue, herausfordernde Lebensräume zu nutzen.

Das Maulwurfsweibchen, von dem zu Beginn dieses Kapitels die Rede war, ist dafür ein anschauliches Beispiel. Ein globales Konsortium von Wissenschaftler:innen sequenzierte unlängst das komplette Genom des Iberischen Maulwurfs *(Talpa occidentalis)*. Beim Vergleich seines genetischen Codes mit dem anderer Säugetiere fanden sie keine Unterschiede in den Proteinprodukten der Gene, die an der Geschlechtsdetermination beteiligt sind. Allerdings entdeckten sie Mutationen, die die *Regulation* zweier dieser Gene veränderten. Dadurch konnte ein Gen, das für die Ausbildung von Hoden entscheidend ist, beim Weibchen angeschaltet bleiben, statt gehemmt zu werden. Dies ist der Grund für den umfangreichen Anteil von Hodengewebe in den Ovarien des Weibchens. Überdies lagen von einem anderen Gen, das für ein an der Bildung von Androgenen beteiligtes Enzym codiert, zwei zusätzliche Kopien vor, was die Testosteronbildung beim Maulwurfsweibchen erhöhte und ihm die Vorteile der »adaptiven Intersexualität« verschaffte.[46]

Doch es gibt noch mehr Variationsmöglichkeiten. SRY, jener genetische Trigger für dieses Orchester der 60 geschlechtsdeterminierenden Gene, ist nicht der einzige Generalschalter für das biologische Geschlecht im Tierreich, ja nicht einmal bei den Säugetieren.

Auftritt Schnabeltier: Dieses Eier legende Säugetier Australiens hat sich aufs Anderssein spezialisiert,[47] und seine Geschlechtschromosomen bilden da keine Ausnahme. Graves war auch Teil des Forschungsteams, das entdeckte, dass das Schnabeltier fünf Paar Geschlechtschromosomen hat.[48] Weibchen haben die Chromosomen XXXXXXXXXX, Männchen XXXXXYYYYY. Und trotz dieser Fülle an Y-Chromosomen ist ein SRY-Generalschalter nirgends auszumachen.

»Das war ein Schock«, erinnerte sich Graves.

Das Schnabeltier ist ein urtümliches Säugetier aus der Ordnung der Kloakentiere (Monotremata), die sich vermutlich vor rund 166 Millionen Jahren von den anderen Säugern trennte. Seine skurrilen Geschlechtschromosomen verschafften Graves wertvolle Einblicke in die Evolution der Geschlechtschromosomen und die unsichere Zukunft des Y-Chromosoms.

Das Orchester der geschlechtsdeterminierenden Gene beim Schnabeltier gleicht offenbar grundsätzlich durchaus dem bei anderen Säugetieren. Graves hat herausgefunden, dass diese rund 60 Gene sogar bei allen Wirbeltieren erstaunlich stark konserviert sind.

Vögel, Reptilien, Amphibien und Fische, sie alle verfügen mehr oder weniger über dieselben Gene, die für die Ausbildung von Hoden oder Ovarien codieren. Unterschiedlich aber ist der Hauptschalter, der festlegt, welcher Pfad eingeschlagen wird. Beim Schnabeltier ist dies beispielsweise eines der Gene aus dem Orchester, das nun an vorderster Stelle den gesamten Prozess der Geschlechtsdetermination auslöst.

»SRY ist einfach eine Möglichkeit, um den Pfad einzuschlagen, aber es geht auch mit fast jedem anderen dieser geschlechtsdeterminierenden Gene«, erklärte mir Graves, was mich nur noch mehr durcheinanderbrachte. »Das ist das Merkwürdigste am biologischen Geschlecht. Es gibt so viele Wege, es zu entwickeln, und sie sehen alle so unterschiedlich aus, aber das sind sie eigentlich gar nicht. Sie haben alle mit dem Pfad dieser 60 Gene zu tun. Die Pfade sind also ähnlich. Nur der Auslöser ist ein komplett anderer.«

Das Schnabeltiergenom verschaffte Graves noch eine andere Erkenntnis: Das Y-Chromosom verliert genetisches Material. Dieses jetzt schon kleine Chromosom schrumpft. Graves untersuchte, inwiefern sich das Schnabeltier-Y vom menschlichen Y-Chromosom unterschied und berechnete, wie viel genetisches Material seit der Trennung der beiden Abstammungslinien verloren gegangen ist. So konnte sie abschätzen, wie lange es noch dauern wird, bis das menschliche Y-Chromosom gänzlich verschwunden ist.[49]

»Es zeigte sich, dass das menschliche Y-Chromosom im Zeitraum von einer Million Jahre etwa zehn Gene verloren hat, und es sind nur noch 45 Gene übrig geblieben. Man muss also kein Einstein sein, um zu errechnen, dass wir bei diesem Tempo in viereinhalb Millionen Jahren das Y-Chromosom komplett verloren haben werden.«

Verschiedene angesehene Genetiker:innen, vor allem Männer, taten sich schwer mit der Nachricht, dass ihr »männliches« Chromosom im Verschwinden begriffen ist.

»Für mich war das lächerlich. Aber David Page [ein angesehener Genetik-Professor vom MIT, der Graves' Voraussage anzweifelt] sah das anders. Er wurde offensichtlich von Feministinnen angegangen, die sagten: ›Hey, du bist so gut wie erledigt!‹ Bis heute gibt es solche komischen Animositäten bezüglich der ganzen Idee. Und dann sein verzweifelter Versuch, das Y-Chromosom zu retten und zu zeigen, wie furchtbar stabil es doch ist. Ich denke dagegen: Was macht das schon?«

Graves ist zuversichtlich, dass ihre düstere Prophezeiung nicht das Ende der Menschheit heraufbeschwört und der männliche Mensch einfach einen neuen genetischen Trigger für die Entwicklung seiner Gonaden entwickeln wird, so wie es andere Säugetiere bereits getan haben. Die auf der japanischen Amami-Inselgruppe heimische Ryukyu-Stachelrattenart *Tokudaia osimensis* und der Transkaukasische Mull-Lemming *(Ellobius lutescens)* sind nur zwei der Säugetierarten, von denen bekannt ist, dass sie kein Y-Chromosom mehr haben und trotzdem noch Hoden ausbilden. Sowohl Männchen als auch Weibchen verfügen über ein einzelnes X-Chromosom, und die Entwicklung des biologischen Geschlechts wird bei ihnen von einem gänzlich anderen, wenn auch noch unentdeckten, geschlechtsdeterminierenden Master-Gen getriggert.[50]

Überhaupt entdeckt man bei kleinen braunen Nagern immer wieder neue chromosomale Merkwürdigkeiten. So gibt es neun Arten der Südamerikanischen Feldmäuse (Gattung *Akodon*), bei denen ein Viertel der Weibchen die Chromosomen-Kombination XY und nicht XX aufweist. Ihr Y-Chromosom verfügt auch über SRY, und dennoch entwickeln sie Ovarien und produzieren fruchtbare Eizellen. Vermutlich haben sie also ein gänzlich neues Hauptschalter-Gen, das das ansonsten dominante SRY unterdrücken kann.[51]

Diese sonderbaren Nagetiere mit ihren verkehrten Geschlechtschromosomen sind offenbar eine evolutionäre Flickschusterei – und als solche betrachtet Graves sie grundsätzlich auch.

»Wenn Sie oder ich ein Lebewesen erschaffen würden, dann würden wir uns niemals etwas so Dummes ausdenken«, erklärte sie mir. »Aber es ist eben das, was die Evolution erschaffen hat. Und man kann es nur so erklären, dass es sich aus einem anderen System entwickelt hat und Vorteile bot. Selbst wenn wir nicht wissen, was für Vorteile das waren.«

Graves, inzwischen über 80 Jahre alt, hat ihr ganzes Berufsleben der Erforschung der Evolutionsgenetik des biologischen Geschlechts bei einer erstaunlichen Vielzahl von Tierarten gewidmet, und noch heute ist sie voller Begeisterung für dieses Thema. Heute rutscht sie »auf der evolutionären Zeitschiene weiter zurück« und erforscht urtümliche Lebewesen wie etwa Lanzettfischchen (primitive Schädellose ohne Wirbelsäule) oder gar Nematoden (Fadenwürmer). Und zu ihrer Verwunderung findet sie weiterhin dieselben alten Gene, die in ähnlichen, das Geschlecht determinierenden Pfaden auftreten, wenn auch mit unterschiedlichen Triggern. »Diese Gene sind schon seit Langem da. Sie haben schon immer etwas zum biologischen Geschlecht beigetragen, nicht unbedingt dasselbe, aber sie sind da. Ich finde das ziemlich haarsträubend«, bekundete sie strahlend.

Das biologische Geschlecht ist meisterhaft darin, sich immer wieder neu zu erfinden. Das muss es auch. Schließlich wird es gebraucht, um sich sexuell fortpflanzende Arten zu erhalten. Diese Anarchie der gemeinsamen Gene war vor Hunderten von Jahrmillionen, als sich die biologischen Geschlechter entwickelten, vielleicht logischer und geradliniger. Doch die evolutionären Zeitalter haben ihre Spuren hinterlassen und eine außerordentliche Vielfalt von scheinbar unsinnigen, aber doch irgendwie funktionalen, vermurksten Systemen in diesem sich immer weiter entwickelnden, das Geschlecht definierenden Chaos geschaffen.

»Nichts ergibt einen Sinn, außer im Lichte der Evolution«, zitierte Graves die berühmten Worte des Evolutionsbiologen Theodosius Dobzhansky. »Wir müssen uns von der Vorstellung verabschieden, dass es so sein sollte. Nichts soll irgendwie sein. Wir werden alle ständig von den Kräften der Evolution herumgeschubst.«

Das Durcheinander der Geschlechtschromosomen bei Säugetieren bildet nur die Spitze des Eisbergs, denn in der Natur existiert eine ungeheure Vielfalt an Systemen. Zunächst einmal erfolgt die Geschlechtsdetermination nicht bei allen Tieren mit dem genetischen XY-System. Vögel, verschiedene Reptilien und Schmetterlinge verfügen über fast dieselben geschlechtsbestimmenden Gene, nur auf anderen Geschlechtschromosomen – einem großen Z- und einem etwas verkümmerten W-Chromosom. Bei diesem System ist das umgekehrte Muster normal – Weibchen haben die Kombination ZW, Männchen ZZ. Bei diesem alternativen System ist das »Hauptschalter-Gen« möglicherweise ebenfalls stark konserviert, wie beim SRY-System, oder aber es variiert zwischen eng verwandten Gruppen.

Bei manchen Reptilien, Fischen und Amphibien wird die Geschlechtsdifferenzierung dagegen gar nicht durch ein geschlechtsdeterminierendes Master-Gen getriggert, sondern durch einen externen Faktor. Meeresschildkröten etwa wuchten sich an Land, um ihre Eier an Stränden der Tropen abzulegen. Eier, die bei mehr als 31 Grad Celsius inkubieren, aktivieren Gene, die für Ovarien codieren, während solche, die unter 27,7 Grad Celsius heranreifen, Hoden hervorbringen. Wenn die Temperaturen zwischen den beiden Werten fluktuieren, entsteht eine Mischung aus männlichen und weiblichen Schildkrötenbabys.

Wärme ist nur einer von mehreren bekannten äußeren Einflussfaktoren für die Geschlechtsdetermination. Das Einwirken von Sonnenlicht, Parasitenbefall, pH-Wert, Salzgehalt, Wasserqualität, Nährstoffversorgung, Sauerstoffdruck, Populationsdichte und soziale Bedingungen (also wie viele Individuen des anderen Geschlechts in der Umgebung vorkommen)[52] – all das kann das geschlechtliche Schicksal eines Tieres beeinflussen.

Bei manchen Tieren kann die Geschlechtsdetermination von irgendeinem oder sogar von mehreren dieser Faktoren bestimmt werden. Das biologische Geschlecht kann also eine wirklich sehr verwirrende Sache sein, beispielsweise wenn man ein Frosch ist.

Nicolas Rodrigues hat möglicherweise den besten Job der Welt. Er verbringt den Frühling in den Schweizer Alpen an hoch gelegenen Tümpeln, umgeben von schneebedeckten Bergen und grünen, von Wildblumen bedeckten Almen, über die hin und wieder eine Ziegenherde streift – eine wahre *Heidi*-Idylle. Die Aufgabe des Evolutionsbiologen besteht darin, Frösche zu fangen: winzige Jungtiere des Grasfrosches *(Rana temporaria)*, die gerade ihre Metamorphose abgeschlossen haben und ihre Kinderstube im Tümpel verlassen, um fortan an Land zu leben. Manchmal harrt Rodrigues tagelang aus und genießt die Aussicht, bis plötzlich aus dem Nichts eine ganze Armee kleiner Hüpfer auftaucht und er schleunigst seinen Kescher schwingen muss.

Sollte er irgendwann eine Assistentin brauchen, ich wäre sofort dabei. Einige meiner schönsten Kindheitstage habe ich damit verbracht, in einem Tümpel wenige Felder entfernt von meinem Elternhaus Grasfrösche zu fangen. Wie Rodrigues war ich fasziniert von den niedlichen kleinen Fröschchen, die frisch umgewandelt aus dem Tümpel hüpften. Für mich repräsentierten sie jene Pioniere der Evolution, die vor rund 400 Millionen Jahren das Wasser verließen, um das Land zu erkunden. Der allumfassende Umbau in den Körpern dieser kleinen Frösche bedeutet, dass sie von nun an mit ihrer heranwachsenden Lunge Sauerstoff aus der Luft atmen und ihn nicht mehr mit Kiemen aus dem Wasser aufnehmen. Viele tragen beim Verlassen des Tümpels noch ein Andenken an ihre aquatische Jugend in Form des noch nicht ganz absorbierten Kaulquappenschwanzes mit sich; ich denke dann immer, dass ihre lebenswichtige Lunge beim Verlassen des Tümpels womöglich auch noch nicht ganz ausgereift ist.

Tatsächlich sind diese heranwachsenden Lurche kleine Grenzgänger – und das in weit größerem Ausmaß, als ich mir hätte vorstellen können. Etwa die Hälfte der von mir gefangenen Fröschlein dürfte sich auch bei anderen wichtigen Organen in einer heftigen Übergangsphase befunden haben – ihre Ovarien wandelten sich in Hoden um, während sie sich von einer weiblichen, aquatisch lebenden Kaulquappe in einen männlichen, terrestrisch lebenden Frosch verwandelten.

Die Geschlechtsdifferenzierung ist bei Grasfröschen nicht gerade eine wasserdichte Sache; Rodrigues beschreibt sie sogar als ein bisschen »leck«. Er ist Teil des Teams, das herausgefunden hat, dass der Hauptschalter für die Entwicklung von Hoden und nicht Ovarien bei diesen Fröschen mal genetisch, mal umweltbedingt und manchmal ein bisschen von beidem ist. Es kommt ganz darauf an, woher die Frösche kommen.

Der Grasfrosch ist in ganz Europa weitverbreitet, von Spanien bis Norwegen. Diese uns so vertrauten kleinen braunen Lurche gehören alle derselben Art an, bilden aber nach der Art ihrer Geschlechtsdeterminierung drei verschiedene »Geschlechtsrassen«.[53]

Die Grasfrösche im nördlichsten Verbreitungsgebiet verfügen über das herkömmliche genetische XY-System der Geschlechtsdetermination; wie man es erwarten würde, entwickeln Individuen mit der Chromosomen-Kombination XY Hoden, solche mit XX Ovarien.

Jene Frösche, die ich einst fing, befanden sich im südlichen Verbreitungsgebiet, und dort ist das Geschlecht der Tiere etwas variabler. Alle Kaulquappen haben die Chromosomen-Kombination XX und entwickeln sich als Weibchen. Doch wenn sie ihr Gewässer verlassen, kehrt etwa die Hälfte dieser Weibchen ihre Geschlechtsentwicklung um. Ihre Ovarien verwandeln sich in Hoden, und die Individuen werden Männchen mit der Chromosomen-Kombination XX.

Das Geschlecht zu wechseln, scheint ein großes Unterfangen zu sein, aber Frösche tun es, ohne mit der Wimper zu zucken (ganz abgesehen davon, dass sie keine Wimpern haben). Der zugrunde liegende Mechanismus ist noch nicht ganz enträtselt, doch vermutet man einen Zusammenhang mit der Temperatur. Im Labor lassen sich Frösche zum Geschlechtswechsel von Männchen zu Weibchen anregen, indem man sie östrogenähnlichen Substanzen aussetzt. Eine solche Substanz ist beispielsweise das Herbizid Atrazin, das, anders als in der EU, in den USA immer noch zugelassen ist.[54] Dort zwingt sein leichtfertiger Einsatz männliche Frösche, das Geschlecht zu wechseln und zu Weibchen zu werden.

Die Frösche im mittleren Verbreitungsgebiet liegen, so könnte man sagen, auch sonst irgendwo dazwischen. Bei manchen Männchen wird das Geschlecht durch die Temperatur bestimmt; sie beginnen ihre Entwicklung mit Ovarien. Andere werden durch geschlechtsdeterminierende Gene getriggert. Daher sind manche Tiere hier reguläre XY-Männchen und XX-Weibchen, doch Rodrigues hat auch XY-Weibchen und XX-Männchen dokumentiert. Äußerlich erscheinen diese Frösche als Männchen oder Weibchen, aber ihre Gonaden erzählen eine andere Geschichte. Manche Individuen besitzen sowohl ovarielles als auch Hodengewebe, sodass sie sich unmöglich in eine der beiden Schubladen stecken lassen.

»Der Übergang von Männchen zu Weibchen ist auf Ebene der Gonaden und der Gene fließend, aber wenn man irgendeinen Frosch aus irgendeinem Tümpel nimmt, wird er doch entweder wie ein Männchen oder wie ein Weibchen aussehen«, so Rodrigues.

Dieses Durcheinander der Geschlechter lässt sich allzu leicht als Macke eines fehlerbehafteten, nicht sehr hoch entwickelten Systems der Geschlechtsdetermination abtun. Manche Wissenschaftler:innen haben dies getan. Doch das ist eine primitive, auf Säugetiere zentrierte Sicht der Dinge. Heute weiß man, dass eine Vielzahl von Reptilien, Fischen und Amphibien diese enorme Plastizität aufweist. Sie besteht seit Hunderten von Jahrmillionen bei unterschiedlichsten Arten, was darauf hindeutet, dass sie einen evolutionären Vorteil bietet.

Eine neuere Studie mit Streifenköpfigen Bartagamen *(Pogona vitticeps)*, einer in Australien beheimateten Reptilienart mit beeindruckend stacheligem Hals, lieferte einige Hinweise auf diesen Vorteil. Wie die Forscher:innen herausfanden, kann die Kombination aus durch Umweltfaktoren getriggerter Geschlechtsumkehr und genetischer Geschlechtsdeterminierung zweierlei Typen von Weibchen hervorbringen.

Die meisten Bartagamen unterliegen der genetischen Geschlechtsdetermination – Weibchen entwickeln sich bei der Chromosomen-Kombination ZW, Männchen bei ZZ. Doch dieses genetische System kann durch besonders hohe Temperaturen außer Kraft gesetzt werden. Wird ein Gelege mit männlichen ZZ-Eiern während seiner Entwicklung von der australischen Sonne zu stark erhitzt, setzt die hohe Temperatur das chromosomale Geschlecht außer Kraft, und ZZ-Männchen wandeln sich in Weibchen um.

Diese transformierten ZZ-Weibchen zeigen eine einzigartige Kombination aus typisch männlichen und typisch weiblichen körperlichen Eigenschaften und Verhaltensweisen. Sie legen doppelt so viele Eier, doch ihr Verhalten ähnelt mehr dem von Bartagamenmännchen – sie sind waghalsiger, aktiver und haben eine höhere Körpertemperatur. Diese neuartige Variation erlaubt es genetischen oder geschlechtsumgewandelten Bartagamenweibchen, unterschiedlich auf verschiedenste Umweltanforderungen zu reagieren, und das verschafft ihnen einen evolutionären Vorteil.

Wie die an der Studie beteiligten Forscher:innen bemerkten, sind also die Gonaden dieser Bartagamen zwar weiblich, ihr Verhalten und ihr Körperbau aber ist eher männlich,[55] woraufhin die Wissenschaftler:innen den Vorschlag machten, diese besonderen, geschlechtsumgekehrten Individuen als separates drittes Geschlecht anzusehen,[56] das der Art bestimmte Vorteile hinsichtlich der Anpassung an die Umwelt verschafft. Dieser Mischmasch der geschlechtsdeterminierenden Systeme und die dabei entstehenden geschlechtsumgekehrten Weibchen sollten nicht als »Abweichung von der Norm« gesehen werden, denn womöglich sind sie eine machtvolle Triebkraft für den evolutionären Wandel.[57]

Die geschlechtsumgekehrten Bartagamen mit ihrer Mischung aus weiblichen Gonaden und männlichem Verhalten widersprechen außerdem dem »Organisationskonzept«. Ihr »männliches« Gehirn scheint eher von ihrer inhärenten genetischen Ausstattung geprägt zu sein als von der Kaskade hormoneller Veränderungen, die durch die Geschlechtsdetermination angestoßen wurde.[58] Und sie sind damit nicht allein. In den letzten Jahrzehnten haben Forschungen an anderen geschlechtsambivalenten Tieren dieses universelle Paradigma der Geschlechtsdifferenzierung infrage gestellt; Schritt um Schritt wuchs die Erkenntnis, wie ungeheuer komplex das Geschlecht und seine Ausprägung in Keimdrüsen, Körpern und Gehirnen im Tierreich sind.

Im Jahr 2008 schaute der ehemalige Highschool-Lehrer Robert Motz aus dem Fenster in seinen Garten und erblickte einen äußerst seltsamen Vogel. Die eine Seite des Tieres war knallrot gefiedert mit einem leuchtend roten Federschopf auf dem Kopf, während die andere Seite weniger farbenfroh bräunlich gefärbt war. Das Tier sah aus, als hätte man zwei halbe Vögel in der Mitte zusammengeklebt, und auf gewisse Weise war es auch so.

Es handelte sich um ein gynandromorphes Individuum (auch Gynander genannt) – einen außergewöhnlichen Zwitter, der genau entlang der Körpermedianen zweigeteilt ist. Die rote Seite war ein Männchen des Rotkardinals *(Cardinalis cardinalis)*, komplett mit einem einzelnen Hoden im Bauch, während die bräunliche Seite über ein Ovar verfügte. Diese Form, der Halbseitenzwitter, ist selten, wurde aber bereits bei verschiedenen Vogelarten, Schmetterlingen, anderen Insekten und Krustentieren dokumentiert – allesamt Tiere mit dem ZW-System zur Geschlechtsdetermination. Besonders spektakulär sind diese Exemplare bei Arten mit Geschlechtsdimorphismus, wie eben dem Rotkardinal; sie entstehen, wenn Zwillingsembryonen zu einem sehr frühen Zeitpunkt ihrer Entwicklung (zwischen dem 2-Zell- und dem 64-Zell-Stadium) verschmelzen und eine Chimäre mit den Geschlechtschromosomen ZW (weiblich) auf der einen Seite und ZZ (männlich) auf der anderen bilden.

Halbseitenzwitter sind eine einzigartige Gelegenheit zu beobachten, wie ausgeprägt der Einfluss von in den Gonaden gebildeten Geschlechtshormonen auf die Entwicklung von Gehirn und Verhalten ist. Gynandromorphe Tiere haben zwei Geschlechter, aber nur einen Blutkreislauf; in ihnen besteht also ein einheitliches hormonelles Milieu. Ist der einzelne Hoden mit seinen muskelspielenden Androgenen maßgebend für die Gehirnentwicklung bei der Chimäre, wie es dem »Organisationskonzept« entspräche, oder könnte womöglich die »passive« weibliche Seite vorherrschen?

Einer der ersten Halbseitenzwitter der Wissenschaftsgeschichte wurde in den 1920er-Jahren von einem kanadischen Arzt in seinem Hühnerhof entdeckt. Wie Dr. Schaef bemerkte, sah eines seiner Hühner von der einen Seite aus wie eine Henne und von der anderen wie ein Hahn. Ebenso uneinheitlich war das Verhalten des Tieres: Es versuchte, sich mit den anderen Hennen zu paaren, legte aber auch Eier.

Bevor jedoch das Gehirn und Verhalten des Vogels genauer untersucht werden konnten, entschied sich Dr. Schaef bedauerlicherweise, diese einzigartige Anomalie zu schlachten und als Abendessen zu verspeisen. Der gute Doktor überließ die Knochen und Eingeweide einer befreundeten Anatomin, die penibel dokumentierte, dass das Skelett des Vogels auf einer Seite kräftiger und hahnenähnlicher war, die Ovarien aber, obwohl voll funktionsfähig, auch Hodengewebe enthielten. Sie vermutete, dass dieser Mix aus dem Konflikt der männlichen und weiblichen Hormone hervorgegangen war, die von den beiden Geschlechtsorganen gebildet wurden. Weiter nachgehen konnte sie dem nicht, da der größte Teil ihres Forschungsgegenstandes von Dr. Schaef aufgegessen worden war.[59]

Fast ein Jahrhundert später fiel Arthur Arnold, Professor an der University of California in Los Angeles, ein gynandromorpher Zebrafink in die Hände. Er verspeiste das Tier nicht, sondern untersuchte eingehend sein Gehirn. Zebrafinken sind Singvögel, doch nur die Männchen singen, daher sind ihre entsprechenden neuronalen Schaltkreise ausgeprägter als bei Weibchen. Man hatte dieses Exemplar beim Singen beobachtet, daher nahm Arnold an, dass es ein einheitlich »männliches Gehirn« besäße. Doch als er den Vogel sezierte, erwies sich die weibliche Gehirnhälfte zwar als leicht »maskulinisiert«, doch der »Gesangs-Schaltkreis« hatte sich nur in der männlichen Gehirnhälfte des Tieres ausgebildet.

»Das hat mich glatt umgehauen«, so Arnold damals gegenüber dem *Scientific American*.[60] Das halb-weibliche Gehirn des gynandromorphen Finken ließ Zweifel daran aufkommen, dass gonadale Steroidhormone tatsächlich omnipotent hinsichtlich der Ausbildung von Geschlechtsdimorphismen bei Vögeln sind, kurzum: Dieser Vogel war eine schallende Ohrfeige für das »Organisationskonzept«. Er lieferte den Beleg dafür, dass nicht allein die Androgene über die Geschlechtsausrichtung des Körpers, Gehirns und Verhaltens eines Vogels bestimmten. Vielmehr mussten die Geschlechtschromosomen innerhalb der Nervenzellen einen entscheidenden Einfluss entfalten.[61]

Gynander können sich auch als geschlechtliches Mosaik entwickeln, wobei Zellen mit der Chromosomenkombination ZZ und solche mit der Kombination ZW im gesamten Körper vermischt und nicht jeweils halbseitig organisiert sind. Eine neuere Studie zu drei derartigen Hühner-Gynandromorphen ergab, dass Zellen überall im Körper der Vögel ihren eigenen genetischen Instruktionen folgten und nicht unbedingt von den Geschlechtshormonen dominiert wurden, denen sie ausgesetzt waren. Zumindest bei Vögeln spielt die genetische geschlechtliche Identität einzelner Zellen also eine bedeutende Rolle für die Entwicklung von Geschlechtsdimorphismen von Körper und Gehirn.[62]

»Das biologische Geschlecht ist kein einheitliches Phänomen«, erklärte mir David Crews im Telefongespräch. Er ist erst vor Kurzem als Professor für Zoologie und Psychologie der University of Texas in den Ruhestand gegangen und sollte es wissen. Vier Jahrzehnte lang erforschte er bei verschiedensten Tierarten, welche Mechanismen deren Geschlechtsdetermination und -differenzierung zugrunde liegen. Er entschlüsselte, welche Gene an der Gonadenentwicklung von Schildkröten beteiligt sind, regte Schienenechsen dazu an, das Geschlecht zu wechseln, und überwachte, inwiefern die Bruttemperatur nicht nur das Geschlecht, sondern auch die geschlechtliche Anziehungskraft von Leopardgeckos beeinflusst.

Crews zufolge gibt es fünf biologische Geschlechtstypen: das chromosomale, das gonadale, das hormonelle, das morphologische und das behaviorale (verhaltensbasierte). Sie müssen nicht zwangsläufig alle miteinander übereinstimmen und auch nicht bis ans Lebensende gleich bleiben. Sie sind kumulativer, emergenter Natur und können durch Gene und Hormone, aber auch die Umwelt und sogar Lebenserfahrungen eines Tieres beeinflusst werden. Diese Plastizität ermöglicht die ungeheure Vielfalt an Geschlechtern und geschlechtlichen Ausprägungen sowohl innerhalb als auch zwischen den Arten.

»Variation ist der Stoff, aus dem die Evolution ist. Ohne Variation kann es kein sich entwickelndes System geben. Darum ist Vielfalt auch bei Geschlechtsmerkmalen wichtig.«

Crews ist ein Freidenker, dessen unvoreingenommene Sicht auf die Dinge daher rührt, dass er wilde Reptilien, Vögel und Fische untersucht hat, keine gezüchteten Labormäuse, wie sie sonst meist für Studien zur sexuellen Entwicklung benutzt werden. Diese unkonventionellen Modellorganismen sind, wie er mir sagte, »real« und nicht bloß »realistisch« – ihre natürlichen Instinkte sind nicht durch jahrzehntelange Inzucht abgestumpft. Ihre geschlechtliche Entwicklung wird durch eine Vielzahl von Faktoren – Gene, Temperatur oder Umwelt – getriggert, was ihm die Möglichkeit bot, über das Standardmodell Labormaus hinauszublicken und in die evolutionäre Vergangenheit zu reisen, um Systeme zu erforschen, die schon vor der Geschlechtsentwicklung der Säuger bestanden und deren Basis bildeten.

In Crews' Augen vertritt das »Organisationskonzept« eine starr deterministische Vorstellung vom Geschlecht, die sich auf die Unterschiede zwischen den Geschlechtern konzentriert und wieder das binäre Konzept bekräftigt; dabei lässt sie jedoch die faszinierende Vielfalt von Geschlechtermerkmalen in der Natur völlig außer Acht.

»Es ist widerlich«, zischte er während eines unserer vielen langen und faszinierenden Gespräche ins Telefon. Das Standard-Paradigma hat seiner Meinung nach ausgedient. Es konzentriert sich zu sehr auf Säugetiere, ist zu simplistisch und spielt die Bedeutung von Östrogenen als organisierende und aktivierende Geschlechtshormone herunter. »Weibliche Lebewesen sind ebenso differenziert [aktiv] wie männliche. Ich habe mehrmals versucht, das deutlich zu machen. Meine Folgerung ist, dass das weibliche das angestammte Geschlecht ist. Ich denke, dass viele Belege dafür sprechen.«

Crews hat sein Berufsleben der Erforschung der Vielfalt und ihrer Steuerung durch dieselben Mechanismen gewidmet. Will man die grundlegenden Einflüsse des Ganzen ergründen, muss man zunächst herausfinden, was in diesem fürchterlichen Chaos konserviert geblieben ist. Mit diesem Ansatz konnte Crews eine alternative evolutionäre Sichtweise der Geschlechtsdifferenzierung entwickeln. Diese geht bis an den eigentlichen Ursprung des Geschlechts zurück.

»Es gibt kaum Zweifel daran, dass sich die ersten Lebewesen durch Klonen vermehrt haben«, erklärte er mir. »Der erste sich reproduzierende Organismus musste Eier legen können, und somit war es ein weiblicher.«

Aufgrund seiner Forschungen schätzt Crews, dass es vor 600 bis 800 Millionen Jahren nur diese sich selbst klonenden, Eier legenden Lebewesen gab. Erst mit dem Aufkommen der Geschlechter und der Größenunterschiede bei den Gameten – nach Crews' Schätzung etwa 250 bis 350 Millionen Jahre später – gab es die ersten männlichen Lebewesen. Mit dieser Ungleichheit entstand die Notwendigkeit für komplementäre Verhaltensweisen, um die Vereinigung dieser unterschiedlich großen Gameten zu erleichtern; die Individuen mussten einander auffinden, sexuell angezogen werden und sich fortpflanzen. So entwickelten sich Geschlechtsdimorphismen, die von Androgenen angestoßen wurden.

»Männlichkeit entwickelte sich als Anpassung an die Weiblichkeit«, fuhr Crews fort. »Als die Männchen auftauchten, erleichterten sie die Fortpflanzung bei den Weibchen. Das Stimulieren und Koordinieren der neuroendokrinen Prozesse, die der

Freisetzung von Gameten zugrunde liegen. Männchen fördern ein bestimmtes Verhalten.«

Wenn das männliche das Geschlecht ist, das sich aus dem ursprünglichen weiblichen entwickelt hat, ist es nur logisch anzunehmen, dass Männchen evolutionäre Relikte von Eierlegerinnen in sich tragen. Und genau so ist es. Crews entdeckte aktive Überbleibsel der ursprünglichen Weiblichkeit im Zentrum der Männlichkeit: in den Hoden.

»Wir haben die ersten Mikroaufnahmen veröffentlicht, die zeigen, dass der Hoden voller Östrogenrezeptoren steckt«, so Crews. Wie sich zeigt, spielen Östrogene, jene primär »weiblichen« steroidalen Geschlechtshormone, für die Entwicklung von männlichen Hoden und Spermatozyten eine grundlegende Rolle.

In Zusammenarbeit mit Joe Thornton, Professor für Genetik an der University of Chicago, unternahm Crews sozusagen eine molekulare Zeitreise und ließ den angestammten Rezeptor für Östrogene aus einem urzeitlichen Mollusken wieder auferstehen. Thorntons Arbeiten mit diesen und anderen primitiven Tieren, etwa Neunaugen, ergaben im Folgenden, dass der Östrogenrezeptor der älteste Transkriptionsfaktor (ein Protein, das Gene an- oder abschaltet) bei Wirbeltieren ist[63] – weitaus älter als bislang angenommen; sein Ursprung liegt zwischen 600 Millionen und 1,2 Milliarden Jahren vor unserer Zeit. Die Gene für Androgenrezeptoren dagegen entwickelten sich erst etwa 350 Millionen Jahre später.

»Östrogene müssen die ursprünglichen Steroidhormone sein, weil die ursprünglichen Tiere nur Eizellen produzierten, und Eizellen produzieren Östrogene«, erklärte mir Crews. »Der Östrogenrezeptor erfüllt in praktisch jedem Körpergewebe eine wichtige Aufgabe. Ich wüsste kein Gewebe im Körper, das nicht über einen Östrogenrezeptor verfügt.«

Das »Organisationskonzept« mag sich auf die Omnipotenz von Testosteron konzentriert haben, doch wie sich zeigt, sind

Östrogene ebenso machtvoll. So wurde sogar nachgewiesen, dass sie in der frühen Individualentwicklung dieselben organisatorischen Effekte haben wie Testosteron und somit, wie bereits beschrieben, zum Beispiel eine Geschlechtsumkehr bei Fröschen bewirken können. Crews konnte überdies das Geschlecht sich entwickelnder weiblicher Echsen mithilfe von Östrogenblockern umkehren.[64] Östrogene spielen eindeutig eine grundlegende Rolle bei der Organisation sowohl der weiblichen als auch der männlichen Geschlechtsentwicklung, aber auch später im Leben als Aktivator sexueller Verhaltensweisen. Die »weiblichen« Hormone werden nicht nur benötigt, um Hoden und Spermatozoen (Spermien) zu entwickeln, sondern bei manchen Arten auch, um männliches Kopulationsverhalten zu stimulieren.

»Das ›weibliche‹ steroidale Geschlechtshormon erfüllt sogar bei Männchen eine wichtige Aufgabe, weil Männchen ursprünglich Weibchen waren«, erklärte mir Crews.

In der Schöpfungsgeschichte nach Crews wurde also nicht Eva aus der Rippe von Adam geschaffen, nein: Es war umgekehrt. Am Anfang war das Weibliche, und es brachte das Männliche hervor. Aus diesem alternativen evolutionären Blickwinkel lautet die ultimative Antwort auf die Frage *Was ist ein Weibchen?*: Es ist das ursprüngliche Geschlecht. Relikte dieser ersten Eierlegerinnen bestehen bis heute in uns allen fort. Da klingt es doch gleich anders, wenn Männer ihre weibliche Seite kennenlernen wollen.

KAPITEL 2

Rätselhafte Partnerwahl: Robo-Bird, Helferin der Forschung

Nur wenige Rituale der Partnerwerbung im Tierreich sind so merkwürdig oder, offen gesagt, albern wie jenes des Beifußhuhns *(Centrocercus urophasianus)*. Dieser stattliche Hühnervogel führt ein bescheidenes Dasein in den Great Western Plains Nordamerikas und ernährt sich hauptsächlich von Blättern der *Artemisia*-Arten, vor allem denen des Wüsten-Beifußes. Im zeitigen Frühjahr versammeln sich die Hähne in großer Zahl an bestimmten Balz-Plätzen in der Prärie, wo sie mit prachtvoll aufgestelltem Schwanzgefieder um Partnerinnen werben. Diese Balz-Arenen, in der Zoologie Leks genannt, sind im Grunde Beifußhuhn-Discos; der Wettstreit um Sex wird tanzend ausgetragen. Den merkwürdigen Soundtrack dazu erzeugen die umherstolzierenden Männchen dabei per Beatboxing.

Männliche Beifußhühner besitzen extrem dehnbare Speiseröhrenabschnitte (Kehlsäcke), die sie durch Luftschlucken aufblasen können. Bei praller Füllung prangen dann zwei olivgrüne Ballons im weißen Kehlgefieder, die an Gummibrüste aus dem Scherzartikelladen erinnern. Die Hähne steigern das beeindruckende Schauspiel noch, indem sie mittels ihrer beachtlichen Brustmuskulatur die olivfarbenen Säcke beim kontrollierten Entleeren aneinanderschlagen und so ein eigenartiges

Geräusch erzeugen: ein lautes, hohes *Doink*, das klingt, als würde ein Gummiband auf Wasser schnalzen.

Das Ganze erinnert stark an Monty Python und wirft die Frage auf: *Evolution, was hast du dir dabei gedacht?* Welche perverse Kraft könnte etwas derart Groteskes geschaffen haben? Die Antwort: Weibchenwahl.

Weibliche Tiere sind für so manches verantwortlich. Warum hat der männliche Nasenaffe so einen langen Zinken im Gesicht? Nun, den Damen scheint es zu gefallen. Ebenso die übertrieben langen, horizontalen Augenstiele der männlichen Stielaugenfliegen (deren Spannweite nicht selten die Körperlänge übertrifft), ganz zu schweigen von den aufblasbaren Beifußhähnen. Die Weibchenwahl (englisch *female choice*) ist die wohl launischste evolutionäre Kraft und als solche an vielen besonders extravaganten Schöpfungen der Natur beteiligt. Der Versuch zu ergründen, was und wie Weibchen wählen, ist inzwischen eines der dynamischsten Forschungsgebiete der Evolutionsbiologie. Dabei wurden die Erkenntnisse manchmal mit Methoden gewonnen, die genauso surreal sind wie die Beifußhühner selbst.

Eine der führenden Wissenschaftler:innen auf diesem Gebiet ist Gail Patricelli, eine junge Professorin für Evolution und Ökologie an der University of California (UC) in Davis. Sie erforscht die Balz der Beifußhühner seit fast zehn Jahren. Noch bevor ich Gail persönlich in ihrem Labor kennenlernte, verschaffte sie mir großzügigerweise eines der begehrten Tickets zur großen Show, indem sie den Kontakt zu ihrem Doktoranden Eric Tymstra herstellte, der sie bei einer Langzeitstudie dieser seltsamen Vögel in der Eastern Sierra Kaliforniens unterstützt. Eric und ich verabredeten uns per E-Mail am nahe gelegenen Mammoth Yosemite Airport.

»Und wie erkenne ich dich?«, fragte ich ein bisschen besorgt. Aber Bedenken waren ganz unangebracht. »Ich trage dunkelgrün und habe einen Irokesenschnitt«, so Erics offenherzige Antwort.

Wie versprochen war Eric so quirlig wie seine Forschungsobjekte: leicht zu erkennen und mit seinem köstlichen Humor auch leicht zu mögen. Auf der Fahrt zur Forschungsstelle erläuterte er meine Optionen: Ich könnte entweder um ein Uhr nachts aufstehen und mit ihm gemeinsam Vögel einfangen und markieren oder mich bis vier Uhr morgens hinlegen und die Tiere dann einfach nur in der Balz-Arena beobachten.

»Wie läuft das Markieren ab?«, fragte ich. Zunächst einmal, so erklärte mir Eric, müssen sie den Vogel finden. Das tun sie, indem sie den Krautbewuchs mit einer Taschenlampe ableuchten und nach zwei reflektierenden Netzhäuten Ausschau halten. Beifußhühner sind »ziemlich dumm«, daher wird das Licht den Vogel kurze Zeit verblüffen. In diesem kleinen Zeitfenster können Eric und sein Kollege ihn mit einem Netz fangen. »Die meisten Leute spielen ein Rauschen ab, um beim Herangehen an den Vogel ihre Schritte zu übertönen«, so Eric. »Ich benutze AC/DC.« Wie hätte ich da widerstehen können?

So kam es, dass ich meine erste Nacht in den Bergen mehrere Kilometer bei Minusgraden durch tiefen Schnee stapfend verbrachte, wobei ich versuchte, mit Eric und seinem nicht minder athletischen Kollegen Schritt zu halten, während wir im Beifußgestrüpp nach leuchtenden Augenpaaren suchten. Ich war ziemlich schwerfällig unterwegs – eingehüllt in zwölf Schichten geborgter Kleidung hätte man mich ebenso gut als menschliches Paket bei *Pass the Parcel* verwenden können. Zudem machte mir die Höhe (rund 3000 Meter) zu schaffen, und die schlecht passenden Schneeschuhe sorgten dafür, dass ich immer wieder kopfüber im für die Jahreszeit untypisch hohen Schnee landete. Angesichts meiner mehr als hinderlichen Anwesenheit war es kein Wunder, dass wir in jener Nacht keinen Vogel fingen, doch Eric sorgte in seiner netten Art dafür, dass ich deswegen kein schlechtes Gewissen bekam.

Um etwa fünf Uhr morgens machten wir der Sache ein Ende und krochen in unser winziges Zwei-Personen-Tarnzelt, wo wir Feldstecher, Spektive und etliche Kameras aufbauten, um die Aktivitäten auf dem Lek zu beobachten und zu dokumentieren. »Eigentlich sind wir ja *Pornithologen*«, scherzte Eric. »Unser Job ist es, Vogelsex aufzuzeichnen.«

Das aviäre Orchester erwachte noch vor der Morgendämmerung zum Leben und lockte sein Publikum mit den gespenstisch widerhallenden *Doinks*, während der Himmel seine Farbe von Schwarz zu Blau wechselte. Als die Morgensonne die schneebedeckten Berge ringsum rosa färbte, konnte ich in der Ferne einige schwarze Flecken erkennen, die sich bewegten. Die Show hatte begonnen und sollte uns nicht enttäuschen.

Was sich vor unserem Versteck abspielte, war genauso bizarr, wie ich mir erhofft hatte. Etwa 30 Beifußhuhnmännchen ließen auf einer Fläche von rund 30 mal 60 Metern ihre Kehlsäcke aufploppen. Die umgebenden, von der aufgehenden Sonne beschienenen Berge bildeten ein natürliches Amphitheater für die Vorstellung; die Töne konnten darum bis zu drei Kilometer weit widerhallen und dem anderen Geschlecht die Anwesenheit der Hähne verkünden. Anfangs waren keine Weibchen auf dem Lek, doch das störte die Männchen nicht. Sie tanzten dennoch, offenbar ganz versunken in ihre Solovorstellung. Es sah aus wie viel Aufwand für nichts, doch zweifellos beobachteten die Männchen sich gegenseitig. Hin und wieder kam es zu einem Kampf: Nach erstaunlich brutalen Flügelschlägen stand dann eines der Männchen stumm da, während das andere vor ihm kehlsackploppend einen Triumphmarsch aufführte.

Ich bin nicht die Einzige, der dieses absurde Schauspiel gefällt. »Was mir beim Beobachten dieser Vögel besonders viel Spaß macht, ist, dass sie das alles so herrlich ernst nehmen«, gestand mir Gail in ihrem Labor an der UC in Davis. »Es ist eigentlich total lächerlich, was sie machen, geradezu obszön, aber für sie ist das eine todernste Sache. Das ist das Entscheidende bei der Evolution. Dies ist die Gelegenheit, bei der die Gene an die nächste Generation weitergegeben werden. Das ganze Überleben und Feinden-Entkommen ist evolutionär gesehen wertlos, wenn die Tiere sich nicht paaren können, also ist das hier wirklich der Nullpunkt der Evolution.«

Mit dem Erscheinen der Weibchen wurde das Schauspiel merklich lebhafter. Die Anwesenheit der kleineren und deutlich weniger schicken Hennen bewirkte, dass sich die Hähne noch viel mehr ins Zeug legten. Die Weibchen allerdings wirkten denkbar uninteressiert. Sie kauerten in lockeren Gruppen zusammen, pickten von Zeit zu Zeit wahllos auf dem Boden herum und schenkten dem hektischen Posieren und Ploppen um sie herum anscheinend keinerlei Beachtung. Die Männchen wiederum verliehen der Szene oft eine noch tragischere Note, indem sie in die falsche Richtung balzten; immer wieder führten Hähne ihre Kehlsack-Vorstellung mit dem Rücken zu den gelangweilt dreinschauenden Hennen vor.

»Eine Sache, die mein Interesse an den Beifußhühnern geweckt hat, ist, dass all unsere viktorianischen Stereotype hier lebendig werden, findest du nicht auch?«, sagte Gail. »Die protzig-aggressiven Männchen kämpfen miteinander. Sie ziehen eine Show ab, und die Weibchen sind passiv und zieren sich.«

In den Beschreibungen von Beifußhuhn-Leks finden sich traditionell androzentrische Klischees. Ihr Debüt auf der ornithologischen Bühne gaben die Vögel mit dem Bild eines Männchens mit voll aufgeblasenen Kehlsäcken auf dem Titel des Fachmagazins *Nature* im Jahr 1932. Der Autor des Artikels, R. Bruce Horsfall, beschrieb begeistert die »seltsamen Possen«[65] der Männchen, nahm aber an, ihre »gummiartigen Plopps« richteten sich gegeneinander, nicht an die Weibchen. Diese Ansicht hielt sich fast das ganze 20. Jahrhundert hindurch; so wurde in wissenschaftlichen Artikeln lang und breit das Dominanzgefüge der »Leithähne« diskutiert, während das »unauffällige und passive«[66] Verhalten der Hennen kaum Aufmerksamkeit fand.

»Das spiegelte wirklich die Einstellung wider, dass sich alles nur um die Jungs drehen muss«, erklärte mir Gail. »Bei dieser ganzen Kommunikation ging es nur darum, dass Männchen andere Männchen bedrohten und die weibliche Partnerwahl nicht die treibende Kraft ist.«

Die Weibchenwahl ist heute wohl eines der heißesten Themen der Evolutionsbiologie, doch so war es nicht immer. Darwin postulierte die evolutionäre Macht der weiblichen Vorlieben als Teil seiner Theorie von der sexuellen Selektion, die er in *Die Abstammung des Menschen und die geschlechtliche Zuchtwahl* detailliert erläuterte. Mit der Beschreibung dieses zweiten großen Prinzips der Evolution wollte Darwin einige klaffende Erklärungslücken in seiner Theorie der natürlichen Selektion schließen, insbesondere jene, die den exzentrischen Schmuck und die merkwürdigen Darbietungen mancher männlichen Tiere bei der Partnerwerbung betrafen.

In einem heute berühmten Brief an den Botaniker Asa Gray aus dem Jahr 1860 – ein Jahr nach dem Erscheinen von *Die Entstehung der Arten durch natürliche Zuchtwahl* – gestand Darwin: »Es ist merkwürdig, dass ich mich gut an jene Zeit erinnere, als mir beim Gedanken an das Auge ganz und gar kalt wurde, doch habe ich dieses Stadium des Leidens überwunden und heute bereiten mir kleine, unbedeutende Einzelheiten der Struktur oft großes Unbehagen. Der Anblick einer Feder im Schwanz eines Pfaus macht mich, wann immer ich sie anschaue, ganz krank!«[67]

Darwins Empfindlichkeit richtete sich gegen den hemmungslos frivolen Pfauenschwanz, der ganz offensichtlich nichts zu den Überlebenschancen des Vogels beitrug. Tatsächlich schien er eher von Nachteil zu sein, behinderte er doch den Pfauenhahn darin, sich zu verstecken oder vor einer Gefahr zu fliehen.

Wie und warum konnte also etwas so Überflüssiges von der utilitaristischen Kraft der natürlichen Selektion geformt worden sein?

Darwins revolutionärer Ansatz war, dass derlei »secundäre Sexualcharactere« (also Geschlechtsmerkmale) durch zweierlei Kräfte erklärbar seien: die Konkurrenz der Männchen untereinander um die Weibchen, die Waffen wie das große Horn des Nashornkäfers entstehen ließ, und die weibliche Partnerwahl, die Schmuck wie den Pfauenschwanz formte.

»Nach verschiedenen … Thathsachen zu urtheilen … übt das Weibchen, wenn auch vergleichsweise passiv, allgemein eine gewisse Wahl aus und nimmt ein Männchen im Vorzug vor andern an.«[68] An späterer Stelle umschreibt er, welche Wirkung dies entfaltet: »… so wird auch die gewöhnlich oder selbst nur gelegentlich eintretende Vorliebe des Weibchens für die anziehenderen Männchen beinahe mit Sicherheit zu deren Modification führen; derartige Modificationen können dann im Verlaufe der Zeit in jeder Ausdehnung vermehrt werden, so lange sie nur mit der Existenz der Species verträglich sind.«[69]

Die Patriarchen des 19. Jahrhunderts konnten sich mit der Vorstellung, dass der Wettstreit der Männchen um das Recht der Paarung eine starke evolutionäre Kraft sei, gut anfreunden; allerdings argumentierten die meisten, dabei handele es sich nur um eine Spielart der natürlichen Selektion. Umstritten war dagegen Darwins Behauptung, dass Weibchen nicht nur sexuell unabhängig seien, sondern auch noch Entscheidungen treffen könnten, die die männliche Evolution beeinflussten. Damit nahm das schwache Geschlecht eine sehr starke Rolle ein – die den meisten (männlichen) Biologen ziemliches Unbehagen bereitete. Im viktorianischen England bestimmten Männer über Frauen, nicht umgekehrt.

Die erstaunliche Originalität von Darwins neuer Theorie war ebenfalls nicht förderlich für ihre gesellschaftliche und wissenschaftliche Akzeptanz. Die Theorie der Evolution durch natürliche Selektion war von etlichen Denkenden des 18. und 19. Jahrhunderts vorweggenommen worden; zudem hatte Alfred Russel Wallace fast gleichzeitig mit Darwin dieses Prinzip entdeckt. Die Vorstellung von sexueller Selektion als evolutionärer Kraft jedoch war in der Wissenschaft absolut neu.[70] Zu allem Überfluss formulierte Darwin auch keinerlei adaptive Erklärung für die weiblichen Partnerpräferenzen. Stattdessen vermutete er hinter der weiblichen Anziehung einen »Geschmack für das Schöne«.[71] Zwar analysierte er ausgiebig, welche Tiere über hinreichende geistige Fähigkeiten für derlei Entscheidungen verfügten (Insekten ja, Würmer nein), doch weckte er den Eindruck, dass Tiere einen dem des Menschen ähnlichen Sinn für Ästhetik brauchten, damit die sexuelle Selektion funktionierte.[72]

Damit lieferte er dem Establishment eine Keule, die es gegen seine neue Theorie schwingen konnte. Damals war man der Auffassung, nur die oberen Klassen könnten Kunst oder Musik richtig würdigen, daher schien es höchst absurd, dass ein weibliches Tier, noch dazu eine einfache Pfauhenne, ein ästhetisches Empfinden haben sollte. Schönheit war von Gott gegeben. Die Vorstellung, dass sexuelle Präferenzen weiblicher Wesen die treibende Kraft dieser Entwicklung gewesen seien, grenzte schon an Ketzerei.

Darwins gewagte neue Theorie wurde öffentlich verspottet und geschmäht. Sein einflussreichster Kritiker war Alfred Russel Wallace, der keine Notwendigkeit darin sah, männlichen Schmuck und männliches Werbungsverhalten mit einer erdichteten neuen Evolutionstheorie zu erklären; für ihn folgten diese aus dem »starken Vorrath von Lebenskraft« zur Paarungs- oder Brunstzeit.[73] In seinem Evolutionsbuch mit dem bezeichnenden Titel *Der Darwinismus* (1889), das er einige Jahre nach Darwins Tod 1881 veröffentlichte, gerierte sich Wallace als Zensor von Darwins Vermächtnis. »Selbst bei der Verwerfung der Art der geschlechtlichen Zuchtwahl, welche aus freier Wahl seitens des Weibchens hervorgehen soll, trete ich nur für eine grössere Wirksamkeit der natürlichen Zuchtwahl ein. Und dies ist vorzugsweise Darwin'sche Lehre, so dass ich für mein Werk den Anspruch erheben kann, dass es dem reinen Darwinismus das Wort redet.«[74]

Wallace mag im Wettrennen um die Theorie der Evolution durch natürliche Selektion den Kürzeren gezogen haben, doch auf das darwinistische Denken im 20. Jahrhundert hatte er maßgeblichen Einfluss.[75] Sein Abtun der Weibchenwahl bewirkte, dass Darwins zweite große Theorie zu so etwas wie der »verrückten Tante auf dem evolutionären Dachboden der darwinschen Theorie« wurde,[76] die, von wenigen Ausnahmen abgesehen, ein Jahrhundert lang in der Versenkung verschwand. Wenn die großen Evolutionsbiolog:innen des 20. Jahrhunderts extravagante männliche Merkmale erörterten, dann wurde oft vermutet, diese sollten Raubfeinde abschrecken oder Weibchen dabei helfen, einen Partner der richtigen Art zu finden.

Die Dinge haben sich geändert. Die sexuelle Revolution der 1970er-Jahre und der Einfluss des Feminismus auf die Evolutionsbiologie haben dazu beigetragen, Darwins gewagte Vorstellung aus ihrem hundertjährigen Schlummer zu erwecken. Der Gedanke, dass weibliche Tiere – von Vögeln über Fische und Frösche bis hin zu Nachtfaltern – imstande sind, sensorische Bewertungen vorzunehmen und Partner gezielt auszuwählen, ist heute wissenschaftlich bewiesen und akzeptiert. Zahllose Studien haben belegt, dass Weibchen unterschiedlichster Arten leuchtendere Farben, lautere Rufe, stärkere Gerüche und schnellere Tänze bevorzugen. In den letzten 30 Jahren ist die Weibchenwahl zu einem der »dynamischsten Gebiete«[77] der Evolutionsforschung geworden, wobei Arten mit Lek-Paarung wie das Beifußhuhn Musterbeispiele für konkurrierende Männchen und wählerische Weibchen bilden.

Leks sind extreme Orte der Verführung, mit vielen Verlierern und wenigen glücklichen Gewinnern, die das Paarungsgeschehen dominieren – 70 bis 80 Prozent der Paarungen auf Leks, ob bei Insekten oder Säugetieren, finden unter Beteiligung von nur zehn bis 20 Prozent der Männchen statt.[78]

»Auf dem Höhepunkt der Paarungszeit ist auf dem Beifußhuhn-Lek die Hölle los«, erklärte mir Gail Patricelli, als ich sie in ihrem Labor besuchte. Die meisten Paarungen finden in einem Zeitraum von nur drei Tagen statt, wobei sich die Weibchen oft dicht um den besten Hahn scharen und dort um die besten Plätze kämpfen. Patricelli erzählte mir die Legende von Dick, einem dominanten Beifußhuhnmännchen in Wyoming, das sich in der Saison 2014 sage und schreibe 137-mal paarte, wobei 23 dieser Paarungen innerhalb von 23 Minuten aufeinanderfolgten.*

Leks sind deshalb so besondere Orte für Forschende zum Thema sexuelle Selektion, weil die Weibchen ihren Nachwuchs allein großziehen. Sie treffen ihre Partnerwahl also nicht mit Blick auf den Ressourcenreichtum des Reviers des Männchens oder auf seine potenziellen Qualitäten als Vater – sie sind nur hinter seinen Genen her. Und da das beliebteste Männchen die Gene, die seiner Darbietung zugrunde liegen, an die meisten Nachkommen des Weibchens weitergeben wird, ist die Macht der Weibchenwahl, exotischen männlichen Schmuck und besondere Balz-Darbietungen zu formen, schier grenzenlos.

»In jener Saison war Dick fast der Einzige, der seine Gene weitergab. Darum gibt es natürlich eine starke Selektion darauf, so wie er zu sein«, erklärte mir Gail. »Tiere mit Lek-Paarung

* Gail und ihr Team benennen die Vögel anhand der weißen Musterung ihrer Schwanzfedern; diese sind so individuell wie Fingerabdrücke. Dicks Federmuster ähnelte der Form eines Penis (englisch vulgär *dick*), daher gaben sie ihm diesen Namen – ohne zu ahnen, wie sehr der dominante Hahn diesem gerecht werden sollte.

vollführen einige der verrücktesten Dinge, die du in der Natur beobachten kannst, weil die Selektion so wahnsinnig intensiv wirkt. Das ist der Grund, warum es Paradiesvögel und Pfauen und das Beifußhuhn-Spektakel gibt.«

Die Eine-Million-Euro-Frage ist jedoch: Was machte Dick so unwiderstehlich?

»Dick war ziemlich außergewöhnlich«, erzählte Gail. »Er balzte eigentlich ununterbrochen. Als hätte er endlos viel Energie.«

Die Beatboxing-Balz-Darbietung des Beifußhuhns wirkt ebenso energiezehrend wie bizarr. Wie viel Energie es den Hahn tatsächlich kostet, ist schwer zu sagen. Eine neuere Studie zur Doppelschnepfe, einer weiteren Art mit Lek-Paarung, bei der die Männchen die Weibchen flatternd, hüpfend und rufend umwerben, ermittelte einen Verlust von fast sieben Prozent der Körpermasse pro Balz-Tag.[79] Demnach dürfte auch bei den Beifußhuhnmännchen der Energieaufwand beträchtlich sein, zumal ihre Hauptnahrungspflanze wenig Energie liefert. Eric sagte mir außerdem, dass die Blätter dieser Beifußart in gewissem Maße giftig sind; die Männchen tanzen sich also die Seele aus dem Leib, während sie vielleicht unter der Vogelversion eines heftigen Katers leiden.

Gail nimmt an, dass die Hennen durch das Einfordern dieser strapaziösen Tanzdarbietung sicherstellen, dass sie einen Hahn mit guter Abstammung und erstklassigen Genen erwischen. »Schließlich entscheidet nicht nur ein System darüber, ob du ein Weltklasseathlet bist oder nicht, oder? Da zählen deine maximale Sauerstoffaufnahme, deine Stoffwechselleistung, dein Immunsystem, deine Fähigkeiten bei der Nahrungssuche, wie gut du Nahrung verdauen und in aktive Energie umwandeln kannst und so weiter. Die Beifußhuhnmännchen reißen sich also mit dieser anspruchsvollen Show den Allerwertesten auf, wie man es wirklich nur hinbekommt, wenn man in guter Verfassung ist.«

Man könnte leicht annehmen, damit wäre schon alles gesagt – das protzigste Männchen mit der meisten Energie bekommt das Weibchen. Viele Wissenschaftler:innen haben das auch angenommen. Patricelli aber wunderte sich über das scheinbar zurückhaltende Wesen der Weibchen. Waren sie wirklich so passiv, wie sie wirkten?

Um dies herauszufinden, ließ sie sich von ihren Kollegen Marc Dantzker und Jack Bradbury vom Cornell Lab of Ornithology inspirieren, die eine bemerkenswerte Entdeckung gemacht hatten: Akustisch betrachtet hatte das Beatboxing der Hähne ein merkwürdiges vierzackiges Muster der Schallausbreitung, was bedeutete, dass ihre Rufe direkt vor dem balzenden Vogel am leisesten und seitlich und hinter ihm am lautesten sind.[80] Obwohl also das stolzierende Männchen einem Weibchen den Rücken zuwenden mag, schickt es seine Gummiplopps in voller Lautstärke in dessen Richtung. Das brachte Gail ins Grübeln – wenn die Darbietung der Männchen nicht das war, wonach sie aussah, dann waren die Weibchen vielleicht auch gar nicht so langweilig wie bisher angenommen.

Weil sie ihre Aufmerksamkeit nicht auf das auffällige Gebaren der Männchen, sondern auf die schlichten Weibchen richtete, machte Gail eine besonders aufschlussreiche Entdeckung. Superhähne wie Dick sind nicht bloß die lautesten Tänzer auf dem Lek, sie müssen auch auf unauffällige Hinweise reagieren, die ihnen die Weibchen geben. Sie müssen also nicht nur tanzen, sondern auch *zuhören* können.

»Ich untersuche, welcher Art dieses kommunikative Zusammenspiel zwischen Männchen und Weibchen ist. Das Weibchen spielt eine viel aktivere Rolle – indem es dem Männchen die gewünschte Darbietung entlockt oder die männlichen Darbietungen gestaltet –, und das Männchen muss darauf reagieren, um attraktiv zu sein, und nicht bloß herumprotzen. Und da kamen die Roboter ins Spiel.«

Um tief in die Köpfe der Hennen vorzudringen und herauszufinden, welche Entscheidungen sie treffen, schuf Gail den womöglich einzigen Vogel, der noch surrealer ist als ein beatboxender Beifußhahn: eine Roboter-Beifußhenne. Sie baute ihre »Fembot«, wie sie sie liebevoll nennt, aus dem Fahrwerk eines ferngesteuerten Modellpanzers, der einige im Internet erworbene Roboterteile trägt; diese umgibt ein modellierter Korpus, überzogen mit einer Elastik-Unterhose und dem Balg einer Beifußhenne. Dank Gails kunsthandwerklicher Begabung sah die aus diesen Bemühungen resultierende Roboterhenne täuschend echt aus, abgesehen von den Rädern natürlich.* Diese schienen die Männchen, die nicht besonders wählerisch sind, allerdings nicht zu stören. Gail hat sogar beobachtet, wie sie mit getrockneten Kuhfladen zu kopulieren versuchten, wenn keine Weibchen in der Nähe waren – die Latte war also nicht allzu hoch gelegt. Dennoch war sie gespannt, ob die Männchen die Fembot bei ihrem ersten Erscheinen auf dem Lek ablehnen würden. »Das war wirklich schräg, wie bei einem ersten Date«, so Gail.

Ich durfte die Fembot auf Spritztour durch ihr Labor schicken. Der Vogel lässt sich so bedienen, dass er auf Kommando beim Herannahen flirtet oder scheu ist, den Kopf wendet und in eine Richtung schaut oder den Kopf senkt und scheinbar nach Futter sucht, ganz wie eine echte Henne. Das Steuern fällt auf dem glatten, leeren Laborboden natürlich ungleich leichter

---

* Gail fand, wie sie sagt, während einer anderthalbjährigen Auszeit als »Ski fahrende Faulenzerin« in Colorado die Inspiration zum Bau der Roboterhenne. Ihr Geld verdiente sie damals nebenbei mit dem Organisieren von Fachkonferenzen, und die zum Thema Neuromorphic Engineering (alles, was mit KI und Robotik zu tun hat) war ihr dabei am liebsten. Als ihr die Idee kam, konnte sie darum ihre Kumpel von der Konferenz kontaktieren, von denen einer zufälligerweise gerade Steuerungssysteme für die NASA entwarf und Lust hatte, ihre Roboterhenne als Nebenprojekt anzugehen. »Es war schon im ersten Durchlauf ein sehr ausgefeiltes Tool«, erzählte sie mir. Aber eben ein mit Elastik-Unterhosen überzogenes. »Darum sage ich meinen Student:innen immer, sie sollen sich vor der Promotion eine Auszeit nehmen, weil man nie weiß, was man dabei zu sehen bekommt oder lernen wird.«

als auf dem unebenen und überfüllten Lek. Dort braucht es dazu zwei Personen: Patricelli hockt mit der Fernbedienung in ihrem Tarnzelt, und einer ihrer Doktoranden steht mit Fernglas und Funkgerät auf einem Hügel und hilft ihr bei der Navigation. »Das ist wie dieses wirklich stressige Videospiel *Frogger*«, so Gail. »Die echten Vögel bewegen sich überall auf dem Balz-Platz, und du versuchst, da hindurchzukommen, ohne dass einer den Roboter umwirft oder dieser mit einem Tier zusammenstößt.«

Gails Fembot muss das Flirten aus dem Effeff beherrschen. Sie muss das Interesse eines Männchens wecken, sich aber zurückziehen, bevor die Sache zu heiß wird. »Manche Männchen versuchen, sich mit dem Roboter zu paaren, und das geht meist nicht gut.« Unfälle passieren trotzdem. Einmal verlor eine Fembot ungünstigerweise mitten im Flirt ihren Kopf, was den einfach gestrickten Hahn aber zum Glück nicht störte. »Die Männchen wissen nicht, wie sie reagieren sollen, weil sie den Roboter nicht einordnen können, also steuerte ich sie einfach ohne Kopf wieder zurück.«

Die Steuerung des weiblichen Parts dieser komplexen Partnerwerbungs-Interaktion ermöglichte Gail zu beobachten, wie Veränderungen im Verhalten der Henne die Darbietung des Männchens beeinflussen. »Wir beobachten, dass die Männchen die Intensität ihrer Darbietung daran anpassen, wie nah oder fern die Weibchen sind. Sie reagieren darauf und setzen ihre Energie da ein, wo es am wichtigsten ist. Erfolglose Jungs verausgaben sich ununterbrochen und haben dann im entscheidenden Moment nicht mehr die Energie, um eine tolle Show zu liefern. Dabei haben wir es wahrscheinlich mit einer Kombination aus sozialen Fertigkeiten und ihrem Gesundheitszustand zu tun.«

Die Bedeutung dieser »sozialen Fertigkeiten« erkannte Gail erstmals bei einer Art, deren Männchen eine ganz besonders aufwendige Lek-Partnerwerbung betreiben: dem in Ostaustralien beheimateten Seidenlaubenvogel *(Ptilonorhynchus violaceus)*. Diesen erforschte sie im Zuge ihrer Promotion. In der Vogelwelt kommen männliche Laubenvögel einem Salvador-Dalí-Äquivalent wohl am nächsten, bauen sie doch fantasievolle Lauben aus dünnen Zweigen, die sie dann hingebungsvoll mit farbintensiven Objekten dekorieren, welche den Weibchen gefallen sollen. Art und Farbe der Dekoration variieren je nach Art; manche bauen sehr komplizierte Lauben, andere eher einfache.

Die Laube des Seidenlaubenvogels etwa ähnelt einem Haus der Illusionen: Die Objekte werden vom Männchen ihrer Größe nach so arrangiert, dass die Laube kleiner und das Männchen größer erscheint.*

Die weiblichen Seidenlaubenvögel interessiert weniger die Größe des Männchens als vielmehr seine Fähigkeit, blaue Dekorationsobjekte zu ergattern. Die Männchen schaffen eifrig alle blauen Objekte herbei, derer sie habhaft werden können – von Blüten und Federn bis hin zu Plastik-Flaschendeckeln oder Wäscheklammern. Und als wäre das noch nicht surreal genug, beobachtet man sie auch immer wieder dabei, wie sie Rindenstückchen mit zerdrückten Beeren darauf im Schnabel halten und damit die Laubenwände farbig anstreichen. Dalí wäre hingerissen.

Sobald die Männchen mit ihrem blauen Prunk die Aufmerksamkeit des Weibchens erregt haben, demonstrieren sie ihre körperlichen Fähigkeiten, indem sie ihr blauschwarz schillerndes Gefieder aufplustern und einen komplizierten Tanz vollführen. Dieser unterscheidet sich nicht allzu sehr von dem Gebaren, mit dem kämpfende Männchen ihre Gegner einzuschüchtern

---

* Seidenlaubenvögel mögen die größten Illusionisten sein, doch auch für Papageien, Drosseln, Tauben und sogar Hühner ist nachgewiesen, dass sie für bestimmte Illusionen empfänglich sind, und die Männchen vieler Arten präsentieren sich Weibchen in einem bestimmten Winkel und Abstand; vermutlich ist also der Gebrauch von Illusionen bei Vögeln weitverbreitet.

versuchen; es ist also nicht verwunderlich, dass die Weibchen zu Beginn der Werbung oft ein bisschen schreckhaft sind. Wie Gail beobachtete, bewegen sich entschlossenere Weibchen etwas geduckt voran, und sie fragte sich, ob die Männchen dies bemerkten und darauf reagierten. Darum baute sie ein Roboter-Seidenlaubenvogelweibchen, das diese Bewegung imitieren konnte, und tatsächlich: Erfolgreiche Männchen agierten besonders taktisch und überlegt. Sie intensivierten ihre Tanzdarbietung nur dann, wenn das Weibchen sich duckte und damit signalisierte, dass es bereit dazu war.

Schon früher hatten Forscher:innen festgestellt, dass männliche Tiere bei der Partnerwerbung auf weibliche Signale achten. Gail war jedoch die Erste, die nachwies, dass das Beachten von und Reagieren auf weibliche Hinweise mit dem Paarungserfolg eines Männchens in Zusammenhang steht. Ihrer Einschätzung nach sind – zumindest beim Seidenlaubenvogel – diese sozialen Fertigkeiten für den Erfolg des Männchens ebenso wichtig wie die Intensität seiner Darbietung.

Weibliche Beifußhühner beobachten einander möglicherweise auch gegenseitig. Von Guppys ist bekannt, dass junge Weibchen die Paarungsentscheidungen von älteren (und vielleicht erfahreneren) Weibchen nachahmen.[81] Gail vermutet, dass solches »Abgucken« zu der unnormalen Anziehungskraft dominanter Beifußhähne wie Dick beitragen könnte. »Wenn sich 80 Weibchen um ein Männchen drängeln, kann man sich kaum vorstellen, dass sie alle eine unabhängige Entscheidung getroffen haben.« Schon 2014 versuchte Gail, echte Hennen dazu zu bringen, sich Fembot in ihrem Interesse an einem nicht dominanten Männchen anzuschließen. Doch das enorme Charisma des damaligen dominanten Männchens durchkreuzte ihre Pläne: »Letztlich konnten wir gegen Dicks magnetische Anziehungskraft nichts ausrichten.«

Patricelli hat nicht aufgegeben. Sie muss zwar zugeben, dass die Konstruktion eines männlichen Roboter-Beifußhuhns ihre technischen Fertigkeiten übersteigt, aber sie möchte gern noch mehr Fembots bauen, um die dynamische Taktik von Männchen und Weibchen auf dem Lek flirtend zu analysieren. Die Partnerwerbung wurde traditionell als Blackbox betrachtet, in der sich Männchen und Weibchen entsprechend der Qualitäten der männlichen Merkmale und der Stärke der weiblichen Vorlieben zusammenfinden, wobei der Prozess selbst als obskur oder irrelevant galt. Für Gail aber ist ein Lek eher ein großer, offener Basar, auf dem zahllose Händler und Käuferinnen beständig kaufen und verhandeln. So wie Darwin bei der Formulierung seiner Theorie der natürlichen Selektion von dem Ökonomen Thomas Malthus* beeinflusst war, bedient sich Gail ökonomischer Modelle der Verhandlungsführung für ihren konzeptuellen Rahmen, der die Partnerwerbung als Prozess sieht, in dessen Verlauf Männchen und Weibchen einen Deal aushandeln, beeinflusst vom allgemeinen Geschacher der anderen Marktteilnehmer:innen.

»Die sexuelle Selektion kann die Evolution solch auffälliger Merkmale vorantreiben, aber auch diese Art der sozialen Intelligenz, diese Taktiken in der Partnerwerbung, die bei der Konkurrenz um Sexualpartner eine ebenso wichtige Rolle spielen. Die sexuelle Selektion könnte sich also sehr viel stärker auswirken, als wir ursprünglich angenommen hatten«, erklärte mir Gail.

---

* Thomas Malthus war ein britischer Nationalökonom und Sozialphilosoph, der vor allem für seine Abhandlung über das Bevölkerungswachstum *(Das Bevölkerungsgesetz)* bekannt ist. Darin konstatiert er, dass eine Bevölkerung immer stärker anzuwachsen drohe als die Nahrungsquellen, es sei denn, man übt Geburtenkontrolle aus. Diese Vorstellung hatte großen Einfluss auf Darwin, als dieser seine Ideen zur möglichen treibenden Kraft der Evolution formulierte. Bis dahin war Darwin davon ausgegangen, dass sich Lebewesen immer nur so stark vermehrten, dass ihre Populationen stabil blieben. Nach seiner Malthus-Lektüre aber erkannte er, dass sich wie die menschliche Gesellschaft auch diese Populationen übermäßig vermehrten, sodass es im Streben nach Überleben Gewinner und Verlierer gab. So wurde der Wettstreit um das Überleben zur treibenden Kraft in seiner Theorie der Evolution durch natürliche Selektion.

Die ganzen taktischen Verhandlungen setzen kognitive Fähigkeiten voraus. Männliche Seidenlaubenvögel haben relativ große Gehirne, sind langlebig und durchlaufen eine merkwürdige siebenjährige Adoleszenz, während derer sie wie Weibchen leben. Junge Männchen tragen dasselbe grünliche Federkleid wie die Weibchen. Gail nimmt an, dass diese ungewöhnlich lange Entwicklungsphase inklusive »Crossdressing« (in der sie nicht nur den Laubenbau üben, sondern auch von adulten Männchen aktiv umworben werden) mit dem Erlernen ihrer komplexen Don-Juan-Künste erklärbar ist. »Junge Männchen lernen die Partnerwerbung aus Sicht des Weibchens, und sie zeigen oft auch die geduckte Haltung. Sie paaren sich nicht, aber im Grunde durchlaufen sie die gesamte Partnerwerbung aus der weiblichen Perspektive, und wenn sich das alte Männchen zur Paarung annähern will, fliegen sie einfach davon.«

Im Rahmen einer Studie untersuchten einige Wissenschaftler 2009 das Problemlösungsvermögen von Seidenlaubenvögeln und zeigten als Erste, dass das kognitive Abschneiden mit dem Paarungserfolg assoziiert ist und Weibchen die geistig beweglichsten Männchen bevorzugen.[82] Auch männliche Wellensittiche, die ihr Problemlösungsvermögen unter Beweis stellen, erfreuen sich nachgewiesenermaßen größerer Beliebtheit bei den Weibchen. Die Weibchenwahl könnte demnach nicht nur für die Gestaltung des männlichen Körpers und Verhaltens, sondern auch die des männlichen Gehirns verantwortlich sein.

Dieser Gedanke ist nicht neu. Darwin selbst hatte sogar postuliert, dass die sexuelle Selektion für die außergewöhnliche Entwicklung der menschlichen Kognition verantwortlich sein könne, besonders für die expressiveren Aspekte menschlichen Verhaltens, wie Kunst, Moral, Sprache und Kreativität. Die Vorstellung, dass das menschliche Gehirn durch weibliche Auswahl auf Hochglanz poliert worden ist, hätte dem wissenschaftlichen Patriarchat des 19. Jahrhunderts wohl den Todesstoß versetzt – direkt zwischen die Augen, dort, wo es am meisten wehtut.

Die Weibchenwahl ist tatsächlich eine starke evolutionäre Kraft, wirkt aber zugleich willkürlich. Warum lieben alle weiblichen Seidenlaubenvögel Matisse-Blau und nicht Turner-Gelb? Darwins Unfähigkeit, die unberechenbare, aber dennoch einheitliche Natur der Weibchenwahl zu erklären, lieferte seinen Widersachern weitere Munition. Kritiker wie Alfred Russel Wallace fanden es »recht unglaubwürdig ..., dass eine große Mehrheit an Weibchen ... sich darin einig sein sollte, Gefallen an derselben besonderen Art von Variation zu finden«.[83]

Heute gehen viele Wissenschaftler:innen davon aus, dass diese modischen Grillen in der weiblichen Sinneswahrnehmung begründet liegen. Ein Männchen möchte ausgewählt werden, das bedeutet, es muss aus der Masse hervorstechen und bemerkt werden. Und eine bombensichere Methode, die weibliche Aufmerksamkeit auf sich zu ziehen, besteht ganz offensichtlich darin, sich wie ihre Lieblingsspeise zurechtzumachen.[84]

Weibliche Guppys *(Poecilia reticulata)* aus Trinidad ziehen meist solche Männchen als Sexualpartner vor, die größere, farbintensivere orangefarbene Flecken haben. Dahinter steckt, so vermutet man, eine sensorische Vorliebe für die Farbe Orange, die sich aus ihrem Faible für die hellorangefarbenen Früchte des immergrünen Baumes *Sloanea laurifolia* entwickelt hat. Die reifen Früchte fallen in ihre Süßgewässer und werden gierig verschlungen, liefern sie den Fischen doch wichtige Zucker und Proteine in diesem eher kargen Lebensraum. Die Weibchen haben also eine Schwäche für Orange,[85] da diese Farbe sie zu einer guten Nahrungsquelle führt, und das machen sich die Männchen zunutze, um ihr sexuelles Interesse zu wecken.

Möglicherweise bedient sich der männliche Seidenlaubenvogel derselben Strategie, die Sinne für seine Zwecke auszunutzen (engl. *sensory exploitation*). Unter Versuchsbedingungen bevorzugten die fruchtfressenden Weibchen wiederholt blaue Trauben vor anderen Früchten, was vermuten lässt, dass ihr Gesichtssinn besonders stark auf diese Farbe reagiert.[86] Wenn sich Weibchen über Tausende von Generationen hinweg für Blau entscheiden, kann die Präferenz enorm verschoben werden. Die weibliche Vorliebe für blaue Früchte mündet dann in der männlichen Sammelwut für blaue Dinge, angehäuft in seiner Laube. Gut möglich, dass die olivgrüne Brust des Beifußhuhnmännchens denselben Farbton hat wie die schmackhaftesten Beifußtriebe und die ploppenden Geräusche nur dazu dienen, die sensorische Vorliebe um noch mehr Aufmerksamkeit zu ergänzen, so als würde mit einer Tischglocke zur Lieblingsspeise gerufen.

Letztlich ist es schwer zu ermitteln, ob das weibliche Beifußhuhn seinen glücklichen Partner nach der Energie seiner Tanzdarbietung (und somit seinem Gesundheitszustand), der Fitness seiner Gene, dem Ausmaß seiner sozialen Fertigkeiten oder einfach nur anhand der Tatsache auswählt, dass seine Brustfarbe es an Futter erinnert und seinen »Geschmack für das Schöne« (vielleicht auch für das Absurde) anspricht. Diese Konzepte schließen einander nicht notwendigerweise aus, und über das Ausmaß, in dem sie bei einer beliebigen Art jeweils zutreffen, können Evolutionsbiolog:innen wohl tage-, vielleicht sogar jahrelang diskutieren. In der Uneinigkeit darüber, ob ein Weibchen wirklich einen Nutzen aus seiner Wahl zieht oder ob es sich dabei bloß um eine ästhetische Laune infolge des Wunsches nach »hedonistischem Vergnügen« handelt,[87] hallt noch heute der vor mehr als 150 Jahren ausgetragene Disput zwischen Wallace und Darwin wider.

Die sprunghaften Paarungsentscheidungen eines weiblichen Beifußhuhns sind offenbar nicht besser nachvollziehbar als meine eigenen. Nach fast zwei Jahrzehnten eingehender Forschung sind sich die Expert:innen aus der Feldforschung nur in einer einzigen Sache einig: dass die Weibchenwahl »letztlich rätselhaft« bleibt.[88]

Immerhin wissen wir heute, dass die Partnerwahl kein unveränderliches Phänomen ist. Die von einem Tungara-Froschweibchen im Laichgewässer zu Beginn der Nacht, umgeben von einer lärmenden Kakofonie lüsterner Männchen, getroffene Entscheidung ist nachweislich eine ganz andere als die, die es am frühen Morgen trifft. Forschende beobachteten in Panama Froschweibchen, die höchst wählerisch waren und kein Interesse an synthetischen Froschrufen aus einem tragbaren Lautsprecher zeigten, als die Nacht noch jung und verheißungsvoll war. Zum Ende der Nacht hin jedoch waren die Weibchen deutlich weniger anspruchsvoll. Bereitwillig sprangen sie auf den Plastiklautsprecher und blieben fast schon verzweifelt sitzen, in der Hoffnung, dass ihre Eier befruchtet würden, bevor die Teichparty zu Ende wäre.[89]

Wie wählerisch ein Weibchen ist, kann je nach Alter, Fruchtbarkeit, Umgebung, Lebenserfahrung oder Gelegenheit schwanken. Manchmal entscheidet es sich auch, sich mit mehreren Männchen zu paaren. Beifußhuhnweibchen mögen zurückhaltend wirken, tatsächlich aber sind sie erstaunlich promisk.[90] Wie wir im folgenden Kapitel erfahren werden, ist die weibliche Entscheidung, sich freudig mit mehreren Partnern zu paaren, im Tierreich anhaltend weitverbreitet.

KAPITEL 3

Mythos Monogamie: Weibliche Untreue und der große Taufliegen-Irrtum

Hogamus, higamous
Man is polygamous
Higamus, hogamous
Woman monogamous
William James (1842–1910)

Einmal brüllte ich so laut, dass ich einem Löwen die Freundin ausspannte. Zugegeben, das Gebrüll kam nicht aus meinem Mund, sondern aus einem Lautsprecher. Ich war in der Masai Mara, dem kenianischen Nationalreservat, bei Dr. Ludwig Siefert, einem Löwen-Spezialisten, der mir demonstrierte, wie das Abspielen von Audio-Aufnahmen dabei hilft, die Kommunikation von Löwen zu entschlüsseln. Zu dieser eindrücklichen Darbietung gehörte auch, dass wir beide in seinem Jeep standen, die Köpfe aus dem offenen Dachfenster reckten und im Schutze der Dunkelheit das blecherne Brüllen eines dominanten Männchens in das Revier eines anderen losließen – eine gewagte Form der wissenschaftlichen Untersuchung; mir erschien es wie die feline Variante von »Komm mit vor die Tür, wenn du glaubst, du bist hart genug dafür« in einer ruppigen Kneipe kurz vor dem Hinauswurf.

Anfangs kam ich mir ziemlich dumm dabei vor. Ein MP4-Player und ein tragbarer Lautsprecher können dem Gebrüll eines Löwen kaum gerecht werden, das mit 114 Dezibel das lauteste unter den Großkatzen ist. Das Brüllen selbst ist meist weniger majestätisch als das, was wir aus dem Vorspann von MGM-Spielfilmen kennen – es ähnelt eher einer Reihe grummelnder tiefer Grunzer –, aber mit seiner basslastigen Resonanz trägt es bis zu acht Kilometer weit. Ich nahm eigentlich an, dass unser verzerrter Abklatsch kaum Interesse erregen würde. Doch nach einigen Minuten des Schweigens erklang aus der Ferne eine Antwort. In den nächsten ungefähr 30 Minuten spielten wir Audio-Pingpong mit dem Löwen im Nachbarrevier, dessen Brüllen immer lauter wurde – das Herz schlug mir bis in den Hals, mir standen die Haare zu Berge, und ich hatte schweißnasse Hände.

Aus dem Dunkel erschien nicht bloß ein Löwe, es waren gleich drei – zwei Männchen und ein Weibchen. Angesichts einer halben Tonne erregter Muskeln, Zähne und Pranken fühlte ich mich in unserem Safarigefährt plötzlich gar nicht mehr so sicher. Die Löwen strichen um das Fahrzeug und suchten nach etwas, das so aussah und roch wie ein männlicher Löwe. Als sie nichts fanden, entfernten sich die beiden Männchen; das Weibchen jedoch legte sich vor unserem Wagen auf den Boden, sodass wir über eine Stunde lang festsaßen.

Siefert kannte diese Löwen. Wie er mir erklärte, waren die Männchen Brüder; das Weibchen war wahrscheinlich im Östrus, also paarungsbereit, und die Gefährtin des einen. Siefert erläuterte mir auch, warum sie ihren Partner verlassen hatte und am Herkunftsort unseres Gebrülls geblieben war: Wahrscheinlich hoffte sie auf etwas Sex außer der Reihe mit dem Urheber des Gebrülls. Ganz offensichtlich ist es nicht allzu schwer, einem Löwen die Freundin auszuspannen. Es ist nicht ungewöhnlich für Löwinnen, sich von ihrem schlummernden Partner davonzustehlen, um sich mit anderen Männchen einzulassen.[91] Diese lüsterne Mehrgleisigkeit ist offenbar bei Löwinnen der Normalfall, sie sind unter Großkatzenforschern für ihre Promiskuität bekannt. Löwinnen paaren sich während des Östrus bis zu 100-mal täglich mit mehreren Männchen.[92]

Ich war geradezu geschockt und insgeheim auch fasziniert, als ich vom zügellosen Wesen der Löwinnen erfuhr. Wie der berühmt-berüchtigte Reim von William James belegt, weiß jede und jeder, dass es stets die Männchen einer Tierart sind, die ein ausschweifendes Sexleben führen, nicht die Weibchen. Als Zoologiestudentin wurde mir beigebracht, dass dies der männliche Imperativ sei, nicht in Stein gemeißelt, sondern in Keimzellen festgeschrieben. Die Anisogamie (also die grundlegenden Unterschiede in der Gametengröße, aus altgriechisch *anisos*, »ungleich« und *gamein*, »heiraten«) definierte demnach nicht nur die Geschlechter, sondern zugleich ihr Verhalten. Spermatozoen sind klein und liegen in Massen vor, Eizellen dagegen sind groß und in ihrer Zahl begrenzt, also werden Männchen promisk sein, Weibchen hingegen wählerisch und züchtig.

»Übermäßig viele Kopulationen mögen ein Weibchen nicht eigentlich viel kosten … aber sie bringen ihm auch keinen ausdrücklichen Vorteil. Für ein Männchen andererseits kann die Zahl der Kopulationen mit so vielen verschiedenen Weibchen wie möglich niemals zu groß sein: Das Wort übermäßig hat in diesem Zusammenhang für ein Männchen keine Bedeutung«, so mein Hochschullehrer Richard Dawkins in seinem Buch *Das egoistische Gen.*[93]

Dieses biologische Gesetz wollte mir nie so recht einleuchten. Wie konnte ein Geschlecht promisk sein und das andere keusch – mit wem hatten die Männchen schließlich den ganzen Sex, wenn die Weibchen dermaßen zurückhaltend waren? Das ergab für mich keinen Sinn. Und wenn das Sexualverhalten eines Weibchens durch seine Gameten vorgegeben ist, wie lässt sich dann die hemmungslose Sexualität von Löwinnen erklären? Nun ja – wie wir noch erfahren werden, ist die Löwin keineswegs die einzige so freizügige Vertreterin der weiblichen Tierwelt. Die Zeit ist längst überfällig für eine radikale Neubewertung der aus der Anisogamie abgeleiteten Geschlechterrollen – wenn denn unsere Spezies bereit ist, eine solche Veränderung zu akzeptieren.

Die Konstruktion der weiblichen Keuschheit im 19. Jahrhundert

Es war nicht immer so, dass die Wissenschaft die Weibchen einer Art für pathologisch keusch hielt. In der Entstehungszeit der Zoologie vermerkte Aristoteles, dass Haushennen sich häufig in den Staub hockten und sich nicht nur mit einem sorgfältig ausgewählten Hahn, sondern mit mehreren paarten.[94] Es war Charles Darwin, der zwei Jahrtausende später in seinem Werk *Die Abstammung des Menschen und die geschlechtliche Zuchtwahl* die Sexualität komplett anders beschrieb und die Weibchen in einen schlecht sitzenden Keuschheitsgürtel steckte.

»Bei den verschiedensten Classen des Thierreichs, bei Säugethieren, Vögeln, Reptilien, Fischen, Insecten und selbst Krustenthieren, folgen die Verschiedenheiten zwischen den Geschlechtern beinahe genau den selben Regeln. Die Männchen sind beinahe immer die Werber …«[95]

In seinem Werk legt Darwin seine Theorie der sexuellen Selektion mit nach heutiger Wahrnehmung geradezu blumig wirkenden Worten dar und beschreibt beispielsweise, dass männliche Tiere »stärkere Leidenschaften haben« und daher »mit einander kämpfen und eifrig ihre Reize vor den Weibchen entfalten«.[96] Und weiter: »Das Weibchen ist andererseits mit sehr seltenen Ausnahmen weniger begierig als das Männchen (…). Es verlangt im Allgemeinen geworben zu werden, es ist spröde …« Aufgabe des Weibchens ist es, sich den Reizen des Siegers passiv hinzugeben oder unter den »Werbern« eine Wahl zu treffen und sich dessen sexuellen Anforderungen hinzugeben, wenn auch zögerlich. Wie Darwin beschreibt, kann man sogar »oft sehen, dass es eine Zeit lang den Versuch macht, dem Männchen zu entrinnen«.[97]

Zwar merkte Darwin an, dass die Rollen bei einer kleinen Zahl von Arten umgekehrt verteilt waren – die Weibchen konkurrierend, die Männchen wählerisch –, aber dies waren für ihn unbedeutende Ausnahmen. Seine Erklärung für die Beständigkeit seiner so zugewiesenen Geschlechterrollen bestand darin, dass letztlich alles auf die fundamentalen Unterschiede zwischen Spermatozoen und Eizellen zurückging. Spermien waren beweglich, so Darwin, Eier bzw. Eizellen dagegen nicht, und diese Ungleichheit bildete die Grundlage für die »aktive« Männlichkeit und »passive« Weiblichkeit.[98]

Mit seinem Stereotyp vom zurückhaltenden Weibchen fügte sich Darwin in den Geist seiner Zeit. Im 19. Jahrhundert war die Ideologie von der »wahren Weiblichkeit« vorherrschend, die angeblich auf wissenschaftlichen Erkenntnissen beruhte. »Wahre Frauen« hatten fromm, unterwürfig und nur an häuslichen Dingen interessiert zu sein. Sie zeigten keinerlei Leidenschaft und waren selbst nach der Heirat nicht an Sex interessiert. Die Zeugung von Nachwuchs war als Teil des heiligen Gelübdes eine eheliche Pflicht, doch bitte schön ohne Wollust oder Begeisterung.

Darwins Theorie der sexuellen Selektion fügte sich in diese Vorstellungen ein. Dennoch war sie heftig umstritten, weit mehr noch als die der natürlichen Selektion. Wie wir im vorigen Kapitel erfahren haben, stieß man sich an der Weibchenwahl. Dem schwachen Geschlecht so viel evolutionären Einfluss zuzusprechen, stieß Darwins patriarchalen Zeitgenossen gewaltig auf und machte seine zweite Theorie für sie höchst ungenießbar. Das Konzept der sexuellen Selektion wäre womöglich still und leise in Vergessenheit geraten, wenn nicht ein britischer Botaniker 1948, also rund 70 Jahre später, die experimentellen Daten geliefert hätte, um Darwins Geschlechts-Stereotypen zu untermauern und in ein allgemeines Gesetz zu überführen.

Diese Echtheitsbestätigung lieferte Angus John Bateman, ein junger, bereits angesehener Pflanzengenetiker von der John Innes Horticultural Institution in London. Bateman entwarf einen ambitionierten Plan, um Darwins »allgemeines Gesetz«[99] von der Begierde der Männchen und der Sprödigkeit der Weibchen zu legitimieren. Ihm war aufgefallen, dass Darwin diese Geschlechterrollen allein an Beobachtungen festgemacht hatte, und ohne systematisch gewonnene Belege war der große Mann eine »Erklärung der Geschlechtsunterschiede (…) schuldig geblieben«.[100] Bateman machte es sich zur Aufgabe, Darwins Ideen einen festen empirischen Unterbau zu geben.

Dazu richtete er seine Aufmerksamkeit auf jene winzigen Fliegen, die, sobald irgendwelche Früchte zu faulen beginnen, scheinbar wie aus dem Nichts erscheinen. Die bescheidene Taufliege *Drosophila melanogaster* mag für alle Obstliebhaber:innen ein nerviger Lästling sein, doch zugleich ist sie der Genetiker:innen beste Freundin. Die winzigen Insekten werden innerhalb von wenigen Tagen geschlechtsreif, legen Hunderte von Eiern und, besonders wichtig, lassen sich im Labor so züchten, dass sie äußerlich erkennbare Genmutationen zeigen. Eigenschaften bestimmter Zuchtlinien mit seltsam gefärbten Augen, ganz ohne Augen oder mit deformierten Stummelflügeln fungieren als Marker, anhand derer sich Genealogien erstellen lassen.

Bateman steckte drei bis fünf adulte Fliegenmännchen und dieselbe Anzahl von Weibchen, alle mit unterschiedlichen sichtbaren Mutationen, in einen Glasbehälter und ließ der Natur ihren Lauf – eine Art *Love Island* für Fliegenmutanten mit so grotesken Namen wie *hairy wing* (mit behaarten Flügelkanten), *bristle* (mit einer bestimmten Anordnung von Borsten) und *microcephalous* (mit augenlosen Miniköpfen).

Nach einigen Tagen untersuchte Bateman die nächste Generation, um herauszufinden, wer sich mit wem gepaart hatte. Die elterlichen Mutationen waren allesamt heterozygot, sprich: Jede Fliege hatte ein dominantes mutiertes Gen und ein rezessives Gen vom normalen »Wildtyp«. Den Mendelschen Vererbungsregeln der Genetik zufolge wäre demnach abzusehen, dass, wenn sich etwa *bristle* und *microcephalous* gepaart hätten, ein Viertel der Nachkommen die Borsten des Vaters hätten, ein Viertel blind wäre wie die Mutter, ein Viertel blind wie die Mutter und mit Borsten wie der Vater und ein glückliches Viertel normal und von Mutationen verschont. Mithilfe dieses Grundprinzips schätzte Bateman, wie viele Nachkommen jedes Männchen und jedes Weibchen hervorgebracht hatte.

Batemans monströse *Drosophila*-Verpaarungsaktion war eine elegante, wenn auch etwas makabre Art, in jener Zeit vor Vaterschaftstests und Genomentschlüsselungen die Vererbung zu untersuchen. Er konnte so nachvollziehen, wer wen befruchtet hatte, ohne die Paarungen der Fliegen beobachten zu müssen. Dennoch war das ganze Unternehmen sehr aufwendig; insgesamt führte er nicht weniger als 64 Paarungsexperimente durch. Ich weiß aus eigener Erfahrung, dass die Arbeit mit Taufliegen extrem fummelig ist, geruchsintensiv und klebrig noch dazu. *Drosophila melanogaster* ist gerade einmal drei Millimeter lang; das Untersuchen Tausender jungadulter Exemplare auf Borsten oder behaarte Flügel muss auch für den schlimmsten Pedanten eine enorme Herausforderung gewesen sein.

Bateman fasste seine Ergebnisse aus allen 64 Experimenten zusammen und präsentierte sie in zwei grundlegenden Grafiken, in denen die reproduktive Fitness (gleichzusetzen mit der Zahl der Nachkommen) gegen die Anzahl der Paarungen aufgetragen war. Die zweite dieser Grafiken sollte zur Legende werden, millionenfach in Zoologielehrbüchern in aller Welt wiedergegeben. Sie enthält nur zwei Linien: eine für das Männchen, die steil himmelwärts verläuft und veranschaulicht, dass mehr Paarungen zu mehr Nachkommen führen, und eine für das Weibchen, die nur leicht ansteigt und dann auf einer Höhe bleibt, was untermalt, dass Weibchen keinen Vorteil daraus ziehen, sich mit mehr als ein oder zwei Männchen zu paaren.

Dieser Gradient belegte eine Konkurrenz unter den Männchen, bei der manche sich als Granaten entpuppten und andere als Blindgänger. Die Weibchen dagegen zeigten wenig Unterschiede in ihrem reproduktiven Output. Wie Batemans Ergebnisse zeigten, brachte das erfolgreichste Taufliegenmännchen fast dreimal so viele Nachkommen hervor wie das erfolgreichste Weibchen. Zugleich konnte ein Fünftel aller Männchen keinerlei Nachkommen zeugen; bei den Weibchen waren dies lediglich vier Prozent.

Diese Varianz im Fortpflanzungserfolg warf einen trüben Schatten auf die *Drosophila*-Weibchen: Sie implizierte, dass die sexuelle Selektion stärker auf die Männchen als auf die Weibchen einwirkte, die sich mit ziemlicher Gewissheit sozusagen unter Volllast fortpflanzten. Weibchen galten somit nicht mehr nur als keusch, sie wurden auch noch für evolutionär irrelevant und ihr Verhalten für nicht der Erforschung wert erklärt.

Obwohl Bateman Darwins Theorie nur an Taufliegen überprüft hatte, war er sich sicher, dass sich seine Schlussfolgerungen auf komplexere Organismen übertragen ließen, etwa auf Menschen. Er verkündete daher, eine Dichotomie der Geschlechterrollen, insbesondere »ein unkritisches Streben« bei Männchen und eine »kritische Passivität« bei Weibchen,[101] sei im Tierreich die Norm. »Selbst bei einer mehr oder weniger monogamen Art (z.B. dem Menschen) darf man davon ausgehen, dass dieser Geschlechterunterschied als Regel bestehen bleibt.«[102]

Diese festen Geschlechterrollen, so postulierte Bateman, wurden durch die Anisogamie festgeschrieben. Der Fortpflanzungserfolg eines Weibchens wird demnach durch seine endliche Anzahl großer, energieaufwendiger Eizellen begrenzt, während für die Männchen der schier grenzenlose Nachschub an wenig aufwendigen Spermatozoen bedeutet, dass ihre Reproduktionsrate nur durch die Anzahl der Weibchen begrenzt wird, die sie für sich gewinnen und mit denen sie sich paaren können.

Trotz der positiven Ergebnisse blieb Batemans empirische Hilfeleistung für Darwins Beschreibung der Geschlechter anfangs ebenso unbeachtet wie die sexuelle Selektion selbst. Der junge Botaniker wandte sich wieder den Pflanzen zu und sah wahrscheinlich nie wieder eine *Drosophila* an, es sei denn, um sie von seiner Obstschale zu verscheuchen.

Doch es war nicht alles verloren. Ganze 24 Jahre später nannte der Zoologe Robert Trivers von der Harvard University Batemans Studie als wichtigste Quelle in einem der einflussreichsten biologischen Artikel aller Zeiten, der mehr als 11 000-mal zitiert wurde. Trivers' klassischer Essay *Parental Investment and Sexual Selection* (»Elterliches Investment und sexuelle Selektion«) von 1972 hob Darwins Theorie und Batemans stützende Untersuchung aus der Versenkung, polierte sie unkritisch auf und machte auf diese Weise das keusche Weibchen und das promiske Männchen zu einem der Leitprinzipien der Evolutionsbiologie.

Trivers argumentierte, dass stets dasjenige Geschlecht, welches am wenigsten in den Nachwuchs investiert, darum konkurrieren wird, sich mit dem Geschlecht zu paaren, das am meisten investiert. Die Wurzel dieser Ungleichheit bildet wiederum die Anisogamie und die vermutete Notwendigkeit für ein Weibchen, sein schon wesentliches Investment in Gestalt der Eizelle zu schützen, während das Männchen seine Spermatozoen wahllos verprasst.

Trivers' Artikel erschien zur Geburtsstunde der Soziobiologie (heute auch als Verhaltensökologie bezeichnet, ein neues Gebiet der Evolutionsbiologie, das sich auf tierisches Verhalten konzentrierte) und bildete einen Teil ihres Fundaments. Lehrbücher mit Kapiteltiteln wie »Das zurückhaltende Weibchen und das leidenschaftliche Männchen«[103] wurden zur Bibel aller Biologiestudent:innen, und das »Bateman-Prinzip« bekam darin reichlich Platz. Dieses biologische Gesetz war so allgegenwärtig, dass es in die Populärkultur einsickerte und die wissenschaftliche Theorie von manch unerwarteter Seite gefeiert wurde.

»Schon lange heißt es, dass ein Mann es mit allem zu treiben versucht, was sich bewegt, eine Frau aber nicht. Jetzt erklärt uns die erstaunliche neue Wissenschaft von der Soziobiologie, warum«, frohlockte etwa der *Playboy* 1979 in seinem ausgiebigen Feature *Darwin and the Double Standard* voller Häme. Darin warf er Feministinnen vor, ihr biologisches Erbe zu leugnen, und behauptete: »Eine aktuelle wissenschaftliche Theorie legt nahe, dass es angeborene Unterschiede zwischen den Geschlechtern gibt und das, was für den Ganter richtig ist, für die Gans falsch ist.« Das ausgiebige Exposé schloss mit einem Freifahrschein für seine Leser, es wild zu treiben, mit dem Segen der Wissenschaft: »Wenn man Sie beim Herummachen erwischt, sagen Sie nicht, der Teufel habe Sie dazu getrieben. Es ist der Teufel in Ihrer DNA.«[104]

Die vom *Playboy*-Magazin zelebrierten Ansichten geistern bis heute in der Evolutionspsychologie herum, die evolutionäre Erklärungen für menschliches Verhalten finden möchte. Wissenschaftler von Alfred Kinsey bis David M. Buss (Autor von *Die Evolution des Begehrens*) haben sich auf die männliche Promiskuität fokussiert, ausgehend von der Annahme, dass dieses Verhalten den von der Anisogamie vorgegebenen Paarungsstrategien im Tierreich ähnele. Manche rechtfertigen sogar die schlimmsten männlichen Verhaltensweisen – Vergewaltigung, Untreue und manche Formen der häuslichen Gewalt – als adaptive Merkmale, die sich entwickelten, weil in männlichen Wesen Promiskuität angelegt sei, in weiblichen aber sexuelle Zurückhaltung.[105]

Das Problem bei diesem Universalgesetz ist allerdings, dass es nicht universal gültig ist. Fragen Sie mal die Löwin. Batemans Paradigma fing schon an zu bröckeln, bevor Trivers die Taufliegen des Botanikers von den Toten auferstehen ließ, aber offenbar wollte kaum jemand dies wahrhaben. Das intellektuelle Gewicht des Namens Darwin, noch verstärkt durch Batemans Paradigma und den aufsteigenden Stern Trivers, verleitete die meisten Zoolog:innen dazu wegzuschauen, wenn sie auf ein promiskes Weibchen stießen. Erst ein Trupp (gefiederter und menschlicher) seltsamer Vögel und eine kriminaltechnische Ausrüstung rückten die Dinge ins rechte Licht.

Ein Hoch auf untreue Vögel

Der Rotflügelstärling *(Agelaius phoeniceus)* ist in den Augen nordamerikanischer Farmer eine wahre Plage. Jedes Frühjahr fallen diese Singvögel, deren glänzend schwarze Männchen mit ihren rot-goldenen »Epauletten« unverwechselbar sind, in Scharen in den US-amerikanischen Wheat Belt ein und fressen sich durch die Getreidefelder Amerikas. In den 1960er-Jahren schossen die Farmer einfach so viele von den Vögeln ab, wie sie konnten. Diese schießwütige Singvogelbekämpfung passte allerdings nicht so recht zu den Umweltschutzbestrebungen der Regierung. Zu Beginn der 1970er-Jahre beschlossen Umweltwissenschaftler des US Fish and Wildlife Service daher, eine gewitzte Alternativmethode zu testen, die sich aus ihren zoologischen Erkenntnissen über das Sexleben der Vögel ableitete.

Männliche Rotflügelstärlinge sind polygam. Jedes Männchen verteidigt ein Territorium, das groß genug ist, um einen Harem von bis zu acht Weibchen zu ernähren. Die Wissenschaftler:innen von der US-Behörde schlugen daher als humanere, wenn auch etwas ungewöhnliche Alternative zum jährlichen Frühjahrsgemetzel die Sterilisierung der Männchen vor; schließlich konnte ein so unfruchtbar gemachtes Männchen keine weiteren Schädlinge zeugen. Also konnten Herr Stärling und seine Partnerinnen fröhlich und steril weiterleben, und die Plage wurde nicht fortgesetzt.

Irgendwie schaffte es diese Idee vom Reißbrett in einen Feldversuch, der im Frühling 1971 in Colorado durchgeführt wurde. Drei männliche Wissenschaftler fingen in einem Feuchtgebiet bei Lakewood in Jefferson County acht männliche Rotflügelstärlinge und machten sich daran, ihre Samenstränge abzubinden – eine heikle Operation bei einem Vogel, der kaum mehr wiegt als ein Tennisball. Sobald sie die Narkose überwunden hatten, wurden die Vögel wieder in ihr Revier gebracht, wo sie sich »rasch und ohne erkennbare nachteilige Auswirkungen« erholten.[106]

Die Weibchen hatten derweil bereits mit dem Eierlegen begonnen. Innerhalb der folgenden neun Tage wurden diese allesamt aus den Nestern genommen, sodass die Wissenschaftler sicher sein konnten, dass alle Eier im Experiment aus der Paarung mit den frisch sterilisierten Männchen stammten.

Zur großen Überraschung und Enttäuschung der Forscher erwiesen sich jedoch 69 Prozent der Gelege aus den Revieren der sterilisierten Männchen als befruchtet. Dafür gab es drei mögliche Erklärungen; am wahrscheinlichsten war diejenige, dass die fummelige Sterilisation nicht funktioniert hatte. Alle acht Männchen wurden also geopfert, um ihre Gonaden sorgfältig mikroskopisch zu untersuchen. Im Vergleich zu nicht sterilisierten Männchen sahen sich die Forscher jedoch bestätigt; alle Exemplare zeigten deutlich verkleinerte Hoden und eine »käsige Substanz« in ihren Samensträngen, was darauf hindeutete, dass die Operation sehr wohl gelungen war.

Verwirrt fragten sich die Wissenschaftler, ob die Weibchen womöglich Spermatozoen gespeichert hatten, die sie vor der Sterilisation der Männchen von diesen empfangen und dann zur Befruchtung ihrer Eizellen genutzt hatten. Doch die Untersuchung von 30 Weibchen in unterschiedlichen Stadien der

Brut ergab, dass lebensfähige Spermatozoen nicht lang genug hätten gespeichert werden können, um die Eizellen zu befruchten.

Somit blieb nur noch eine Erklärung: Die Weibchen mussten mit nicht sterilisierten Männchen benachbarter Reviere Sex gehabt haben. Einfach undenkbar. In den 1970er-Jahren war vielleicht die sexuelle Revolution unter Menschen in vollem Gange, doch weibliche Singvögel hatten bitte schön monogam zu sein. »Deutlich über neun Zehntel [93 Prozent] aller Singvogel-Unterfamilien sind normalerweise monogam«, schrieb der Ornithologe David Lack 1968 im Brustton der Autorität. »Polyandrie ist unbekannt.«[107*]

Die perplexen Forscher mussten berichten, dass die Sterilisation von Männchen als Maßnahme zur Kontrolle von Stärlingspopulationen nicht geeignet sei, und äußerten den Verdacht, dass »weibliche Promiskuität« daran schuld sei. Ihr kleinlautes Eingeständnis dokumentierte eine fehlgeschlagene Schädlingsbekämpfung, läutete aber auch eine Revolution in unserem Wissen über weibliches Paarungsverhalten ein.[108]

Abgesehen von wenigen polygamen Ausnahmen wie dem Rotflügelstärling galten Singvögel lange als Ausbund der Monogamie. Der Grund dafür liegt auf der Hand: Selbst bei flüchtigster Beobachtung ist offensichtlich, dass die meisten Vögel als Paare brüten und Männchen wie Weibchen unermüdlich arbeiten, um ein Nest zu bauen und ihre fordernden Nachkommen mit der nötigen Nahrung zu versorgen, um flügge zu wer-

---

* Bringen wir ein wenig Ordnung in die Begrifflichkeiten. Am bekanntesten ist die Bezeichnung Polygamie, die beschreibt, dass ein Tier gleich welchen Geschlechts mehr als eine oder einen Sexualpartner:in hat. Polyandrie ist eine spezifische Form der Polygamie, bei der das Weibchen mehrere Partner hat. Der Begriff leitet sich vom Altgriechischen *poly-*, »viel-« und *andro*, »Mann« ab. Polygynie wiederum ist die Form der Polygamie, bei der ein Männchen mehrere Partnerinnen hat. Auch dieser Begriff stammt aus dem Altgriechischen (*gyne*, »Frau«). Es gibt auch noch die Monandrie, bei der das Weibchen nur einen Partner hat, aber wie sich noch zeigen wird, muss dieser Begriff nicht allzu oft verwendet werden.

den. All dies findet zudem oft im menschlichen Siedlungsgebiet statt, sodass ihr paralleles »häusliches« Dasein leicht zu beobachten ist und schnell romantisiert wird.

»Möget ihr wie die Heckenbraunelle sein – Mann und Frau in reiner Treue verbunden«, dozierte Reverend Francis Orpen Morris im Jahr 1853. Morris war begeisterter Ornithologe und Autor eines beliebten viktorianischen Vogelbuchs, das seine Leser:innen ermunterte, den einfachen Lebenswandel der »bescheidenen und unscheinbaren« Heckenbraunelle *(Prunella modularis)* nachzuahmen.[109] Der gute Reverend wusste allerdings nicht, dass er damit den weiblichen Schäfchen seiner Gemeinde quasi die Erlaubnis gab, sich einen zweiten Liebhaber zuzulegen und mit beiden Männern mehr als 250-mal zu kopulieren, um eine Familie zu gründen. Eine Verfügung, die, wie der Zoologe Nick Davies aus Cambridge (der das freizügige Sexleben der weiblichen Heckenbraunelle als Erster dokumentierte) trocken anmerkte, wohl einiges »Chaos in der Gemeinde« gestiftet hätte.[110]

Wie sich zeigt, besteht ein Riesenunterschied zwischen sozialer und sexueller Monogamie. Vögel sind sozial sehr monogam, bei manchen Arten binden sich die Paare sogar lebenslang, doch sexuell sieht die Sache etwas anders aus.

Nach Auskunft des auf Vögel spezialisierten Biologen Tim Birkhead, Professor für Verhaltensökologie an der University of Sheffield, erschütterte diese Entdeckung die Welt der Ornithologie. »Es war die größte vogelbiologische Entdeckung seit 50 Jahren«, erklärte er mir während eines stürmischen Birdwatching-Ausflugs in das Vogelschutzgebiet Bempton Cliffs in Yorkshire. Die Brutsaison war auf ihrem Höhepunkt, und die weißen Kreidefelsen wimmelten von Tausenden Dreizehenmöwen, kopfnickenden Basstölpeln und knurrenden Trottellummen. Überall um uns herum waren Seevögel dabei, Balz-Tänze zu vollführen, Nester zu bauen, Jungvögel zu füttern und einander klammheimlich zu betrügen.

»Darwin hat gesagt, Weibchen seien monogam, und darum haben das 100 Jahre lang alle geglaubt«, so Birkhead. »Selbst wenn einige ganz offenkundig nicht monogam waren, hieß es, man habe einen Fehler gemacht, oder man erklärte es beispielsweise damit, dass das Weibchen hormonell aus dem Gleichgewicht sei. Es wurde einfach unter den Teppich gekehrt.«

Heute wissen wir, dass 90 Prozent aller weiblichen Vögel routinemäßig mit mehreren Männchen kopulieren und somit ein Gelege etliche Väter haben kann.[111] Und wie sich zeigt, sind Weibchen umso eher untreu, je protziger die Männchen sind. Wie Birkhead vor nicht allzu langer Zeit herausfand, zeigen Arten mit besonders ausgeprägtem Geschlechtsdimorphismus auch eine besonders ausgeprägte Untreue; das extremste bekannte Beispiel ist der australische Prachtstaffelschwanz *(Malurus cyaneus)*. Wie der Name schon andeutet, tragen die Männchen zur Balz-Zeit ein leuchtend blaues Prachtkleid und umwerben die unauffällig bräunlichen Weibchen sogar mit gezielt gepflückten gelben Blüten. Zum Dank für die extravagante Balz werden dem Männchen jedoch Hörner aufgesetzt – im Morgengrauen stiehlt sich seine Partnerin davon und paart sich mit den Nachbarn. Darum haben mehr als drei Viertel der Jungvögel im Nest, das ihr sozialer Partner voller Eifer gebaut hat, in Wirklichkeit andere Väter.[112]

Vogelweibchen sind raffinierte Fremdgängerinnen. Ihr doppeltes Spiel kam erst mithilfe forensischer DNA-Fingerprinting-Methoden ans Licht, mit denen Zoolog:innen die Vaterschaft ihrer Eier überprüften.

Die erste Person, die diese neuartige Technik zur Untersuchung der Treue von Singvogelweibchen anwandte, war die virtuose Wissenschaftlerin Patricia Gowaty. Die angesehene frühere Professorin für Evolutionsbiologie an der University of California in Los Angeles (UCLA), heute in ihren Siebzigern, ist eine glühende Feministin. Dieses geniale Stück Detektivarbeit war ein erster Durchbruch in ihrer beruflichen Laufbahn, in der sie immer wieder furchtlos das von ihr so genannte »Standardmodell« der Geschlechtsunterschiede im Verhalten infrage stellte. Und zugleich war es ein erster Vorgeschmack darauf, wie es ist, vom männlichen Wissenschafts-Establishment ignoriert zu werden.[113]

»Für diese Studie bekam ich heftigen Gegenwind«, berichtete sie mir am Telefon mit einem entwaffnenden Südstaatenakzent. »Es war furchtbar, Lucy. Als hätte ich etwas entdeckt, aber es stieß so viele Leute vor den Kopf, dass man es einfach nicht glauben konnte.«

Gowatys Forschungsobjekt war der Rotkehl-Hüttensänger *(Sialia sialis)*, dessen kobaltblaue Männchen mit ihrem fröhlichen Gesang Pate für den Song *Zip-a-Dee-Doo-Dah* aus dem Disney-Film *Onkel Remus' Wunderland* standen. Dieser beliebte Singvogel, durch und durch amerikanisch wie Apple Pie, wurde also von Gowaty als treulos dargestellt. Das konnte einfach nicht gut gehen, aber Gowaty war doch schockiert darüber, wie groß die Vorurteile unter ihren Kollegen waren.

»Sie konnten sich nicht vorstellen, dass Weibchen etwas anderes als harmlos waren. Die würden sich doch nie einen zweiten Partner suchen, das war doch eine Sünde! So haben sie es zwar nicht gesagt, aber das war es, was sie dachten.«

Bei einem Treffen der American Ornithological Society tat ein angesehener Ethologieprofessor seine Skepsis gegenüber Gowaty mit der Äußerung kund, die von ihr untersuchten Rotkehl-Hüttensängerweibchen müssten »vergewaltigt« worden sein. Das aber ist, wie sie mir erklärte, physisch ganz unmöglich. Männliche Singvögel besitzen keinen Penis. Beide Geschlechter verfügen über eine Kloake, sozusagen eine Mehrzweck-Körperöffnung, über die Keimzellen und Ausscheidungen abgegeben werden. Damit eine Befruchtung stattfinden kann, müssen sowohl Männchen als auch Weibchen den mittleren Teil ihrer Kloake ausstülpen und beide im in der Biologie so genannten »Kloakenkuss« vereinigen. All das findet statt, während das

Männchen unsicher auf dem Rücken des Weibchens balanciert; das Weibchen könnte also unerwünschte sexuelle Avancen einfach unterbinden, indem es wegfliegt.

»Singvögel brauchen keine #MeToo-Bewegung«, so Gowaty, »eine Befruchtung ohne das Mitwirken des Weibchens ist physisch unmöglich.«

Im folgenden Jahrzehnt gab es etliche Studien zur Vaterschaft bei Vögeln – und eine wahre Flut an Belegen, die nicht mehr zu ignorieren waren. Dennoch betrachtete das (männliche) ornithologische Establishment Vogelweibchen eisern weiter als züchtig. Schließlich lautete das Gesetz nach Darwin, Bateman und Trivers, dass Weibchen von mehrfachen Paarungen keinen Vorteil hatten, wohl aber erhebliche Nachteile – würde es von seinem sozialen Partner erwischt, würde das untreue Weibchen, so glaubte man, womöglich verlassen oder gar getötet werden. Trotz der Unmöglichkeit einer ungewollten Paarung hielt sich also hartnäckig die Ansicht, dass Vogelweibchen unfreiwillige Opfer des männlichen biologischen Imperativs seien, seinen Samen überall zu verstreuen.* Selbst Ornithologen wie Tim Birkhead beschrieben zunächst, wie Vogelweibchen erzwungene Kopulationen mit anderen Männchen »erlitten« und wie sie das Männchen mit Tricks zur Monogamie bringen könnten.[114]

»Je genauer man diese seltsam puritanische Vorstellung unter die Lupe nimmt, umso abwegiger erscheint sie«, schrieb Susan Smith, Professorin für Biowissenschaften am Mount Holyoke College in Massachusetts.[115] Mit ihrer Langzeitstudie zur Schwarzkopfmeise *(Poecile atricapillus)* trug sie entscheidend zum Sinneswandel unter Biologen bei. Über 14 Brutsaisons hinweg dokumentierte sie, dass 70 Prozent der weiblichen Seitensprünge kurz nach Sonnenaufgang im Revier eines Männchens stattfanden, das im Rang höher stand als der eigene So-

---

* Einige wenige Vogelarten, darunter Enten, besitzen noch einen Penis, und erzwungene Kopulationen sind hier Teil des Paarungssystems. Mehr dazu in Kapitel 5.

zialpartner. Es sah verdächtig danach aus, dass sich Weibchen, die mit einem Durchschnittsmann zusammenlebten, vom Supermann nebenan ein paar bessere Gene beschafften.

Smiths grundlegende Studie wurde durch die Arbeit der kanadischen Ornithologin Bridget Stutchbury gestützt, Professorin für Ökologie an der York University in Toronto. Via Skype berichtete mir Stutchbury, dass sie anfangs auch der Ansicht war, die Weibchen seien Opfer. Das änderte sich jedoch, nachdem sie Anfang der 1990er-Jahre Kapuzenwaldsänger *(Setophaga citrina)* mit kleinen Sendern versehen hatte.

Stutchbury stellte fest, dass die Weibchen keineswegs Opfer sind, sondern ihre Fruchtbarkeit aktiv mit einem speziellen *Tschip-Tschip* kundtun; benachbarte Männchen wissen dadurch, dass ein Weibchen auf eine Tändelei aus ist. Sie zeichnete die Bewegungen der Männchen auf und dokumentierte so, dass deren Besuche in benachbarten Revieren mit dem fruchtbaren Zeitfenster der Weibchen und dessen öffentlicher Verkündigung mittels des unmissverständlichen *Tschip-Tschip* zusammenfielen.

»Die Weibchen machen eine Menge Lärm, wenn sie fruchtbar sind«, erklärte Stutchbury, »darum kamen wir zu dem Schluss, dass sie entweder sehr dumm sind oder aber aus freiem Willen beteiligt.«

Weibliche Kapuzenwaldsänger verließen auch ihr Territorium, um nach örtlichen Anwärtern Ausschau zu halten, jedoch nur während ihres fruchtbaren Zeitfensters. Das taten sie, indem sie dem Gesang der Männchen lauschten. Diejenigen Weibchen, die mit eher bescheidenen Sängern verpaart waren, verließen am häufigsten das eigene Revier, um sich mit einem beherzteren Sangeskünstler zu paaren. Anschließende DNA-Analysen ergaben tatsächlich, dass diese stimmbegabteren Männchen die meisten Nachkommen hatten.

Es gab also fundierte Belege dafür, dass Vogelweibchen selbst über ihr sexuelles Schicksal und die Befruchter ihrer Eizellen bestimmten. Doch Stutchburys Team hatte Schwierigkeiten, seinen bahnbrechenden Artikel zu veröffentlichen: »Ein Reviewer nach dem anderen sagte uns, dass wir schlichtweg vollkommen falschlägen.«

Die Peer-Reviewer, die wissenschaftliche Artikel begutachten, tun dies anonym, doch da damals mindestens 80 Prozent der Fachleute auf diesem Gebiet männlich waren, lässt sich ihr Geschlecht leicht erraten. Besonders wenn man das Ausmaß des *Mansplaining* bei ihren Ablehnungen mitberücksichtigt.

»Ein Reviewer sagte sogar, wir wären irgendwie dämlich – der einzige Grund dafür, dass die Weibchen so riefen, wäre, dass wir [die Forschenden] in ihrem Revier waren und versuchten, sie zu beobachten. Die Vogelweibchen würden eigentlich wegen uns rufen.«

Stutchburys Artikel wurde schließlich 1997 veröffentlicht.[116] Er reihte sich neben Studien zu Blaumeisen und Sumpfschwalben ein, die ebenfalls ergaben, dass vermeintlich monogame Weibchen aktiv mit Männchen fremdgingen, die sexier waren als ihre fleißig die Jungen fütternden sozialen Partner. Gemeinsam läuteten sie ein Umdenken ein. »Bei den meisten Vogelarten haben die Weibchen wahrscheinlich die Kontrolle über den Erfolg eines Kopulationsversuchs und den Transfer von Spermatozoen«, schrieb Marion Petrie, Professorin für Verhaltensökologie an der Newcastle University, 1998 ein wenig triumphierend in einem Überblick zur Vaterschaft bei Vögeln.[117] Eine einfache Aussage, die aber zehn Jahre zuvor niemals gedruckt worden wäre.

Diese fremdgehenden Singvogelweibchen lösten eine »Polyandrie-Revolution«[118] aus, die die Verhaltensökologie bis ins Mark erschütterte.

Nach und nach wurde Weibchen in der gesamten Tierwelt die Hoheit über ihr sexuelles Schicksal und die Befruchtung ihrer Eizellen zuerkannt, die Männchen galten nicht mehr als bestimmend. Methoden zur DNA-Untersuchung ergaben, dass verschiedenste andere Weibchen, von Eidechsen über Schlangen bis hin zu Hummern, nicht so treu waren wie bisher angenommen. In allen Wirbeltiergruppen fand man Neigungen zur Polyandrie, und bei Wirbellosen stellte man sogar fest, dass sie eher die Norm als die Ausnahme war. Eine echte sexuelle Bis-dass-der-Tod-uns-scheidet-Monogamie erwies sich dagegen als extrem selten und wurde bei nicht einmal sieben Prozent der bekannten Tierarten festgestellt.[119]

»Generationen von Reproduktionsbiologen glaubten, Weibchen seien sexuell monogam, aber heute wissen wir, dass das nicht stimmt«, gab Tim Birkhead 2000 in seinem Buch *Promiscuity* zu.[120]

Das Establishment hatte endlich akzeptiert, dass Weibchen aktiv Sex mit verschiedenen Männchen anstreben. Warum sie das tun, ist allerdings nach wie vor umstritten. Das Bateman-Trivers-Paradigma besagt, dass Weibchen durch »überzählige« Paarungen keinen Vorteil haben,[121] daher ergeben ihre amourösen Vorstöße für die Anhänger dieses »Universalgesetzes« keinen Sinn.

»Die große Frage ist immer noch: Was haben die Weibchen davon?«, so Tim Birkhead bei unserem Ausflug zu den Bempton Cliffs.

Lasterhafte Languren

Nicht jede:n stürzt die weibliche Promiskuität in Verwirrung. Ich unternahm eine Pilgerreise ins ländliche Kalifornien, um eine meiner akademischen Ikonen kennenzulernen – die hoch angesehene amerikanische Anthropologin Sarah Blaffer Hrdy, emeritierte Professorin der University of California in Davis. Die hochgewachsene Texanerin, heute in ihren Siebzigern und unverändert glamourös, empfing mich mit offenen Armen, einem selbst gebackenen Kuchen und einem Rundgang über die

Walnussfarm, die sie mit ihrem Mann und akademischen Kollegen Dan betreibt. Voller Stolz schilderte sie mir, wie sie diese grüne Idylle aus der Einöde geschaffen haben, indem sie einheimische Bäume und Feldhecken anpflanzten und so die Landschaft naturnaher gestalteten. Auch auf ihrem Forschungsgebiet hat sie mehr als 40 Jahre lang sexistische Dogmen ausgejätet und neue Theorien gesät, die die wahre Natur der weiblichen Lebewesen erblühen lassen. Hrdy war die erste Person, die jemals »den Mythos vom keuschen Weibchen« infrage gestellt hat;[122] viele betrachten sie als die erste feministische Darwinistin.

»Ich bevorzuge die Bezeichnung ›Darwinistin von der weiblichen Seite‹«, so Hrdy im Gespräch. »Ich glaube nicht, dass diejenigen, die diesen Begriff auf mich anwenden, ihn genauso definieren wie ich selbst. Für mich ist eine Feministin einfach eine Person, die gleiche Rechte für *beide* Geschlechter einfordert. In Bezug auf die Evolutionstheorie bedeutet das eine Person, die Spielarten von Selektionsdruck auf Weibchen *genauso wie auf Männchen* betrachtet.«

Als frischgebackene Harvard-Absolventin fand sich Hrdy in den frühen 1970er-Jahren im Epizentrum des neuen Wissenschaftsgebiets der Soziobiologie und im Dunstkreis von deren Wunderkind Robert Trivers wieder.[123]

Sie war die einzige weibliche Absolventin ihres Jahrgangs, und der Fokus lag eisern auf männlichen Tieren. In den Hörsälen waberte das Testosteron. »Damals in Harvard war Sexismus fester Bestandteil der Naturwissenschaften«, erzählte sie mir. Die damaligen Lehrbücher betrachteten Primatenweibchen lediglich als nährende und pflegende Mütter ohne jegliche Konkurrenz untereinander. Primatenweibchen waren »ohne Ausnahme allen adulten Männchen untergeordnet«,[124] und Sexualverhalten spielte nach allgemeiner Ansicht nur »eine geringe Rolle im Leben eines adulten Weibchens«.[125] Somit hielt man sie für »relativ gleichartig«[126] und wissenschaftlich uninteressant. Es musste viel sexistisches Unkraut gejätet werden.

Hrdy initiierte ein Projekt zur Erforschung von rätselhaften dokumentierten Infantiziden durch männliche Bengalische Hanuman-Languren *(Presbytis entellus)*, eleganten Altweltaffen mit langen grauen Gliedmaßen und schwarzen Gesichtern, die im indischen Subkontinent beheimatet sind. Von Anbeginn aber waren es die Weibchen, die ihre Aufmerksamkeit auf sich zogen. Der erste Langur, den sie beobachtete, war ein Weibchen nahe der Wüste Thar im indischen Rajasthan. Es entfernte sich von seiner Familie, schlüpfte zu einer Gruppe Junggesellen und erbat von diesen Sex.

»Damals fehlte mir der Kontext, um Verhalten zu interpretieren, das einfach merkwürdig erschien und sich mit meiner angelernten Harvard-Sichtweise nicht vereinbaren ließ. Erst mit der Zeit kam ich dahinter, dass solche Wanderungen und solch scheinbar ›schamloses‹ Verhalten im Leben von Languren immer wieder auftraten.«[127]

Hrdy vergrub sich in der Fachliteratur und stellte fest, dass ihre Languren nicht die einzigen »schamlosen« Primatenweibchen waren. Viele soziale Arten zeigen eine aggressive Sexualität bis hin zur Nymphomanie, besonders zur Zeit der Ovulation. Ein wild lebendes Schimpansenweibchen bringt in seinem Leben nur etwa fünf Junge zur Welt; dennoch ergeht es sich in rund 6000 oder mehr Paarungen mit Dutzenden von Männchen. In der Phase der Ovulation kann es durchaus jedes Männchen seiner Gemeinschaft auffordern und täglich 30- bis 50-mal Sex haben. Berberaffenweibchen sind ähnlich wollüstig; für ein Weibchen wurde dokumentiert, dass es mindestens einmal alle 17 Minuten mit allen geschlechtsreifen Männchen seiner Gruppe Sex hatte (und davon gab es elf). Weibliche Steppenpaviane wurden beobachtet, wie sie Männchen während ihres Östrus so oft um Sex ersuchten, dass ihre Avancen irgendwann sogar abgewiesen wurden.[128]

»Ich glaube, das griechische Wort, von dem sich unser Begriff ›Östrus‹ ableitet, ist ein ganz guter Deskriptor für die weibliche

Verfassung rund um die Ovulation«, sagte mir Hrdy, »denn es bedeutet, die Weibchen sind ›von der Bremse gescheucht‹.«

Dieser Zustand provoziert bei den Weibchen Dutzender Primatenarten eine rastlose sexuelle Aktivität, die weit über das hinausgeht, was zur Befruchtung der verfügbaren Eizelle vonnöten wäre. Einige wurden sogar dabei beobachtet, wie sie Sex suchten, obwohl gar keine reife Eizelle da war. Hrdy dokumentierte, wie ihre Langurenweibchen fremde Männchen außerhalb ihres Trupps verführten – während sie trächtig waren. Andere Arten, wie Orang-Utan und Marmosetten, sind ganzjährig empfänglich und wie wir Menschen den gesamten Zyklus hindurch sexuell aktiv.

Solch exzessives Verhalten ist nicht ohne Risiko. Racheattacken von besitzergreifenden Männchen, Geschlechtskrankheiten und eine erhöhte Gefährdung durch Raubfeinde wegen des Verlassens der Gruppe, einmal ganz abgesehen von der vielen Energie, die Weibchen für ihre »exzessive« sexuelle Aktivität aufbringen müssen, sind ein hoher Preis für die weiblichen Tändeleien. Weibchen sind also keineswegs monandrisch und scheinen somit einem starken Selektionsdruck auf Promiskuität zu unterliegen.

»Rückblickend muss man sich schon sehr wundern, warum es fast bis ins Jahr 1980 dauerte, bis die weibliche Promiskuität mehr als nur beiläufiges theoretisches Interesse erregte«, so Hrdy.[129]

Darüber hinaus scheinen viele Weibchen das Ganze durchaus zu genießen. Es mag überraschen, aber alle weiblichen Säugetiere besitzen eine Klitoris. Bei manchen, wie dem weiblichen Hausschaf, ist diese eine diskrete Angelegenheit, bei anderen, wie der Tüpfelhyäne, die wir in Kapitel 1 kennengelernt haben, ein prachtvolles Zwölf-Zentimeter-Organ, das wie ein Penis vorsteht. Dazwischen gibt es eine ungeheure Formenvielfalt. Allerdings ist das, was wir sehen, lediglich die Spitze des Eisbergs. Bei Frauen erstreckt sich dieses reich innervierte Organ innerlich über zehn Zentimeter mit je einem Arm beidseits der Vagina. Es ist der Sitz des weiblichen Orgasmus. Ob auch andere weibliche Säugetiere solchen Genuss aus ihrer Klitoris ziehen, ist seit Langem heftig umstritten, wobei eine Gruppe männlicher Wissenschaftler »nein« sagt und eine Gruppe weiblicher Wissenschaftlerinnen »und ob«.

Der britische Populär-Anthropologe Desmond Morris war einer von vielen dieser Männer, die dazu eine Meinung hatten. Er erklärte den Orgasmus der Frau für »einzigartig unter Primaten«[130] und sah seine Funktion darin, die monogame Paarbindung aufrechtzuerhalten. Das schamlose Streben vieler weiblicher Primaten nach Vergnügen lässt allerdings anderes vermuten.

Zunächst einmal ist für die meisten weiblichen Primaten dokumentiert, dass sie masturbieren, sowohl in Zoos als auch in freier Wildbahn. Die britische Primatologin Caroline Tutin beobachtete eine frei lebende Schimpansin mit Spitznamen Gremlin, die »eine Faszination für die eigenen Genitalien« zeigte, die dazu führte, dass sie »Objekte wie Steine und Blätter« an diesen rieb.[131] Eine Party mit sich selbst, die vermutlich mit Vergnügen verbunden war. Auch Jane Goodall vermerkte, dass Schimpansinnen ihre Geschlechtsteile streichelten »und dabei leise lachten«.[132] Orang-Utan-Weibchen kann man dabei beobachten, wie sie geschickt mit den Fußballen masturbieren, und winzige Tamarine, wie sie ihre Schwänze oder »weiche Oberflächen« benutzen, bis sie einen »tranceähnlichen« Zustand erreichen.[133]

Da wir nicht direkt fragen können, lässt sich natürlich nicht mit Sicherheit sagen, wie viel Befriedigung ein Bonoboweibchen mithilfe des aus Zweigen selbst gefertigten Sexspielzeugs bezieht, doch ein paar wagemutige Forscher:innen haben versucht zu ermitteln, ob weibliche Primaten tatsächlich einen Orgasmus erleben. Die genaue Beobachtung des Sexualverhaltens wild lebender Bärenmakaken *(Macaca arctoides)* durch Suzanne Chevalier-Skolnikoff ergab jedenfalls, dass die Weibchen sehr wohl einen Höhepunkt erlebten; sie lieferte sogar eine hilfreiche Zeichnung vom charakteristischen »O-Gesicht« der Affen mit rund geöffnetem Mund.[134]

Bei einem Experiment, das in der Form wohl nur in den 1970er-Jahren stattfinden konnte und selbst damals sicher mit hochgezogenen Augenbrauen quittiert wurde, versuchte die kanadische Anthropologin Frances Burton, die Debatte zu beenden, indem sie drei Rhesusaffenweibchen mithilfe eines künstlichen Affenpenis im Labor manuell stimulierte. Die Affenweibchen waren jeweils in ein Hundegeschirr eingespannt und mit einem Monitor verdrahtet, der ihre Herzfrequenz anzeigte, während Burton jedem Tier beherzt seine zugeteilten fünf Minuten genitaler Manipulation verpasste.

Eine weniger erotische, klinischer anmutende Szenerie lässt sich wohl kaum vorstellen; dennoch zeigte jedes der Weibchen eindeutig drei der von Masters und Johnson beschriebenen vier Phasen der sexuellen Reaktion, die den Orgasmus definieren.* Zwei zeigten sogar die »intensiven vaginalen Spasmen«, die den Orgasmus bei der Frau kennzeichnen. Vorsichtig folgerte Burton daraus, dass Rhesusaffenweibchen tatsächlich einen Höhepunkt erleben können.[135] Sie merkte allerdings an, dass die Kopulationen unter natürlichen Umständen weitaus kürzer ausfielen und meist nur wenige Sekunden dauerten. Das Maß an Stimulation, das die Affenweibchen zum Orgasmus bringen konnte, ließe sich in freier Wildbahn nur durch mehrere Kopulationen erreichen, deren Stimulation sich addierte. Beispielsweise mit einer Reihe von Männchen.

---

* William H. Masters und Virginia E. Johnson waren ein US-amerikanisches Sextherapeutenpaar, das von 1957 bis 1990 die sexuellen Reaktionen beim Menschen sowie die Behandlung von sexuellen Dysfunktionen und Leiden erforschte und dabei Pionierarbeit leistete. Im Jahr 1966 beschrieben sie ein »lineares« Vier-Stufen-Modell der sexuellen Reaktion, das auf Zehntausenden Messungen zu physiologischen Veränderungen bei Versuchspersonen basierte. Die beschriebenen Stufen sind 1. Erregungsphase, 2. Plateauphase, 3. Orgasmus und 4. Rückbildungsphase.

Für Evolutionspsychologen wie Donald Symons ist diese Orgasmusreaktion »dysfunktional«[136] – die Folge daraus, dass die Klitoris kaum mehr als ein nutzloses Analog des Penis ist, ohne adaptive Funktion. Laut Symons haben weibliche Wesen nicht wirklich einen eigenen Orgasmus entwickelt. Jegliches sexuelle Vergnügen der Weibchen war für ihn nur ein glücklicher biologischer Zufall, möglich nur, weil sie dieselbe Entwicklungs-Blaupause hatten wie die für den männlichen Penis.

»Sollen wir wirklich glauben, dass die Klitoris nicht mehr ist als das geschlechtliche Gegenstück zum Blinddarm?«, fragte Hrdy in ihrem Buch *The Woman That Never Evolved.*[137] In ihren Augen verweist die Vielfalt der Klitoris-Formen mehr als deutlich auf eine Adaptation. »Ich kann nicht begreifen, warum sich diese überholten Geschichten immer noch halten.«

Vergleichende anatomische Studien zum Thema gibt es kaum, aber bei Arten, bei denen die Weibchen sich freizügig mit mehreren Männchen paaren – wie Paviane oder Schimpansen – ist die Klitoris besonders gut entwickelt und misst anderthalb Zentimeter oder mehr. Zudem sitzt sie an der Basis der Vagina, wo sie beim Sex direkt stimuliert wird. Was nahelegt, dass diese Weibchen mit beträchtlichem Vergnügen für den Sex belohnt werden, den sie mit mehreren Partnern haben. Aber warum?

Hrdys große Idee ist, dass all dieser Sex, der nicht der Empfängnis dient, die Funktion hat, Männchen zu manipulieren.

Während sie ihre Languren in Indien erforschte, beobachtete sie, dass Männchen von außerhalb der Gruppe routinemäßig noch nicht entwöhnte Jungtiere töteten, wenn sie den Trupp übernahmen. Diese Infantizide sind, so erkannte Hrdy, eine toxische Begleiterscheinung der sexuellen Selektion und männlichen Konkurrenz um Partnerinnen. Statt zwei bis drei Jahre abzuwarten, bis das Weibchen das Junge eines anderen Männchens entwöhnt und wieder paarungsbereit wird, zwingt der neue Anführer die ihres Jungen beraubte Mutter in den Östrus, sodass sie schnell wieder empfängnisbereit ist.[138] Als Schutz vor dem Infantizid, so Hrdys Theorie, müssen die Weibchen Sex mit männlichen Eindringlingen haben. Damit schützen sie das Leben ihrer Jungen, da die Vaterschaft verschleiert wird. Hrdys Theorie erklärt, warum sich jenes erste Langurenweibchen, das sie sah, von der Gruppe entfernte und einer Gruppe fremder Männchen anbot und warum andere dabei beobachtet wurden, wie sie während ihrer Trächtigkeit Sex mit fremden Männchen hatten. Ihr offenes Sexualverhalten ist in Hrdys Augen keineswegs »lüstern«, sondern vielmehr »gewissenhaft mütterlich« – ein Kniff der Evolution, um die Überlebensrate ihrer Jungen zu erhöhen.

Es liegt nahe, dass eine Theorie, der zufolge mörderische, Babys fressende Männchen durch mütterlichen sexuellen Hedonismus ausgetrickst werden, zunächst als etwas ketzerisch angesehen wurde. Hrdys Ideen wurden von Anbeginn von durch Bateman verblendete Evolutionspsychologen, ja sogar vom Vatikan angegriffen; dieser sandte einmal einen »feindlichen« Vertreter zu einer Konferenz, die sie zur Bedeutung des Geschlechtsverkehrs abhielt. Andere entschieden sich, die Harvard-Forscherin und ihre Arbeit einfach kleinzumachen. Hrdy erinnert sich an die »kränkende« Reaktion eines männlichen Kollegen auf ihre Theorie: »Na, Sarah, mal anders gesagt – du bist doch einfach spitz, oder?«[139]

Dank zahlreicher sie stützender Belege ist Hrdys Theorie von der unsicheren Vaterschaft heute fester Bestandteil der akademischen Gedankenwelt. Es will nicht zu unserer menschlichen Moral passen, aber heute wissen wir, dass Infantizide durch Männchen bei unserer Primatenverwandtschaft weitverbreitet sind;[140] bei etwa 51 Arten hegt man die starke Vermutung, oder sie wurden tatsächlich beobachtet. In praktisch allen Fällen greifen die Männchen nur an, wenn sie von außen in das Fortpflanzungssystem eindringen, und sie töten gezielt die nicht entwöhnten Jungtiere. Dasselbe gilt für männliche Löwen, die

die Jungen töten, wenn sie ein Rudel übernehmen. Was bedeutet, dass die von mir mit dem blechernen Brüllen verführte Löwin biologisch dazu gezwungen war zu versuchen, Sex mit mir zu haben, nicht weil sie meine Laute so attraktiv fand, sondern damit ich nicht am Ende ihre Jungen tötete.[141]

Auch bei weiteren Arten – von Delfinen bis hin zu Ratten – mögen Männchen, die Infantizide begehen, der Grund für die Promiskuität der Weibchen sein. Hrdy liegt allerdings nicht daran, pauschal zu verallgemeinern. »Es ist wichtig, Weibchen bei der Erforschung als flexible und opportunistische Individuen zu sehen, die es in einer Welt wechselnder Optionen immer wieder mit reproduktiven Schwierigkeiten und Abwägungen zu tun haben«, betonte sie und verdeutlichte damit die Problematik universaler Paradigmen.[142]

Es gibt noch etliche andere vermutliche Vorteile der weiblichen Untreue, etwa das Streben nach besseren Genen und eine bessere Aussicht auf die Kompatibilität von Genen oder Immunsystemen, die wiederum die Überlebensrate der Nachkommen steigert. Unterm Strich führt weibliche Promiskuität zu gesünderen Nachkommen, denn sie bedeutet, dass eine Mutter all ihre kostbaren Eizellen nicht nur auf eine Karte setzt.

»Die sexuelle Selektion erklärt also wahrscheinlich die meisten Fälle von Infantiziden durch Männchen, und das Manipulieren von Informationen über die Vaterschaft ist eine der wenigen praktischen Möglichkeiten, die Weibchen hier bleiben. Ich gehe davon aus, dass die Weibchen ziemlich vieler Arten in dieser Lösung für ein wirklich schreckliches Dilemma vereint sind«, erklärte mir Hrdy.

Die Unsicherheit über die Vaterschaft ist mehr als nur ein Schutz vor Kindsmord. Sie bringt Männchen auch dazu, für Jungtiere zu sorgen und diese zu verteidigen. Einige der besten Belege dafür, wie Mütter von der Manipulation der Informationen über die Vaterschaft profitieren, stammt von der oben bereits erwähnten Heckenbraunelle. Heckenbraunellenweibchen sind, wie wir bereits wissen, typischerweise polyandrisch und haben zwei (einen Alpha- und einen Beta-) Partner. Beide Männchen helfen dem Weibchen bei der Versorgung der Jungen. Forschungen ergaben, dass die Männchen die Futtermenge, die sie herbeischaffen, danach bemessen, wie oft es ihnen gelungen ist, sich während der fruchtbaren Phase mit dem Weibchen zu paaren. Per DNA-Fingerprinting ließ sich belegen, dass die Heckenbraunellenmännchen in der Einschätzung ihrer Vaterschaften oft (aber nicht immer) ziemlich richtiglagen.[143]

Hrdy konnte nachweisen, dass bei vielerlei Primaten die Männchen zur Versorgung von Jungtieren manipuliert werden, die ihre eigenen Nachkommen sein können, aber nicht müssen. Diese eindeutige Tatsache widerspricht der gängigen Theorie, der zufolge Monogamie die beste Strategie der Weibchen sei, weil Männchen nur für Jungtiere sorgen werden, die zweifelsfrei ihre Nachkommen sind. Diese Vorstellung mag für männliche Evolutionspsychologen reizvoll sein, die in Großstadtbüros populäre Bestseller zum Thema verfassen, doch für Anthropolog:innen, die im Feld das Verhalten wild lebender Primatenweibchen erforschen, ist sie unglaubwürdig. Wie Hrdy anmerkt, ergaben entsprechende Studien an Berberaffen und Steppenpavianen allesamt, dass freizügige Weibchen Sex einsetzten, um mehrere Männchen in ein Netz möglicher Vaterschaften einzuspannen, sodass diese letztlich regelmäßig die Nachkommen anderer Männchen hüteten, umhertrugen oder beschützten. Vielleicht haben unsere Urahninnen es ja genauso gemacht.

»Sexualverhalten ohne Empfängnis erhöht zwar nicht die Zahl der Befruchtungen, aber es steigert die Überlebensrate der jungen Nachkommen und ist somit die ultimativ weibliche Fortpflanzungsstrategie«, so Hrdy.[144] Sie geht davon aus, dass diese mütterliche Taktik der amourösen Umtriebigkeit besonders für unsere hominiden Vorfahrinnen von Nutzen war, da sie dadurch besser ein besonders langsam heranreifendes Kind großziehen konnten, das erst nach Jahren der Fürsorge selbstständig wurde.[145]

Wie sich die weibliche Sexualität in den vier bis fünf Millionen Jahren seither verändert hat, ist Gegenstand der Spekulation. Der Mensch ist heute eine sozial monogame Art, aber das ist auch der Prachtstaffelschwanz. Evolutionspsychologen wie David M. Buss gefällt vielleicht die Vorstellung, dass alle Frauen letztlich nach Monogamie streben, um die bestmögliche Versorgung ihrer Kinder zu gewährleisten. Aber wenn Frauen von Natur aus derart auf Treue ausgelegt sind, warum, fragt sich Hrdy, unterliegt ihre Sexualität dann einer so starken kulturellen Kontrolle? Ob das Mittel zur Einschränkung nun herabsetzende Sprache, Scheidung oder die entsetzliche Genitalverstümmelung ist – stets besteht der Generalverdacht, dass sich Frauen der Promiskuität hingeben, wenn sie nicht kontrolliert werden. Eine von Hrdy gestützte alternative Sichtweise schätzt die weibliche Sexualität als so machtvoll ein, dass patriarchale Sozialsysteme entwickelt wurden, um sie unter Kontrolle zu bringen.[146] Das macht den Grad weiblicher Treue zu einer höchst flexiblen Angelegenheit – die sich eben nicht am vorbestimmten Schicksal ihrer Gameten festmachen lässt, so populär diese Lehre auch sein mag, sondern von den Umständen und den verfügbaren Möglichkeiten abhängig ist.

Hoden lügen nicht

Wenn Sie wissen wollen, wie promisk die Weibchen einer Art sind, gibt es zwei deutliche körperliche Hinweise, von denen man weiß, dass sie darüber zuverlässig Auskunft geben: Das Gewicht der männlichen Gonaden im Verhältnis zum Körpergewicht, so die Faustregel, verrät die sexuellen Gewohnheiten der Weibchen.

Nehmen wir als Beispiel zwei häufige Schmetterlingsarten Mitteleuropas. Das Männchen des Großen Kohlweißlings besitzt Hoden, die seinem Appetit auf Kohlpflanzen in unserem Garten entsprechen, und der ist enorm. Das Männchen des Großen Ochsenauges aus der Unterfamilie Satyrinae (ironischerweise benannt nach den lüsternen griechischen Naturgeistern) dagegen hat vergleichsweise winzige Hoden. Dies spiegelt die unterschiedlichen Paarungsstrategien der Weibchen wider – diejenigen des Großen Kohlweißlings sind polyandrisch, die des Großen Ochsenauges nicht.[147]

Das Phänomen wurde bei Primaten erstmals von dem australischen Zoologen Roger Short beschrieben; er bemerkte die überraschende Varianz in der Hodengröße der großen Menschenaffen, die merkwürdigerweise nicht mit der Gesamtkörpermasse korrespondiert. Große Gorilla-Silberrücken mögen furchterregende Schwergewichte sein, dreimal so groß wie ein Schimpansenmännchen, doch ihre Kronjuwelen sind nicht einmal ein Viertel so groß, quasi ein Pärchen Erdbeeren im Vergleich zu den großen Birnen des Schimpansen.[148]

Letztlich dreht sich alles um die Spermienkonkurrenz. Große Hoden bilden mehr Spermatozoen und erhöhen dadurch die Chancen des Männchens, entweder den Geschlechtstrakt eines Weibchens zu füllen, sodass keine weiteren Spermatozoen darin Platz finden, oder aber die Spermien des Männchens, das zuvor zur Begattung kam, zu verdrängen. Die Muskelmasse eines Silberrückens versetzt ihn in die Lage, den Zugang zu einem Harem von Weibchen zu kontrollieren, die ihm treu bleiben. Schimpansinnen dagegen kopulieren für eine Trächtigkeit 500- bis 1000-mal mit verschiedenen Männchen.[149] Mit dem Resultat, dass die Hoden von Schimpansen relativ zum Körpergewicht zehnmal so groß sind wie die eines Gorillas, sodass er der Konkurrenz Masse entgegensetzen kann. Es wird Sie interessieren zu erfahren, dass die menschlichen Hoden im Größenverhältnis irgendwo zwischen diesen beiden liegen.[150]

Im gesamten Tierreich, von Schmetterlingen bis hin zu Fledermäusen, erweist sich die relative Hodengröße als zuverlässiger Indikator für die weibliche Treue: je größer die Hoden, desto freizügiger die Weibchen. Bei vielen Arten, etwa bei Lemuren, sind große Hoden eine saisonale Angelegenheit während der Ovulationsphase der Weibchen. Ist die Zeit der Fortpflanzung vorüber, schrumpfen sie wieder zusammen wie ein Luftballon mit einem kleinen Loch, manchmal auf einen Bruchteil der Größe zur Hochsaison. Wenn aber Spermien so »billig« sind, warum dann die saisonale Anpassung? Wie Richard Dawkins anmerkte, habe schließlich das Wort Überschuss keine Bedeutung für ein Männchen.

»Die Geschichte hat diese Behauptung ziemlich demontiert«, merkte Zuleyma Tang-Martínez, emeritierte Professorin für Biologie der University of Missouri, trocken an.[151]

Auch die andere Seite der Bateman-Gleichung – der zufolge alle Männchen von ihrer ursprünglichen Natur her »begierig auf jedes Weibchen« sind und ihre »Fruchtbarkeit höchst selten durch die Spermienproduktion limitiert« ist –[152] wird zunehmend infrage gestellt. Eine Reihe von Wissenschaftler:innen hat darauf verwiesen, dass die Kosten für ein einzelnes Spermatozoon im Vergleich zu denen für eine Eizelle äußerst gering seien, die Forschung aber bislang kein einziges Männchen entdeckt habe, das jeweils nur ein einziges dieser schwimmenden Wunder freisetze. Jedes Ejakulat enthält Millionen von Spermien plus einen Cocktail wichtiger bioaktiver Substanzen; die biologischen Gesamtkosten werden dadurch derart in die Höhe getrieben,* dass beispielsweise für Säuger heute eindeutig nach-

---

* Manche dieser im Ejakulat enthaltenen Proteine verschaffen dem Weibchen unmittelbare Vorteile, die es aktiv darin bestärken, sich mit vielen Männchen zu paaren. Männliche Langfühlerschrecken etwa übergeben mit ihrem Spermienpaket auch ein proteinreiches »Hochzeitsgeschenk«, das dem Weibchen als Snack nach dem Sex dient und die Entwicklung der befruchteten Eier fördert. Manche Spermaproteine stimulieren bekanntermaßen die Eizellenproduktion oder erhöhen sogar die Lebenserwartung. Texanische Feldgrillen zählen zu den vielen Arten,

gewiesen ist, dass der Gesamt-Energieaufwand für ein einziges Ejakulat höher ist als für eine Eizelle.[153]

Die Spermaproduktion an sich ist generell limitiert und ein »Schwund« an Spermien ein echtes Problem, denn die meisten Männchen brauchen Zeit, um nach Abgabe einer größeren Menge ihren Bestand wieder aufzufüllen. Beim Menschen kann beispielsweise die vollständige Erholung bis zu 156 Tage in Anspruch nehmen.[154]

Manche Arten, wie Langusten oder bestimmte Papageifische, verhalten sich deswegen geradezu geizig und bemessen die Menge ihres Ejakulats entsprechend dem reproduktiven »Wert« des Weibchens. Alter, Gesundheit, sozialer Rang oder vorhergegangene Paarungen des Weibchens entscheiden darüber, wie viel Sperma das Männchen abgibt.[155] Die Männchen anderer Arten weisen die Avancen eines Weibchens einfach zurück. Männchen einer australischen Gespenstschreckenart, die kaum mehr zu tun hatten als Blätter zu fressen und auszusehen wie ein Holzstab, wurde jede Woche ein neues Weibchen präsentiert, doch konnten sie sich nur in 30 Prozent der Fälle zu einer Paarung aufraffen.[156] Bei anderen Arten vom Star bis zur Mormonengrille hat man beobachtet, dass sie regelmäßig in ihrer sexuellen Aktivität pausieren. Männliche Doppelschnepfen wurden sogar dabei beobachtet, wie sie aufdringliche Weibchen davonscheuchten.[157]

---

deren Ejakulat Prostaglandine enthält, welche das Immunsystem des Weibchens anregen. Prostaglandine finden sich im Sperma vielerlei Tierarten, von Insekten bis hin zu Säugetieren; das legt nahe, dass es für die Weibchen vieler Arten Vorteile hat, viel Sex mit unterschiedlichen Partnern zu haben. Es könnte zudem erklären, warum die Weibchen der promisken Arten im Laufe ihres Lebens mehr Nachkommen haben als die der eher monogamen. (Worthington; Jurenka; Kelly (September 2015), »Mating for Male-derived Prostaglandin: A Functional Explanation for the Increased Fecundity of Mated Female Crickets?«, in *Journal of Experimental Biology*, 218:17.)

All das verdeutlicht, dass nicht nur Weibchen, sondern auch Männchen wählerisch sind. Selbst für männliche *Drosophila*-Taufliegen, eigentlich die Verkörperung der Zügellosigkeit, ist dokumentiert, dass sie gegenüber hemmungslosen Fliegenweibchen Zurückhaltung zeigten. Das widerspricht den Grundsätzen von Batemans Paradigma. Das Experiment war das Werk von Patricia Gowaty, die auf gewitzte Weise die Anisogamie-Theorie mit drei *Drosophila*-Arten testete; diese hatten im Verhältnis zu den weiblichen Eizellen jeweils unterschiedliche Spermiengrößen – bei einer Art überstieg die Spermiengröße sogar die der Eizellen! Würden ihre Riesengameten ihr Sexualverhalten im Vergleich zu den Männchen mit normalen, kleinen Spermatozoen bremsen?

Anders als Bateman leitete Gowaty das Paarungsverhalten nicht bloß von den resultierenden Nachkommen ab, denn das bildete nur die halbe Geschichte, sprich: nur die erfolgreichen Versuche ab. Stattdessen beobachtete sie 24 Stunden am Tag, sieben Tage die Woche die drei Millimeter kleinen Fliegen beim Liebesspiel, um so ein nuancierteres Bild zu erhalten.

Bei jeder der drei Arten stellte Gowaty fest, dass manche Weibchen sich genauso aktiv Männchen näherten wie Männchen Weibchen (manchmal sogar aktiver) und dass manche Männchen genauso wählerisch waren wie Weibchen (manchmal sogar wählerischer), obwohl sie sich hinsichtlich ihrer Anisogamie unterschieden. All das deutet darauf hin, dass die Gametengröße nichts mit ihrer sexuellen Strategie zu tun hatte. »Die Etiketten ›wählerische, passive Weibchen‹ und ›liederliche, nicht wählerische Männchen‹ passten nicht zu der Variation im Verhalten vor der Paarung innerhalb und zwischen den Arten«, so Gowaty.[158]

Und sie ist keineswegs die einzige Kritikerin von Batemans Original-Versuchsaufbau. Wie Tim Birkhead anmerkte, können

Weibchen von *Drosophila melanogaster*, jener Taufliegenart, die Bateman benutzt hatte, Sperma drei bis vier Tage lang speichern. Das reduzierte ihren Bedarf, sich innerhalb der vier Tage des Experiments nochmals zu paaren. Hätte Bateman eine andere Taufliegenart gewählt, so Birkhead, die kein Sperma speichert, dann hätte der Genetiker womöglich ganz andere Ergebnisse erhalten.[159] Und nicht nur das: Inzwischen wissen wir, dass Sperma von *Drosophila melanogaster* Anti-Aphrodisiaka enthält, die das Verhalten der Weibchen verändern, sodass sie länger bis zur nächsten Paarung warten;[160] ein chemischer Keuschheitsgürtel, der eine gewisse Zurückhaltung induziert und Batemans Ergebnisse ebenfalls verfälscht haben könnte.

Der ultimative Test für ein wissenschaftliches Experiment besteht natürlich darin, es zu wiederholen. Die Wiederholbarkeit von Experimenten gilt als essenzieller Bestandteil der Wissenschaft. Angesichts der »grundsätzlichen Natur« von Batemans einflussreichem Artikel hatte Gowaty das Gefühl, es sei »wichtig zu wissen, dass Batemans Daten robust sind, seine Analysen korrekt und seine Schlussfolgerungen gerechtfertigt«.[161]

Gowaty nahm es also auf sich, Batemans komplizierte Studie zu wiederholen, mit demselben methodischen Versuchsprotokoll und denselben Fliegenmutanten. Das war eine beachtliche Leistung, schließlich musste ihr Team zunächst exakt dieselben Linien mutierter *Drosophila*-Taufliegen aufspüren. Anschließend folgte der wohl noch härtere Teil des Unternehmens – das Entziffern von Batemans Methodik.

»Ich glaube, ich kenne Batemans Studie besser als jede:r andere auf dieser Welt«, äußerte sie leicht ermattet im Telefongespräch. Der in die Jahre gekommene Artikel war »sehr schwer verständlich – ein Mischmasch an Themen«. Es gelang Gowaty und ihrem Co-Detektiv Thierry Hoquet, Batemans Original-Labornotizen aus irgendwelchen staubigen Archiven auszugraben und seine Originaldaten zu analysieren. Gowatys laserscharfer wissenschaftlicher Verstand identifizierte signifikante

Punkte, die auf einen schweren Fall von Bestätigungsfehler (englisch *confirmation bias*) hindeuteten.[162] Batemans Methoden »waren fehlerhaft und uneinheitlich, es gab statistische Pseudoreplikationen und eine selektive Präsentation von Daten«. Gowaty schloss, dass »Batemans Resultate unzuverlässig [sind], seine Schlussfolgerungen fragwürdig und die von ihm beobachteten Varianzen denen ähneln, die man bei Paarungen unter Zufallsbedingungen erwarten würde«.[163]

Kurz gesagt, für Gowaty ist Batemans Artikel »eine Farce«.

Zunächst einmal zählte Bateman Mütter weniger oft als Eltern als Väter, was natürlich eine biologische Unmöglichkeit ist, da es beide braucht, um ein Baby zu machen. Er berücksichtigte zudem nicht, dass die Vererbung je einer seiner grässlichen Marker-Mutationen durch beide Eltern – etwa Stummelflügel *und* ein augenloser Minikopf – auch letal sein konnten. Als Gowaty seine Experimente wiederholte, starben jedenfalls viele der doppelt deformierten Nachkommen, nun ja, »wie die Fliegen«.[164] Diese Paarungen dürften deshalb für Bateman nicht wahrnehmbar gewesen sein, was dazu führte, dass er die Anzahl der Versuchsobjekte mit null Partner:innen über- und diejenige mit mehr als eine:r Partner:in unterschätzte.

Batemans berühmte Entdeckung, dass nur der männliche Fortpflanzungserfolg von Promiskuität profitiert, traf tatsächlich nur für die letzten beiden seiner Experimente zu, bei denen auch diese tödlichen Doppelmutationen auftraten. Diese (heute fraglichen) Resultate wurden ohne logischen wissenschaftlichen Grund miteinander kombiniert und dann als Grafik dargestellt – das Ergebnis war die berühmte Darstellung des Bateman-Prinzips, die sich in Millionen Lehrbüchern überall auf der Welt findet. Die ersten vier Experimente ergaben aber tatsächlich, dass Weibchen ebenfalls von Freizügigkeit profitierten, wenn auch in geringerem Maße. Gowaty verweist darauf, dass Bateman, wenn er alle seine Resultate in einer Grafik zusammengefasst und die Daten entsprechend analysiert hätte, die allerersten Belege überhaupt für den Nutzen weiblicher Promiskuität für sich hätte in Anspruch nehmen können. Doch Bateman und all seine Nachfolger konzentrierten sich nur auf jene Ergebnisse, die zu Darwins These von den promisken Männchen und wählerischen Weibchen passten.

»Bateman erzielte ein Ergebnis, das seinen Erwartungen entsprach«, so Gowaty im Gespräch. »Na ja, er lebt nicht mehr, und es ist irgendwie gemein, ihn bloßzustellen, aber er hat das, was er sich vorgenommen hat, nicht gut gemacht.«

Manche Fehler sind sehr versteckt und konnten nur durch die Wiederholung zutage gefördert werden; andere aber, wie die voreingenommene Zusammenfassung von Resultaten, waren »so offensichtlich«, dass Gowaty nicht begreifen kann, warum die Hunderte von Wissenschaftler:innen, die Bateman zitiert haben, diese nicht ebenfalls bemerkten: »Dass Bob Trivers das nicht erkannt hat, scheint doch ein Riesenfehler zu sein.«

Trivers machte Batemans Artikel berühmt, obwohl wir nicht wissen, wie sorgfältig der Harvard-Star den Artikel des Botanikers tatsächlich studiert hatte. »Die meisten Weibchen waren nicht daran interessiert, mehr als ein- oder zweimal zu kopulieren«, schrieb Trivers über die mutierten Fliegen.[165] Das hätte allerdings selbst Bateman nur mithilfe von Gedankenübertragung von den Taufliegenweibchen wissen können, denn er hatte ihr Verhalten ja gar nicht beobachtet. Bateman zog einfach Rückschlüsse auf Paarungen, indem er die resultierenden Nachkommen zählte; sein Experiment offenbarte somit nur, wie viele Männchen erfolgreich Weibchen befruchtet hatten, nicht aber, mit wie vielen Männchen die Weibchen tatsächlich Sex gehabt hatten – eine entscheidende, zu starke Vereinfachung, die im Nachgang lang und breit wiederholt wurde. Schlimmer noch: Als Tim Birkhead Trivers 2001 fragte, warum er die erste Grafik, die doch zeigte, dass der weibliche Fortpflanzungserfolg sehr wohl von mehrfachen Paarungen profitierte, ignoriert und sich nur auf die zweite konzentriert hatte, die das Gegenteil darstellte, antwortete dieser »ohne jede Verlegenheit, dass das pure Voreingenommenheit war«, so Birkhead.[166]

Bald nur noch Geschichte: das keusche Weibchen

Paradigmen sind machtvoll, besonders jene, die mit einer heimtückischen kulturellen Voreingenommenheit daherkommen. Ihr enormer Einfluss kann selbst die tüchtigsten Wissenschaftler:innen verwirren, unsere Sicht auf die Welt einschränken und neue unkonventionelle Perspektiven trüben. Zu lange machte uns Batemans Vorstellungswelt blind für den Gedanken, dass Weibchen nicht nur Sex mit mehreren Partnern suchen, sondern dass dieses Verhalten für sie und ihre Nachkommen einen Vorteil darstellen könnte. Das Bateman-Prinzip ging davon aus, dass Weibchen in Sachen Sex stets von den Männchen geführt werden und daher nicht der Untersuchung wert seien. Doch es lässt sich unmöglich verstehen, was das eine Geschlecht tut, wenn man das andere außer Acht lässt. Dadurch, dass den Weibchen jegliche Varianz in ihrem Fortpflanzungserfolg abgesprochen wurde, haben wir nicht nur die Strategien der Weibchen, sondern auch die ihrer männlichen Partner falsch verstanden.

Nach Aussage von Zuleyma Tang-Martínez stellen bis heute viele Wissenschaftler:innen ihre eigenen Befunde infrage oder ignorieren sie sogar, weil sie sich nicht mit denen Batemans vereinbaren lassen. »Es kommt durchaus vor, dass Reviewer oder Redakteure von einem Fachmagazin Artikel, die über einen erhöhten weiblichen Fortpflanzungserfolg als Funktion der Zahl der Paarungen berichten, ablehnen, weil ›Bateman 1948 nachgewiesen hat, dass solche Ergebnisse nicht möglich sind‹.«

Gowaty und ihre Kollegin Malin Ah-King gruben außerdem Dutzende empirischer Studien aus, die belegten, dass Weibchen nicht wählerisch oder Männchen wählerisch waren; die Autor:innen nahmen von diesen Ergebnissen jedoch keine Notiz.[167] »Das finde ich sehr merkwürdig«, sagte mir Gowaty. »Das zeigt doch, dass die Leute Angst haben.«

Paradigmen sind per definitionem dominant und darum schwer zu wechseln – selbst solche, die auf Treibsand gebaut sind, lassen sich nur mühsam kippen. Der Umstand, dass Batemans Paradigma nicht einmal von Batemans eigenen Daten gestützt wird, sollte ihm empirisch betrachtet eigentlich den Todesstoß versetzen. Das Bateman-Prinzip sagt nicht nur nicht voraus, was beim Menschen vor sich geht, sondern auch nicht, was bei Löwen, Languren oder gar (laut Gowatys sorgfältiger Analyse) bei Batemans eigenen *Drosophila*-Versuchen passiert. Zwar gibt es einige Arten, die dem Bateman-Prinzip folgen, doch Dutzende experimenteller Studien mit unterschiedlichsten Tierarten, von Präriehunden bis hin zu Ottern aus der Familie der Vipern, belegen inzwischen, dass Weibchen ihre reproduktive Fitness durch promiskes Verhalten steigern.[168]

Für Gowaty und weitere Wissenschaftler:innen bedeutet dies, dass das Bateman-Prinzip als Hypothese, nicht als Tatsache eingestuft und auch gelehrt werden sollte.[169] Andere klammern sich an die paar Arten, die Batemans Vorhersagen entsprechen, und beharren darauf, dass »entwickelte Geschlechterrollen letztlich auf der Anisogamie beruhen«.[170]

»Die Leute glauben an die Anisogamie-Theorie, als wäre sie von den Göttern selbst verkündet«, äußerte Gowaty hörbar verärgert im Gespräch. »Wir alle haben schon mal etwas geglaubt, weil es bequem war, ohne sorgfältig darüber nachzudenken, was zum Teufel wirklich vor sich geht. Irgendwie brauchen die da oben anscheinend diese großen Unterschiede zwischen Männlein und Weiblein. Ich glaube, die Anisogamie-Theorie bestärkt irgendwie die allgemeine Misogynie in unserer Welt.«

Die Debatte über Batemans Arbeit ist inzwischen eindeutig politisch. Das Fundament des Paradigmas wurde im Chauvinismus des 19. Jahrhunderts gelegt, und gekippt wurde es von feministischen Wissenschaftler:innen. Doch das F-Wort polarisiert – so sehr, dass es die solide Wissenschaft untergraben kann. Gowaty glaubt, dass ihre politische Offenheit viele davon abgehalten hat, ihre wissenschaftlichen Artikel zu lesen – vor allem jene, die sie lesen *sollten*. Als Trivers vor einigen Jahren von Angela Saini für ihr Buch *Inferior* befragt wurde, das den in der Wissenschaft vorherrschenden Sexismus darstellt, behauptete er, Gowatys »Gott-Jesus-Artikel« nicht gelesen zu haben.[171] An der University of Oxford, wo Batemans Paradigma immer noch gelehrt wird, stehen Gowatys kritische Studien heute nicht auf der Lektüreliste, denn sie gelten als »sehr politische Ansichten«.[172]

»Empirisch gesinnte Biologen hören das gefürchtete F-Wort und glauben, das bedeute zwangsläufig ›ideologisch ausgerichtet‹«, sagte mir Sarah Blaffer Hrdy. »Dabei übersehen sie natürlich, wie maskulinistisch viele ihrer eigenen Annahmen waren, wie androzentrisch die theoretischen Grundlagen ihrer darwinistischen Weltsicht waren.«

Hatte Bateman in allem unrecht? Vielleicht nicht. Die Anisogamie kann das evolutionäre Spielfeld bei bestimmten Arten in eine bestimmte Richtung geneigt haben, aber sie erklärt nicht einmal im Ansatz alle Aspekte der Geschlechterrollen in Bezug auf Sex. Für Bateman waren diese Rollen festgelegt: wählerisch und passiv für die Weibchen und wahllos und konkurrierend für die Männchen. Heute kristallisiert sich jedoch die Erkenntnis heraus, dass die Rollen bezüglich Sex nicht nur variabler, sondern auch flexibler und fließender sind als bisher angenommen. Soziale, ökologische und Umweltfaktoren, ja sogar Zufallsereignisse haben allesamt die Macht, ihre Beschaffenheit zu formen.[173] Bei vielen Grillenarten kann beispielsweise die Verfügbarkeit von Nahrung dazu führen, dass innerhalb der Lebenszeit das Geschlecht gewechselt wird,[174] sodass aus wählerischen Weibchen kompetitive Grillen werden und die liederlichen Männchen genau auswählen, wenn es wenig Nahrung gibt.

Im gesamten Tierreich haben sich Weibchen aus der *Playboy*-Villa befreit und führen sexuell freie Leben; zum Wohle ihrer selbst und ihrer Familie, ohne jede Scham. Darwins sexuelle Stereotypen mögen für Generationen männlicher Wissenschaftler psychologisch verlockend gewesen sein, doch werden sie von einer Armee sexuell selbstbewusster Vögel, Languren und Taufliegen über den Haufen geworfen, desgleichen von einer Reihe intellektuell freier Frauen, die sie genauer unter die Lupe nahmen.

Das Weibliche der Arten tritt aus dem Schatten, den Batemans starres Paradigma geworfen hat, und es enthüllt einen Reichtum an sexuellen Strategien, der Darwins Konzept von der sexuellen Selektion noch ausdehnt, nicht etwa einschränkt. Im folgenden Kapitel werden wir einige gierige Weibchen kennenlernen, deren sexueller Appetit den Sex noch der letzten Romantik beraubt und offengelegt hat, dass dieser keineswegs immer kooperativ abläuft, sondern von Konflikten geprägt ist.

KAPITEL 4

Gefährliche Liebschaften: Das Rätsel des sexuellen Kannibalismus

Wer mag ergründen,
was in einer Spinne vor sich geht?
KEITH MCKEOWN,
AUSTRALISCHER NATURFORSCHER (1952)

Die Verführung ist für viele Männchen ein zweischneidiges Schwert. Die Ansprüche sind hoch, und ebenso hoch ist das Risiko des Bewerbers, Schaden davonzutragen. Timing, Technik und eine gewisse Chuzpe sind gefragt, um erfolgreich zu sein. Wenn aber das Objekt Ihrer Begierde ein furchterregender Räuber ist, der Tiere, die so aussehen wie Sie, zum Frühstück verputzt, wird die Suche nach einer Partnerin schnell lebensgefährlich.

Das gilt ganz besonders im Falle von *Nephila pilipes*, einer Seidenspinne. Das Weibchen ist ein wahrer Goliath im Vergleich zu ihrem David; es wiegt etwa 125-mal so viel wie das Männchen[175] und besitzt riesige Kieferklauen (Cheliceren), die ein potentes Gift freisetzen. Um dieses Weibchen zu verführen, muss das Männchen zunächst vorsichtig sein riesenhaftes Netz – mit zahlreichen Stolperfäden, die die kleinste Bewegung registrieren – überqueren, sich dann an seinem gigantischen

Körper festklammern und schließlich mit ihm kopulieren, ohne es dabei in den Angriffsmodus zu versetzen. Seine Chancen, diesen sexuellen Spießrutenlauf heil und lebendig zu überstehen, sind bestenfalls gering. Für ein Männchen dieser Art ist sexuelle Enttäuschung gleichbedeutend mit einem schauerlichen Tod, bei dem seine potenzielle Partnerin ihm binnen Minuten das Leben aussaugt, bevor sie seine trockene Hülle auf den wachsenden Haufen erfolgloser Bewerber hinabfallen lässt.

Berichte über derart schockierendes weibliches Verhalten erregten auch Darwins Aufmerksamkeit, obwohl er diesen Horror reichlich euphemistisch beschrieb. In *Die Abstammung des Menschen* beschreibt er eingehend, dass die Spinnenmännchen oft kleiner sind als die Weibchen, »zuweilen in einem ausserordentlichen Grade«, und in ihrer »Liebeswerbung ... äusserst vorsichtig« vorgehen müssen, da »das Weibchen seine Sprödigkeit zu einer gefährlichen Höhe treibt«[176] – so kann man es auch ausdrücken.

Darwins androzentrische Beschreibung wird dann schließlich doch noch deutlicher, indem er berichtet, dass ein Zoologe namens De Geer ein Männchen sah, welches »mitten in seinen vorbereitenden Liebkosungen von dem Gegenstande seiner Aufmerksamkeit ergriffen, in ein Gewebe eingewickelt und dann verzehrt wurde, ein Anblick, welcher ihn, wie er hinzusetzt, mit Schrecken und Indignation erfüllte«.[177]

Die Neigung der Spinnenweibchen, Dinner und Date solcherart miteinander zu verbinden, war für die Zoologen des 19. Jahrhunderts in mehrfacher Hinsicht ein Affront. Solch ein Weibchen entsprach nicht dem passiven, keuschen und monogamen Standard, sondern war grausam, promisk und ohne jeden Zweifel dominant. Es war außerdem ein evolutionäres Rätsel. Wenn sich im Leben alles darum dreht, die eigenen Gene an die nächste Generation weiterzugeben, wirkt es alles andere als adaptiv, seinen potenziellen Partner zu verspeisen, statt sich mit ihm zu paaren. Dennoch ist sexueller Kannibalismus bei

Spinnen unterschiedlichster Arten verbreitet, außerdem bei etlichen anderen Wirbellosen, von Skorpionen über Nacktkiemerschnecken bis hin zu Oktopussen. Am bekanntesten sind wohl die Gottesanbeterinnen, deren Weibchen nicht selten den abgetrennten Kopf des Partners verzehren, während dessen Körper noch mit ihnen kopuliert. Das Auftreten solchen Verhaltens ließ Generationen von Zoologen vermuten, dass die Evolution selbst ihren Kopf verloren hat.

»Wenn ein Spinnenmännchen sich nicht mit einem Weibchen paaren müsste, würde es ihm bestimmt aus dem Weg gehen«, erklärte mir Dave Clarke, leitender Tierpfleger der Wirbellosen im Londoner Zoo.

Clarke sollte es wissen. Ihm untersteht das begehbare Spinnen-Gehege des Zoos, wo man zwischen enormen Radnetzen umherlaufen und Selfies mit den darin sitzenden Netzbauerinnen machen kann. Ich war schon oft dort, doch bis Clarke mir eine Führung gab, hatte ich keine Ahnung davon gehabt, dass die Spinnen in der Mitte der Netze stets Weibchen sind. Spinnenmännchen sind meist schmächtige, umherstreifende Kreaturen, die keine Zeit haben, um ein Netz zu bauen oder überhaupt zu jagen. Ihre Kieferklauen und Giftsäcke sind verglichen mit denen der Weibchen oft eher mickrig. Die weiblichen Spinnen sind es, die das stärkere Gift haben und die ausgefeiltesten Netze bauen. Diese kunstvollen Konstruktionen sind ihr Reich, der Ort, an dem sie jagen, sich paaren und ihr Nest bauen.

Clarkes Aufgabe als Tierpfleger besteht unter anderem darin, die Tiere in seiner Obhut nachzuzüchten. Er arbeitet seit mehr als 35 Jahren im Londoner Zoo und hat in dieser Zeit »so ziemlich alles« gezüchtet, vom Großen Ameisenbären bis zur Ohrenqualle. Dafür muss er seine Tiere erst einmal sehr gut kennenlernen. »Zu meinem Job gehört immer auch ein bisschen Voyeurismus«, gab er zu.

Clarke ist dafür verantwortlich herauszufinden, was die fragliche Tierart in die erwünschte romantische Stimmung versetzt. Nicht bloß Große Pandas lassen sich in Gefangenschaft sehr schwer nachzüchten; jedes Taxon stellt hier seine Anforderungen. Das größte Lampenfieber hat Clarke jedoch bei den Spinnen.

»Das ist unglaublich intensiv. Bei Spinnen klingt es irgendwie komisch, dass man sich in sie hineinversetzt, aber so ist es nun mal. Man fühlt wirklich mit dem Männchen. Nicht nur, ob es sich paaren wird oder nicht, sondern ob es überleben wird«, erklärte er mir. »Du bringst dich in Position und fühlst fast selbst den Todesstoß, wenn alles falsch läuft.«

Zu den dramatischsten sexuellen Tändeleien unter Clarkes Verantwortung zählen diejenigen der Vogelspinnen. Sie sind die Giganten unter den Spinnen und können eine Beinspannweite von bis zu 30 Zentimetern erreichen. Ich erinnere mich noch gut, wie ein Exemplar unter meinem Fuß davonkrabbelte, als ich in Cairns in Northern Queensland eine Straße entlangging – es war wie in dem 80er-Jahre-Horrorfilm *Die Hand*, und ich erschrak fürchterlich. Wie ihr Name schon verrät, haben diese Spinnen die traditionelle Nahrungskette umgekehrt und erbeuten immer wieder Vögel oder gar Nagetiere, die ihrerseits eigentlich die kleinere achtbeinige Verwandtschaft als leckere Bissen betrachten. Solche kolossalen Tiere in Gefangenschaft zu züchten, ist ein wahres Großereignis.

»Es ist unheimlich spannend zu beobachten, weil man es in solcher Vergrößerung sehen kann. Die Männchen haben Haken an ihrem vordersten Beinpaar, mit denen sie sich während der Paarung an den Kieferklauen des Weibchens festhalten müssen, damit es sie nicht beißen kann. Außerdem sind sie dann in der besten Position, um mit ihren Pedipalpen vorwärts zu langen und sie einzuführen.«

Spinnenmännchen haben keinen Penis. Sie übertragen ihr Sperma mit einem Paar beinähnlicher Anhänge, den Pedipalpen (Kiefertastern), die beidseits des Kopfes sitzen. Diese sind jedoch nicht mit ihren Keimdrüsen verbunden; das Männchen muss daher zunächst das Sperma aus seinem Hinterleib auf ein spezielles Spermanetz pressen, um es dann in einem Hohlraum im verdickten Endglied des Pedipalpus (Bulbus genannt) zu verstauen. Nun ist das Männchen bereit, sich dem Weibchen vorsichtig zu nähern.

Die richtige Position ist alles beim Spinnensex, und jede Art hat ihre bevorzugte Stellung im Spinnensutra.* Die meisten Vogelspinnen tun es am liebsten von Angesicht zu Angesicht, obwohl bei einer brasilianischen Art die verwegenen Männchen das Weibchen für die Missionarsstellung in einer waghalsigen Aktion auf den Rücken drehen, um besseren Zugang zu haben. Das Männchen muss an die Unterseite des Hinterleibs vom Weibchen reichen, um seine Pedipalpen in die beiden Genitalöffnungen des Weibchens einzuführen, einen nach dem anderen. Bei den Vogelspinnen muss all dies ausgehandelt werden, während sich das Männchen an die Kieferklauen des Weibchens klammert.

---

* Dieses gibt es wirklich. Von 1911 bis 1933 sammelte der deutsche Zoologe Ulrich Gerhardt eine einzigartige Menge an Daten zum Fortpflanzungsverhalten von insgesamt 151 Spinnenarten. Man darf wohl sagen, dass er von Spinnensex besessen war. Diese Leidenschaft zeigte er schon als Schüler; als er erwachsen wurde, hatte er bereits das Paarungsverhalten von Spinnenarten aus 102 Gattungen und 38 Familien dokumentiert. Seine präzisen Aufzeichnungen umfassten nicht nur die bevorzugte Position der Art, sondern auch, wie viele einzelne Stöße mit jedem Pedipalpus ein Männchen ausführte. Das Einführen wurde ebenso detailliert beschrieben – ob »tastend« oder »hämmernd« – wie die Erfolgsrate der Männchen. Besondere Aufmerksamkeit schenkte Gerhardt den erfolglosen Insertionsversuchen, die er für jede Art zählte und aufführte. Dank Gerhardt wissen wir, dass männliche Spinnen oft keinen Erfolg haben. Bei 20 Arten beobachtete er, dass Misserfolge gewöhnlich sind und häufig auftreten. (Huber, Bernhard, A. (1998), »Spider Reproductive Behaviour: A Review of Gerhardt's Work from 1911–1933. With Implications for Sexual Selection«, in *Bulletin of the British Arachnological Society*, 11:3, S. 81–91.) Angesichts des Drucks, unter dem das Männchen steht, ist ein bisschen Lampenfieber wohl zu erwarten, doch regelmäßige Misserfolge sind sicherlich eine weitere evolutionäre Merkwürdigkeit bei den Spinnen.

»Ich erinnere mich noch an eine Paarung von Rotknie-Vogelspinnen *(Brachypelma hamorii)*, von denen wir nur ein Weibchen und ein Männchen hatten. Gerade als er in Position ging, stieß sie ihre Kieferklaue von oben durch seinen Körper. Das war's, sie spießte ihn buchstäblich mit einer zentimeterlangen Klaue auf den Boden, und wir konnten überhaupt nichts tun«, gestand mir Clarke.

Er erzählte, dass er immer mit einem Gefäß oder Lineal bereitsteht, um einzugreifen, falls es hässlich wird. Ein verletzter Verehrer kann gerettet und wiederverwendet werden (sogar, wenn ihm Gliedmaßen fehlen), insbesondere wenn es nur wenige seiner Art gibt. Steckt die Kieferklaue des Weibchens allerdings erst einmal in seinem Körper, werden Gift und Enzyme rasch injiziert, und die Organe des Männchens zerschmelzen zu einem Spinnen-Smoothie, der vom Weibchen aufgesaugt wird.

»Ich habe mir wegen dieses Männchens wirklich Vorwürfe gemacht«, erzählte Clarke sichtlich zerknirscht. »Die Situation ist künstlich herbeigeführt, und ich bin es, der es in den Löwinnenkäfig wirft. Da fragt man sich natürlich: ›Was habe ich falsch gemacht?‹ Denn das Spinnenmännchen hat ganz offensichtlich sein Bestes gegeben.«

So hat Clarke im Laufe der Jahre einige Tricks gefunden, die bei der Verführung großer räuberischer Weibchen helfen. Ganz entscheidend: Das Weibchen muss sich satt gefressen haben, bevor ihm sein achtbeiniger Verehrer vorgestellt wird. »Hunger ist der Hauptgrund dafür, dass sie ihn tötet. Wenn das Weibchen eine Weile nichts gefressen hat, denkt es erst mal nur ans Essen. Das Männchen denkt erst mal nur daran, sich zu paaren, und dazu ist es schließlich auch da.«

Natürlich dient das Leben der Fortpflanzung, doch männliche und weibliche Spinnen agieren in unterschiedlichen Zeitrahmen. Die Weibchen sind nicht nur größer, sie werden meist auch um ein Vielfaches älter als die Männchen. Weibliche Rotknie-Vogelspinnen etwa können bis zu 30 Jahre alt werden, männliche dagegen werden selten älter als zehn Jahre. Darum bringt ihre Vereinigung einiges Konfliktpotenzial mit sich. Die Weibchen streben an, möglichst viel zu fressen, um viele gesunde Eier legen zu können, deshalb haben sie es mit der Paarung nicht besonders eilig. Zu Beginn der Paarungszeit oder als jüngere Tiere sind Weibchen eher auf Nahrung aus als auf Paarung. Die Männchen dagegen haben immer nur ein Ziel, nämlich ein Weibchen zu finden und sich so schnell wie möglich mit ihm zu paaren.

Das Spinnenmännchen ist daran interessiert, seine Gene weiterzugeben, darum zielt es darauf ab, sich zu paaren und zudem seine Vaterschaft sicherzustellen. Für das Spinnenweibchen ist, wie für viele der Weibchen, die wir bereits kennengelernt haben, Monogamie nicht unbedingt eine gute Idee: Es ist an Nachwuchs mit den bestmöglichen Genen interessiert, darum kann es entweder sorgfältig auswählen, mit wem es sich schließlich paart, oder es paart sich mit mehreren Männchen, was die Chancen erhöht, dass einige ihrer Spinnenkinder genetisch das große Los ziehen.

»Bei Spinnen kontrolliert allein das Weibchen die Fortpflanzung. Nicht das Männchen«, erklärte mir Clarke. »Die Weibchen leben viel länger, und sie können Sperma speichern, bei manchen Arten bis zu zwei Jahre. Also, wenn sie versehentlich ein Männchen auffressen – es gibt noch viel mehr davon. Sie können warten.«

Zu Darwins Zeiten sah man die Fortpflanzung als harmonische Angelegenheit, bei der beide Geschlechter kooperierten, um die nächste Generation hervorzubringen. Diese romantische Vorstellung scheint heute überholt. In den letzten Jahrzehnten hat sich immer mehr die Erkenntnis durchgesetzt, dass die sexuellen Absichten von Weibchen und Männchen unterschiedlichster Tierarten oft nicht übereinstimmen.[178] Die Liebe ist ein Schlachtfeld, und sexuelle Konflikte werden heute als wichtige evolutionäre Triebkraft gedeutet, die antagonistisch zwischen den Geschlechtern wirkt. Das Tauziehen gegensätzlicher Interessen bewirkt ein evolutionäres Wettrüsten von Adaptationen und Gegenadaptationen, da jede Seite danach strebt, zu bekommen, was sie will, und das andere Geschlecht »auszutricksen«.

Nehmen wir das Beispiel der Languren aus dem vorherigen Kapitel. Ein von außen kommendes dominantes Männchen will so schnell wie möglich beginnen, mit den »neuen« Weibchen Nachkommen zu zeugen, darum tötet es ihre Jungen, um sie in den Östrus zu zwingen. Die Weibchen jedoch haben als Antwort darauf ihre promiske Sexualstrategie entwickelt.

Nirgends jedoch ist der sexuelle Konflikt extremer als bei den Spinnen. Die Möglichkeit des Kannibalismus übt den ultimativen Selektionsdruck auf die Männchen dahingehend aus, mit kreativen Lösungen der tödlichen Bedrohung durch hungrige Weibchen zu begegnen.

Zunächst einmal haben bei vielen Radnetzspinnenarten die Männchen gelernt, geduldig am Rand des Netzes abzuwarten, bis das Weibchen seine Mahlzeit (möglicherweise einen Mitbewerber) eingenommen hat, bevor sie sich auf den Weg machen.[179] Andere, wie das Männchen der Schwarzen Witwe, können anhand der Pheromone in ihrer Spinnenseide sogar riechen, ob die Angebetete hungrig ist,[180] und warten in gehörigem Abstand ab, wenn dies der Fall ist. Dann gibt es noch jene Männchen, die mit einem Paket in Seide gewickelter Beute zum Stelldichein erscheinen, dem Spinnen-Äquivalent einer Pralinenschachtel. Dies beschäftigt die Kieferklauen des Weibchens, während das Männchen mit seinen Pedipalpen zur Tat schreitet.

So weit, so einfühlsam. Die Evolution beließ es jedoch nicht dabei, dass die Männchen lediglich den Sättigungsgrad des Weibchens beobachten. Der sexuelle Konflikt bewirkte, dass die Männchen vieler Arten noch abwegigere Maßnahmen ergreifen. Infolgedessen gibt es bei Spinnen sexuelle Praktiken, bei denen sogar Christian Grey rote Ohren bekäme.

Die amerikanische Jagdspinne *Pisaurina mira* ist eine von rund 30 bekannten Spinnenarten, die bekanntermaßen beim Sex Fesselungsspiele betreiben. Das Männchen schleicht sich auf das Netz des Weibchens und fesselt es. Dabei benutzt es ein extralanges Beinpaar, sodass es außer Reichweite der weiblichen Kieferklauen bleibt, während es seine Seidenfäden um die Beine seiner Partnerin schlingt. Ist das Weibchen gefesselt, ist das Männchen bei der Paarung sicher und kann sich Zeit lassen, um seine Pedipalpen mehrfach einzuführen, was die Chancen auf Spermientransfer und Befruchtung erhöht. Ist die Paarung vollzogen, entledigt sich das Weibchen seiner Fesseln, während das Männchen hastig das Weite sucht.[181]

Die nach Darwin benannte Radnetzspinne *Caerostris darwini* (»Darwins Rindenspinne«) geht sogar noch weiter und praktiziert Oralsex. Das Männchen fesselt zunächst seine Partnerin mit Seide und speichelt dann vor, während und nach der Kopulation seine Genitalien ein. Dieses Sexualverhalten wurde bislang nur bei Säugetieren beobachtet. Seine Funktion bei den Spinnen ist bislang noch nicht ergründet, es könnte aber dazu dienen, Sperma möglicher voriger Begatter zu verdauen, was dem Speichler einen zusätzlichen Vaterschafts-Vorteil verschafft.[182]

Bei Wolfsspinnen der Art *Rabidosa punctulata* bieten »Dreier« für die Männchen am meisten Sicherheit. Umherstreifende Männchen, die zufällig auf ein kopulierendes Pärchen stoßen, werden ihr Glück versuchen und einfach mitmachen. Da das Weibchen bereits mit einem erfolgreichen Männchen beschäftigt ist, ist für das dazugekommene Männchen die Wahrscheinlichkeit geringer, gefressen zu werden. Der Autor einer neueren Studie beobachtete ein gewisses genitales Gerangel zwischen den Männchen, doch insgesamt war die Spinnen-*ménage à trois* eine erstaunlich geordnete Angelegenheit, bei der sich die Männchen mit der Einführung ihrer Pedipalpen höflich abwechselten.[183]

Schließlich gibt es noch die vernünftige, wenn auch unmöglich klingende Strategie der »Kopulation aus sicherer Entfernung«, bei der das Männchen zwar mit dem Leben davonkommt, sich aber von seinen Genitalien verabschieden muss. Wenn die Lage brenzlig wird, kneift das Männchen der Seidenspinnenart *Nephilengys malabarensis* seinen Pedipalpus ab und flieht; der Palpus verbleibt im Epigynum des Weibchens und gibt weiter Sperma ab. Überdies verschließt er auch die Geschlechtsöffnung des Weibchens und verhindert so, dass es sich mit einem anderen Männchen paart.[184] Der Nachteil ist allerdings, dass das Männchen nur zwei Pedipalpen besitzt und sich somit mit zweimaliger Anwendung dieser Taktik zu einem funktional sterilen Eunuchen macht.

Der Preis für die schrägste Anti-Kannibalismus-Strategie gebührt allerdings der Wespenspinne *(Argiope bruennichi)*, die ihren Namen der markanten schwarz-weiß-gelben Streifung des Hinterleibs der Weibchen verdankt. Die erfolgreichsten Männchen suchen ein noch nicht ausgewachsenes Weibchen und bewachen es, bis es kurz vor der Geschlechtsreife steht. Wenn das Weibchen sein Exoskelett bei der Reifehäutung abwirft, ist sein noch nicht ausgehärteter Körper verwundbar; es kann sich nicht bewegen und schon gar kein Männchen angreifen. In diesem Augenblick ergreift das Männchen seine Chance und paart sich mit dem Weibchen. Die Strategie ist sehr erfolgreich: Bei Kopulationen mit sich häutenden Weibchen überlebten 97 Prozent der Männchen, bei konventionellem Sex mit einem Weibchen mit ausgehärteter Hülle nur 20 Prozent.[185]

Ein Schicksal, schlimmer als der Tod

Im Laufe der Evolution gab es viele Entwicklungen, um Spinnenmännchen vor dem präkopulatorischen Tod durch die Kieferklauen der Weibchen zu schützen. Aber ist sexueller Kannibalismus wirklich immer nur eine seltsame Begleiterscheinung der dominanten Größe und des hemmungslosen Appetits der Weibchen? Viele Biologen haben jahrelang genau das behauptet; die lauteste Stimme darunter war die des Evolutionsbiologen Stephen Jay Gould von der Harvard University. Der US-amerikanische »preisgekrönte Evolutionswissenschaftler«[186] behauptete in einer seiner beliebten »Genau-so-Geschichten« für das amerikanische Magazin *Natural History*, sexueller Kannibalismus könne niemals einen Vorteil mit sich bringen. Er stellte sogar infrage, ob dieser tatsächlich weit genug verbreitet war, um eingehender untersucht zu werden.

»Wenn er immer oder doch wenigstens oft aufträte, und wenn das Männchen eindeutig keine Gegenwehr leistete, dann wäre ich von der Existenz dieses Phänomens durchaus überzeugt«, so Gould 1985.[187]

Für ihn war die Seltenheit dieses scheinbar abweichenden Verhaltens ein Beleg für seine Ansicht, dass nicht jedes in der Natur vorkommende Merkmal durch selektive Kräfte so fein abgestimmt ist, dass es das Überleben und den Fortpflanzungserfolg eines Tieres fördert. Manche sah er einfach als zufällige Begleiterscheinungen anderer Adaptationen an, in diesem Fall der »blinde[n] Raubgier«[188] und schieren Größe der Weibchen.

Gould war ein brillanter Autor und revolutionärer Theoretiker, doch er hat sich nie in die Lage eines Spinnenmännchens versetzt, das nach einer Partnerin sucht. Auf Clarke allerdings traf dies zu. Für ihn gibt es eine Sache, die für den kühnen Verehrer schlimmer wäre als der Tod, nämlich ignoriert zu werden.

»Hier gab es im Laufe der Jahre reichlich Spinnensex. Und richtig schlechter Sex ist es, wenn das Weibchen nicht empfänglich ist. Das passiert so oft, dass du das Männchen hineinsetzt, du hast alle darauf eingestellt. Die Musik ist an, das Licht heruntergedreht, und das Weibchen rührt sich einfach nicht. Sie schenkt ihm überhaupt keine Beachtung. Das ist wirklich frustrierend, und es geschieht häufig.«

In freier Natur müssen die Männchen vielleicht tückisch große Entfernungen zurücklegen, unzähligen hungrigen Raubfeinden ausweichen und andere Männchen abwehren, um zu einem Weibchen zu kommen. Sie haben möglicherweise nur eine einzige Chance, also ist es entscheidend, *bemerkt* zu werden, selbst wenn das ihren Tod bedeutet.

Clarke berichtete mir von einer besonders wichtigen Aktion, als er versuchte, zwei Gerandete Wasserspinnen *(Dolomedes plantarius)* zur Paarung zu bringen. Diese semi-aquatisch lebende Art mit einer etwa handtellergroßen Beinspannweite jagt Insekten, Kaulquappen und gelegentlich auch kleine Fische an der Wasseroberfläche. Die große samtbraune Schönheit ist eine der größten und seltensten Spinnen Großbritanniens und findet sich dort nur in sehr vereinzelten Feuchtgebieten. Die Zoological Society of London versucht, ihre schwindende Anzahl durch Nachzucht und Auswilderung der Jungtiere wieder zu vergrößern, und hier kommen Clarke und seine ausgefeilten Spinnen-Verführungskünste ins Spiel.

Die Nachzucht in Gefangenschaft ist besonders heikel, wenn es um gefährdete Arten geht, insbesondere wenn es sich dabei um eine kannibalistische Spinne handelt. Clarke musste nicht nur mit einer Reihe besorgter Naturschützer zurechtkommen, die seine Technik genauestens überwachten, sondern auch damit, dass die Zukunft der Art in seinen Händen lag.

»Wir versuchen, über lange Zeit wenigstens einen kleinen Genpool zu erhalten, und alles hängt von den paar Augenblicken der Fortpflanzung ab. Wenn das schiefgeht, hast du echt ein Problem.«

Clarke tat alles, um den angestammten Feuchtgebiet-Lebensraum der Spinnen nachzubauen, mit kleinen Inselchen aus Wasserpflanzen, ganz so, wie die Achtbeiner es mögen.[189] Und natürlich stellte er sicher, dass das Weibchen satt gefressen war, bevor er das Männchen dazusetzte; außerdem sorgte er für reichlich Platz für das Paar. Gerandete Wasserspinnen zeigen in natürlicher Umgebung eine längere Werbungsphase, bei der das Männchen dem Weibchen eine Weile folgt und sozusagen die Lage sondiert. Daher stellte Clarke sicher, dass das Weibchen viel Bewegungsfreiheit hatte und nicht etwa in eine Ecke getrieben werden konnte, weil das ebenfalls einen Angriff auslösen konnte.

Zunächst waren die Dinge wunderbar im Fluss, so Clarke. Das Männchen hatte einige vorsichtige Annäherungsversuche gemacht, indem es das Weibchen auf dem Wasser knicksend und mit vibrierenden Beinen ein wenig umkreiste. Das Weibchen wirkte entspannt und empfänglich, als sich das Männchen weiter näherte. Ist ein Männchen in Reichweite, führt es »liebkosende« Berührungen aus, die vermutlich ein aggressives Weibchen beruhigen sollen und ein wichtiger Teil der Verführungsstrategie bei Spinnen sind.[190] Der Bewerber fing nun an, sich mit vibrierenden Beinen über den Körper des Weibchens vorzuarbeiten und vorsichtig in die richtige Position zu bringen, um seine Pedipalpen einzuführen. Und da plötzlich packte das Weibchen das Männchen und tötete es in Sekundenbruchteilen.

»Ich wusste sofort: Das war's. Und es tat mir furchtbar leid«, gab Clarke zu.

Die versammelten menschlichen Zuschauer konnten nur mit Schrecken verfolgen, wie das Spinnenweibchen gierig verputzte, was seiner Art die Zukunft hätte sichern können. Clarke, der derlei alles verzehrende sexuelle Enttäuschungen schon kannte, nahm das Weibchen ohne Murren, um es zu einem anderen Zeitpunkt noch einmal zu versuchen. Ungefähr einen Monat später entdeckte er jedoch zu seiner Verwunderung einen großen seidenen Behälter in dessen Versteck. Es war ein Eikokon. Clarke vermutete zunächst eine unreife Anomalie, doch nach weiteren vier Wochen schwoll der Kokon plötzlich an, und etwa 300 winzige Gerandete Wasserspinnchen krabbelten heraus. Offenbar können die Männchen dieser Art ihre Spermien extrem schnell mit ihren Pedipalpen »verschießen«, selbst wenn sie dabei aufgefressen werden.

»Noch in der Mikrosekunde, in der sie ihn gepackt hat, hat er es anscheinend geschafft, seinen Pedipalpus einzuführen und Spermien abzugeben«, erzählte Clarke mit großen Augen. »Ich war nur noch froh. Nie hätte ich gedacht, dass sie sich doch noch gepaart hätten.«

Das Gerandete Wasserspinnenmännchen mag einen schrecklichen Tod gestorben sein, doch es war ihm zuvor gelungen, die Eier des Weibchens zu befruchten. Zudem versorgte das Aussaugen des Männchens das Weibchen mit Nährstoffen für die Eier, was den Nachkommen eine bessere Ausgangsposition verschaffte. Das Opfer des Männchens verschaffte also der Mutter und auch dem dahingeschiedenen Vater der Jungen einen Vorteil und könnte somit als Akt der ultimativen väterlichen Fürsorge gesehen werden.

Positive Schwingungen

Die meisten Menschen denken eher nicht an den Begriff »extravagant«, wenn sie Spinnen beschreiben sollen. Die große Mehrheit der Arachniden sind kleine bräunliche Krabbler; ihre unauffällige Erscheinung verschafft ihnen die nötige Tarnung bei der Jagd oder beim Verstecken vor Fressfeinden. Die Männchen der zu den Springspinnen zählenden Pfauenspinnen (Gattung *Maratus*) jedoch verstoßen auf spektakuläre Weise gegen diese Regel. Ein *Maratus*-Männchen ist der Liberace unter den Spinnen, ein herausragender Performer, der, ganz wie der gefiederte Namensgeber, mit einem farbig irisierenden Fächer seine Partnerin gewinnt.

Nähert sich ein Männchen im australischen Busch, wo die meisten Arten beheimatet sind, einem Weibchen, vollführt das flauschige, vier Millimeter kleine Wunderwesen einen überraschend kunstvollen Tanz, indem es abrupt seinen pelzigen Hinterleib senkrecht emporhebt und zwei schimmernde Fächer seitlich ausklappt; diese sind mit blauen, orangefarbenen und roten Mustern geschmückt, die eines Gianni Versace würdig wären. Sodann wackelt das Männchen mit seinem schmucken Hinterleib und knickst mit den Beinen, stampft mit den Füßen und reckt ein überlanges Beinpaar in die Höhe. Dieses prachtvolle Schauspiel, ein Mix aus Fred Astaire und den Village People, kann sich bis zu eine Stunde lang hinziehen, bis das Männchen endlich nahe genug ist, um zur Tat zu schreiten.

Es ist fraglos ein entzückendes Schauspiel, und die Tatsache, dass das Männchen buchstäblich um sein Leben tanzt, macht es noch anrührender. Bis zu drei Viertel der Pfauenspinnen-Bewerber werden letztlich von einem unbeeindruckten Weibchen getötet. Die einzigartige Kombination aus Pathos und Puscheligkeit hat die kleinen achtbeinigen Antipoden außerdem unerwartet zu Internet-Stars gemacht: Videos ihrer farbenprächtigen Darbietung, untermalt mit Musik (etwa *Stayin' Alive* von den Bee Gees), wurden millionenfach angeklickt.[191]

»Ich liebe sie einfach heiß und innig«, bekannte mir Damian Elias, Privatdozent an der University of California in Berkeley. Angesichts der Massen an kitschigen Spielzeugspinnen, die (neben Postern von mir völlig unbekannten Indie-Rockbands) sein Labor schmückten, hatte ich mir das schon gedacht. Elias erforscht seit fast zwei Jahrzehnten (obwohl er dafür eigentlich zu jung aussieht) die Verführungsrituale von Spinnen und hat seine beiden Leidenschaften – Spinnen und Musik – insofern vereint, als er entdeckte, dass Pfauenspinnenmännchen nicht nur tanzen, sondern auch starke Beats absondern.

Die Wissenschaft war lange davon ausgegangen, dass Pfauenspinnenweibchen ihre Bewerber allein nach optischen Gesichtspunkten bewerten.[192] Wir Menschen sind ausgesprochen visuelle Wesen, daher vermuten wir dergleichen schnell. Spinnen leben jedoch in einer ganz anderen Sinneswelt als wir. Die meisten haben zwar Augen, können aber, wenn überhaupt, nicht besonders gut sehen. Bei der Jagd orientieren sie sich vor allem an oberflächlichen, für uns nicht wahrnehmbaren Vibrationen, die sie mit speziellen schlitzförmigen Organen an den Beinen registrieren. Diese Erschütterungen werden oft durch ein Netz verstärkt, das im Grunde eine Erweiterung ihres Sinnessystems darstellt. Die Pfauenspinnen sind insofern ungewöhnlich, als sie zusätzlich ein gutes Sehvermögen entwickelt haben, um ihrer Beute (meist Insekten oder andere Spinnen) nachzustellen und sie anzuspringen.

Die beiden auffällig großen, kugeligen Augen verfügen sowohl über eine Art Teleobjektiv als auch über Farbsehen – eine ungewöhnliche evolutionäre Entwicklung für eine alte Gattung von Wirbellosen. Die Weibchen sind also gut ausgestattet, um den merkwürdigen Bewerbungstanz der Männchen zu entdecken. Wie Elias herausfand, bedienen sich die Weibchen jedoch auch einer seismischen Wahrnehmung, die unsere Sinne nicht leisten können.

»Es hat mich schon immer besonders interessiert, wie Tiere die Welt wahrnehmen«, sagt Elias, und je fremdartiger dies für uns ist, desto besser.

Den Zutritt in die geheime Sinneswelt der Spinnen verschaffte sich Elias mit einer unwahrscheinlichen Anzahl an High- und Lowtech-Gerätschaften, dank derer er handeln, sehen und hören kann wie eine Spinne. Voller Stolz zeigte er mir sein Laser-Doppler-Vibrometer, eine 500 000-Dollar-Maschine, die mit Lasertechnik minimale Oberflächenschwingungen misst. Es wurde in den 1960er-Jahren entwickelt und wird meist von Luftfahrtingenieuren verwendet, um die Sicherheit von Flugzeugen zu überprüfen. Auch Spione nutzen es, um von außen Gespräche innerhalb eines Gebäudes abzuhören. Osama bin Ladens Schicksal war besiegelt, als die CIA seine Stimme entdeckte, die aus dem Fenster eines Anwesens in Pakistan vibrierte.

Elias benutzt sein Vibrometer, um zu registrieren, welche Erschütterungen die pulsierenden Tanzbewegungen der Pfauenspinnenmännchen hervorrufen. Das Vibrometer wird zudem an einen Lautsprecher gekoppelt, sodass Elias die minimalen Bodenschwingungen in »Lieder« übersetzen kann – Schallwellen, die für unsere Ohren hörbar sind.*

Für die akkurate Aufzeichnung der »Lieder« war eine passende Bühne für das Spinnenmännchen vonnöten. In freier Natur springen Pfauenspinnen in herabgefallenem Laub, Felsen und Sand umher. Elias brauchte jedoch ein ebenes Substrat, damit die Lasertechnik funktionierte. Millimeterpapier und Zinnfolie erwiesen sich als zu steif, sie summten bei verirrten Luftströmungen und dem Umgebungsrauschen wie Stimmgabeln mit. Durch Versuch und Irrtum konstruierte Elias schließlich sein ideales Spinnen-Tanzparkett: Ein Paar Nylonstrumpfhosen, ohne ihre Zwickel und über einen kleinen Knüpfrahmen gespannt.

Als ich ihn fragte, woher er die Strumpfhosen bekam, gab er betreten zu: »Das ist ein bisschen peinlich. Ich klaue sie meiner Schwiegermutter.«

Pfauenspinnen bewegen sich schneller, als wir wahrnehmen können. Daher kombinierte Elias seine stibitzte Strumpfhosen-Tanzfläche mit einer Hochgeschwindigkeitskamera mit Makroobjektiv, die die gymnastischen Übungen des Männchens in großem Maßstab und in Zeitlupe aufnahm, sodass die visuellen Signale des Tieres seinen Trommelschlägen zuzuordnen sind.

---

* Seismische Kommunikation mag für uns Menschen neuartig sein, doch ist sie im Tierreich erstaunlich weitverbreitet. Elefanten registrieren mit ihren Füßen Infraschalllaute und das Stampfen weit entfernter Artgenossen, Goldmulle lokalisieren mundgerechte Termiten durch Erspüren von deren Tippelschritten. Einige südamerikanische Froscharten schlagen mit ihren aufgeblasenen Luftsäcken auf den Boden, um Partnerinnen und Rivalen Signale zu senden, und den meisten Wirbellosen sind Vibrationen des Bodensubstrats geläufiger als Schallwellen in der Luft.

Nun fehlte dem Versuchsaufbau nur noch ein Pfauenspinnenweibchen, das kontrollierbar war, und an diesem Punkt kam das Kohlendioxid ins Spiel.

»Manchmal muss man etwas Schlechtes tun, um Ergebnisse zu erzielen«, sagte Elias mit spürbarem Bedauern, als er ein Weibchen euthanasierte, damit man damit arbeiten konnte. Die winzige Spinne, nicht größer als ein Reiskorn, musste mit heißem Wachs auf die Spitze einer Nadel geklebt werden – eine Fummelarbeit, bei der man durch ein Mikroskop schauen und zugleich mit einem heißen Lötkolben hantieren muss. Dabei brauchte man eine ruhige Hand, und die hatte ich nicht. Als die Verführerin endlich fixiert war, war sie in jeder falschen Hinsicht heiß – ihr fehlten ein paar Beine, und ihre Borsten waren angebrannt. Elias meinte, ich solle mir keine Gedanken machen; bei Pfauenspinnen drehe sich alles um die Augen. Solange die beiden großen Augen intakt waren, würde das Männchen immer noch seine Vorstellung geben. Andernfalls hatte er noch ein paar Weibchen auf seinem »Friedhof« in Reserve, einem Nadelkissen mit einem halben Dutzend toter »Bräute«.

Mein aufgespießter Lockvogel wurde in der Mitte der Tanzfläche auf eine Drehscheibe gesteckt, sodass ich ihn mit einer Hand hin- und herdrehen und dem Männchen so ermunternde Blicke zuwerfen lassen konnte. In der anderen Hand hielt ich einen Pinsel, um das Männchen so gut es ging vom Davonspringen abzuhalten. Springspinnen können hüpfend das 50-fache ihrer Höhe erreichen, und das ganz ohne Muskelkraft. Es passiert hydraulisch, ähnlich wie sich der Ausleger eines Baggers bewegt: Flüssigkeit wird in ihre hohlen Gliedmaßen gepumpt und dehnt diese aus. Die ersten drei Männchen demonstrierten diese Fertigkeit recht dramatisch, indem sie direkt von der Strumpfhose ins Nichts schnellten. Elias blieb gelassen und versicherte mir, dass sie letztlich irgendwo wieder auftauchen würden (hoffentlich nicht in meiner Tasche, wenn ich wieder in

London wäre). Bis dahin gäbe es »jede Menge tote Insekten im Labor, die sie fressen können«.

Das Weibchen zu bewegen und gleichzeitig das Männchen am Entkommen zu hindern, war ungefähr so leicht, wie sich auf den Kopf zu klopfen und gleichzeitig den Bauch zu reiben. Meine Aufgabe bestand vor allem darin, das Männchen auf meine Weibchenpuppe aufmerksam zu machen. Zwar haben Pfauenspinnen scharfe Augen, aber ihre winzigen Gehirne können bei dieser Sehschärfe nur jeweils einen Teil des Bildes verarbeiten. »Es ist so, als würde man durch ein Binokular schauen«, erklärte mir Elias. Männchen und Weibchen müssen sich gegenseitig anschauen, um sich auch zu sehen.

Letztlich entdeckte Casanova Nummer vier meine Verführerin und begann abrupt und unübersehbar mit seiner Vorstellung. Er warf sein auffallend verlängertes drittes Beinpaar theatralisch in die Höhe und begann eine Art Jazztanzeinlage. Es folgten einige Sekunden heftigen Stampfens, und dann setzten die Vibrationen ein. Ein lautes Summen erklang, so als wäre eine Riesenhummel in das Labor geflogen. Das Männchen ließ seinen Hinterleib mit 200 Schwingungen pro Sekunde pulsieren, und der von ihm erzeugte »Lärm« war, sobald er vom Vibrometer und Lautsprecher von Strumpfhosenvibrationen in Schallwellen umgewandelt worden war, ohrenbetäubend. Kein Weibchen konnte die Anwesenheit dieses Männchens ignorieren, besonders da es gleichzeitig seinen knallbunten Hinterleib mitsamt Fächern präsentierte.

Es folgte wild-ostentatives Schwenken von Fächern und Beinen, perfekt koordiniert mit verschiedenen donnernden Beats, denen Elias ausdrucksstarke Namen wie »Rumpelhintern« und »Aufheulmahlen« gegeben hatte.[193] Nach etwa 30 Sekunden intensiven Spinnen-Flamencos war das Männchen nahe genug herangekommen, um zum letzten Schritt anzusetzen. Als es auf das Weibchen stieg, um seinen Lohn einzufordern, griff Elias mit dem Pinsel ein.

»Das war dein Spaß für heute«, witzelte er und fegte es so schnell beiseite, dass das Männchen gar nicht erst bemerken konnte, dass seine Angebetete eigentlich tot war. Mir kam das nach all seinem Aufwand fast ein bisschen brutal vor, doch dann fiel mir ein, dass mein singender und tanzender Casanova im Handumdrehen selbst sein Leben hätte lassen können, wenn das Weibchen lebendig gewesen wäre.

Wie Elias herausgefunden hat, haben die seismischen Lieder der Männchen etwa 20 unterschiedliche Elemente und sind so komplex wie von Menschen komponierte Lieder.[194] Im Grunde ist jede Spinne ein Freestyle-Jazzer, der über einer gesetzten Grundmelodie seine Riffs spielt und sie so zu seiner eigenen macht. Die Vorstellung war zweifellos beeindruckend, aber was bedeutete das alles?

Elias glaubt, dass die auffällige Werbung der Pfauenspinnen der ultimative Tanz mit dem Tod ist. Sie soll mit ihrer Extravaganz die Kraft des Männchens demonstrieren, aber auch die Aufmerksamkeit eines Weibchens erregen, das womöglich gerade auf der Jagd (nach Beute, die aussieht wie das Männchen) ist und nicht unbedingt an Sex denkt.

Lebewesen mit kleinen Gehirnen, wie Spinnen, haben eine begrenzte Sinneswahrnehmung, daher ist es nicht leicht, durch das Umgebungsrauschen zu dringen, um von ihnen bemerkt zu werden. Deshalb bedienen sie sich derselben Taktik wie der mit Blauem protzende Seidenlaubenvogel, den wir bereits kennengelernt haben, und nutzen vorhandene sensorische Bahnen, um bemerkt zu werden. Statt aber zum Anlocken der Partnerin Objekte zu sammeln, die wie ihre Lieblingsnahrung aussehen, gehen viele einen dramatischen Schritt weiter. Kurz gesagt, das Spinnenmännchen benimmt sich wie eine Mahlzeit, um zum Zuge zu kommen.

Bei Springspinnenweibchen wird der Raubinstinkt durch zuckende Bewegungen ihrer Beute ausgelöst, die sie im peripheren Gesichtsfeld mithilfe der kleineren Augen wahrnehmen.

Vielleicht beginnt das Pfauenspinnenmännchen deshalb seine Verführung mit winkenden Beinen, da dies die ruckartigen Bewegungen eines schmackhaften Insekts imitiert.[195] Vibrationen spielen wahrscheinlich auch eine wichtige Rolle, besonders für Spinnen, die weniger gut sehen. Viele Männchen beginnen ihre Verführungsroutine mit Zittern, das ein im Netz zappelndes Insekt nachahmt. Das weckt aus der Ferne den Jagdinstinkt des Weibchens, noch bevor es das Männchen sieht oder riecht.

Diese Kombination aus visuellen und Vibrations-Stimuli bedeutet, dass das Männchen als Steak verkleidet in die Höhle der Löwin tritt und ruft: »Friss mich!« Es ist eine todsichere Methode, um bemerkt zu werden, doch dieser wagemutigen Strategie muss unmittelbar eine andere folgen, die das Weibchen vom Ausleben ihres Jagdimpulses abhält, sonst würde die Werbung doch recht kurz ausfallen.

»Spinnen sind Räuber. Darum kann man ihre Aufmerksamkeit am besten erregen, indem man genau das auslöst, was den Räuber nach Beute schauen lässt. Dann muss man aber ganz schnell deutlich machen: Ich bin keine Fliege oder Grille«, erklärte mir Elias.

Das barocke Werbungsverhalten signalisiert, dass ein Männchen keineswegs eine Mahlzeit, sondern ein Vertreter des anderen Geschlechts ist, von derselben Art und auf der Suche nach einer Partnerin. Nach Elias' Ansicht verdeutlicht die energische Darbietung auch die Gesundheit und Kraft eines Bewerbers, sodass das Weibchen entscheiden kann, welche Männchen eine Chance bekommen und welche verspeist werden. Weibchen mögen große Männchen, und man vermutet, dass die Männchen durch ihr Vibrieren mehr Größe vortäuschen.

Das ganze Fächerwedeln und Hinterleibwackeln kann auch noch einem anderen Zweck dienen, nämlich das Weibchen zu hypnotisieren und dadurch ruhigzustellen. Schauerähnliche Vibrationen etwa verzögern bekanntermaßen den Angriffsinstinkt eines Weibchens, selbst wenn sich Beute in dessen Netz befindet. Diese Schauer könnten somit vom Männchen per Hüftschwung zweckentfremdet werden, um eine gewisse neuronale Kontrolle über das Weibchen zu erlangen.[196]

Spinnen können sogar Schwingungssignale über die Luft wahrnehmen. Wie Fliegen, ebenfalls Arthropoden, sind sie mit langen, fadenförmigen Tasthaaren bedeckt, die noch Luftbewegungen von einem Zehnmilliardstelmeter registrieren können – ungefähr die Breite eines Atoms. Diese Haare sind der Grund dafür, dass es so schwer ist, eine Stubenfliege zu erschlagen: Sie kann die Verschiebung der Luftmoleküle, die Ihrer Hand vorausgeht, registrieren und deshalb rechtzeitig »die Fliege machen«. Der Jazztanz des Pfauenspinnenmännchens mit erhobenen Beinen ist also nicht unbedingt ein visuelles Signal; vielleicht versucht es so auch, das Weibchen gefügig zu machen. Wie die Männchen anderer Spinnenarten könnte es zusätzlich chemische Reize – ob Aphrodisiaka oder Narkotika – einsetzen, um die Sinne des Weibchens zu vernebeln.

Für das Pfauenspinnenweibchen ergibt der sexuelle Kannibalismus ganz klar einen adaptiven Sinn. Es kann damit nur gewinnen: Die schwächeren Bewerber werden ausgemerzt, sodass sie es nicht mehr mit einer Darbietung belästigen, die womöglich unerwünschte Fressfeinde anlocken könnte. Und das Weibchen bekommt noch eine schöne Mahlzeit extra.

Hinsichtlich der Beurteilung durch die Weibchen beobachtete Elias, dass diese aggressiv wurden, wenn das Männchen weniger Vibrationen erzeugte, sein Lied und seinen Tanz nicht richtig koordinierte und insbesondere wenn es nicht auf die Signale des Weibchens achtete. Genau wie bei Beifußhuhn und Seidenlaubenvogel ist die Kommunikation bei der Partnerwerbung der Pfauenspinnen nicht einseitig; allerdings fällt die Strafe für Männchen, die nicht richtig zuhören und reagieren, hier ungleich härter aus. Ein Pfauenspinnenweibchen, das mit dem Hinterleib wackelt, ist nicht nur nicht paarungswillig, sondern wird seinen Verehrer wahrscheinlich fressen.

Sexueller Kannibalismus mag die festen Vorstellungen männlicher Biologen des 19. Jahrhunderts erschüttert haben, doch aus Sicht des Weibchens bringt es handfeste evolutionäre Vorteile mit sich, wenn man seinen Partner vor, während oder nach dem Sex verspeist. Eine Mutter will die besten Gene für ihre Nachkommen und muss groß und stark sein, um für sie zu sorgen. Sie ist ihren häppchengroßen Bewerbern körperlich überlegen, warum sie also nicht aufessen?

Spinnenweibchen sind erstaunlich hingebungsvolle Mütter. Viele tragen ihre Eier in einem speziellen Seidenkokon mit sich herum. Nach dem Schlüpfen der Spinnenjungen verteidigen und füttern sie diese, manchmal mit dem eigenen Körper. Matriphagie gibt es bei Spinnen tatsächlich. Die Schlüpflinge der Röhrenspinne *Stegodyphus lineatus* sind in der Nahrungsversorgung anfangs komplett auf die Mutter angewiesen. Diese würgt dazu ihre eigenen verflüssigten Organe aus. Schließlich beginnen die Jungen, direkt an den Hinterleib der Mutter zu gehen; binnen zwei bis drei Stunden saugen sie sie völlig aus, bis nur noch ihr leeres Exoskelett übrig bleibt.[197]

Darwin vermutete hinter den enormen Größenunterschieden der Geschlechter bei Spinnen eine auf die Männchen einwirkende sexuelle Selektion; demnach konnte »das diminutive Männchen der Wildheit des Weibchens dadurch [entgehen], dass es auf dessen Körper und riesenhaften Gliedmaassen herumgleitet und Verstecken spielt«.[198] Die heutige Forschung jedoch deutet darauf hin, dass es zumindest bei den Radnetzspinnen eher die *natürliche* Selektion ist, die auf die Weibchen einwirkt und deren Körper im Interesse der Mutterschaft vergrößert: Ein großes Weibchen ist besser ausgestattet, um sich den enormen Widrigkeiten des Spinnenmutterdaseins zu stellen.[199]

»Ich glaube, Spinnen sind die besten Organismen für die evolutionsbiologische Forschung«, sagte mir Eileen Hebets. »Es gibt diese althergebrachte, sehr einseitige Sicht auf die sexuelle

Selektion, die sich traditionell eher auf das männliche Verhalten konzentriert und auf die Frage, ob Männchen eine Partnerin finden oder nicht. Aber bei Spinnen bestimmt größtenteils das Weibchen, ob sie eine Partnerin finden oder nicht. Das zwingt uns zu einer viel aufgeschlosseneren Sichtweise, bei der man sich wirklich den Dialog zwischen den Geschlechtern anschauen muss, um zu verstehen, was da vor sich geht.«

Die Charles-Bessey-Professorin für Biowissenschaften an der University of Nebraska mag vielleicht ein klein wenig voreingenommen sein. Hebets hat ihr Berufsleben dem Entschlüsseln des evolutionär rätselhaften Spinnensex gewidmet. Vor Kurzem stolperte sie dabei über ein dermaßen lachhaft sinnfreies Beispiel für sexuellen Kannibalismus, dass selbst sie sich ungläubig die Augen rieb: den freiwilligen Selbstmord männlicher Jagdspinnen der Art *Dolomedes tenebrosus*.

Sterben für Sex

Oberflächlich betrachtet ist *Dolomedes tenebrosus* vollkommen unauffällig: eine klassische kleine braune Spinne in Nordamerika, die auf Bäumen lebt und andere kleine braune Krabbler jagt, die auf Bäumen leben. Ihr Sexleben jedoch ist wahrhaft bizarr, selbst nach Spinnenmaßstäben. Nach dem Einführen nur eines seiner beiden Pedipalpen wird das Männchen gelähmt, krümmt sich zusammen und stirbt. Das Weibchen hat mit seinem Tod gar nichts zu tun. Die Männchen sterben automatisch nach jeder Begattung und baumeln an ihren Genitalien bis zu 15 Minuten vom Weibchen herab, bis es sich endlich bequemt, es abzupflücken und aufzufressen.

»Das Männchen kann sich nicht nur nicht mit einem weiteren Weibchen paaren, es hat auch noch einen randvoll mit Spermien gefüllten Pedipalpus, der ungenutzt übrig bleibt. Das ist für mich evolutionär gesehen ein unglaubliches Rätsel«, erklärt

Hebets im Gespräch. »Wie in aller Welt hat sich das entwickelt? Es wirkt doch alles andere als adaptiv, dass diese Männchen obligatorisch jedes Mal sterben.«

Biolog:innen nennen derlei eine »terminale Investmentstrategie«, was mehr nach einem langweiligen Finanzplan für Ältere klingt als nach etwas so Skandalösem wie kopulatorischem Selbstmord. Dieses merkwürdige Verhalten wurde bei einigen wenigen weiteren Spinnen beobachtet, darunter die berüchtigte australische Rotrückenspinne *(Latrodectus hasselti)*, bei der die Männchen regelrechte Turnübungen ausführen, um ihren sexuellen Todeswunsch umzusetzen.

Rotrückenspinnen sind besonders für ihren heftigen Biss und dafür bekannt, dass sie oft unter Toilettensitzen baumeln, eine unschöne Kombination, die mit Schlagzeilen wie »Wieder Australier von Spinne in Penis gebissen« international für Schadenfreude sorgt.[200]

Der Ruf der Spinnenart wurde noch schlechter, als man entdeckte, dass das Männchen beim Sex von der orthodoxen Kopulationshaltung, die alle anderen *Latrodectus*-Arten einnehmen – es ist die »Gerhardt-Position Nr. 3«,[201] quasi die Missionarsstellung der Spinnen –, abweicht und einen athletischen Handstand »mit wild um sich schlagenden Beinen«[202] vollführt, gefolgt von einem gekonnten 180-Grad-Salto, sodass sein Hinterleib direkt auf den Kieferklauen seiner Auserwählten landet. Das Weibchen zelebriert die Ankunft seines saftigen Körpers, indem es sogleich Verdauungssäfte auf den winzigen Akrobaten abgibt. Anschließend beginnt es, den Hinterleib seines Partners anzunagen, wobei es nur kurz innehält, um »kleine Stückchen weißlicher Substanz« auszuspeien,[203] während das Männchen es mit seinen am Kopf sitzenden Pedipalpen weiterhin besamt.

Diese kannibalistische Spinnen-69-Stellung währt bis zu 30 Minuten, bis das Männchen seinen Pedipalpus entleert hat. Sodann entschuldigt es sich und zieht sich zurück, um seine nicht unbeträchtlichen Wunden zu pflegen. Etwa zehn Minuten später und ohne Rücksicht auf seinen schwer verletzten, teilweise verspeisten Hinterleib, taucht es wieder auf, um Pedipalpus Nummer zwei einzuführen und seine athletische Vorstellung zu wiederholen. Diesmal ist es sein letzter Sex. Sobald es seinen zweiten Pedipalpus zurückzieht, spinnt das Weibchen seine Überreste ein, um es bei passender Gelegenheit zu Ende zu fressen.

Die Vorteile für die zukünftige Rotrückenmutter sind hier etwas besser erkennbar als die für das Männchen. Dr. Maydianne Andrade von der University of Toronto konnte jedoch nachweisen, dass zumindest bei Rotrückenspinnen die männliche Beihilfe zum Mord kein evolutionärer Zufall ist.

Die Weibchen der Rotrückenspinne sind, wie die der meisten Spinnenarten, promisk. Spermienkonkurrenz bedeutet, dass eine Paarung für das Männchen nicht garantiert, dass es auch wirklich seine Spermien sind, die die Eizellen befruchten. Für ein Männchen macht es also vielleicht keinen Unterschied, ob es nach oder *vor* dem Sex stirbt, wenn das Weibchen sich wieder paart. Bei den Rotrückenspinnen aber erzielen die kannibalisierten Männchen zwei Vorteile für ihre Vaterschaft: Erstens scheint es so, dass sie länger kopulieren, sodass sie mehr Eizellen befruchten als Männchen, die überleben. Zweitens wiesen Weibchen mit größerer Wahrscheinlichkeit nachfolgende Bewerber zurück, wenn sie den ersten Partner verspeist hatten. Sie waren in jeder Hinsicht satt. Angesichts der Tatsache, dass 80 Prozent der männlichen Rotrückenspinnen niemals ein Weibchen finden und als männliche Jungfrauen sterben, ist sexueller Kannibalismus durchaus adaptiv. Schließlich erhöht er deutlich die Chance, dass die Männchen bei diesem einen und einzigen Versuch ins Schwarze treffen und den erwünschten genetischen Lohn erhalten.[204]

Und wie half dieses markante Beispiel für männliche Beihilfe zum Mord Eileen Hebets dabei, den kopulatorischen Selbstmord bei *Dolomedes tenebrosus* zu erklären? Nun – das tat es gar nicht. Hebets fand heraus, dass sich die Weibchen in 50 Prozent der Fälle erneut paaren, nicht selten mehrfach. Die Chancen auf Vaterschaft wurden also hier nicht erhöht.

Vielleicht ist der Tod der männlichen Rotrückenspinne ein Akt extremer väterlicher Fürsorge, wie bei der Gerandeten Wasserspinne? Die »Männchen als Mahlzeit«-Theorie ist nach wie vor eine populäre adaptive Erklärung für sexuellen Kannibalismus, doch konkrete Belege, die sie stützen, sind eher rar gesät.[205] Stephen Jay Gould war einer der vielen Zweifler, die unter Verweis auf die geringe Größe der Männchen – manchmal nur ein oder zwei Prozent der Körpermasse des Weibchens – den Verzehr der Männchen für bedeutungslos erklärten. So als würde man einem hungrigen Elefanten eine Erbse geben.

Unerschrocken entwarfen Hebets und ihr Assistent Steven Schwartz daher ein gewitztes Experiment mit *Dolomedes tenebrosus*, bei dem manche Weibchen daran gehindert wurden, das Männchen zu fressen, manche es fressen konnten und bei wieder anderen das Männchen im letzten Moment gegen eine gleich große Grille ausgetauscht wurde. Das Ergebnis war recht aufschlussreich: Weibchen, die ihre Partner aufaßen, hatten größere Nachkommen mit einer besseren Überlebensrate. Die kannibalistischen Spinnenmütter schnitten zudem deutlich besser ab als jene, die eine Grille verspeist hatten. Es ging also offenbar nicht allein um die Kalorien; der Verzehr des Männchens musste besondere Nährstoffe liefern.[206]

»Wenn ein Tier einer bestimmten Art einen Artgenossen frisst, sind die enthaltenen Nährstoffe genau auf diese Art zugeschnitten, darauf deuten viele Daten hin. Da könnte also Kannibalismus einen Riesenvorteil bringen«, erklärte mir Hebets. Trotz dieser Belege aber hat sie das Gefühl, dass das noch nicht alles ist.

»Wenn sich das Weibchen erneut paaren kann, ist das nicht genug. Ich habe das Gefühl, das Rätsel noch nicht ganz gelöst zu haben«, gab sie zu.

Wann immer ich anderen erzählte, dass ich dieses Buch schrieb, war die häufigste Frage: »Kommt die Gottesanbeterin auch darin vor?«

Menschen sind schon lange von der sexuellen Kannibalin fasziniert; dies geht bis zu den Seeleute fressenden Sirenen zurück, vielleicht sogar noch weiter. Sie ist die ultimative Femme fatale. Eine vom rechten Weg abgekommene Diva, deren großer sexueller Appetit und erotische Dominanz sowohl Prickeln als auch Furcht erregen, da sie die »natürliche Ordnung« von männlicher Vorherrschaft und sexueller Potenz auf den Kopf stellen.

Diese kulturelle Fessel und die damit einhergehenden Stereotype fanden auch ihren Weg in die Wissenschaft. Eine vor wenigen Jahren erstellte Bestandsaufnahme der in wissenschaftlichen Artikeln verwendeten Sprache dokumentierte das Phänomen und beklagte den wiederholten Gebrauch einer »hoch aufgeladenen« Sprache, die »ein negatives Stereotyp von sexuell aggressiven Weibchen« förderte.[207]

Seit Darwins Zeiten haben die Gottesanbeterin und die es ihr gleichtuenden Spinnenweibchen das Interesse (meist männlicher) Wissenschaftler erregt, verführt von einer Mörderin, die offenbar den Gesetzen der Evolution zuwiderhandelt. Tatsächlich aber ist die Erscheinung sexueller Kannibalinnen weitaus komplexer und weitaus weniger erotisch. Hinter sexuellem Kannibalismus verbergen sich vielerlei Phänomene; sündig ist keines davon. Die promisken Löwinnen, Languren und Heckenbraunellen sind nicht schamlos, sondern tatsächlich gewissenhafte Mütter, die das Beste für ihre Jungen wollen, und genauso handelt die sexuelle Kannibalin lediglich im Interesse und zum Wohl ihrer Nachkommen.

Kosten und Nutzen dieses rätselhaften Verhaltens variieren, je nachdem, ob der Verzehr vor, während oder nach dem Sex erfolgt; dennoch nützt sexueller Kannibalismus nachweislich einem der Geschlechter oder sogar allen beiden. Vermutlich entwickelte er sich mehrmals unabhängig voneinander aus unterschiedlichen Gründen in unterschiedlichen Taxa, und bis heute wird er durch verschiedene selektive Kräfte aufrechterhalten. Es ist so, als hätten sexueller Konflikt, sexuelle Selektion und natürliche Selektion sich gemeinsam betrunken und eine wilde Nacht miteinander verbracht. Das Ergebnis mag verwunderlich sein, doch wenn man all die verschlungenen Seidenfäden entwirrt, ergibt es allmählich einen Sinn. Fragt sich nur, ob das winzige Seidenspinnenmännchen, das auf Zehenspitzen im Netz des Riesenweibchens in den fast sicheren Tod läuft, auch dieser Ansicht ist.

KAPITEL 5

Die Liebe, ein Schlachtfeld: Das genitale Wettrüsten

In seinem Werk über das Opossum aus dem Jahr 1952 berichtet der Zoologe Carl G. Hartman von einem hartnäckigen Irrglauben über die Art der Fortpflanzung seines Forschungsobjekts: »Opossums kopulieren durch die Nase.« Der Legende nach entwickeln sich die resultierenden Nasen-Babys nicht etwa an Ort und Stelle, sondern werden stattdessen durch einen rechtzeitigen Nieser von dort entfernt; »… nach einer gewissen Zeit … werden die winzigen Föten in den Beutel geblasen«.[208]

Nordamerikas einziges Beuteltier ist wirklich ein merkwürdiges Geschöpf. Opossums zählen zu den besten Schauspielern im Tierreich; ihre Begabung dafür, sich tot zu stellen, hat eine Darbietung hervorgebracht, die alle Sinne anspricht. Die Tiere liegen nicht nur stundenlang totenstarr und mit Schaum vor dem Mund da, sondern entlassen aus dem Darm auch einen grünlichen Schleim, der eindeutig nach Tod riecht. Tatsächlich aber sterben Opossums gar nicht so leicht; sie sind beispielsweise immun gegen das Gift von Grubenottern (zu denen auch die Klapperschlangen gehören), sodass sie ansonsten tödlich giftige Schlangen verzehren können. Außerdem sind sie offenbar unempfindlich gegen Botulismus und Tollwut. Ihr Körperbau ist genauso außergewöhnlich wie ihr Verhalten – sie besitzen opponierbare Großzehen, die sie wie Daumen benutzen, ihr Maul ist mit sage und schreibe 50 Zähnen randvoll besetzt, und das Weibchen hat 13 Zitzen in seinem Beutel, um daran 13 noch gering entwickelte Junge zu säugen, die anfangs nur die Größe einer Biene haben.

Die Liste der Merkwürdigkeiten ließe sich noch weiterführen, doch Sex durch die Nase haben Opossums definitiv nicht. Die frühen Naturforscher ließen sich vom Penis der Opossummännchen irreführen, der erstaunlicherweise aussieht wie eine fleischige Gabel mit zwei Zinken. Sie suchten nach zwei Öffnungen, die dieses Gebilde aufnehmen könnten, und landeten schließlich bei den Nasenlöchern als logisches Gegenstück. Da sich damals niemand die Mühe machte, ein Opossumweibchen von innen zu untersuchen, blieb dessen nicht minder bizarres zweigeteiltes Organsystem mit zwei Ovarien, zwei Uteri, zwei Gebärmutterhälsen und zwei Vaginen zunächst unentdeckt. Und als sei das alles noch nicht genug, bildet sich zeitweise sogar noch eine dritte Vagina zu dem alleinigen Zweck der Geburt der Jungen.[209] Kurz danach verschwindet sie wieder auf geheimnisvolle Weise.

Die anatomische Vielfalt der Sexualorgane im gesamten Tierreich ist erstaunlich und geht weit über das hinaus, was für den einfachen Transfer von Spermatozoen zu den Eizellen erforderlich ist. Weibliche Opossums haben zeitweise drei Vaginen, weibliche Rüsselspringer dagegen gar keine – ihre Gebärmutter hat eine direkte Öffnung zur Außenwelt. Elefantenbullen wiederum haben einen Penis, der halb so lang ist wie ihr Körper und erigiert die Form eines S hat.

Diese Formenvielfalt war für Taxonomen lange ein Segen, denn die genaue Untersuchung der Fortpflanzungsorgane eines Tieres war für sie oft die einzige Möglichkeit, äußerlich praktisch identische eng verwandte Arten zu unterscheiden. Allerdings erfolgten diese Beschreibungen natürlich androzentrisch; und da Penismorphologie in der Taxonomie derart gängige

Verwendung fand,[210] ist heute bei vielen (vielleicht den meisten) Tierarten mehr über die Anatomie ihrer männlichen Genitalien bekannt als über jeden anderen Aspekt ihrer Anatomie, ihres Verhaltens oder ihrer Physiologie. Unter Entomologen ist die Identifikation anhand der Genitalien sogar derart verbreitet, dass ganze Armeen von Insekten (wie etwa *Cacoxenus pachyphallus*, ihrem Artnamen zufolge eine Taufliege mit »dickem Penis«) der Einfachheit halber nach ihren besten Stücken benannt wurden.

Dieses Gesetz der genitalen Diversität findet sich in vielen Taxa; eng verwandte Hummel-, Fledermaus-, Schlangen-, Hai- und sogar Primatenarten lassen sich problemlos allein anhand ihrer Geschlechtsteile unterscheiden. Der größte Unterschied zwischen dem Menschen und unserem nächsten Verwandten, dem Schimpansen, besteht beispielsweise nicht in der Größe unserer Großhirne, der Anordnung unseres Gebisses oder der Beweglichkeit unserer Finger. Er besteht in unseren Genitalien. Der Penis der Schimpansenmännchen hat weder Eichel noch Vorhaut, er wird durch einen Penisknochen (Baculum) stabilisiert, und als i-Tüpfelchen ist seine Oberfläche mit Hunderten winziger Stacheln versehen. Der menschliche Penis ist dagegen ein langweiliges fleischiges Rohr, dick, stumpf, ohne Penisknochen und (zum Glück) auch ohne Stacheln.[211]

Bei keinem Körperteil verläuft die Evolution so rasant wie bei den Genitalien. Demnach müssen auf sie besonders starke Selektionskräfte wirken.[212] Jahrhundertelang aber galten die Geschlechtsorgane nicht als schicklicher Forschungsschwerpunkt. Ihre Katalogisierung durch die Taxonomen im Rahmen ihrer Bestandsaufnahme der Körper aller Lebewesen war in Ordnung, doch niemand forschte nach evolutionären Erklärungen dafür, warum es überhaupt zu dieser Formenvielfalt gekommen war.

Das geht zum Teil auf Darwin zurück. In *Die Abstammung des Menschen und die geschlechtliche Zuchtwahl* behauptete er, dass die kreativen Kräfte der sexuellen Selektion *nicht* auf die Genitalien einwirkten. Er betrachtete Geschlechtsorgane als *primäre* Geschlechtsmerkmale – essenziell für das Überleben und deshalb allein dem Einfluss der natürlichen Selektion untergeordnet. Für ihn wirkte die sexuelle Selektion nur auf *sekundäre* Geschlechtsmerkmale – nicht überlebenswichtige Frivolitäten wie leuchtend buntes Gefieder oder sperrige Geweihe, eben jene Geschlechtsdimorphismen, die entweder bei der Konkurrenz unter Männchen oder bei der Weibchenwahl eine Rolle spielten.

Folglich bestand keine Notwendigkeit, die Genitalien in sein Buch über die sexuelle Selektion mit aufzunehmen. Das dürfte seine Tochter Henrietta gefreut haben, die sein Werk lektorierte und bei zu gewagten Passagen vermutlich schnell den Rotstift schwang, wie man aus ihrer Meinung zu phallusförmigen Pilzen wohl schließen darf: In späteren Jahren soll diese Matriarchin des 19. Jahrhunderts eine Kampagne zur Ausrottung der obszön geformten Stinkmorchel *(Phallus impudicus)* aus der englischen Landschaft betrieben haben, da ihr Anblick das weibliche Empfinden stören könnte. Das Letzte, was die bürgerliche Gesellschaft brauchte, waren da wohl Beschreibungen der plastischen Besonderheiten tierischer Genitalien.

Darwin und seine Nachfolger ließen die Geschlechtsorgane bei der Erforschung der Evolution eisern außen vor – das ist schade, denn die erstaunlich bunte Vielfalt an sexuellem Zubehör verrät so viel über die kreuz und quer wirkenden ausgefeilten Kräfte weit jenseits vom »Überleben der am besten Angepassten«, die die Evolution jene schwindelerregenden Formen hervorbringen lässt, welche Darwin in *Die Abstammung des Menschen* so beschäftigten.

Die Erlösung kam ein ganzes Jahrhundert später in Gestalt eines mikroskopisch kleinen, bürstenförmigen Penis. Man schrieb das Jahr 1979, und Jonathan Waage, Entomologe an der Brown University, veröffentlichte still und leise seine prägnanten Beobachtungen über die Fähigkeit von Kleinlibellen, mit ihrem Penis Spermien zu entfernen und nicht nur abzugeben. Waage konnte nachweisen, dass die Reihen von rückwärts geneigten Haaren an der Spitze des Penis dem Männchen ermöglichten, den Fortpflanzungstrakt des Weibchens gründlich auszuräumen und so Sperma von rivalisierenden Männchen, das mit seinem konkurrieren könnte, zu entfernen.[213*]

Dieser eine winzige Mehrzweck-Penis entfachte eine Revolution. Darwin war davon ausgegangen, dass die männliche Konkurrenz endete, sobald ein Männchen eine Partnerin »gewonnen« hatte. Waages Entdeckung zeigte jedoch, dass die Spermien auch danach noch längere Zeit miteinander konkurrierten. Das rückte die Genitalien in den direkten Einflussbereich der sexuellen Selektion und machte sie zum Gegenstand eingehender Untersuchungen. Plötzlich entbrannte ein regelrechtes Wettrennen, um »eines der größten Rätsel der Evolutionsbiologie«[214] zu ergründen.

Es folgte ein wahrer Goldrausch im Entwickeln von Theorien, die ebenso kreativ waren wie die Penisspitzen, um die es dabei ging. Die Penisse der Männchen hatten sich entwickelt, um die Trennung von Arten voranzutreiben, indem sie als einzig passender Schlüssel für das weibliche Schloss agierten und Kreuzungen unmöglich machten. Oder um durch Festklammern am Weibchen andere Männchen abzuwehren und durch verlängerten Sex den eigenen Spermatozoen mehr Gelegenheit

---

* Das Entfernen vorhandenen Spermas wird auch als treibende Kraft für die Formgebung des menschlichen Penis postuliert. Ein Vorschlag lautet, dass die Eichel des Penis so geformt ist, dass sie zuvor dort deponiertes Sperma während des Stoßens vom Gebärmutterhals entfernt. Passend zu der Betrachtung des menschlichen Penis als »Mittel zur Abgabe von Sperma« ergaben zwei Studien von Studierenden, dass es beim Geschlechtsverkehr nach Phasen der Trennung oder in Reaktion auf angebliche weibliche Untreue oft »tiefere und heftigere Stöße mit dem Penis« gab. (Gallup Jr.; Burch; Zappieri; Parvez; Stockwell; Davis (Juli 2003), »The Human Penis as a Semen Displacement Device«, in *Evolution and Human Behaviour*, 24:4, S. 277–289.)

zur Befruchtung zu geben. Der Penis zeigte die Fitness seines Besitzers an – je größer, desto besser – oder wie viele Parasiten er womöglich hatte. Vielleicht fungierte er sogar als natürliches Sexspielzeug, um beim Weibchen die Freisetzung der Eizellen zu stimulieren. Die Forscher:innen stritten heftig darüber, welche selektiven Kräfte – Spermienkonkurrenz, Weibchenwahl oder sexueller Konflikt – hauptsächlich hinter dieser kreativen Vielfalt steckten.[215]

Die unerforschten Vaginen

Etwas fehlte allerdings in diesem goldenen Zeitalter des Nachdenkens über Genitalien. Die Wissenschaft hatte einen robusten Literaturbestand über Penisse jeglicher Art geschaffen, mit detailgenauen Zeichnungen und erschöpfenden Beschreibungen, manche inzwischen mehr als ein Jahrhundert alt. Zum Thema des weiblichen Gegenstücks aber war praktisch nichts zu finden. Diese klaffende Lücke in der Genitalforschung kümmerte jedoch kaum jemanden. Allgemein war man der Auffassung, dass weibliche Genitalien kaum mehr waren als einfache Röhren, die Ejakulat aufnahmen – passiv, unbeweglich und ohne einen Grund, die Evolution zu beeinflussen, ganz so wie ihre Besitzerinnen.

»Da war diese Erwartung, dass Weibchen nicht so variabel wären und bei ihnen nichts Interessantes vor sich ginge«, erzählte mir Dr. Patricia Brennan.

Da Belege für das Gegenteil fehlten, wurde diese Datenlücke zur selbsterfüllenden Prophezeiung – weibliche Genitalien waren alle gleichartig, weil es keine Informationen gab, die auf etwas anderes hindeuteten.

Jedenfalls bis Brennan sich des Themas annahm und als erste Person fragte: Was ist mit den Vaginen? Sie hat es sich zum akademischen Ziel gesetzt, diesen weiblichen Empfangsbereich für all die stoßende Vielfalt zu dokumentieren und mit seiner Hilfe die größten Rätsel der Evolution zu entschlüsseln. Brennan wird von dem angesehenen Evolutionsforscher und Ornithologen Richard O. Prum, Betreuer ihrer Post-Doktorandenstelle an der Yale University, als »wissenschaftlich nicht zu bremsen« beschrieben.[216] Ihre Ergebnisse haben das wissenschaftliche Denken verändert und dafür gesorgt, dass weibliche Wesen nicht mehr als passive Opfer, sondern als aktive Mitgestalterinnen ihres evolutionären Schicksals angesehen werden.

Brennan ist heute Assistant Professor für Evolutionsbiologie an der University of Massachusetts. Ihr Labor befindet sich am Mount Holyoke College, einem der angesehensten Frauencolleges der USA. Ich besuchte sie an einem vernieselten Tag Ende Oktober. Es war gerade Pause, und Gruppen junger Frauen hasteten zwischen hübschen roten Backsteingebäuden umher, die für US-Verhältnisse recht alt waren. Brennan, die sich sorgte, ich könnte nass werden, nahm mich auf dem Parkplatz mit einem riesigen Regenschirm und strahlendem Lächeln in Empfang. Vor ihrem Labor waren Halloweenkürbisse aufgereiht, die von ihrem besonderen Humor zeugten – Brennan hatte ihre Studentinnen angewiesen, diese nicht mit Gesichtern zu verzieren, sondern mit unterschiedlichen tierischen Vaginen, die die anderen Studentinnen dann bestimmen sollten.

Kürbisse mit weiblichen Genitalien zu verzieren, ist nur eine der Methoden, mit denen Brennan der Vagina den dringend benötigten Imagewechsel verpasst und die weibliche Form von etwas Verstecktem, Unausgesprochenem und sogar Schambehafteten in etwas verwandelt, das mit Recht im wissenschaftlichen Fokus steht. Sie spricht das V-Wort freimütig aus und vermutet, dass ein generelles Unbehagen beim Thema Sex zur bestehenden Datenlücke beigetragen hat. Ein Unbehagen, das sie eindeutig nicht teilt.

»In der Wissenschaft haben wir alle unsere Neigungen. Aber ich bin eine Frau und ich habe eine Vagina, darum interessiert mich: Wie sieht die Vagina aus?«, sagte sie mir in ihrer offenen Art.

Wie bei vielen anderen wurde auch ihr Interesse an Genitalien durch ein männliches Glied geweckt. In den frühen 1990er-Jahren hielt sie sich im costa-ricanischen Regenwald auf, um für ihre Doktorarbeit über das Großtinamu *(Tinamus major)*, ein Steißhuhn, Feldforschung zu betreiben. Diese urtümlichen Dschungelbewohner ähneln einem großen grauen Huhn mit sehr kleinem Kopf. Zufällig überraschte Brennan diese äußerst scheuen Wesen in flagranti und beobachtete schockiert eine brutal anmutende Vereinigung, bei der das Männchen das Weibchen offenbar gewaltsam bestieg. Als sich das Paar trennte, bemerkte sie eine korkenzieherähnliche Struktur, die vom Hinterteil des Männchens baumelte. Sie dachte erst, es handele sich um einen Parasiten. Dann aber sah sie, dass das Männchen den spiraligen »Wurm« einzog, und fragte sich, ob es sich womöglich um seinen Penis handelte.

»Ich wusste nicht mal, dass es bei Vögeln Penisse gibt«, so Brennan.

Das war nicht etwa naiv von der angehenden Ornithologin der Cornell University. Die meisten Vogelmännchen besitzen tatsächlich keinen Penis. Wie wir bereits von den Singvögeln wissen, findet Vogelsex zumeist mithilfe einer multifunktionalen Körperöffnung namens Kloake statt, die beiden Geschlechtern zu eigen ist. Männchen und Weibchen stülpen ihre Kloaken aus und bringen sie kurz zum sogenannten Kloakenkuss zusammen – ein Begriff, der doch einiges von seinem Charme einbüßt, wenn man bedenkt, dass sich die Bezeichnung Kloake vom lateinischen Wort für »Abwassergraben« herleitet.

Der Kloakenkuss erschien mir immer eher primitiv im Vergleich zu dem geläufigeren Penetrationsverfahren, doch unter Vögeln ist er evolutionär tatsächlich eine jüngere Entwicklung. Der Anteil der Vogelarten, deren Männchen dem Trend zuwiderlaufen und am Kloakeneingang einen Penis verstecken, der sich nur bei der Paarung entfaltet, umfasst gerade einmal drei Prozent. Mitglieder in diesem exklusiven Klub sind unter anderem Emus, Strauße, Enten, Gänse und Schwäne. Gemeinsam haben sie, dass sie sich allesamt aus alten Abstammungslinien ableiten. Man nimmt an, dass die Dinosaurier-Vorfahren der heutigen Vögel ein ähnliches Penetrationsverfahren praktizierten,* doch vor rund 66 bis 70 Millionen Jahren verloren die Neoaves (also die heute lebenden Vögel mit Ausnahme der Hühner- und Gänsevögel sowie der Strauße und ihrer Verwandtschaft) irgendwie ihren Penis.

Das wirkt bestenfalls unbedacht, aber die Evolution hat immer ihre Motive. Einige vermuteten, dass dies aus Hygienegründen geschah: In einem Abwassergraben herumzustochern ist keine gute Methode, um sich vor sexuell übertragbaren Krankheiten zu schützen – allerdings tun viele Reptilien mit ihrem eigenen Penis-Kloaken-Arrangement genau das problemlos. Andere sahen im Verlust des Penis eine Möglichkeit, für den Flug Gewicht einzusparen – sagen Sie das mal den Fledermäusen, die wunderbar umherfliegen können, obwohl ihr beachtlicher Penis im Verhältnis zur Körpergröße zu den größten überhaupt gehört.

Brennan fand die bestehenden Erklärungen wenig überzeugend und beschloss, selbst herauszufinden, warum der Penis im Laufe der Entwicklung der modernen Vögel verschwunden war. Darum richtete sie ihren Fokus von den scheuen und seltenen Großtinamus auf Hausenten und packte ihr Skalpell aus.

»Als ich meinen ersten Erpel sezierte und den Penis aus der Nähe sah, war ich total erstaunt, weil er so groß und seltsam

---

* Bei der TetZoo-Konferenz 2018 fragte ich Albert Chen, einen Fachmann für fossile Urzeitvögel, wie Dinosaurierpenisse wohl ausgesehen haben könnten. Er antwortete mir mit großen Augen: »Furchterregend.« Die neugierigen (und mutigen) unter meinen Leser:innen können sich vielleicht Straußenpenisse im Internet anschauen; diese veranschaulichen, wie Chen zu seiner Ansicht kommt, und legen die Vermutung nahe, dass das Erschreckendste am T-Rex vielleicht nicht seine Zähne waren.

geformt war«, erzählte sie mir. Und sie übertrieb nicht. Entenpenisse zählen im Verhältnis zur Körperlänge zu den längsten im gesamten Tierreich. Den Guinness-Weltrekord hält die eher zierliche Argentinische Ruderente *(Oxyura vittata)*, deren Penis voll erigiert bis zu 42,5 Zentimeter lang sein kann – und damit fast zehn Zentimeter länger als der Körper des Tieres. Der Penis ist außerdem linksherum gewunden, und seine Basis ist mit winzigen Stacheln besetzt.[217]

Doch damit noch nicht genug der Merkwürdigkeiten. Der Penis eines Erpels ist, wie das Geweih eines Hirsches, eine saisonale Angelegenheit. Die meiste Zeit des Jahres hat der Entenpenis nur etwa ein Zehntel seiner Maximalgröße; erst zur Paarungssaison wächst er, und das bei manchen Arten fast exponentiell. Ist er nicht in Gebrauch, wird er diskret in einer Art Tasche am Eingang der Kloake des Erpels verstaut. Ist das Männchen bereit zur Penetration, pumpt er Lymphe in seinen Penis, der daraufhin mit rund 120 Stundenkilometern aus seiner Kloake schießt und sich in einer Drittelsekunde entfaltet,[218] wie eine kräftige Partytröte.

Ein derart üppiges Anhängsel entwickelt sich nicht einfach per Zufall. Die gängige Meinung war, dass diese Extravaganz ein Resultat der Spermienkonkurrenz unter Männchen war.[219] Bei den meisten Entenarten gibt es mehr Männchen als Weibchen, sodass letztere reiche Auswahl haben und zwischen den Männchen heftige Konkurrenz besteht. Darum gibt es zwei Formen von Entensex: ausgesprochen romantisch oder schockierend brutal.

Die Männchen können die Weibchen mit barocken Darbietungen mittels Schmuckfedern und Lautäußerungen umwerben, die sich infolge weiblicher Präferenzen zu einem ästhetischen Extrem entwickelt haben. Diese Darbietungen beginnen manchmal schon Monate vor der eigentlichen Paarungszeit, sodass die Weibchen reichlich Zeit haben, den Vater ihrer Küken auszuwählen. Sobald es seine Wahl getroffen hat, fordert es das Männchen mit einer typischen Schwanzhaltung zur Paarung auf.

Die Männchen, die ohne Partnerin geblieben sind, suchen einen dunkleren Weg zur Vaterschaft, nämlich über erzwungene Kopulationen.* Bei vielen Entenarten tun sich unverpaarte Männchen zusammen, um schutzlosen Weibchen aufzulauern und sie in Gruppen gewaltsam zu besteigen. Ich selbst musste einmal bei einem Spaziergang im örtlichen Park mit ansehen, wie ein Stockentenweibchen brutal von fünf Erpeln überfallen wurde. Das Weibchen versuchte verzweifelt zu entkommen, doch die Männchen jagten es, packten es am Hals und drückten es zu Boden. Federn flogen, als eins nach dem anderen auf das Weibchen stieg, um mit ihm zu kopulieren. Die ganze Zeit schrie und kämpfte das Weibchen tapfer, aber es war aussichtslos. Es war ein schrecklicher Anblick, und es verwundert nicht, dass die Weibchen oft verletzt werden, manchmal sogar tödlich, während sie sich bei diesen gewaltsamen Vorgängen gegen ihre Angreifer wehren.

Bei Stockenten sind rund 40 Prozent aller Kopulationen erzwungen. Unter solch kompetitiven Bedingungen gilt, so eine Theorie, dass die Chancen eines Erpels, seine Spermien näher an die Eizelle zu bringen und das Rennen für sich zu entschei-

---

* Seit den 1970er-Jahren wird von den meisten Biolog:innen zur Beschreibung von entsprechenden Handlungen bei Tieren der Begriff »erzwungene Kopulation« *(forced copulation)* statt »Vergewaltigung« benutzt. Damit wird berücksichtigt, dass die Vergewaltigung beim Menschen ein weitaus komplizierteres Phänomen ist, das aus komplexen psychischen, sozialen und kulturellen Gründen auftreten kann, die bei Enten, Bettwanzen und ihresgleichen keine Rolle spielen. Diese Unterscheidung ist äußerst wichtig. Eine Unterscheidung, der sich allerdings eine Handvoll männlicher Evolutionspsychologen entzieht, die vorschlugen, dass Vergewaltigung beim Menschen darwinistisch zu erklären und quasi biologisch begründet sei. (Palmer; Thornhill (2000), *A Natural History of Rape*, MIT Press.) Solche Behauptungen stoßen auf heftige Kritik. Die Gefährlichkeit der Annahme, in jedem Mann stecke infolge der sexuellen Selektion ein Vergewaltiger, machte die strikte Vermeidung des für den Menschen gültigen Begriffs im Zusammenhang mit Tieren notwendig. (Gowaty, Patricia Adair (2010), »Forced or Aggressively Coerced Copulation«, in *Encyclopedia of Animal Behaviour*, Elsevier, S. 760.)

den, umso größer sind, je länger sein Penis ist. Was bedeutet, dass das Entenweibchen in diesem spezifischen Kampf der Geschlechter eine misshandelte Verliererin ist. Es ist nicht nur Opfer eines Überfalls mit einer ballistischen Waffe; viel wichtiger noch ist, dass es seiner sexuellen Autonomie beraubt wird. Das Weibchen kann nicht mehr auswählen, welches Männchen seine kostbaren Eizellen befruchtet, und das ist evolutionär gesehen ein extrem schwerer Schlag.

Nicht nur weibliche Stockenten sind Opfer von erzwungenem Sex. Im gesamten Tierreich haben Männchen diverse Methoden entwickelt, die Vaterschaft zu sichern und zu kontrollieren, ob das Weibchen nun damit einverstanden ist oder nicht. Bei Wanzen der Gattung *Gerris* (Wasserläufer) haben die Männchen Haken, mit denen sie sich beim Weibchen einklinken, sodass es der Kopulation nicht entkommen kann. Beim Grünlichen Wassermolch *(Notophthalmus viridescens)* reiben die Männchen raffinierterweise hormonhaltige Sekrete auf die Haut der umworbenen Weibchen, die als Aphrodisiakum wirken. Und dann wären da noch die Plattwanzen (Familie Cimicidae), zu denen auch die Bettwanze zählt. Diese praktizieren die sogenannte traumatische Insemination. Im Prinzip hat das Männchen eine Art Spritzkanüle als Penis und nutzt diese, um den Hinterleib des Weibchens zu durchstoßen und seine Spermien zwangsweise direkt in dessen Körper zu injizieren.

Die weibliche Stockente reiht sich somit in diese Gruppe bemitleidenswerter weiblicher Underdogs ein, denen die Evolution schlechte Karten zugespielt zu haben schien. Zumindest bis Brennan ein Stockentenweibchen aufschnitt.

»Als ich mein erstes Weibchen sezierte, fiel ich fast vom Stuhl«, erzählte sie mir. Den Lehrbüchern hatte sie entnommen, dass Entenvaginen kaum mehr als einfache Röhren waren, doch Brennan fand bei dem Weibchen einen Fortpflanzungstrakt, der genauso komplex war wie das Organ des Männchens. Er ist nicht nur lang und weist etliche Blindsäcke auf, sondern er windet sich auch im Uhrzeigersinn und somit in gegensätzlicher Richtung zum männlichen Penis.

»Ich konnte es nicht glauben. Ich dachte sogar, mit diesem Weibchen stimmt etwas nicht. Vielleicht hat es eine Krankheit, dass es so eine merkwürdige Vagina hat.« Darum sezierte Brennan ein zweites Weibchen und fand genau dasselbe vor.

»Es war eine so auffällige Struktur, die Aussackungen und Spiralen sind sehr groß.« Brennan fand heraus, dass die gewundene Form des weiblichen Organs ebenfalls saisonal ist, wie die des Männchens. Was erklärt, warum die einzige Beschreibung einer Entenvagina in einem Lehrbuch diese als langweilige Röhre darstellte – das Weibchen war außerhalb der Brutsaison seziert worden.

Und noch etwas fiel Brennan auf. Aus früheren Studien wusste sie, dass zwar mehr als ein Drittel der Kopulationen bei Enten erzwungen sind, aber nur zwei bis fünf Prozent der Küken aus diesen hervorgehen. Ihr kam der Verdacht, dass sich das spiralförmige Hohlorgan des Weibchens mit seiner Gegenwindung und den merkwürdigen Blindsäcken in dieser Form entwickelt hat, weil sich so die Befruchtung durch feindliche Erpel verhindern ließ, indem dem Penis der Weg versperrt wurde – ein körpereigenes Verhütungsmittel. Der männliche Penis wurde dann als evolutionäre Reaktion auf das vaginale Hindernisrennen länger, als Ergebnis eines eskalierenden Wettrüstens zwischen Weibchen und Männchen, das über viele Jahrtausende von Genital zu Genital ausgetragen wurde.[220]

Brennan beschloss, ihre Theorie zu überprüfen. Sie reiste nach Alaska und fing 16 Arten von Wassergeflügel während der sommerlichen Fortpflanzungssaison. Die Arten mit den längsten Penissen waren tatsächlich jene, bei denen der weibliche Geschlechtstrakt eher einem verwundenen Hindernisparcours ähnelte und es viele erzwungene Kopulationen gab. Bei monogamen, territorialen Arten, wie Schwänen und Kanadagänsen, war der Penis des Männchens viel bescheidener und die Vagina des Weibchens entsprechend einfach gebaut.[221] Für Brennan lag auf der Hand, dass bei den männlichen und weiblichen Genitalien eine antagonistische Coevolution stattgefunden haben musste.

»Zum Schluss konnte ich vorhersagen, wie die Genitalien aussehen würden, noch bevor ich sie öffnete, und das war wirklich cool«, sagte sie mir.

Die unaufhaltsame Brennan aber wollte weitere Belege für die Mechanik der penisausbremsenden Vaginen. Mit hartnäckiger Überredungskunst brachte sie einen örtlichen Entenfarmer dazu, ihre Theorie in diesem Betrieb zu testen. Die Erpel auf der Farm waren darauf trainiert, in eine kleine Flasche zu ejakulieren, sodass ihr Sperma für die künstliche Besamung gewonnen werden konnte. Dieser Kniff versetzte Brennan in die Lage zu bestätigen, wie »dicht« die gewundene Entenvagina tatsächlich ist, wenn sie es mit einem explosiven Penis zu tun bekommt.

Brennan traf mit einem ganzen Sortiment künstlicher Entenvaginen auf der Farm ein, von schlichten Röhren bis hin zu extravagant spiralförmigen Abgüssen echter Entenweibchen, manche aus Silikon, manche aus Glas geformt. Die Erpel wurden mit einem echten Weibchen zusammengebracht, das Brennan aber im letzten Moment vor der Paarung gegen eine der künstlichen Vaginen austauschte. Silikonabgüsse konnten der Explosion des männlichen Penis nicht standhalten und barsten. Die Glasvaginen aber widerstanden der Kraft und bestätigten tatsächlich Brennans Vermutung – die gegenläufige Spiralwindung der weiblichen Vagina verlangsamte die Ausdehnung des Penis signifikant oder stoppte sie sogar ganz, anders als eine gerade Röhre. Beim Einsatz der spiralförmigen Abgüsse konnten die Penisse in 80 Prozent der Fälle nicht vollständig erigieren, und das teils auf ziemlich unrühmliche Weise. Sie wurden entweder in einer Haarnadelkurve eingeklemmt oder manchmal auch wieder in Richtung Vagina-Eingang umgelenkt.

Daher postuliert Brennan, dass das Weibchen durchaus selektieren kann, welcher Erpel seine Eizellen befruchtet, indem es dessen Penis weiter in seinen Geschlechtstrakt vordringen lässt. Unter nicht erzwungenen Umständen umwirbt der Erpel das Weibchen mit einer präkopulatorischen Darbietung. Ist das Weibchen paarungswillig, nimmt es seine typische Haltung ein, indem es sich flach auf das Wasser legt und den Schwanz anhebt.

»Sie zwinkert mit der Kloake – das universale Zeichen ›Nimm mich, ich bin die deine‹«, erklärte mir Brennan. Wenn das Weibchen ein Ei legt, muss es ein Objekt beträchtlicher Größe bewegen, darum ist der Innenraum seiner Vagina sehr anpassungsfähig.

»Ich glaube, genau das passiert bei den erzwungenen Kopulationen; das Weibchen ist nicht paarungswillig, darum zwinkert es nicht, und die Vagina bleibt in ihrer verschlungenen Form.« Ist die Ente dagegen empfänglich, öffnet sie das Lumen ihrer Vagina, sodass ihr Partner tiefer in den Fortpflanzungstrakt vordringen kann als die unerwünschten Männchen. Das Weibchen kann vielleicht nicht wählen, mit wem es sich paart, aber es kann kontrollieren, wer Vater seiner Küken wird, und das ist natürlich das Hauptziel.

»Wenn man sich die Entenweibchen beim Sex anguckt, sieht das einfach furchtbar aus«, so Brennan. »Diese erzwungenen Kopulationen sind so widerlich, und das Weibchen wirkt so hilflos – es ist kleiner und kann die Männchen nicht vertreiben. Aber es zeigt sich, dass es andere Wege gibt, sie abzuwehren, die subtiler sind und gegen die die Männchen nichts tun können. Selbst wenn die Männchen sie gewaltsam begatten, ist es unwahrscheinlich, dass sie auch die Vaterschaft erlangen. Die erlangt nur ihr ausgewählter Partner. Die Weibchen haben das letzte Wort. Ist das nicht cool?«

Brennan hat diesen speziellen Kampf der Geschlechter neu beschrieben und die Weibchen nun als Gewinnerinnen besetzt.

Ihre Arbeit verdeutlicht einmal mehr, dass man keine voreiligen Schlüsse ziehen sollte; die verborgene Anatomie des weiblichen Geschlechtstrakts erzählt eine ganz andere Geschichte als das sichtbare Verhalten der Ente. Entenweibchen sind keine passiven Opfer, sondern wirken aktiv an ihrer eigenen Evolution mit – und an der der Männchen.

Eine solche antagonistische Coevolution ist natürlich ein Dialog oder vielleicht auch Streit zwischen Männchen und Weibchen, der sich über sehr lange Zeit hinzieht. Verstehen kann man ihn nur, indem man sich mit *beiden* Seiten beschäftigt.

»In der Wissenschaft muss man oft einfach Glück haben. Du findest keine Antworten, wenn du nicht die richtigen Fragen stellst«, so Brennan. »Ich glaube, es brauchte hier eine Frau, um diese Fragen zu stellen.«

Was das Rätsel des fehlenden Penis bei den modernen Vögeln angeht, liefert Brennans weibliche Sichtweise eine andere Erklärung als die traditionell phallozentrischen Verweise auf Gewichtsersparnis oder die Abwehr von Krankheiten. Sie vermutet, dass der fehlende Penis bei den Neoaves das Produkt der Weibchenwahl ist. Die Weibchen haben Männchen ausgewählt, die weniger Zwang ausübten und kleinere Penisse hatten, und so verschwand im Laufe von Jahrmillionen der Penis letztlich aufgrund dieser Vorliebe.[222] Das Paarungssystem ohne Penis ist für das Männchen fraglos eher misslich, denn es ist vollkommen unmöglich, das Weibchen ohne sein Einverständnis zu begatten.[223] Ein Männchen kann das Weibchen wohl besteigen, aber es ist kaum machbar, sein Sperma in dessen Kloake zu zwingen. Das Weibchen behält also die Kontrolle über seine Eizellen, ohne einen Kampf mit möglichen Verletzungen riskieren zu müssen.

Durchaus möglich, dass diese neu entdeckte weibliche Macht sogar noch weitere signifikante Änderungen im Verhalten männlicher Vögel bewirkt hat. Viele Neoaves-Arten sind sozial monogam; die Männchen beteiligen sich also an der elterlichen Fürsorge. Vielleicht brachte die größere sexuelle Autonomie die Weibchen auch in ihrem Konflikt mit den Männchen um die Versorgung der Jungen weiter. Wenn ein Partner, der bei der Aufzucht mithilft, vor einem, der dies nicht tut, den Vorzug bekommt, entfacht das bei den Männchen möglicherweise einen Wettstreit darum, wer die größte Fürsorge zeigt.[224] Wenn beide Eltern sich kümmern, können die Jungen früher schlüpfen und die Weibchen können größere und mehr Gelege haben, was den penislosen Neoaves – der erfolgreichsten aller Vogel-Abstammungslinien – ihren evolutionären Vorteil verschafft.

Eine schiefe Sicht auf die Evolution

Seit ihrem großen Enten-Durchbruch hat Brennan in ihrem Labor etliche Studentinnen um sich versammelt, um die bislang unbeachtete genitale Ausstattung der Weibchen Dutzender weiterer Arten zu erkunden. »Die Enten waren die Einstiegsdroge, aber da ist noch sehr viel mehr Arbeit zu erledigen.«

Und ob. Im Jahr 2014 durchforstete die Evolutionsbiologin und Gender-Forscherin Malin Ah-King die akademische Literatur der letzten 25 Jahre zum Thema Genitalentwicklung und stellte fest, dass 49 Prozent der Studien nach wie vor lediglich die guten Stücke der Männchen untersucht hatten, gegenüber nur acht Prozent, die sich lediglich weiblichen Genitalien widmeten. Nicht einmal die Hälfte der Studien hielt es für angebracht, beide Seiten zu betrachten. Diese Tendenz hatte übrigens nichts mit dem Geschlecht der Forschenden zu tun – Frauen waren genauso penisfokussiert wie Männer. Und es wurde nicht besser; die Voreingenommenheit scheint sich sogar seit dem Jahr 2000 noch verstärkt zu haben.

Ah-King kam zu dem Schluss, dass uralte Mutmaßungen über die Dominanz von Männchen und fehlende Variabilität bei Weibchen das Gebiet hartnäckig beeinflusst hatten, allen Studien von Brennan und ihresgleichen zum Trotz. »Viel zu oft gilt das Weibchen als ein immer gleichartiger Behälter, in dem all dieses angenommene Schaufeln, Verhaken und Eintauchen stattfindet«, so schrieb sie.[225]

Nehmen wir das Beispiel des Ohrwurms *Euborellia plebeja*. Die Männchen dieser Art bekämpfen die Promiskuität der Weibchen mit einer hoch spezialisierten Genital-Ausrüstung. Sie besitzen nicht einen, sondern zwei Penisse (auch Virgae genannt), obwohl die Weibchen nur eine Genitalöffnung haben. Die zweite Virga ist ein Ersatz, falls die erste abbrechen sollte. Das mag übervorsichtig erscheinen, aber offenbar büßen Ohrwürmer aufgrund von deren unhandlicher Form häufiger ihre Penisse ein.[226] Im Jahr 2005 fand Dr. Yoshitaka Kamimura, weltweit führender Experte in Sachen Ohrwurmsex, heraus, dass die Virgae der Männchen außergewöhnlich lang sind – so lang wie der gesamte Körper – und eine pinselförmige Spitze besitzen. Daher vermutete er, dass das Männchen (ähnlich der bereits beschriebenen Kleinlibelle) das lange Organ wie einen Kaminbesen benutzte, um Sperma eines Konkurrenten zu entfernen, bevor es sein eigenes platziert.[227]

Fast zehn Jahre später machte sich Kamimura daran, die Spermatheca der Weibchen (oder Receptaculum seminis, eine Aussackung, in der die Weibchen vieler Insektenarten Sperma speichern können) zu untersuchen, und machte eine ganz andere Entdeckung. Ohrwurmweibchen haben Spermathecae, die noch länger sind als die Virgae der Männchen. Das Männchen kann also bürsten, so viel es will, es wird stets nur eine begrenzte Menge Sperma von Konkurrenten entfernen; das Weibchen behält die Kontrolle über die Vaterschaft. »Daher scheinen die Weibchen den Männchen um einiges voraus zu sein«, wie Kamimura später zugeben musste.[228] Dasselbe könnte auch bei der Kleinlibelle der Fall sein, es müsste nur einmal jemand nachschauen.

Diese Art von klammheimlicher postkopulatorischer Macht über die Vaterschaft bezeichnet man als *versteckte* Weibchenwahl; einer ihrer ersten Verfechter ist der weltweit führende begeisterte Genitalspezialist William Eberhard vom Smithsonian Tropical Research Institute. Eberhard, der zufälligerweise mit Mary Jane West-Eberhard (eine aus der Clique von feministischen Darwinistinnen, die ich auf Sara Blaffer Hrdys Farm kennengelernt hatte) verheiratet ist, wetterte gegen den »unbeabsichtigten Machismo« in seinem Fachgebiet, aufgrund dessen die Genitalforschung »von auf Männchen konzentrierten Anschauungen beeinflusst« sei.[229] Insbesondere die Spermienkonkurrenz wurde allgemein als alleiniger Männersport dargestellt. Das typische Bild war das eines epischen »Wettlaufs«, bei dem die Spermien wie Olympiasportler gegeneinander antreten und nur das stärkste und schnellste den Preis in Form der Eizelle gewinnt. Die Weibchen hatten in dieser Darstellung keinerlei Einfluss auf den Wettbewerb, so als fände eine zelluläre Version eines 100-Meter-Sprints in ihrem Reproduktionstrakt statt, während sie friedlich ihrem Tagesgeschäft nachgingen, ohne den Ausgang des Rennens mitbestimmen zu können.[230]

In seinem wegweisenden Buch *Female Control* (1996) stellte Eberhard dar, dass weibliche Genitalien – ob Vaginen, Kloaken oder Spermathecae – weit mehr sind als nur träge Röhren zur Aufnahme von Ejakulat. Es sind aktive Organe, die aufgrund ihrer Architektur, Physiologie oder auch Chemie Spermien speichern, sortieren und abwehren können. Weibchen können das Sperma unattraktiver Verehrer verwerfen, ausgewählte Spermien aktiv auf schnellstem Weg zu den Eizellen leiten oder Spermien in einem Labyrinth von Gängen schmachten lassen. Nach Eberhards Ansicht bestimmte nach der Insemination das Weibchen »die Spielregeln«.[231]

Eberhards Buch war bahnbrechend. Doch selbst dieser Verfechter der weiblichen sexuellen Autonomie äußerte sich dahingehend, dass Vaginen eher einförmig seien, Penisse dagegen vielgestaltig und artspezifisch.[232] Brennan stimmt ihm darin zu, dass Weibchen möglicherweise weniger variieren als Männchen – ihre genitale Anatomie ist insofern vorgegeben, als sie andere praktische Funktionen wie Eierlegen oder Geburten erfüllen müssen –, ist aber der Überzeugung, dass man ihrer Untersuchung besonderes Augenmerk schenken sollte. »Ich liebe Eberhards Buch«, sagte sie mir im Gespräch, »aber es erweckte den Eindruck, dass es nicht lohne, weibliche Genitalien zu erforschen. Dass sich das meiste bei den Männchen abspiele.«

Brennan hat sich vorgenommen, die weltweit erste physische »Bibliothek« tierischer Vaginen zusammenzustellen, um die Vielfalt der Formen und Funktionen bei den unterschiedlichen Taxa zu dokumentieren. Sie ist bereits dabei, dies umzusetzen. In ihrem Labor lagen Dutzende Ziplockbeutel mit bunt leuchtenden Silikonabgüssen der Genitalien verschiedenster Tierarten – Lamas, Schlangen, Dornhaie, Enten und Delfine – herum, wie in einem hoch spezialisierten Sexshop.

»So viele Vaginen, so ein kurzes Leben«, seufzte Brennan, während sie den bunten Genitalienberg auf ihrem Schreibtisch durchforstete. Sie untersucht nur die Anatomie bereits toter Tiere, daher die scheinbar willkürliche Auswahl ihrer Forschungsobjekte. Sie öffnete einen Beutel und gab mir die knallrosa Vagina eines Tümmlerweibchens. Sie zeigte im Eingangsbereich einen großen gewölbten Hohlraum, der sich im weiteren Verlauf zu einer Unzahl zusammengedrückter häutiger Falten verengte, die zu einer weiteren, kleineren Wölbung führten, die schließlich in den Gebärmutterhals mündete.

Früher vermutete man, die Falten in der Vagina der Delfine hätten sich entwickelt, um den Uterus vor der Wirkung des Salzwassers zu schützen, das Spermatozoen abtöten kann. Brennan hat jedoch eine andere Theorie entwickelt. Sie drückte mir eine weitere Wal-Vagina in die Hand, diesmal von einem Schweinswal. Diese wirkte wie eine längere, gestreckte Version der Tümmler-Vagina, doch statt Falten zeigte sie eine Art Spiralform.

»Ganz genau!«, rief Brennan. »Konvergente Evolution mit den Enten! Verrückt! Wir konnten kaum glauben, was wir da sahen. Delfinartige ähneln in ihren Genitalien im Grunde den Enten.«

Das ist besonders interessant, weil Delfinartige noch eine entscheidende Gemeinsamkeit mit Enten haben: erzwungene Kopulationen.

»Sie sind die Meister der sexuellen Belästigung«, erzählte mir Brennan. Entgegen ihrem niedlichen Image haben Delfinartige eine liberale Einstellung zum Sex, was ihnen die Bezeichnung »Bonobos der Meere« eingetragen hat.[233] Die Pate stehenden Menschenaffen, die Sex in vielerlei sozialen Situationen (und nicht nur zur Fortpflanzung) einsetzen, werden wir später noch kennenlernen. Diese ganze sexuelle Aktivität erfolgt nicht immer einvernehmlich – Banden männlicher Delfine treiben oft Weibchen aggressiv zusammen und belästigen sie sexuell.* Brennan und ihr Team äußerten die Vermutung, dass die verschlungene Form der Delfin-Vaginen den Weibchen eine ähnliche Möglichkeit zur versteckten Kontrolle der Vaterschaft bei erzwungenen Kopulationen verschafft – wie den Entenweibchen.

Diese Theorie bei Delfinartigen zu überprüfen, erwies sich als noch größere Herausforderung. Doch die stets einfallsreiche Brennan und ihre Forschungskollegin Dara Orbach entwickel-

---

* Die sexuelle Aggressivität von Delfinen beschränkt sich nicht auf andere Delfine. Es gibt zahlreiche Berichte über unschuldige Opfer anderer Arten, insbesondere auch Menschen. So erinnerte es schon fast an *Der weiße Hai*, als der Bürgermeister eines Dorfes an der Bucht von Brest im August, mitten in der Hochsaison, das Schwimmen an seinem Strand verbieten musste, weil ein sexuell frustrierter Delfin namens Zafar mehrere Badegäste bedrängt hatte. (»Sexually Frustrated Dolphin Named Zafar Sexually Terrorizes Tourists on a French Beach«, *Telegraph*, 27. August 2018, https://www.telegraph.co.uk/news/2018/08/27/swimming-banned-french-beach-sexually-frustrated-dolphin-named/.)

ten eine geniale Methode, um ihre Wal-Geschlechtsorgane von den Toten auferstehen und im Labor aktiv werden zu lassen. Bei diesem »Frankenstein-Sex« pumpten sie Salzwasser von einem unter Druck stehenden Bierfass in die Penisse, um eine Erektion zu simulieren, und fixierten diese dann mit Chemikalien, sodass sie ihre erigierte Form behielten. Brennan und Orbach führten diese steifen Penisse dann in die entsprechenden Vaginen ein, hefteten sie zusammen, tränkten sie mit Jod und bewegten sie in einem CT-Scanner hin und her. So konnten sie durch die Gewebe hindurch die innere Mechanik des Delfinsex beobachten.

Von menschlichen Vaginen ist bekannt, dass sie während des Sex ihre Form verändern; die Mechanik der Kopulation mit fixierten Organen nachzustellen, war also alles andere als ideal. Laut Brennan war die Methode jedoch gut genug, um zu demonstrieren, wie sowohl beim Tümmler als auch beim Schweinswal dem Penis im vaginalen Labyrinth der Weg versperrt wurde – es sei denn, das Weibchen wurde aus einem ganz spezifischen Winkel penetriert. Da sich Delfinartige im dreidimensionalen Raum paaren, hat das Weibchen reichlich Möglichkeiten, seinen Körper so zu positionieren – und wenn es nur ganz subtil ist –, dass ein unerwünschter Bewerber in eine Sackgasse geleitet wird.[234]

Wie schon bei den Enten schreibt Brennans Theorie auch bei den Delfinen das Schicksal der Weibchen neu und verwandelt sie von Opfern zu Siegerinnen im Kampf der Geschlechter. Je mehr wir über Anatomie, Physiologie und Verhalten der weiblichen Sexualität erfahren, desto mehr beginnen die jahrhundertealten Vorstellungen von der männlichen Dominanz zu bröckeln. Weibchen haben kreative Wege entwickelt, um die Befruchtung ihrer Eizellen zu steuern, selbst wenn die Männchen stärker oder zahlreicher sind oder Zwang ausüben. Als etwa, so das Ergebnis einer Studie vor wenigen Jahren, Männchen des Östlichen Moskitofischs *(Gambusia holbrooki)* längere Genitalien, sogenannte Gonopodien, entwickelten und die Weibchen damit bedrängten, entwickelten diese daraufhin größere Gehirne und konnten damit ihre Verfolger besser austricksen.[235]

»Weibchen können anatomisch, durch ihr Verhalten oder auch auf chemischem Wege die Kontrolle behalten. Manchmal geschieht dies unmerklich und manchmal nicht. Und diese Strategien summieren sich. Ich weiß nicht, ob das ein Paradigmenwechsel ist, aber uns ist inzwischen die biologische Tatsache bewusst, dass diese Interaktionen in der Fortpflanzung wirklich komplex sind. Es gibt keinen Grund anzunehmen, dass Enten, wenn sie über komplizierte Vaginen verfügen, nicht außerdem noch chemische Mittel haben, um Spermien auszubremsen. Die haben sie wahrscheinlich«, so Brennan.

Und sie hatte noch mehr verheißungsvolle Neuigkeiten über Tümmlersex. Sie glaubt, dass er den Weibchen Vergnügen bereitet.

»Wollen Sie mal eine Delfin-Klitoris sehen?«, fragte mich Brennan entzückt. Bevor ich noch Ja sagen konnte, tauchte sie unter einen verstaubten Labortisch und öffnete die größte Tupperbox, die ich je gesehen hatte, bis obenhin gefüllt mit eingelegten Vulven. Ein zweifelhafter Hauch von Alkoholgeruch stieg mir in die Nase, als sie mit dem Arm in die Formalinsuppe langte, um einen großen Klumpen fixierten Fleisches mit einer Längsfurche in der Mitte herauszufischen – er erinnerte an zwei übergroße Hamburgerbrötchen. Der Genitalbrocken war groß und glitschig und rutschte Brennan immer wieder aus den gummibehandschuhten Händen, während sie versuchte, die »Brötchen« auseinanderzuziehen und das Äußere der Delfinklitoris zu zeigen, die sich dazwischen verbarg. Als es ihr schließlich gelang, war ich schockiert. Die Klitoris des Delfinweibchens hatte eine Haube (Vorhaut), die mir beunruhigend bekannt vorkam. Wäre sie nicht so riesig gewesen, hätte sie die einer Frau sein können.

Wie wir bereits an früherer Stelle erfahren haben, entwickelte sich die Klitoris zum Zwecke des sexuellen Vergnügens. Es gibt eine ungeheure Formenvielfalt bei den Säugetieren, was darauf hindeutet, dass starke evolutionäre Kräfte am Werk sind. Im Vergleich zum Penis aber wissen wir sehr wenig über die Morphologie oder Histologie der Klitoris. Brennan ist dabei, das zu ändern. Sie zeigte mir Schnittpräparate, die sie mit einer Schneidemaschine (wie von der Wursttheke im Supermarkt) angefertigt hatte.[236] Sie zeigten, wie weit sich das Klitorisgewebe im Körperinneren ausdehnt. »Da ist so viel erregbares Gewebe – das muss einfach eine Funktion haben«, so Brennan.

Unter der Haube

Die Beurteilung eben dieser Funktion ist bis heute durch vielfältige Falschinformationen und schweres kulturelles Gepäck beeinträchtigt. Die Klitoris ist vielleicht das einzige Organ, das noch unzureichender erforscht ist als die Vagina. Sie erschien Mitte des 16. Jahrhunderts auf der anatomischen Landkarte, nachdem sie ausgerechnet von dem italienischen katholischen Priester und Anatom Gabriele Falloppio (1523–1562)* »ent-

---

* Falloppio war einer der größten Anatomen seiner Zeit und erstaunlicherweise eine Autorität in der anatomischen Untersuchung der weiblichen Fortpflanzungsorgane. (Mortazavi; Adeeb; Latif; Watanabe; Deep; Griessenauer; Tubbs; Fukushima (2013), »Gabriele Falloppio (1523–1562) and His Contributions to the Development of Medicine and Anatomy«, in *Child's Nervous System*, S. 877–880.) Er war der Erste, der die von den Ovarien zum Uterus verlaufenden Gänge (er nannte sie wegen ihrer verbreiterten Mündung *tubae uterinae*, »Trompeten der Gebärmutter«) genau beschrieb. (Öncel, Çağatay (2016), »One of the Great Pioneers of Anatomy: Gabriele Falloppio (1523–1562)«, in *Bezmialem Science*, 123.) Später benannte man sie ihm zu Ehren in *Tubae falloppii*, englisch *Fallopian tube*, um. Ihre Funktion erkannte er jedoch nicht. Falloppio prägte den Begriff Vagina und entkräftete auch die verbreitete Vorstellung, der Penis dringe beim Geschlechtsverkehr bis in den Uterus vor. Noch erstaunlicher ist angesichts seiner klerikalen Vorgeschichte, dass er eine Art Kondom zum Schutz vor der Syphilis entwickelte. Dies war eine kleine Leinenkappe, getränkt in einer Lösung

deckt« worden war. Als dieser jedoch seine Entdeckung dem großen Arzt Andreas Vesalius, dem Begründer der modernen Humananatomie, mitteilte, wurde sie gleich beiseitegewischt. Vesalius verkündete, »dieser neue und nutzlose Körperteil« existiere nicht bei »gesunden« Frauen[237] und sei nur bei Hermaphroditen zu finden.[238]

Diese unrühmliche Fehleinschätzung bereitete den Boden für die nächsten 450 Jahre, in denen die Klitoris im medizinischen Patriarchat mehrfach in Vergessenheit geriet, wiederentdeckt und erneut verworfen wurde. Und obwohl der deutsche Anatom Georg Ludwig Kobelt Mitte des 19. Jahrhunderts detaillierte Zeichnungen von der Klitoris in ihrer vollen Ausdehnung angefertigt hatte, war das Organ in modernen anatomischen Lehrbüchern bis Ende des 20. Jahrhunderts typischerweise *schwer zu finden*. Zu Beginn desselben Jahrhunderts war die Klitoris in vielen Lehrbüchern präsent, in dessen Mitte dann wieder praktisch gelöscht, was nahelegt, dass diese Abwendung mit voller Absicht geschah – vielleicht ein unbewusstes Mittel, Frauen sexuelles Vergnügen abzusprechen. *Gray's Anatomy*, die Anatomie-Bibel des englischsprachigen Raums, war nur eines von vielen Lehrbüchern, die die Bezeichnung der Klitoris aus ihrer Darstellung des weiblichen Genitals entfernte.[239] Andere spielten die Größe und das Ausmaß ihrer Innervierung herunter oder ließen sich nur zu einer Erwähnung der äußeren Eichel herab, begleitet von einer flüchtigen Erläuterung ihrer Form als »kleine Version des Penis«.[240]

Erst 1998 veröffentlichte die australische Urologie-Pionierin Helen O'Connell eine erste detaillierte anatomische Beschreibung der menschlichen Klitoris[241] und begann, sich lautstark für eine exakte Darstellung in medizinischen Lehrbüchern ein-

---

aus Salz, Kräutern und manchmal Milch, die die Eichel abdecken sollte. Die feuchte Umhüllung wurde von einem rosafarbenen Band festgehalten, sodass sie »den Frauen gefiel«. (»Gabriele Falloppio«, *Whonamedit? A Dictionary of Medical Eponyms*, https://www.whonamedit.com/doctor.cfm/2288.html.)

zusetzen. Der Rest des Tierreichs hinkt weit hinterher, obwohl sich dort eine faszinierende klitorale Formenvielfalt findet, darunter auch ein Klitorisknochen oder Baubellum (beim Amerikanischen Schwarzbären) und sogar Stacheln (beim Katta). Über ihre Gewebestruktur und Funktion ist jedoch wenig bekannt. »Außer bei Menschen, Ratten und Mäusen wissen wir nicht wirklich, wie die Klitoris aussieht. Aber alle weiblichen Wirbeltiere haben eine«, so Brennan.

Nicht nur in der Form, sondern auch in ihrer Lage variiert die Klitoris. Wie wir später noch erfahren werden, besitzen weibliche Bonobos, unsere nächsten Verwandten unter den Großen Menschenaffen, eine Klitoris, die so positioniert ist, dass die gegenseitige Stimulation mit anderen Weibchen begünstigt wird. Bei Frauen befindet sich die Klitoris außerhalb der Vagina, was ungewöhnlich ist, denn bei den meisten Säugetieren sitzt sie innen am Eingang der Vagina, wo sie während der Paarung durch den Penis gut stimuliert werden kann.

Das gilt beispielsweise für die Tümmler. Die Kombination aus dieser Lage plus der beachtlichen Größe der Delfin-Klitoris kündet nach Brennans Ansicht überdeutlich von sexuellem Vergnügen. Die Existenz und Bedeutung von derlei Verlangen bei weiblichen Tieren ist seit Langem umstritten, aber logisch. Sex ist, wie Essen, lebenswichtig. Warum also sollte er sich nicht gut anfühlen?

Die aktuelle Erforschung weiblicher Genitalien auf Zellebene ist dabei, den Disput um die weibliche Lust endlich zu beenden und sogar zu enthüllen, wie diese die Evolution männlichen Verhaltens und männlicher Physiologie mitgestaltet. Heute wissen wir, dass sogar Insekten Spaß am Sex haben, wenn er richtig läuft. Die Männchen von Roesels Beißschrecke *(Metrioptera roeselii)* besitzen ein Paar gebogene Anhänge an ihrem Begattungsorgan, die ein bisschen an Kleiderhaken erinnern. Lange wusste niemand, welchen Zweck sie erfüllen. Inzwischen aber ist bekannt, dass sie der Stimulation des Weibchens bei der Paarung dienen; daher nannte man sie Titillatoren (von lateinisch *titillare*, »kitzeln«). Aufnahmen mit dem Computertomografen (CT) enthüllten, dass das Männchen seine Titillatoren während der Kopulation rhythmisch in die Geschlechtsöffnung des Weibchens einführt und mit ihnen gegen eine empfindliche Platte in deren Innerem klopft. Es ist eine Art Beißschrecken-Vorspiel, das dem Männchen zur Kopulation verhilft. Werden im Experiment einem Männchen die Titillatoren gekürzt oder die Sinneswahrnehmungen eines Weibchens chemisch blockiert, erhört das Weibchen die Avancen des Männchens nicht.[242]

Brennan interessiert sich für das »sensorische Zusammenpassen« weiblicher und männlicher Körperteile während des Sex. Ihre Delfinkadaver waren leider zu zersetzt, um die nötigen histologischen Untersuchungen durchzuführen. Wahrscheinlich aber dient die genitale Stimulation der weiblichen Säugetiere als eine Art kopulatorische Partnerwerbung oder zur Induktion der Ovulation, oder aber sie fördert den Spermientransport. In diesem Falle wäre das Ausmaß an Spaß ein weiterer Aspekt, nach dem ein Weibchen unbewusst entscheidet, welches Männchen seine Eizellen befruchten darf und welches nicht.[243]

»Sex fühlt sich gut an, oder? Und manche Dinge fühlen sich besser an als andere. Für mich ist das ein Hinweis auf Weibchenwahl«, erklärte mir Brennan.

Dänische Schweinezüchter wissen darüber alles. Sie haben herausgefunden, dass die künstliche Besamung effektiver ist, wenn sie zuvor die Klitoris, den Gebärmutterhals und die Flanken der Sau mit der Hand stimulieren. Daher sind sie das Ganze praktisch angegangen und haben eine spezielle, anschaulich bebilderte Sauen-Stimulations-Anleitung in fünf Schritten entwickelt. Die Verführung beginnt damit, dass der Besamer oder die Besamerin die Sau mit der Faust stimuliert, ihre Hüften massiert und sich schließlich auf ihren Rücken setzt, um das

Gewicht des Ebers bei der Paarung zu imitieren.[244] Diese Verführungsroutine erzielt sechs Prozent mehr Ferkel als die direkte Besamung mit der kalten, harten Pipette, könnte allerdings so manche:n von der Wahl dieses Berufes abhalten.

Obwohl sie oft wie Olympioniken dargestellt werden, haben Spermatozoen weder die Energiereserven noch die gerichteten Schwimmkünste, um aus eigener Kraft an den Ort der Befruchtung zu gelangen. Sie brauchen Hilfe.[245] Bei manchen Primaten wird das Ausmaß der Spermien-Aufnahme mit Kontraktionen während des weiblichen Orgasmus in Zusammenhang gebracht. Während des Höhepunktes bewirkt das freigesetzte Hormon Oxytocin Kontraktionen von Uterus und Eileiter, die ein »Hochsaugen« von Spermien und damit eine signifikant beschleunigte Passage zur Eizelle bewirken.[246] Eine Studie an Japanmakaken *(Macaca fuscata)* in Gefangenschaft ergab, dass Weibchen mit größerer Wahrscheinlichkeit orgasmusähnliche Reaktionen zeigten, wenn sie sich mit ranghohen, sozial dominanten Männchen paarten, was auf eine bevorzugte Aufnahme von Spermien dieser Männchen hindeutet.[247]

Eine neuere Studie zum Orgasmus bei Frauen kam zu dem Schluss, dass der weibliche Höhepunkt auch beim Menschen die Empfängnis fördert. Die Folgerung der Forscher:innen: Der weibliche Orgasmus ist keine Begleiterscheinung der männlichen Befähigung zum Orgasmus und auch kein Mittel zur Stärkung der Paarbindung, wie es Desmond Morris vorgeschlagen hat. Stattdessen deuteten die Befunde darauf hin, dass der Orgasmus beim Menschen eher ein verstecktes Mittel ist, um einen hochwertigen Befruchter für die Eizelle einer Frau zu selektieren.[248] Die Autor:innen vermuten, dass unsere Urahninnen – wie die Weibchen der schon früher erwähnten Prachtstaffelschwänze und Kapuzenwaldsänger – eine gemischte Fortpflanzungsstrategie verfolgten, indem sie sich Partner danach aussuchten, welches Potenzial für elterliches Investment sie mitbrachten, und sich dann während der Ovulation davonstahlen, um orgasmischen Sex mit Männern hoher Qualität zu haben. Ein versteckter kopulatorischer Mechanismus der Partnerwahl erlaubt weiblichen Wesen eine gewisse Kontrolle über die Vaterschaft, selbst wenn ihre sexuellen Wahlmöglichkeiten durch familiäre Einflüsse oder sexuellen Zwang eingeschränkt sind.

And the Winner is ... die Eizelle

Je mehr wir über den weiblichen Fortpflanzungstrakt erfahren, desto erkennbarer wird der Einfluss der Weibchen auf die Befruchtungsrechte, und desto lächerlicher wird die Vorstellung vom alles entscheidenden »Spermien-Wettrennen«.

Wie sich zeigt, können Säugetier-Spermatozoen ohne weibliches Zutun nicht einmal ihre biologische Funktion erfüllen. Sie können nicht mit der Eizelle verschmelzen, ohne zuvor einen auch als Kapazitation bezeichneten Reifungsprozess zu durchlaufen. Dieser untersteht der weiblichen Kontrolle und umfasst chemische Veränderungen am Spermatozoon, vermutlich durch Uterussekrete. Aber welche Überraschung: Wir wissen nicht viel darüber, weil niemand es wirklich erforscht hat. Leider »ist die Kapazitation nach wie vor ein karg definierter Prozess, obwohl sie schon seit über 50 Jahren bekannt ist«.[249]

Die Kapazitation ist eine weitere Möglichkeit für den weiblichen Fortpflanzungstrakt, zu beeinflussen, welches Spermium »gewinnt«. Doch ganz gleich, ob das Weibchen Spermien von Männchen begünstigt, die ihm gefallen, oder Spermien von Männchen behindert, die das nicht tun – wegweisende Forschungen legen nahe, dass am Ende die Eizelle selbst das letzte Wort hat.

Lange Zeit galten Eizellen als der Inbegriff der weiblichen Passivität; ihre Größe und unbewegliche Natur im Kontrast zu den kleinen, mobilen Spermien war der eigentliche Ursprung der Ungleichheit der Geschlechter, wie bereits an früherer Stelle dargestellt. Lehrbuchbeschreibungen der Befruchtung muten teilweise an wie Märchen, in denen die hilflose Eizellen-Prinzessin träge darauf wartet, dass sich ihr heldenhafter Spermien-Prinz zu ihr durchkämpft und sie aus ihrem leblosen Schlummer erweckt.[250]

Doch die Belege dafür mehren sich, dass die Eizelle beeinflussen kann, welches Spermatozoon mit ihr verschmilzt, ganz gleich, welches das Rennen »gewonnen« hat. Nicht befruchtete Eizellen setzen bekanntermaßen chemische Locksubstanzen frei, wie biologische Brotkrumen, die die Spermien auf die richtige Spur leiten. Nicht alle Spermien reagieren darauf in derselben Weise; demnach hat die Eizelle Spielraum, den idealen Kandidaten zu selektieren und jene abzuwehren, die genetisch nicht kompatibel sind, selbst wenn sie als Erste am Ziel waren. Die Eizelle macht allerdings keine Zugeständnisse gegenüber romantischen Partnern. Bei einer Studie mit menschlichen Eizellen begünstigten diese in mehr als der Hälfte der Fälle die Spermien eines zufällig ausgesuchten Mannes und nicht die des Partners der Frau.[251]

Diese wissenschaftliche Erkenntnis mag hingebungsvollen Ehemännern gar nicht schmecken, doch was die menschliche Eizelle angeht, ist in der Liebe und im genitalen Krieg alles erlaubt.

KAPITEL 6

Keine Heiligen: von selbstlosen Müttern und anderen Fabelwesen

Die Frau scheint vom Manne in Bezug auf geistige Anlagen hauptsächlich in ihrer größeren Zartheit und der geringeren Selbstsucht verschieden zu sein […] In Folge ihrer mütterlichen Instincte entfaltet die Frau diese Eigenschaften gegen ihre Kinder in einem außerordentlichen Grade. Es ist daher wahrscheinlich, daß sie dieselben häufig auch auf ihre Mitgeschöpfe ausdehnen wird.

CHARLES DARWIN,
DIE ABSTAMMUNG DES MENSCHEN[252]

Mein mutterschaftsähnlichstes Erlebnis hatte ich mit einem wilden Nachtaffenbaby in Peru. Die Erfahrung dieser intensiven Rund-um-die-Uhr-Betreuung ließ mich mit akutem Schlafmangel, von Ängsten geplagt und mit Kot beschmiert zurück, was, wie man mir sagte, völlig normal ist.

Mein Mutterschaftsabenteuer ereignete sich während eines einmonatigen Aufenthalts auf einer abgelegenen biologischen Feldstation am Rande des Manú-Nationalparks in den Tiefen des peruanischen Amazonasgebiets. Eine volle Tagesreise stromaufwärts jeglicher Zivilisation beherbergt diese unendliche, straßenlose Wildnis die wohl größte Biodiversität auf unserem Planeten – viel davon noch völlig unerforscht – sowie ein paar Dutzend Zoologie-Nerds, die verzweifelt versuchen, alles zu dokumentieren und irgendwie einzuordnen.

Auf der Station Los Amigos galt die Regel, nur zu beobachten und nicht in die Natur einzugreifen. Das heißt, ein Tier in Not zu retten, war tabu, selbst wenn es sich um eine gefährdete Art handelte. Doch als Emeterio, ein peruanischer Feldassistent, über die jämmerlichen Schreie eines schwer verletzten Nachtaffenbabys und die gruseligen Überreste seines zur Hälfte aufgefressenen Elters stolperte, wurde diese grundsätzliche harte Linie vorübergehend aufgegeben.

Von den etwa ein Dutzend Primatenarten in diesem rauen Teil des Regenwalds ist der Schwarzköpfige Nachtaffe (*Aotus nigriceps*) mit Abstand der rätselhafteste Vertreter. Die winzigen Affen von der Größe eines kleinen Eichhörnchens leben verborgen hoch oben im Blätterdach und sind – wie ihr Name verrät – als einzige Affengattung nur nachts aktiv, was ebenfalls zu ihrer »Unsichtbarkeit« beiträgt. Sie leben in Familiengruppen und sind – ungewöhnlich für Primaten – monogam. Ein Paar hat nur ein Junges pro Jahr, eine Handvoll Flausch, das aussieht, als sei es einem zuckersüßen japanischen Manga entsprungen: nichts als Augen und unfassbar niedlich.

Offenbar war unser Waisenkind von einem Falken, dem Todesengel der Nachtaffen, gepackt und dann fallen gelassen worden. Halb tot kam es in unserem Camp an, dehydriert, mit schlaffen Gliedern und einer riesigen Fleischwunde an der Seite, in der sich bereits jede Menge opportunistischer Maden tummelten. Wir taten, was wir konnten, um den Kleinen zusammenzuflicken, vermutlich glaubte niemand wirklich, dass er die Nacht überleben würde. Er war so winzig und so schwach. Ich sehe die Primatologen noch vor mir, wie sie versuchten, ihn mit einer Injektion zu rehydrieren, die Spritze wirkte riesig neben seinem schlaffen Körper.

Doch allen Widrigkeiten zum Trotz überlebte der kleine Affe, und das Forschungsteam wurde über Nacht zu Ersatzeltern für ein hilfloses fremdes Primatenbaby. Wir nannten ihn Muqui, nach dem peruanisch-spanischen Wort *musmuqui* für »Nachtaffe«, und fragten uns, was um Himmels willen wir nun mit ihm machen sollten. Durch unablässiges Schreien versuchte Muqui, uns zu vermitteln, was ihm fehlte, und schließlich nistete er sich auf unseren Köpfen ein.

Am ruhigsten war er, wenn er sich in dichtem Haar festklammern konnte, wodurch sich das unvermeidliche Toilettentraining besonders schwierig gestaltete. Tagsüber schlief er ganz friedlich auf jemandes Kopf, so friedlich, dass man schon mal vergessen konnte, dass er da war, bis man sich vorbeugte und dann durch Schreien, nicht selten begleitet von einem Urinschwall, daran erinnert wurde, dass sich ein Affenbaby dort oben festhielt. Nachts verwandelte sich Muqui in eine völlig andere Kreatur. Er war wie elektrisiert, und wir mussten uns beim Babysitten dieser aufgedrehten kleinen Nachteule abwechseln. Nach einigen Wochen war ich mit der Nachtwache an der Reihe. Folgendes hielt ich am nächsten Tag in meinem Tagebuch fest:

Ich muss auf dem Bauch schlafen, damit Muqui sich auf meinem Nacken unter meinen (langen) Haaren einkuscheln kann. Vier- bis fünfmal in der Nacht wird er wach und verlangt nach Milch, indem er über mein Gesicht klettert und sich an meinem Ohr reibt. Nachdem er getrunken hat, muss er natürlich Pipi und Kacka machen, aber leider kann ich ihm nicht beibringen, dass er dafür mein Bett verlassen soll. Er zieht es vor, in meine Haare zurückzukehren, die immer mehr aussehen wie ein Vogelnest, was alles andere als schön ist. Außerdem wird er immer mutiger, geht die ganze Nacht auf Erkundungstour, rauf und runter auf meinem Körper, und klettert wie ein Irrer im Moskitonetz herum. Höhepunkt der Aktivität ist gegen vier Uhr morgens, als er wie wahnsinnig mein Ohr reibt und in meinem Haar herumwühlt. Heute Morgen sehe ich aus wie Robert Smith von The Cure.

Darwin zufolge hätte mir dies alles zweite Natur sein sollen. Mütterliche Gefühle hätten in mir aufploppen und mich in eine intuitiv handelnde, weise und selbstlose Versorgerin verwandeln müssen. Stattdessen fühlte ich mich ziemlich traumatisiert von dieser Erfahrung – genervt, überfordert, erschöpft und schon allein wegen der respektlosen Inanspruchnahme und Verunreinigung meiner Haare wenig geneigt, diese unselige Prozedur zu wiederholen. Ich war damals 39 und rang mit mir, ob ich Kinder haben wollte oder nicht. Die Nacht mit Muqui verstärkte bei mir den Verdacht, dass ich wohl von einer Reihe nicht besonders mütterlicher Frauen abstammte. Wenn es so etwas wie Mutterinstinkt gab, dann hatte ich ziemlich sicher keinen.

Mythos Mutterinstinkt

Lange wurden weibliche Wesen mit Müttern gleichgesetzt, als gebe es keine andere Rolle für sie. Mutterschaft ist ein emotionsbeladenes Thema, ein Synonym für nähren und sich aufopfern, und als solches durchsetzt mit Missverständnissen, von denen das größte lautet: Alle Geschöpfe weiblichen Geschlechts sind geborene Mütter, versehen mit einem schon fast mystisch zu nennenden mütterlichen Instinkt, der sie dazu bringt, ihrem Nachwuchs unermüdlich sämtliche Bedürfnisse von den Augen abzulesen.

Das Problem bei dieser Vorstellung liegt auf der Hand: Sie geht davon aus, dass die Versorgung der Jungen in die alleinige Verantwortung der Weibchen fällt. Was Muqui angeht, hätte ihn seine Mutter wohl alle paar Stunden gesäugt, doch nach jeder Mahlzeit hätte sie ihn ganz unromantisch mit Bissen in die Füße oder den Schwanz weggejagt und seinem Vater die Rolle des Hauptversorgers überlassen, einschließlich der Schwerarbeit, den Kleinen in 90 Prozent der Zeit herumzutragen.[253]

Zugegeben, dass sich Nachtaffen-Väter so um die Kinder kümmern, ist keineswegs die Regel bei Säugetieren (nur bei einer von zehn Säugetierarten übernehmen die Männchen die Brutpflege[254]). Das hat damit zu tun, dass die physische Verantwortung für das Austragen und die Ernährung der Jungen bei den weiblichen Plazentatieren liegt, was das Vermeiden der Fürsorge etwas erschwert. Männliche Säugetiere besitzen zwar Brustwarzen, doch von wenigen bemerkenswerten Ausnahmen abgesehen – zwei Flughundarten, ein paar Inzuchtlinien bei Hausschafen und eine Handvoll Überlebende aus Kriegsgefangenenlagern des Zweiten Weltkriegs* – sind nur weibliche Säu-

---

* Der große Evolutionsbiologe John Maynard Smith grübelte einst, es sei schon seltsam, dass sich in der Evolution keine männliche Laktation entwickelt habe. (Smith, John Maynard (1978), *The Evolution of Sex*, Cambridge University Press.) Könnte es sich bei der recht speziellen Gruppe milchproduzierender männlicher Wesen um die evolutionär höchstentwickelten »neuen Männer« dieses Planeten handeln? Thomas Kunz und Charles Francis entdeckten die laktierenden Männchen der Dayak-Flughunde (*Dyacopterus spadecius*) erst 1992, als sie in einem malaiischen Regenwald eine Bestandsaufnahme der dort lebenden Fledertiere machten. Francis nahm einen Flughund aus dem Japannetz, in dem dieser sich verfangen hatte, und hielt ihn wegen der deutlich vergrößerten Zitzen zunächst für ein Weibchen. Bei näherer Betrachtung der unteren Regionen stellte er zu seinem Erstaunen fest, dass es sich eindeutig um ein Männchen handelte. Sie fingen insgesamt zehn Männchen, die auf Druck geringe Mengen Milch abgaben. Bei den Dayak-Flughunden sind die Männchen anatomisch und physiologisch korrekt für die Laktation ausgestattet, doch die Milchmenge beträgt nur ein Zehntel dessen, was Weibchen produzieren. Dass Männchen Junge säugten, wurde nicht beobachtet, ihre Zitzen waren außerdem kleiner und weniger verhornt als die von Weibchen, was darauf schließen lässt, dass sie nicht zum Säugen verwendet werden. Das Phänomen wurde später noch bei einer anderen Flughund-Spezies (*Pteropus capistratus*) in Papua-Neuguinea beobachtet. Noch weiß niemand wirklich genau, warum es auftritt, allerdings ist es sehr viel wahrscheinlicher, dass es etwas mit der Ernährung zu tun hat, als dass es sich um einen evolutionären Vorteil handelt. Viele Pflanzen enthalten Phytoöstrogene (sekundäre Pflanzen-

getiere in der Lage, damit Milch zu produzieren. In den meisten Fällen reicht die Laktationszeit weit über die Tragzeit hinaus und erlegt ihnen für Monate, wenn nicht Jahre elterliche Pflichten auf (Orang-Utans zum Beispiel stillen bekanntermaßen acht oder neun Jahre lang). Lange wurde diese Verantwortung als Einschränkung der Weibchen betrachtet, ein mit hohem Energieaufwand einhergehendes Handicap, das die verfügbaren Lebensstrategien reduziert. Männliche Tiere dagegen können nach der Befruchtung jederzeit ihrer Wege gehen, sie genießen die Freiheit, ihre Energie für die Fortpflanzung mit mehreren Weibchen einzusetzen und andere Männchen aus dem Feld zu schlagen.

Sobald Weibchen von ihrer physiologischen Verantwortung für Schwangerschaft und Laktation entbunden sind, wie im Rest des Tierreichs, bringen sich die Väter deutlich stärker ein. Bei Vögeln ist die Brutpflege durch beide Eltern gang und gäbe: 90 Prozent aller Vogelelternpaare teilen sich die Aufgabe. Und wenn wir in der evolutionären Entwicklung noch weiter zurückgehen, sehen wir, dass väterliche Brutpflege nicht nur weitverbreitet, sondern sogar die Regel ist. Bei fast zwei Drittel aller Fischarten kümmern sich die Väter alleine um die Brutpflege, während die Mütter nicht viel mehr beisteuern als die Eier, ehe sie auf Nimmerwiedersehen verschwinden. In einigen Fällen, wie bei den Seepferdchen, bringen die Väter sogar die Jungen zur Welt.**

---

stoffe mit östrogenähnlicher Wirkung), die das Brustgewebe angeregt haben könnten. (Francis; Anthony; Brunton; Kunz (1994), »Lactation in Male Fruit Bats«, in *Nature,* S. 691–692.) Dasselbe könnte bei den Inzuchtlinien von Hausschafen dahinterstecken. (Hosken; Kunz, »Male Lactation«.) Und auch im Fall der Kriegsgefangenen ist die Ernährung der Schlüssel: Als sie nach ihrer Befreiung endlich wieder ordentliche Nahrung erhielten, kam es zu hormonellen Ungleichgewichten, die dazu führten, dass sie laktierten. Auch Leberzirrhose kann eine solche Situation verursachen.

** Nach der Balz spritzt das Weibchen seine Eier mittels eines röhrenförmigen Eiablageapparats (Ovipositor) in die Bruttasche des Männchens, wo sie umgehend befruchtet werden. Neuere Forschungen zeigen, dass die fleischige Bauchtasche

Auch bei Amphibien gibt es ganz unterschiedliche Brutpflegestrategien, von alleinerziehenden Vätern über alleinerziehende Mütter bis zur gemeinschaftlichen Betreuung des Nachwuchses. Zum Beispiel die grellbunten Giftfrösche, die ich in Peru oft über den Waldboden hüpfen sah. Diese winzigen Lurche aus der Familie der Baumsteiger (Dendrobatidae) sind überraschend hingebungsvolle Eltern. Gelegentlich sah ich einen über den Boden hopsen und dabei auf dem Rücken – wie mit einem Rucksack – einen Trupp wuseliger Kaulquappen transportieren. Auf den ersten Blick mutet dieses Verhalten leicht surreal bis ziemlich abwegig an, doch der Frosch bringt seine frisch geschlüpften Jungen auf diese Weise an eine sichere Wasserstelle. Viele Baumsteiger legen ihre Eier auf Blättern ab, manche auch in Laubstreu am Boden, doch ihre Kaulquappen benötigen Wasser für die Metamorphose, wofür ihnen aber kleine Wasseransammlungen in Astlöchern oder an der Blattbasis von Bromelien genügen. Diese nur zeitweise vorhandenen privaten Pools bieten Schutz vor Fressfeinden und einen sicheren Platz, wo sich die Kaulquappen zu Fröschen weiterentwickeln können. Es kommt vor, dass die Eltern stunden-, wenn nicht tagelang nach dem richtigen Tümpelchen für ihren Nachwuchs suchen und dabei sogar Regenwaldbäume hochklettern, die mehrere Stockwerke in den Himmel reichen. Für ein Tier, das gerade mal zwei bis drei Zentimeter lang ist, ein großer Akt elterlicher Aufopferung.

---

des Männchens erstaunliche Ähnlichkeit mit einer Gebärmutter aufweist: Sie ist reichlich mit Blutgefäßen durchzogen, die den Salzgehalt in der Umgebung der Fischbrut regulieren, sie mit Sauerstoff und Nährstoffen versorgen sowie Abfallstoffe abtransportieren. (Whittington; Griffith; Qi; Thompson; Wilson (2015), »Seahorse Brood Pouch Transcriptome Reveals Common Genes Associated with Vertebrate Pregnancy«, in *Molecular Biology and Evolution*, 32:1, S. 3114–3131.) Die Vermutung liegt nahe, dass es so etwas wie einen Basisbaukasten von Schwangerschaftsgenen gibt, der von männlichen Seepferdchen und weiblichen Säugetieren gleichermaßen genutzt wird. Nach 24 Tagen leiten Muskelkontraktionen die Geburt von etwa 2000 Baby-Seepferdchen ein. Schon wenige Stunden später ist das Männchen wieder bereit, von einem anderen Weibchen begattet zu werden, und alles kann von vorne beginnen.

In der Natur wird diese Höchstleistung meistens von männlichen Fröschen erbracht, doch bei einigen wenigen Baumsteiger-Arten übernehmen die Weibchen oder beide Eltern zusammen diese Aufgabe. Lauren O'Connell, Assistant Professor für Biologie an der Stanford University, erkannte, dass diese Variabilität bei nah verwandten Arten eine einzigartige Gelegenheit darstellt, die neuronalen Schaltkreise zu untersuchen, die das elterliche Verhalten bei der Brutpflege steuern, und herauszufinden, ob sie bei beiden Geschlechtern gleich sind.

»Ich glaube, viele Menschen denken, Frösche seien Tiere, die ein völlig anders aufgebautes Gehirn haben, oder sie fragen sich, ob sie überhaupt eines haben«, sagte mir Lauren O'Connell bei einem Skype-Interview. »Aber ja, sie haben natürlich eines! Es ist zwar ziemlich altertümlich, aber es besteht aus den gleichen Teilen wie das anderer Tiere. Ob diese Teile größer oder kleiner sind, das macht den Unterschied in der Komplexität aus, aber es sind immer noch die gleichen Bestandteile.«

Bei den Färberfröschen (*Dendrobates tinctorius*) nimmt nie das Weibchen die Kaulquappen huckepack, sondern immer das Männchen. Als O'Connell im Labor die Männchen aus dem Terrarium entfernte, stellte sie fest, dass die Weibchen fast immer einsprangen und die Rolle übernahmen. Und wie sie bei der Untersuchung der Froschgehirne herausfand, geht dieses Verhalten mit der Aktivierung eines speziellen Neuronentyps im Hypothalamus einher, der ein Neuropeptid namens Galanin exprimiert – und zwar unabhängig vom Geschlecht.

»Der Schaltkreis, der das elterliche Verhalten regelt, ist bei Männchen und Weibchen derselbe«, sagte mir Lauren O'Connell.

Also ist nicht eines der Geschlechter darauf programmiert, instinktiv fürsorglich zu handeln, es ist lediglich eines, das es tut. Aber beide besitzen die Hirnstrukturen, die den Brutpflegeinstinkt steuern.[255] Das ist ein schwerer Schlag für die Vorstellung, es gebe nur einen *mütterlichen* Instinkt – zumindest bei

Fröschen. Doch was ist mit Säugetieren, bei denen oft die Weibchen den Löwenanteil in der Kinderbetreuung leisten und die Männchen, nun ja, etwas weniger geneigt sind, zu deren Versorgung beizutragen?

In der Mäusewelt zum Beispiel sind »jungfräuliche« (sexuell unerfahrene) männliche Mäuse aggressiv und verletzen oder töten regelmäßig Neugeborene. Bahnbrechende Forschungsarbeiten des Teams um Catherine Dulac, Higgins-Professorin am Fachbereich Molekular- und Zellbiologie der Harvard University, zeigen, dass sich diese mörderischen Mäuseriche in liebevolle Väter verwandeln, wenn man die oben erwähnten Galanin-Neuronen in ihrem Hypothalamus stimuliert.[256]

»Es ist, als würde man einen Schalter umlegen«, sagte mir Catherine Dulac in einem Zoom-Interview.

Mit einem hochmodernen optogenetischen Verfahren konnte Dulac die Galanin-Zellen in jungfräulichen männlichen Mäusen aktivieren, die drauf und dran waren, Jungtiere zu töten. Die Veränderung trat auf der Stelle ein: Die Männchen fingen an, Nester zu bauen, in die sie die Jungen ganz vorsichtig hineintrugen und fürsorglich zu putzen begannen.

»Die männlichen Mäuse verhielten sich ›mütterlich‹, sie kümmerten sich ganz genau so um die Jungen, wie es eine Mutter getan hätte. Mit dem einzigen Unterschied, dass sie keine Milch produzieren konnten. Es ist absolut fantastisch!«

Dulac entdeckte, dass es zwei Gruppen von Neuronen gibt: eine, die das fürsorgliche, elterliche Verhalten steuert (die Galanin-Neuronen), und eine, die für das kindsmörderische Verhalten verantwortlich ist (die Urocortin-Neuronen) – und die beiden Gruppen sind direkt miteinander verbunden, sie »projizieren aufeinander«, wie Neurowissenschaftler sagen. Wird die eine Gruppe stimuliert, hemmt das die andere, das heißt die beiden Verhaltensweisen schließen sich gegenseitig aus, ein Tier kann nicht gleichzeitig elterliches und kindsmörderisches Verhalten an den Tag legen.

Dieser neuronale Schaltkreis ist bei Männchen und Weibchen derselbe. Als Catherine Dulac mit derselben Methode die Urocortin-Neuronen im Gehirn von weiblichen Mäusen stimulierte, kippte deren fürsorgliches Verhalten gegenüber ihren Jungen in den aggressiven Angriffsmodus. »Es ist faszinierend. Wenn man auf den einen Knopf drückt, löst man elterliches Verhalten aus. Drückt man auf den anderen, bringen sie ihre Jungen um«, erklärte sie mir.

Dulac war auf die neuronale Steuerung des wichtigsten *elterlichen* Instinkts gestoßen: Friss deine Kinder nicht auf, sondern kümmere dich stattdessen um sie.

Für eine vernunftbegabte Spezies wie uns mag es auf der Hand liegen, dass das Verspeisen der eigenen Kinder nicht den glücklichsten Einstieg in die Elternschaft darstellt. Für Frösche gilt das aber nicht. Sobald Sie einem Lurch etwas Laich in den Weg legen, wird er ihn einfach auffressen, schließlich sind Eier eine nahrhafte, proteinreiche Mahlzeit. So gesehen, ist es durchaus sinnvoll, dass der neuronale Schaltkreis für elterliches Verhalten den Basisinstinkt für Fressen abschaltet. Das gilt besonders für die sogenannten Maulbrüter – Frösche und Fische, die ihre Jungen in ihren Mäulern ausbrüten und schützen. Dieser Nicht-fressen-sondern-schützen-Impuls ist ausgesprochen hilfreich in einer Situation, in der Eltern wochenlang quasi einen Riesenlutscher im Maul haben und krampfhaft versuchen, nicht zu kauen.*

---

* Diese Strategie verfolgen einige Fische (sowohl männliche wie auch weibliche) und einer meiner liebsten Froschlurche, der Darwin-Nasenfrosch *(Rhinoderma darwinii)*, mein Kandidat für den »besten Papa der Natur«. Ein Darwin-Nasenfrosch schluckt seinen etwa ein Dutzend Eier umfassenden Laichklumpen, kurz bevor die Kaulquappen schlüpfen. Acht Wochen lang bleiben die in seinem Kehlsack, dann spuckt er die winzigen Fröschlein aus. Während der gesamten »Schwangerschaft« frisst er nicht und bleibt auch stumm. Vor Jahren reiste ich einmal in die abgelegenen Trockenwälder Patagoniens, um diese hingebungsvollen Väter in freier Wildbahn zu sehen. Nach langer Suche entdeckte ich einen, als er am Rande eines Nationalparks aus einer Herrentoilette herausgehüpft kam. Zu meiner größten Begeisterung war er »schwanger«. Sein Kehlsack wabbelte

Infantizid, also das Töten des Nachwuchses, ist auch unter Säugetieren weitverbreitet, sagt Catherine Dulac. Bei etwa 60 Prozent aller Spezies wurde es dokumentiert. Männliche Mäuse töten alle Babys, mit Ausnahme der eigenen. Mütter andererseits opfern ihre Jungen, wenn sie unter starkem Stress stehen, sei es durch Hunger oder Fressfeinde.

Für Catherine Dulac ist es nur sinnvoll, dass der elterliche Trieb zur Brutpflege ähnlich fest verdrahtet ist. Das eigene Überleben steht für Tiere – zu Recht – an oberster Stelle. Sie leben in einer Welt, in der es von morgens bis abends um Leben und Tod geht, um Fressen und Nichtgefressenwerden. »Warum sollte sich ein Mäuseweibchen um ein kleines rosa Etwas kümmern, das plötzlich da ist, ständig piepst und dauernd etwas will? Dem nachzugeben und Opfer zu bringen, ist extrem gefährlich«, sagt sie. »An dieser Stelle springt der elterliche Instinkt an. Er sagt dir: Du hast keine Wahl, du musst dich kümmern.«

Nach ihrer Auffassung sind beide Strategien gleichermaßen unerlässlich für das Überleben der Art. »Wir alle sind nur deshalb heute hier, weil einige unserer Vorfahren ihre Galanin-Zellen nutzten und die nächste Generation aufzogen, aber auch weil es die Urocortin-Zellen gab, die es einer Mutter ermöglichten zu entscheiden, ob jetzt gerade eine gute Zeit für Kinder war oder nicht. Ohne sie hätte sie selbst vielleicht nicht überlebt«, erklärte mir Dulac. »Ich halte es für wichtig, sich gelegentlich daran zu erinnern.«

Die große Frage lautet: Was löst das Umschalten auf elterliche Fürsorge aus? Das muss Catherine Dulac erst noch herausfinden, aber sie hegt den Verdacht, dass dabei einige größere Veränderungen in neuronalen Schaltkreisen eine Rolle spielen, die von einer Abfolge innerer und äußerer Reize angestoßen

---

nur so von den Kaulquappen, und ich fühlte mich stark an den Brustkorb von John Hurt erinnert, kurz bevor das Alien in dem gleichnamigen Film daraus hervorbricht.

werden. Die Galanin-Neuronen fungieren dann als eine Art Kommandozentrale für Elternschaft, wo ankommende und abgehende Signale aus dem ganzen Gehirn koordiniert werden, um eine Palette von Verhaltensweisen zu erzeugen, die weit über eine standardisierte, angeborene und für alle gleiche Antwort hinausgehen. Das Ergebnis ist eine enorme Variationsbreite an individuellen elterlichen Brutpflegestilen und -fähigkeiten, unabhängig vom Geschlecht.

»Wir vereinfachen zu sehr, wenn wir etwas als typisch männlich oder typisch weiblich bezeichnen«, erklärte mir Catherine Dulac. »Schauen Sie sich um: Weder bei den Menschen noch bei den Tieren verhalten sich alle Individuen gleich. Weder sind alle Männchen aggressiv, noch verhalten sich alle Weibchen gleichermaßen mütterlich. Es gibt eine enorme Variationsbreite.«

Dulac vermutet, dass der neuronale Schaltkreis nicht nur bei männlichen und weiblichen Mäusen der gleiche ist, sondern dass es ihn bei allen Wirbeltieren gibt, den Menschen eingeschlossen. Der Hypothalamus ist eine alte Hirnregion, ein zentraler Bereich, in dem viele grundlegende Verhaltensweisen wie Schlafen, Essen und Sex fest verankert sind. Immer, wenn bei Tieren Neuronen gefunden wurden, die diese Verhaltensweisen regeln, entdeckte man die entsprechenden Äquivalente auch beim Menschen. Darum meint Dulac, wenn es bei Fröschen und Mäusen eine solche Kommandozentrale gibt, dann kann man sehr wohl annehmen, dass ein vergleichbarer Schaltkreis für elterliches Verhalten auch in den Gehirnen von Männern und Frauen existiert.

»Mir wird es immer warm ums Herz, wenn ich Vorträge über elterliches und mütterliches Verhalten halte und sehe, wie sehr meinen männlichen Kollegen die Idee gefällt, dass im männlichen Gehirn alles vorhanden ist, was für elterliches Verhalten gebraucht wird. Es ist in gewisser Weise sehr befriedigend«, sagt Catherine Dulac.

Ein besseres Verständnis aller neuronalen Schaltkreise, die mit elterlichem Verhalten zu tun haben, könnte vielleicht auch dazu beitragen, psychische Störungen zu behandeln, die im Zusammenhang mit der Mutterschaft auftreten. »Besonders auffallend sind die Aussagen von Frauen mit postpartaler Depression, oft haben sie den zwanghaften Wunsch, ihren Kindern Schaden zuzufügen. Das ist sehr verstörend für die betroffenen Frauen. Die meisten tun ihren Kindern nichts, aber bei manchen psychotischen Frauen kommt es doch vor«, so Dulac.

Infantizid bei Menschen ist pathologisch. Wir gehören zu den 40 Prozent der Säugetiere, die alternative Strategien entwickelt haben, sodass wir dieses brutale Mittel zum Überleben nicht mehr anwenden müssen. Dennoch existieren die Urocortin-Neuronen im Hypothalamus unseres Gehirns weiter. Zwar werden sie nicht mehr benutzt, aber Catherine Dulac glaubt, dass sie sich erhalten haben, weil sie für den Lauf der Evolution so wichtig waren. Falls sich ihre Vermutung über den Zusammenhang zwischen den Urocortin-Neuronen und der postpartalen Depression bewahrheitet, dann, so hofft Dulac, könnten ihre Forschungen dazu beitragen, Medikamente zu entwickeln, mit denen sich derartige Störungen behandeln lassen.

»Wenn Sie Aussagen von Frauen hören, die ihre Kinder getötet haben, dann sagen die oft, dass sie nicht wissen, was sie dazu veranlasst hat, dass sie aber den starken Drang verspürt haben, es zu tun, und dass sie es sich nicht erklären können. So etwas Ähnliches passiert vermutlich im Gehirn einer Maus, wenn sie in großer Gefahr ist und instinktiv beschließt, sich ihrer Jungen zu entledigen.«

Mit ihren Forschungsarbeiten hat Catherine Dulac zum ersten Mal ein komplexes soziales Verhalten im Gehirn eines Säugetiers festgemacht. Die Entdeckung war so bedeutend, dass ihr dafür 2021 der prestigeträchtige Breakthrough Prize in Life Sciences (manchmal auch als »Wissenschaftsoscar« bezeichnet) zugesprochen wurde, woran sich ablesen lässt, wie sehr sich die akademische Wertschätzung für Untersuchungen zur Mutterschaft in den letzten 50 Jahren verändert hat. Die Vorstellung, dass sich mütterliches Verhalten von Individuum zu Individuum unterscheidet, mag heute außer Frage stehen, aber das war nicht immer so. Als die Anthropologin Sarah Blaffer Hrdy in den 1970er-Jahren nach Harvard kam, »wurden Mütter als eindimensionale Automaten betrachtet, die nur dafür da waren, Babys herauszupressen und zu ernähren«[257]. Genau wie man dachte, dass Weibchen bei der Balz und bei der Paarung immer passiv seien.

»Die meisten erwachsenen Weibchen in den meisten Tierpopulationen reproduzieren sich so oft wie möglich und ziehen möglichst viele Junge groß«[258], war in einem der Standard-Lehrbücher zu lesen, als ob eine Mutter wie die andere wäre. Die natürliche Selektion braucht aber Variation, um zu funktionieren, das heißt, im Endeffekt hat man die Mütter von der Evolutionsparty ausgeschlossen, weil sie gar zu langweilig sind.

Mit diesem albernen Vorurteil machte die extrem scharfsinnige Jeanne Altmann kurzen Prozess. Altmann – inzwischen emeritierte Professorin für Verhaltensbiologie der Princeton University – war die erste Wissenschaftlerin, die die evolutionäre Bedeutung von Müttern ernsthaft untersuchte und quantifizierte.

Ich traf Jeanne Altmann auf der Walnussfarm von Sarah Blaffer Hrdy in Nordkalifornien. Die beiden Primatologinnen sind seit Langem Verbündete, obwohl sie, oberflächlich betrachtet, sehr unterschiedliche Typen zu sein scheinen. Verglichen mit dem extrovertierten Auftreten ihrer texanischen Gastgeberin wirkt die zierliche Altmann, eine geradlinige New Yorkerin, die jetzt in ihren Achtzigern ist, ruhig bis reserviert. Und trotzdem sind ihre Ideen nicht weniger radikal. Ihre Geheimwaffe ist der unerschütterliche Glaube an den oberpingeligen Gott der Unparteilichkeit der Daten. Ja, Altmann hat eine Revolution losgetreten – durch rigorose statistische Analysen. Das klingt nicht gerade sexy, aber es war die einzige Möglichkeit, die Aufmerksamkeit von der alles beherrschenden Faszination kampfeslustiger männlicher Primaten abzuziehen.

Jeanne Altmann könnte Mr Spock noch etwas über Logik beibringen. Ihre akademische Karriere begann sie als Mathematikerin an der University of California, Los Angeles (UCLA); sie war eine von drei Frauen in ihrem Kurs und musste die Universität verlassen, weil niemand an ihrem Fachbereich bereit war, Zeit für das Mentoring einer Frau zu opfern. Was die Mathematik verlor, hat die Biologie gewonnen. Als Altmann mit der biologischen Feldarbeit begann, war sie unbelastet vom phallokratischen Ballast der Primatologie und in einzigartiger Weise qualifiziert dafür, die Fallstricke des Beobachterbias [systematische, verzerrende Fehler, die entstehen, wenn Beobachter nicht neutral, sondern voreingenommen interpretieren – Anm. d. Übers.] zu vermeiden, an denen diese Wissenschaft so sehr krankte.

Sie entwickelte eine Methode, um Studienobjekte zufällig auszuwählen, und stellte sicher, dass jedes einzelne Individuum für genau gleich viele Minuten beobachtet wurde, denn statistisch gesehen ist jedes Verhalten gleich wichtig, egal wie »langweilig« es vielleicht aussehen mag. Der wissenschaftliche Artikel, in dem Altmann ihre Methode beschrieb, trug den Titel »Observational Study of Behaviour: Sampling Methods«[259] und kann nur als revolutionär bezeichnet werden, da sich dadurch die biologische Feldforschung insgesamt für immer veränderte, nicht nur die Forschung an Pavianen, sondern die an allen Vertretern des Tierreichs. Seitdem wurde dieser Artikel mehr als 16 000-mal zitiert, und eine Anthropologie-Professorin nannte ihn in einem Interview mit mir »unbeabsichtigt eine der besten feministischen Schriften aller Zeiten«[260], weil Frauen dadurch endlich ebenso viel Aufmerksamkeit eingeräumt wurde wie Männern.

Jeanne Altmanns zweiter kalkulatorischer Geniestreich: Sie wusste, sie würde einen langen Atem brauchen, um über Generationen hinweg Daten derselben Gruppe von Tieren zu sammeln, aus denen sie dann die Verästelungen des Verhaltens über einen großen Zeitraum berechnen konnte. Sie entschied sich für Steppenpaviane.

Zusammen mit ihrem Ehemann Stuart reiste die junge Jeanne Altmann in den 1960er-Jahren ins hügelige Vorland des Kilimandscharo in Kenia, um Ökologie und Sozialverhalten der Steppenpaviane *(Papio cynocephalus)* zu studieren, die am Rand des Amboseli-Nationalparks lebten. Die Horden dieser hochintelligenten Affen bestehen aus bis zu 150 Individuen, die sich überwiegend am Boden aufhalten; Primatologen interessierten sich für sie, weil sie nach Parallelen zu menschlichen Gesellschaften suchten. Mit ihrer bahnbrechenden Studie, die bis zum heutigen Tag fortgesetzt wird, beackerte Altmann völlig neues Terrain, denn sie ließ das Riesenspektakel (um nicht zu sagen Affentheater), das konkurrierende Männchen aufführten und auf das sich der wissenschaftliche Mainstream so sehr fixiert hatte, links liegen und konzentrierte sich stattdessen auf Mutter-Kind-Beziehungen. Das war ein mutiger Karriereschritt. Mütter hatten in den Augen des männlichen zoologischen Establishments nur geringe theoretische Bedeutung, und bei Wissenschaftlerinnen, die mit der aufkommenden feministischen Bewegung liebäugelten, waren sie ebenfalls aus der Mode. Sich wissenschaftlich mit Mutterschaft zu befassen, wurde als Rückschritt betrachtet, das sei, wie Sarah Blaffer Hrdy es in ihrem Buch *Mother Nature* apostrophierte, »die Hauswirtschaft« der Verhaltensforschung.[261]

Altmann reist noch immer nach Amboseli, um nach dem von ihr begründeten Pavian-Projekt zu sehen, obwohl sie die Zügel längst anderen übergeben hat. Mit über 50 Jahren ist es die derzeit am längsten laufende Primatenstudie. Die gesammelten, unvoreingenommen erhobenen Beobachtungsdaten von mehr als 1800 Pavian-Individuen aus fast sieben Generationen haben unser Verständnis nicht nur dieser einen Art, sondern auch das der Mutter-Kind-Beziehungen im Allgemeinen verändert. Jeanne Altmann hat erstmals nachgewiesen, dass Mutterschaft bei Primaten viel mehr ist als ein in jeder Situation gleich ablaufender Reflex, nämlich ein facettenreiches Unterfangen, bei dem es um Leben und Tod geht und für das die Mütter ständig schwierige Kompromisse finden müssen, während sie gleichzeitig einen gefährlichen energetischen Drahtseilakt bewältigen.

Altmanns Forschungen ergaben, dass Pavianmütter gleichsam zwei Berufe parallel ausüben. Sie verbringen 70 Prozent des Tages damit, ihr Überleben zu sichern – herumziehen, Futter sammeln, möglichst selbst nicht gefressen werden –, während sie gleichzeitig ihre Jungen betreuen.[262] Auf der Suche nach kleinen Früchten und Samen legen Paviane jeden Tag mehrere Kilometer zurück. Wenn Pavianweibchen ein Kind zur Welt bringen, gibt es keine Schonzeit. Selbst wenn sie von der Anstrengung erschöpft sind, müssen sie bei der Horde bleiben, auf einem Arm tragen sie ihr Junges, und mit den anderen drei Gliedmaßen versuchen sie, mit den anderen Schritt zu halten. Und wenn sie das Baby nicht richtig halten, kann es nicht trinken und läuft Gefahr, zu dehydrieren und zu sterben.

Das richtig hinzubekommen, ist besonders für Erstgebärende eine echte Herausforderung, erzählt mir Jeanne Altmann, denn oft wissen sie nicht, was es bedeutet, wenn ihr Kind klagt. Der Auslöser für elterliches Verhalten mag zwar im Gehirn verankert sein, doch mütterliches Verhalten entfaltet sich erst nach und nach, gerade Erstgebärende haben viel zu lernen. Manchen fällt es leichter als anderen. Altmann erinnert sich an eine junge Pavianmutter, deren Probleme mit dem Stillen fatale Folgen hatten. »Vees erstes Kind, Vicky, schaffte es am ersten Tag nach der Geburt nicht, an die Brustwarzen der Mutter zu kommen; ihre Mutter trug sie verkehrt herum, mit dem Kopf nach unten, und zog sie den größten Teil des Tages auch noch hinter sich her.«[263]

Zwar begriff Vee innerhalb weniger Tage, wie es richtig geht, doch da war es für Vicky schon zu spät. Die Verletzungen waren so schwer, dass sie innerhalb eines Monats starb. Solche Todesfälle sind nicht ungewöhnlich. Die Sterberaten für Erstgeborene sind bei Primaten bis zu 60 Prozent höher als bei später geborenen Geschwistern.[264]

Selbst für erfahrene Pavianmütter ist der Kindstod eine echte Bedrohung. Wie Altmann feststellte, sterben 30 bis 50 Prozent der Babys im ersten Lebensjahr, wobei Nahrungsmangel die Hauptursache ist. In den staubigen Ebenen des Amboseli-Nationalparks ist Nahrung knapp, und die Umweltbedingungen sind unberechenbar und verzeihen keine Fehler. Eine stillende Mutter muss genug Kalorien für zwei auftreiben, was schlicht unmöglich ist, wenn sie das Kleine herumtragen muss, bis es sechs oder acht Monate alt; bis dahin wird der Hunger immer größer und der Körper immer schwerer. Es kommt zu einem Interessenkonflikt zwischen Mutter und Kind. Damit die Mutter überleben kann, muss ihr Kind anfangen, zu gehen und selbst Futter zu suchen; doch die Kinder wollen lieber getragen werden und versuchen, ihre Mütter psychisch unter Druck zu setzen.[265] Das kann mit fürchterlichen Wutanfällen geschehen, die die von menschlichen Zweijährigen problemlos in den Schatten stellen. Diese emotionalen Ausbrüche dauern an, bis das Junge völlig unabhängig geworden ist, irgendwo zwischen seinem ersten und seinem zweiten Geburtstag.

Den Zeitpunkt zum Abstillen müssen die Mütter mit einer scharf kalkulierten instinktiven Berechnung ihrer Ressourcen festlegen. Wenn das Timing nicht stimmt, kann das den sicheren Tod von Mutter, Kind oder beiden zur Folge haben. Wie alle Mütter, die im Laufe ihres Lebens mehrere Kinder aufziehen, müssen auch Paviane das Investment in ihren derzeitigen Nachwuchs gegen ihr eigenes Überleben und ihre weiteren reproduktiven Fähigkeiten abwägen. Ein Pavianweibchen verbringt im Durchschnitt 75 Prozent seines Lebens mit der Aufzucht von Kindern – etwa sieben an der Zahl, von denen meist nicht mehr als zwei das Erwachsenenalter erreichen.[266] Diese magere Reproduktionsrate macht deutlich, welches Risiko jedes Baby darstellt. Altmann fand heraus, dass Pavianmütter bis an die Grenzen des eigenen Überlebens gehen – wenn sie noch häufiger Kinder hätten, riskierten sie die totale Erschöpfung (englischer Fachbegriff *maternal depletion*) und den Tod.

Und trotzdem sind nicht alle Mütter gleich; das Schicksal eines Pavianweibchens hängt von seinem sozialen Rang ab. Die Männchen fechten die Alpha-Position in ihrer Hierarchie vielleicht untereinander aus, aber die Weibchen haben ihre ganz eigene Kommandostruktur – eine starre weibliche Aristokratie, fast wie im britischen Adel. Der Status ist unveränderlich und wird vererbt – über die mütterliche Linie –, und er ist mit Privilegien garniert. Die Weibchen, die das Glück haben, in die oberen Ränge hineingeboren zu werden, erhalten als Erste Zugang zu Nahrung und Wasserstellen und können die niederen Chargen beiseiteschieben, um in den Genuss von Körperpflege zu kommen; ganz allgemein haben sie die Freiheit, innerhalb der Gruppe zu gehen, wohin sie wollen, und so ziemlich alles zu tun, was ihnen beliebt. Auch anderen Weibchen die Babys zu entreißen oder sie gar zu entführen.

Warum die Paviane das machen, weiß Jeanne Altmann nicht. Es könnte ein unerwünschter Nebeneffekt der angeborenen Attraktivität von Babys sein, die man bei allen Primaten findet. Genau wie bei Menschen wirkt ein Baby auf sie anziehend wie ein Magnet. Alles dreht sich darum, und alle wollen es einmal halten, vor allem die jungen Weibchen, die sich beim Hantieren mit dem zerbrechlichen kleinen Wesen häufig ungeschickt anstellen und schnell das Interesse daran verlieren, was tödliche Folgen haben kann.

»Fast alle Primatenbabys trinken den ganzen Tag über immer ein bisschen«, erklärte mir Altmann. »Wenn eine Entführerin keine Milch hat, schwinden dem Kleinen wegen der Dehydrierung – gerade in einem so trockenen Lebensraum wie dem Amboseli – ganz schnell die Kräfte, dazu kommt dann der Nährstoffmangel.«

Niederrangige Weibchen sind besonders gefährdet. Ihnen fehlt das soziale Ansehen, um sich gegen die Töchter höherrangiger Pavianweibchen durchzusetzen; die können sich einfach ein Baby schnappen und es, wenn ihnen das Spielen damit langweilig geworden ist, irgendwo liegen lassen. Das zu beobachten kann wirklich herzzerreißend sein. »Manche sind unbedarfter als andere«, erzählt Altmann. »Ich erinnere mich an ein niederrangiges Pavianweibchen, das sein erstes Kind hatte und sich geradewegs in die größten Unannehmlichkeiten stürzte. Es versuchte, ihr Junges weiter zu stillen, während andere es inspizierten. Da möchte man einfach nur rufen: ›Nein, nein, sie werden dir dein Kind wegnehmen.‹«

Die Töchter des Pavian-Adels kommen in den Genuss der sozialen Beziehungen ihrer Mütter, was sich als Riesengeschenk erweist. Dieses Gefälligkeitsnetzwerk bietet Schutz vor Gefahren wie dem Kidnapping durch Weibchen oder dem Infantizid durch Männchen oder auch vor der Aggression konkurrierender anderer Paviane. Hochrangige, gut vernetzte Jungtiere werden eher geduldet, wenn sie in der Nähe von anderen Erwachsenen fressen. Dieses Unterstützersystem bedeutet auch, dass die Mütter für ihre Kinder nicht das Ein und Alles sein müssen, was besonders für Erstgebärende auf ihrer harten Lernkurve für junge Mütter hilfreich ist. Wie Jeanne Altmann herausfand, haben Töchter, die unter hochrangigen Verwandten aufwachsen, früher selbst Kinder, die zudem bessere Überlebenschancen besitzen, was ihnen – verglichen mit niederrangigen Müttern – einen lebenslangen Reproduktionsvorteil verschafft.

Die sozialen Privilegien (oder deren Fehlen) haben dramatische Auswirkungen auf die Art, wie ein Pavianweibchen seine Mutterschaft ausübt. Hochrangige Mütter gehen diesen Job eher locker an. Sie lassen ihre Kinder überall herumstreifen und legen, wenn es ans Abstillen geht, schon früh liebevolle Strenge an den Tag. Dieser Laissez-faire-Ansatz führt dazu, dass die Jungtiere selbstständig und sozial integriert sind, was ihnen im Erwachsenenalter bessere Überlebenschancen bietet.[267]

»Ziel erfolgreicher elterlicher Fürsorge ist es, dass die Kinder unabhängig werden«, sagte Altmann zu mir. »Eine Mutter, die nicht übermäßig behütend ist, hat Kinder, die die soziale Welt um sie herum sicher, aber unabhängig erkunden und entwickeln.«

Niederrangige Weibchen werden von so gut wie allen anderen gemobbt. Ihnen fehlt das soziale Ansehen, um sich selbst und ihre Babys zu schützen, und das kompensieren sie, wie Altmann schreibt, mit »restriktiver« Erziehung: Ihre Kinder dürfen sich nicht weiter als auf Armeslänge von ihnen entfernen. Dieses restriktive mütterliche Verhalten sorgt vermutlich zunächst für eine bessere Überlebensrate, da die Babys in den ersten Wochen besser davor geschützt sind, Fressfeinden und Erkrankungen zum Opfer zu fallen. Doch diese Jungen werden langsamer unabhängig und fordern ihren Müttern mehr von deren knappen Ressourcen ab, was diese an den Rand des energetischen Existenzminimums und dem Tod näher bringt.

Angesichts des stressigen Dauerzustands potenzieller Bedrohungen leben niederrangige Mütter in einem ständigen Alarmzustand. Sie müssen zusehen, wie ihr Nachwuchs von gefährlichen Gruppenmitgliedern angegangen wird, und können nichts daran ändern. Sobald ihre angeborene Alarmanlage anspringt, wächst ihre Angst angesichts der sozialen Ungleichheit ins Unermessliche. Der Stress, der sich über mit dem Kot ausgeschiedene Hormone nachweisen lässt, vermindert vermutlich die Immunantwort und macht solche Mütter anfälliger für Krankheiten.[268] Er kann sich aber auch in Depression oder sogar Kindesmisshandlung äußern. Menschen sind nicht die einzigen Primaten, bei denen postpartale Depression vorkommt. Bei Anubispavianen hat man beobachtet, dass niederrangige

Weibchen in der Zeit nach der Geburt häufiger ihre Kinder misshandeln.[269] Und in wilden Makaken-Populationen beißen fünf bis zehn Prozent der Mütter ihre Jungen oder werfen sie heftig zu Boden.[270] Einige sterben dadurch, diejenigen, die es überleben, tragen psychische Schäden davon; sie misshandeln ihre eigenen Kinder mit einer höheren Wahrscheinlichkeit[271] und sorgen so dafür, dass sich missbräuchliches Verhalten durch die Generationen fortsetzt.

Obwohl es vielleicht den Anschein hat, als seien niederrangige Paviane von Geburt an dazu verdammt, das elende Dasein ihrer Mütter fortzusetzen – sozusagen mit dem denkbar schlechtesten Blatt auf der Hand ins Pokerspiel des Lebens einzusteigen –, gibt es doch immer Wege, dem System ein Schnippchen zu schlagen und der nächsten Generation zu einer besseren Überlebenschance zu verhelfen. Das Team um Jeanne Altmann entdeckte, dass die unterprivilegierten Jungtiere, wenn es ihnen gelingt, strategische Freundschaften mit anderen männlichen oder weiblichen Pavianen zu schließen, die dringend notwendige Unterstützung erhalten können,[272] die sie für den grausamen Darwin'schen Überlebenskampf brauchen.

»Wir haben nachgewiesen, dass Weibchen, die Freundschaften pflegen, länger leben und dass ihre Kinder bessere Überlebenschancen haben«, verriet mir Altmann am Telefon.

Unter Pavianen wird Freundschaft in Grooming »bezahlt«, der gegenseitigen Fellpflege; die setzt Endorphine frei und hilft, das Stresslevel auf Normalniveau abzusenken. Solange ein Pavian Zeit, Energie und Motivation besitzt, Freundschaften einzugehen und aufrechtzuerhalten, bieten diese ein Unterstützungsnetzwerk, das genauso wertvoll ist wie eine Familie. Nichtsdestoweniger gilt »weniger ist mehr«, was zählt, ist die Stärke der Bindung, nicht die Zahl der Freunde. Die Fähigkeit, starke und dauerhafte soziale Bindungen zu schmieden, kann mit Blick auf die Fortpflanzung sogar vorteilhafter sein als ein hoher Rang.[273]

»Freunde zu haben, kann einen Unterschied machen – bei Aggressionen, als Auge und Ohr, wenn sich Ärger anbahnt, sie lassen dich in ihrer Nähe fressen oder geben von der Nahrung, die sie gefunden haben, etwas an dich ab. Alles, was man unter Menschen von Freunden erwarten würde, gibt es auch bei Pavianen«, erklärte Altmann.

Mütterliche Kontrolle

Pavianmütter verfügen über eine weitere Strategie, um das Schicksal auszutricksen: Sie können das Geschlecht ihres Nachwuchses unbewusst manipulieren. Jeanne Altmann entdeckte durch ihre Amboseli-Studie, dass niederrangige Weibchen mehr Söhne als Töchter haben.[274] Das gereicht ihnen zum Vorteil. Der Status eines Weibchens wird über die mütterliche Linie weitergegeben und ist unveränderlich, das heißt Töchter niederrangiger Mütter bleiben wegen deren miserablem Status ihr ganzes Leben lang benachteiligt. Männliche Paviane dagegen fechten ihre Hierarchie mit Rangkämpfen aus, das heißt, ihr Status ist veränderlich. Und außerdem kann ein Sohn, dem es gelingt, nach den Reproduktionssternen zu greifen und bei einer höheren Tochter aus einer erfolgreicheren mütterlichen Linie zu landen, seinem Nachwuchs eine Fahrkarte in die Zukunft sichern. Sein genetisches Erbe kann auf diese Weise dem Unterschichten-Fegefeuer entgehen. Für eine Mutter von niederem Status ist es also sinnvoll, Söhne zu gebären, die eine Chance haben, den Beschränkungen der matrilinearen Cousinenwirtschaft zu entfliehen, statt Töchter, die darin gefangen bleiben.

Umgekehrt haben hochrangige Pavianfrauen mehr Töchter als Söhne. Da ihre Privilegien gesichert sind, ist die Geburt einer Tochter ein weniger riskantes Unterfangen, und die Töchter haben – wie Altmann beobachtete – eine höhere Überlebenswahrscheinlichkeit als die Söhne hochrangiger Weibchen.

Als Altmann über die Geschlechtertrickserei der weiblichen Paviane berichtete, wollten viele Leute kaum glauben, dass es so viel mütterliche Berechnung geben könnte. Aber quer durchs Tierreich üben Mütter sehr viel mehr Kontrolle aus, als man denkt – dabei ist die Manipulation des Geschlechts nur eine der Maschen, mit denen Mütter von Feigenwespen bis Kakapos* arbeiten. Diese Art der unbewussten und dennoch biologisch kalkulierten Bevorzugung endet nicht bei der Geburt. Vogelmütter können den Hormon- und Nährstoffgehalt jedes einzelnen Eis so steuern, dass bestimmte Geschwister einen Vorteil gegenüber anderen haben. Säugetiermütter können ihre Milch so »zurechtschneidern«, dass sie den jeweiligen Bedürfnissen ihrer Nachkommen entsprechen. Männliche Makaken zum Beispiel erhalten für kurze Zeit nährstoffreichere, dickere Milch, während die Weibchen dünnere Milch bekommen, aber länger

* Auf die Idee, dass Kakapos das Geschlecht ihres Nachwuchses je nach den herrschenden Umweltbedingungen regulieren, kam man erst, als der Versuch, ihre Art zu erhalten, beinahe gescheitert wäre. Der Bestand dieser merkwürdigen flugunfähigen neuseeländischen Papageien war schon seit Jahren stark gefährdet: 1995 gab es gerade noch einmal 51 Individuen. Wissenschaftler:innen waren so besorgt, dass sie sie einsammelten und auf nahe gelegene Inseln verfrachteten, auf denen es keine Fressfeinde wie Ratten und verwilderte Katzen gab, die für sie die größte Bedrohung darstellen. Doch selbst in diesen geschützten Räumen und mit regelmäßigen Futtergaben erholten sich die Bestände kaum, im Jahr 2001 waren es 86 Individuen. Was war der Grund dafür?

Es stellte sich heraus, dass sich der Geschlechterproporz in der Kakapo-Population in Richtung der Männchen verschoben hatte; eine Population wächst aber nur, wenn es mehr Weibchen gibt. Wenn die Ressourcen knapp sind, produzieren Mütter weibliche Nachkommen; denn die sind kleiner, verbrauchen weniger Ressourcen und können sich immer fortpflanzen. Sind jedoch reichlich Ressourcen vorhanden, produzieren die Mütter männliche Nachkommen, obwohl die einen höheren Aufwand erfordern, aber große, gesunde Männchen setzen sich in der Konkurrenz gegen andere Männchen durch und sorgen für mehr Enkelkinder. Weil die Wissenschaftler:innen die Population immer mit großen Mengen Futter versorgt hatten, produzierten die meisten Weibchen männlichen Nachwuchs. José Tella entdeckte das 2001, danach wurde die Futtermenge für die Population neu berechnet, sodass nun ein Geschlechterverhältnis von 50:50 gesichert ist. (Tella, J.L. (2001), »Sex Ratio Theory in Conservation Biology«, in *Ecology and Evolution* (2001), S. 76–77.)

gesäugt werden. Die nährstoffreiche Milch lässt die Söhne schneller groß und stark werden und verleiht ihnen vermutlich den Wettbewerbsvorteil, den sie als Erwachsene brauchen.[275]

Was genau die Pavianmütter, seien sie nun hoch- oder niederrangig, tun, um das »richtige« Geschlecht aus dem Kartenstapel zu ziehen, wissen wir noch nicht. Doch bei anderen das Geschlecht manipulierenden Säugetieren, wie der Biberratte (Nutria) oder dem Rothirsch, kennen wir die Methode: der strategische Abbruch der Schwangerschaft (Abort).[276]

Die Vorstellung, dass Weibchen auf derart brutale Weise über ihr reproduktives Schicksal bestimmen, mag der Kampfbrigade der Pro-Life-Bewegung widerstreben, allein die unbequeme Wahrheit lautet: Die Natur lässt ihnen eindeutig die Wahl. Der Abbruch – in jedem Stadium der Schwangerschaft – ist eine unbewusste Anpassungsstrategie für viele Tiermütter, die mit ungünstigen Situationen konfrontiert werden, Situationen, die sie selbst oder ihren Nachwuchs in Gefahr bringen könnten. Sogar Pandas tun es. Ich verbrachte einen Sommer im Zoo von Edinburgh, wo ich die viel gepriesene Tian Tian filmen wollte, deren baldige Niederkunft erwartet wurde, nur um in quasi letzter Minute vom Pressesprecher des Zoos darüber informiert zu werden, dass die Pandabärin – unbeeindruckt von den auf sie gerichteten Blicken der Weltöffentlichkeit oder den erhofften Einschaltquoten – die Frechheit besessen hatte, »den Fötus zu absorbieren«. Für Bären ist diese Lösung keineswegs ungewöhnlich und sogar ziemlich clever, um eine Mutterschaft unter stressigen Bedingungen zu vermeiden (mit dem weiteren Plus, dass ihrem Jungen in diesem Fall ein Leben hinter Gittern erspart blieb).

In freier Wildbahn lebende Weibchen des Dschelada oder Blutbrust-Pavians brechen ihre Schwangerschaft ab, sobald ein neues Männchen die Gruppe übernimmt. Von außen kommende Männchen töten in der Regel alle Babys, die nicht von ihnen gezeugt wurden, darum verhindert eine Mutter mit dem

Schwangerschaftsabbruch diesen fast sicheren Kindsmord und die Ver(sch)wendung weiterer reproduktiver Energie auf etwas, das absehbar tödlich enden wird. Das Phänomen wird auch als »Bruce-Effekt« bezeichnet, nach Hilda Bruce, die es vor mehr als einem halben Jahrhundert zuerst bei Mäusen beschrieben hat. Dieser besondere Auslöser für einen Schwangerschaftsabbruch wurde seitdem bei allen möglichen wilden Säugetieren von Löwen bis zu Languren beobachtet.[277]

Ziel und Zweck von Mutterschaft ist es nicht, einfach alle gezeugten Kinder großzuziehen, nein, ein Weibchen muss seine begrenzte Energie investieren, um möglichst viele Nachkommen zu haben, die ihrerseits lange genug leben, um sich fortzupflanzen. An diesem Vorgehen ist rein gar nichts selbstlos, es ist absolut selbstsüchtig. Eine »gute« Mutter weiß instinktiv, wann sie sich für ihren Nachwuchs verkämpfen und wann sie ihn aufgeben muss, was unter Umständen auch erst nach der Geburt der Fall sein kann.

In der Ödnis des australischen Outbacks haben weibliche Kängurus eine geniale Methode entwickelt, angesichts äußerst schwieriger Umweltbedingungen stets mehrere Asse im Ärmel zu haben: Sie verfügen über eine Art reproduktive Fließbandfertigung, die es ihnen ermöglicht, gleichzeitig Nachwuchs in drei verschiedenen Stadien zu haben: ein Junges, das noch gesäugt wird, aber schon ziemlich selbstständig ist, nur noch wenig Zeit im Beutel verbringt und ansonsten neben seiner Mutter her springt; einen rosafarbenen fötusähnlichen Winzling, der sich an einer Zitze im Beutel festgesaugt hat, sowie ein zwar befruchteter, aber ruhender Zellhaufen (Fachbegriff: Blastozyste), der in der Gebärmutterschleimhaut auf das Signal zur Fortsetzung der Embryonalentwicklung wartet. Wird eine Kängurumutter von einem Fressfeind verfolgt, kann sie das größere Junge aus dem Beutel werfen und so, weil sie dann leichter ist, besser entkommen. Da das Junge seiner Mutter nicht schnell genug zu folgen vermag, stirbt es ohne ihre Milch und ohne ihren Schutz. Das mag sich für Menschen zwar herzzerreißend anhören, für Kängurus bedeutet es aber keine schmerzhafte, bewusste Entscheidung: Die natürliche Selektion hat sie ja bereits mit einem funktionierenden Plan B ausgestattet. Sobald an der Zitze nicht mehr gesaugt wird, erhält der Embryo im Wartestand ein Signal, aus seiner Keimruhe aufzuwachen;[278] er wird das verlorene ältere Jungtier schon bald ersetzen.

Wie sich herausstellt, ist Mutterschaft alles andere als evolutionär unbedeutend, es handelt sich vielmehr um ein hochriskantes Glücksspiel, bei dem es viel zu gewinnen gibt, bei dem man aber auch viel – zum Beispiel sein Leben – verlieren kann, je nachdem wie geschickt man seine Karten ausspielt. Aus evolutionärer Sicht wird männliche Dominanz vor allem im Kampf geregelt. Sicher, so erhält man große Gewinner und Verlierer, wenn es darum geht, wie viele Weibchen ein einzelnes Männchen befruchten kann. Der Einfluss einer Säugetiermutter ist jedoch mehrere Generationen lang spürbar und reicht weit über die gerade einmal 50 Prozent Beteiligung an den Genen hinaus. Jeanne Altmann und ihr Team zeigten, dass der soziale Rang einer Mutter die Genexpression ihrer Kinder ebenso beeinflusst wie deren soziale Entwicklung. Das ist ein enormer Einfluss. Mutterschaft stellt – energetisch gesehen – eine große Herausforderung dar, andererseits bietet der hohe Preis den Säugetierweibchen weit mehr Steuerungsmöglichkeiten als den Männchen, wenn es darum geht, das wertvolle genetische Investment auszugestalten. Aus diesem anderen Blickwinkel betrachtet, sind Mütter nicht nur nicht irrelevant, sondern haben sogar größeren Einfluss auf die Evolution als Väter. Und, wie Jeanne Altmann meint, auch mehr Macht.

»Bei Säugetieren bleibt das Weibchen bei seinem Jungen, und das Junge bleibt bei seiner Mutter; traditionell wurde das als große Einschränkung betrachtet«, erklärt Altmann. »Die Leute haben immer nur die Einschränkung gesehen, aber das ist nur eine Seite der Medaille. Es führt auch zu einer Asymmetrie der Machtverhältnisse in dem Sinn, wer die nächste Generation beeinflusst. Meiner Meinung nach wird dem immer noch nicht genug Aufmerksamkeit geschenkt.«

Generation um Generation konkurrieren Primatenweibchen geräuschlos um Anteile, die dauerhafter sind als die aus den wenigen Kopulationen, um die Männchen lautstarke Auseinandersetzungen führen. Die mütterliche Einflussnahme kann sogar so weit gehen, dass dadurch die Ergebnisse der bestens dokumentierten sexuellen Wettbewerbe und Eroberungsversuche von Männchen in bisher ungeahnter Weise manipuliert werden. Neuere Forschungsergebnisse zeigen, dass hochrangige Bonobomütter zugunsten ihrer Söhne in den Reproduktionspoker eingreifen, indem sie ihren eigenen Status für deren sexuelle Karriere einsetzen und damit die Wahrscheinlichkeit, dass sie Väter werden, verdreifachen.[279]

Die wissenschaftlichen Arbeiten von Jeanne Altmann und Sarah Blaffer Hrdy haben solchen Enthüllungen den Weg geebnet. Sie schafften es, Primatenmütter von »hart arbeitenden Konstanten«[280] zu Mitspielerinnen auf Augenhöhe mit den Männchen im Evolutionsspiel zu befördern. Ihre Vision der »guten« Mutter stellte eine Herausforderung für das Bild einer naturgegebenen Heiligen dar und ersetzte es durch eine authentische, komplexe Frauengestalt, die ehrgeizig, berechnend und selbstsüchtig ist und über ihre Sexualität selbst bestimmt.

Der starke Drang zum Nähren und Schützen bleibt dennoch ein wesentlicher Bestandteil der mütterlichen Gemütslage. Zweifellos existiert die transformative Kraft der Mutterschaft, der es gelingt, zwischen zwei natürlicherweise selbstsüchtigen Fremden eine tiefe und starke Beziehung herzustellen. Die mystische Mutter-Kind-Bindung gibt es tatsächlich, wenn auch nicht so allgegenwärtig oder augenblicklich einsetzend, wie Darwin uns glauben machen wollte. Bei einer Reise zu einem unbewohnten, vor Schottlands Ostküste gelegenen Inselchen entdeckte ich die machtvolle, aber auch fragile hormonelle Grundlage, auf der diese ikonische Beziehung aufbaut.

Von Angst bis Mutterschaft

Morgendämmerung auf der Isle of May. Ich fühlte mich wie in einem Zombie-Film. Die aufgehende Sonne hatte den Himmel in sattes Blutrot getaucht, meine kühle Umgebung aber noch nicht erhellt. Trotzdem wusste ich, dass ich nicht allein war. Der schneidende Wind wurde von einer Kakofonie aus unheimlichem Heulen, bedrohlichem Gurgeln und rotzigem Schnauben begleitet. Im schwachen Morgenlicht konnte ich große Schatten erkennen – über zwei Meter lang –, die überall um mich herumlagen. Man hatte mich gewarnt, Abstand zu halten. Wenn ich zu dicht heranginge, würden sie als erste Warnung einen Klumpen nach Fisch stinkenden Schleims in meine Richtung spucken (dass das nicht gelogen war, konnte man an dem schimmernden felsigen Untergrund zu meinen Füßen sehen, dessen schlüpfrige Oberfläche ihre eigenen Gefahren barg). Die zweite Verteidigungslinie wäre vermutlich tödlicher: ein Biss, und ich wäre meinen Arm los.

Als die Sonne weiter das Firmament emporstieg, wurden die Monster enttarnt: Es waren Hunderte grau-samtene Kegelrobbenmütter mit seelenvollen dunklen Augen und ihre unfassbar niedlichen, flauschigen schneeweißen Jungen. Jedes Jahr im November verwandelt sich die Isle of May für drei kriegerische Wochen in eine Geburtsstation für etwa 4000 Kegelrobben (*Halichoerus grypus*). Es ist ein einziger Aufruhr aggressiver Mutterliebe.

Kegelrobben verbringen fast ihr ganzes Leben als einzelgängerische Jäger im Meer, doch einmal im Jahr müssen sich diese antisozialen Tiere aus dem Wasser hieven, um zwischen lauter

Fremden ein Junges zur Welt zu bringen und aufzuziehen. Dieser Flecken aus sturmumtosten Felsen beherbergt die größte Kolonie mit Jungenaufzucht an der schottischen Ostküste; eine gerade einmal 1,5 Kilometer lange und 500 Meter breite Gebärstation, mehr als voll belegt mit kampfeslustigen Müttern.

»Die Leute denken, Kegelrobben seien niedlich«, erzählte mir Kelly Robinson, »aber als Forscherin lernst du, dem bissigen Ende besser nicht zu nahe zu kommen.«

Als ich Kelly Robinson im Jahr 2017 traf, gehörte sie zu einem Forschungsteam der University von St. Andrews, das aus etwa 20 Zoologinnen und Zoologen bestand und als Teil der Sea Mammal Research Unit (etwa: Abteilung für die Erforschung von Meeressäugern) auf die Isle of May gekommen war. Die Langzeitstudie, die diese Gruppe durchführt, dokumentiert das raue Schauspiel der Kegelrobben-Kinderstube seit Jahrzehnten, denn es bietet die einzigartige Gelegenheit, mütterliches Verhalten bei einem großen Säugetier aus relativer Nähe zu beobachten.[281]

Die Arbeit ist nicht ganz ungefährlich. Robben sind überraschend schnell für Tiere, die ihre Beine gegen biegsame Flossen eingetauscht haben. Sie haben scharfe Zähne, wie es sich für Spitzenprädatoren gehört, kräftige Kiefer und ein Maul voll schädlicher Bakterien. Während des Essens an meinem ersten Abend auf der Feldstation verwöhnten mich Kelly Robinson und der Rest des Teams mit Horrorstorys von einer potenziell tödlichen Infektionskrankheit, die man sich durch den Kontakt mit Körperflüssigkeiten von Robben zuziehen kann und die den geheimnisvollen Namen »Robbenfinger« trägt.

»Man sagt, es sei besser, sich die Hand abzuhacken als einen ›Robbenfinger‹ zu riskieren«, warnte mich Robinson. Der Legende nach kann sich die Infektion über die Blutgefäße so schnell ausbreiten, dass die Amputation die einzig sinnvolle Option ist. Früher war sie die Geißel der Robbenjäger, heute ist sie der größte Horror der Robbenforscher. Allerdings sollten auch Touristen auf der Hut sein. Robinson erzählte mir von einem medizinischen Fachartikel, in dem ein Fall von »Robbenhintern« dokumentiert wurde, den sich ein älterer Mann während einer Antarktis-Kreuzfahrt zugezogen hatte, als er sich vor einem Antarktischen Seebären zurückziehen wollte und dieser ihn in die rechte Backe biss.[282] »Robben sind groß und verstehen keinen Spaß, als Touri-Spielzeug sind sie ungeeignet«, schloss Kelly Robinson.

Sie selbst ist sehr gut darin geworden, das bissige Ende von Kegelrobben zu meiden, denn zu ihrer Forschungsarbeit gehört das gelegentliche Nehmen von Blutproben, um die Hormone hinter der Mutter-Kind-Beziehung zu untersuchen. Ein wahrer Hormonreigen fördert das Mutterwerden, doch eines davon überragt alle anderen als mächtige Triebkraft für die Erfahrung des Mutterseins: Oxytocin.

Sie haben vermutlich schon einmal von Oxytocin gehört. In Anbetracht seiner geradezu magnetischen Bindungskraft hat das berühmte Wohlfühl-Neuropeptid als »Liebes«- oder »Schmuse«-Hormon einen beträchtlichen Bekanntheitsgrad erlangt. Zusammen mit dem stimmungsverändernden Dopamin-Belohnungssystem sorgt es für die Entstehung süchtig machender, warmer wolkiger Gefühle in einer ganzen Reihe von Beziehungen, nicht nur der von Mutter und Kind.

Das angenehme Gefühl, das sich beim Sex einstellt, geht auf Oxytocin zurück, es lässt Sie eine Bindung zu Ihrem Sexualpartner aufbauen, selbst wenn es gar nicht der oder die Richtige ist. Oxytocin ist der Kleber, der die ungewöhnlich monogamen Präriewühlmäuse ihr ganzes Leben lang treulich zusammenhält. Wenn Schimpansen gegenseitig Fellpflege betreiben, schütten sie Oxytocin aus, was Freundschaften und Allianzen festigt.[283] Es wird sogar ausgeschüttet, wenn ich meinen Hund streichle.[284]

Oxytocin ist das MDMA [3,4-Methylendioxy-N-methylamphetamin, besser bekannt als Ecstasy – Anm. d. Übers.] der Hormonwelt, aber lassen Sie sich nicht von dem Wohlfühl-Etikett täuschen, dieses komplexe Neuropeptid ist sehr viel mehr als ein Behaglichkeitselixier.

»Oxytocin spielt für die physiologischen Vorgänge beim Mutterwerden eine wesentliche Rolle«, erklärte Kelly Robinson. Es veranlasst glatte Muskulatur sich zusammenzuziehen, was bei Säugetieren zum Beispiel die Gebärmutter anregt, das Kind herauszupressen – daher sein aus dem Griechischen abgeleiteter Name, der »schnelle Geburt« bedeutet –, und die Brustwarzen Milch abgeben lässt. Die Wehen werden von Oxytocin in der Blutbahn angeregt, doch die Dehnung von Gebärmutterhals und Scheide während der Geburt löst ihrerseits selbst wieder eine regelrechte Oxytocinflut im Gehirn aus. Der daraus entstehende Cocktail aus natürlichen Opiaten sorgt dafür, dass die Mutter darauf vorbereitet wird, mit ihrem Neugeborenen eine Bindung einzugehen, sobald es auf der Welt ist. Durch das Saugen an ihrer Brust wird ihr Gehirn mit noch mehr Oxytocin geflutet, sodass sie praktisch gar nicht anders kann, als sich um ihr Kind zu kümmern.

»Oxytocin beeinflusst das Verhalten, aber es beeinflusst auch all die anderen physiologischen Vorgänge, und zum Mutterwerden gehören beide Seiten der Medaille«, erklärte mir Robinson. »In dieser Verbindung liegt für mich der Schlüssel, sie ist deshalb so interessant, weil sie klar und deutlich zeigt, dass nichts in der Evolution isoliert entsteht.«

Durch die Oxytocinflut wird das Gehirn der Mutter neu verdrahtet, sodass es auf Laute, Geruch und Anblick des Nachwuchses reagiert. Offenbar verstärkt sie die Bedeutung sozialer Information, indem sie Gehirnregionen, die soziale Information verarbeiten (wie Gesichter, Laute oder Gerüche), mit denen des Dopamin-Belohnungssystems verknüpft.[285] Wenn das eigene Kind also zum hundertsten Mal schreit, wird eine Mutter durch die Ausschüttung von noch mehr natürlichen Opiaten dazu motiviert, darauf zu reagieren.

»Wir denken, dass das mütterliche Oxytocin eines der wenigen Hormone ist, das einer positiven Verstärkung unterliegt. Je mehr Oxytocin eine Mutter durch, sagen wir, die Abgabe von Milch freisetzt, desto mehr wird dadurch die Oxytocin-Freisetzung ausgelöst«, so Robinson.

Laktierende Mütter sind voll bis zum Anschlag mit diesem Stoff, der auch das heroische Niveau ihrer Selbstaufopferung erklären könnte. Die Furchtlosigkeit von Müttern, wenn es darum geht, ihre Jungen zu verteidigen, ist Legende, nicht umsonst heißt es: »Komm nie zwischen eine Bärin und ihre Jungen.« Die erhöhte Angriffslust ist einzigartig bei stillenden Müttern, und das angebliche Kuschelhormon wirkt bei ihrer Verwandlung von Mrs Jekyll zu Mrs Hyde mit. Vermutlich mindert Oxytocin Angst und Furcht, was einer Mutter hilft, mit dem Stress der Mutterschaft umzugehen, und sie darauf vorbereitet, ihren Nachwuchs mutig gegen jede mögliche Gefahr zu verteidigen.[286]

Eine starke mütterliche Bindung ist für Kegelrobben unerlässlich, da deren Junge in der Ernährung völlig von ihren Müttern abhängig sind. Von allen Säugetieren haben Hundsrobben die kürzeste Laktationsperiode und die fetteste Milch. Die Jungen der Kegelrobben werden nur 18 Tage lang gesäugt, mit einer Milch, deren Fettgehalt bei 60 Prozent liegt. In dieser Zeit kann die Mutter nicht ins Meer, um für sich selbst Nahrung zu suchen, und verliert bis zu 40 Prozent ihres Körpergewichts.[287] Die Jungen verdreifachen derweil ihr Körpergewicht.

»Aus den winzigen, mageren Babys werden massige, kugelrunde Fettklöße«, erzählt Robinson. »Ich habe entwöhnte Jungtiere gesehen, die ungebremst einen Hügel hinuntergekullert sind, weil ihre Flossen nicht bis zum Boden reichten.«

Nach dem Entwöhnen bleiben die Jungtiere noch bis zu einem Monat auf der Insel, ehe sie sich ins Meer wagen. Kein Wunder. Dieser Übergang ist die gefährlichste Lebensphase für sie, und die meisten von ihnen sterben in dieser Zeit. Die jungen Robben müssen jetzt lernen, zu jagen und für sich selbst zu sorgen. Die fettesten Jungtiere haben die besten Überlebenschancen, es ist also extrem wichtig, dass ihre Mütter immer in ihrer Nähe waren und sie in der kurzen Laktationszeit gut ernährt haben.

Nicht aus allen Robbenbabys werden rollende Fettklöße. Während meines Aufenthalts sah ich zumindest ein totes Jungtier – wie eine verlorene, platt gedrückte weiße Socke –, wahrscheinlich weil es von seiner Mutter verlassen wurde. Auf der Isle of May gibt es mehr lieblose Mütter als anderswo. Tod durch Verhungern, als Folge langer Abwesenheit der Mutter, macht etwa 50 Prozent der Robben-Kindersterblichkeit auf der Insel aus.

»Ich habe Mütter gesehen, die ihr Baby zur Welt brachten und es buchstäblich in dem Augenblick verließen, als es aus ihrem Körper draußen war. Das Junge versucht, mit seiner Mutter zu interagieren, aber die tut so, als merke sie es nicht und dreht sich auf die andere Seite«, sagte Robinson. »Alles, was eine Kegelrobbenmutter für ihr Junges tun muss, findet in dieser kurzen Zeit von 18 Tagen statt, darum sollte es eigentlich einen hohen Selektionsdruck für bestmögliche mütterliche Fürsorge geben. Also, was geht hier vor?«

Wie Kelly Robinson herausfand, stellen die Oxytocinlevel bei wild lebenden Kegelrobben ein verlässliches Maß für die Vorhersage mütterlichen Verhaltens dar. Mütter mit hohen Leveln verbrachten mehr Zeit mit ihren Jungen und entwickelten eine starke Bindung. Niedrige Oxytocinlevel legen eine schwächere Bindung nahe, und in Robinsons Studie verließ das Weibchen mit dem niedrigsten Oxytocinspiegel sein Junges am vierten Tag nach der Geburt. Sein Oxytocinspiegel war so niedrig wie der von Weibchen, die keine Jungen führen.[288] In anderen Jahren hatte dasselbe Weibchen seine Jungen erfolgreich bis zum Entwöhnen gesäugt. Was war geschehen, dass es in diesem Jahr nicht an die früheren Erfolge als Mutter anknüpfen konnte?

Offenbar gibt es für Säugetiere ein kritisches Zeitfenster, in dem sie ihr Junges am Geruch erkennen, wenige Stunden nach der Geburt, in denen der Riechkolben im Gehirn eine erhöhte Empfindlichkeit besitzt und die Mutter-Kind-Bindung zementiert wird. Wird die Mutter in dieser kritischen Phase abgelenkt, etwa weil sie eine Möwe, die sich über die Nachgeburt hermachen will, vertreibt, dann kann der Oxytocinlevel auf dem Niveau eines Weibchen bleiben, das kein Junges führt.[289]

»Wenn sie dieses Fenster für die Bindung aus irgendeinem Grund verpassen, kann es erst wieder bei einer erneuten Geburt geöffnet werden oder durch eine massive Dosis künstliches Oxytocin, das direkt ins Hirn injiziert wird. So kommt es zu den Zurückweisungen«, erklärt Robinson.

Ihre Studie ist die erste, die die Oxytocinspiegel bei Jungtieren und ihren Müttern parallel untersuchte, und die erste, die Hinweise auf doppelte Feedbackschleifen in den miteinander verbundenen Individuen fand. Durch das Fürsorgeverhalten findet nicht nur eine positive Verstärkung der Hormonproduktion bei der Mutter statt, beim Jungtier steigt der Oxytocinspiegel in ähnlicher Weise, wenn es Fürsorge erhält. Die enge Beziehung hält das Level des jeweils anderen hoch, was dazu führt, dass Robbenmütter mit hohen Oxytocinspiegeln Junge mit hohen Oxytocinspiegeln haben. Für die Gesundheit und das Überleben der Jungen hat das dramatische Konsequenzen. Kelly Robinson entdeckte, dass die fettesten Jungtiere aus Mutter-Kind-Partnerschaften mit hohen Oxytocinspiegeln stammten, aber ohne dass die Mutter mehr Kalorien aufwenden musste (was bedeutet, dass es nicht daran liegen kann, dass diese Jungen mehr Milch trinken).[290]

»Wenn ein Jungtier einen hohen Oxytocinspiegel hat, sollte es motiviert sein, immer möglichst nah bei seiner Mutter zu bleiben, und das könnte heißen, dass es weniger Energie dafür verbraucht, durch die Robbenkolonie zu streifen und sich vielleicht in schwierige Situationen zu bringen.«

Robinson glaubt, dass das Oxytocin nicht nur das Verhalten des Jungtiers steuert, sondern möglicherweise auch Einfluss darauf hat, wie sich das Fettgewebe des Kleinen entwickelt, und außerdem für die Regulierung von Appetit und Energiehaushalt eine Rolle spielt. Egal auf welche Weise die Gewichtszunahme nun genau funktioniert, klar ist jedenfalls, dass Jungtiere mit hohen Oxytocinspiegeln eine bessere Überlebenschance haben.

Möglicherweise werden sie sogar später selbst bessere Mütter. Genau wie Oxytocin das mütterliche Gehirn so umorganisiert, dass es für Babys empfänglicher wird, gestaltet es die Genexpression und die Entwicklung des Nervensystems beim Nachwuchs, wie Forschungsergebnisse nahelegen. Aus Untersuchungen an Ratten gibt es Hinweise, dass die Oxytocinlevel, die Jungtiere in der Säugezeit erfahren, Einfluss darauf haben, wie sie selbst als Mütter mit ihren Kindern umgehen. Ratten mit achtsamen Müttern werden später selbst achtsame Mütter.[291] Unterschiede in der Art der Fürsorge können sich auch auf andere soziale Bindungen im späteren Leben auswirken. Ein Mangel an mütterlicher Fürsorge wirkt sich bei jungen Präriewühlmäusen auf die Dichte und die Expression der Oxytocinrezeptoren in ihrem Gehirn aus, wodurch ihr Sozialverhalten als Erwachsene beeinträchtigt wird. Präriewühlmäuse sind normalerweise monogam, doch denen, die als Jungtiere vernachlässigt wurden, gelang es nicht, als Erwachsene lebenslange sexuelle Bindungen einzugehen, und sie legten auch mangelhafte elterliche Fähigkeiten an den Tag, vermutlich weil sie zu ängstlich waren.[292]

Aus der Arbeit von Kelly Robinson geht hervor, welche langfristigen Auswirkungen eine starke Mutter-Kind-Bindung auf Überleben und biologische Fitness hat. Aber auch wie fragil sie ist. Das war Robinson nur allzu bewusst, als sie das Ganze vor nicht allzu langer Zeit selbst zum ersten Mal durchlebte.

»Mein Baby kam zu früh – die Wehen mussten eingeleitet werden –, das heißt, sie haben mir Oxytocin gegeben, was bei meinem Mann und all meinen Freunden für grenzenlose Heiterkeit sorgte. Sie fanden es herrlich, dass ich nun selbst mit Oxytocin manipuliert wurde«, erzählte sie mir.

Robinson ist ziemlich sicher, dass die doppelte Oxytocin-Feedbackschleife, die sie bei Kegelrobben-Müttern und ihren Kindern entdeckt hat, auch beim Menschen existiert. Ein Hinweis darauf ist die einzigartige Fähigkeit von menschlichen Müttern, optische, akustische und olfaktorische Zeichen ihrer eigenen Babys zu erkennen.[293] In einem Experiment fand man bei Müttern mit einer nicht gefestigten Bindung an ihr Kind niedrige Oxytocinlevel. Als man ihnen Fotos ihrer schreienden Babys vorlegte, reagierte ihr Dopamin-Belohnungssystem nicht so darauf wie das von Frauen mit einer gefestigten Bindung. Stattdessen wies ihr Gehirn eine erhöhte Aktivität in einem Bereich auf, der mit Unfairness, Schmerz und Ekel in Verbindung gebracht wird.[294]

»Menschen sind sich bewusst, dass sie nach ihren Babys schauen müssen. Aber wenn jemand hormonell nicht darauf vorbereitet ist, dieses Verhalten zu äußern, kann es ziemlich schwierig werden«, meinte Robinson. »Mein Baby hatte Probleme zuzunehmen, und bei all dem Druck, der Unzufriedenheit und der Belastung fand ich es durchaus hilfreich, über die zugrunde liegenden Prozesse Bescheid zu wissen. Es gibt eine Menge Missverständnisse zur Mutterschaft. Etwa die Annahme, es gäbe den einen richtigen Weg und den nicht einzuschlagen, wäre falsch. Fakt ist: Das Leben ist ein bisschen chaotisch, und solche Idealszenarien, die es einem ermöglichen, das optimale Verhalten an den Tag zu legen, treten schlicht nicht immer ein.«

Oxytocin ist in den letzten Jahren in den Himmel gelobt worden. Doch Kelly Robinson legt Wert darauf, seine Rolle als A und O der sozialen Bindung nicht überzubewerten. Einem einzigen Molekül solch allumfassende Macht zuzuschreiben, birgt Gefahren, insbesondere wenn es um komplexe Kreaturen mit kognitiven Fähigkeiten wie die Menschen geht. Glücklicherweise verlässt sich die Biologie der mütterlichen Bindung nicht allein auf den störungsanfälligen Oxytocinschub im Zusammenhang mit Geburt und Laktation. Die Evolution hat sichergestellt, dass es längere und sicherere Wege zur Bindung gibt, sodass die Versorgung von Kindern zu einer etwas gerechter verteilten Angelegenheit wird.

Elterliche Fürsorge - eine Gemeinschaftsarbeit

Catherine Dulac erforscht den Einfluss von Oxytocin auf den Galanin-Umschlagplatz im Gehirn, wo sich der Schalter für elterliche Fürsorge bei beiden Geschlechtern befindet, über den wir weiter vorne in diesem Kapitel gesprochen haben. Sie fand heraus, dass es in dieser Kommandozentrale für elterliches Verhalten tatsächlich Oxytocin-Rezeptoren gibt, allerdings nur bei Müttern. Das sorgt dafür, dass biologische Mütter diese einzigartige, hochgetunte Elternreaktion an den Tag legen – ihr Verhalten wird sowohl von Galanin- wie auch von Oxytocin-Neuronen gesteuert. Doch das Kuschelhormon ist trotz seines Rufs nicht der alleinige Trigger für den Elternschalter, es stellt lediglich eine Ergänzung dar.

Dulac glaubt, dass es eine zweite, längere Phase für die Bindung gibt, die von der Hormonflut durch Geburt und Laktation unabhängig ist und vermutlich nicht von Oxytocin alleine gesteuert wird. In dieser zweiten Phase kann die Bindung bei Müttern, Vätern, entfernteren Verwandten und sogar bei Pflegeeltern entstehen. Experimentell beobachtet wurde das bei jungfräulichen Rattenweibchen, die sich gegenüber Jungtieren normalerweise extrem feindselig verhalten, sie nehmen keine Rücksicht auf sie, und wenn sie Gelegenheit dazu haben, fressen sie sie sogar auf. Doch wenn so eine Rattenjungfrau wiederholt mit Jungtieren zusammengebracht wird, und vor allem wenn sie eine Mutter hat, von der sie lernen kann, hört diese unerfahrene Höllen-Au-pair mit dem Töten auf und beginnt, fürsorglich zu werden; am Ende ist sie genauso aufmerksam wie eine biologische Mutter.[295]

»Pflegeeltern können genauso gute Eltern sein wie biologische; sie müssen nicht selbst geboren haben. Das liegt wahrscheinlich am Oxytocin und an ein paar anderen Neuropeptiden«, erklärt Catherine Dulac.

Menschen und Ratten sind nicht die einzigen Arten, die nicht verwandte Jungtiere an Kindes statt annehmen. Adoptionen sind von mindestens 120 Säugetierspezies, vom Elefanten bis zur Spitzmaus, dokumentiert.[296] Auch das verlassene Kegelrobben-Baby aus Kelly Robinsons Studie wurde schließlich von einem anderen Weibchen aus der Kolonie gerettet: einer erfahrenen Mutter, die schon auf mütterliche Fürsorge eingestellt war und so das Überleben des Jungtiers sicherte.

Mutterschaft ist eine intensive Herausforderung von herausragender evolutionärer Bedeutung. Die Flexibilität bei der Bindung nimmt Müttern die Last, das einzige Wesen mit elterlicher Verantwortung zu sein, und eröffnet einem größeren Kreis die Mitwirkung an der Fürsorge. Manchmal geschieht das eher zufällig, wie im Fall der Adoption bei den Kegelrobben, doch es gibt andere Spezies, bei denen sich Elternschaft zu einer Gemeinschaftsarbeit entwickelt hat, mit großen Vorteilen für Tiermütter mit »Doppelbelastung« durch Nachwuchs und Arbeit (Nahrungsbeschaffung).

Fledermäuse zum Beispiel können mit einem Baby an der Brust nicht fliegen und jagen. Sie lassen ihre Kleinen stattdessen in einer regelrechten Kinderkrippe und säugen sogar den Nachwuchs der anderen. Ganz ähnlich machen es Giraffen: Erwachsene Tiere werden weithin gesehen, wenn sie auf Futtersuche sind, und beim Fressen mit den Köpfen hoch oben in den Bäumen können sie nicht auf ihre Jungen aufpassen. Also bringen sie sie in eine Art Kindergarten, etwas entfernt von der Hauptgruppe, und postieren einen Wächter bei ihnen. Sollte eine Gefahr nahen, etwa in Gestalt eines Löwen oder einer Hyäne, bringt der Wächter die Kinderschar in Sicherheit. Auch jagende Mütter organisieren Kinderbetreuung im Kollektiv. Bei Wölfen und Wildhunden beispielsweise pflanzen sich in der Regel nur die Alphamännchen und Alphaweibchen eines Rudels fort. Aber jüngere Rudelmitglieder gehen mit der Mutter auf die Jagd und würgen nach der Rückkehr zum Bau vorverdautes Fleisch in die Mäuler von deren Jungen.

Obwohl Versorgung und Pflege des Nachwuchses anderer Eltern auf den ersten Blick der evolutionären Logik zu widersprechen scheint, hat sich die kooperative Jungenaufzucht in sehr vielen verschiedenen Tiergruppen entwickelt. Bei etwa neun Prozent von 10000 lebenden Vogelarten und drei Prozent aller Säugetierarten erhalten die Mütter die dringend benötigte Unterstützung von sogenannten Allomüttern (die griechische Vorsilbe *allo* bedeutet »andere«).

Ich bin in eine entlegene Ecke Madagaskars gereist, um Primaten zu treffen, deren Weibchen ganz auf eine Tagesbetreuung für ihre Kinder setzen: Schwarzweiße Varis (*Varecia variegata*). Das Ungewöhnliche an diesen ursprünglichen Primaten: Sie bringen bis zu drei Babys auf einmal zur Welt. Die meisten anderen Primatenmütter – seien es Tier- oder Menschenaffen – haben in der Regel immer nur eines. Das liegt daran, dass die meisten Primatenkinder mit ihren großen Gehirnen lange brauchen, bis sie unabhängig leben können, und bis dahin mehrere Jahre intensiver Betreuung benötigen. Es wäre zu schwierig, mehr als eines auf einmal zu haben. Die *Varecia*-Weibchen haben für dieses Problem eine innovative Lösung gefunden: Sie machen es wie die Vögel und bauen Nester hoch oben im Blätterdach der Bäume. Diese Nester dienen den Jungen von zwei oder drei Weibchen als Kindertagesstätte, und so können sich die hart arbeitenden Lemuren-Mamis die Last der Verantwortung teilen.

Dr. Andrea Baden, eine biologische Anthropologin, untersucht diese praktische Lösung für die Betreuung von Primatenkindern seit 15 Jahren. Als sie mich einlud, sie im Ranomafana-Nationalpark zu besuchen, wo ihre Forschungsstation liegt, sagte ich sofort zu, ohne eine Vorstellung zu haben, wie viel Mühe es wohl gekostet hat, die Geheimnisse des Lemuren-Kindergartens zu entschlüsseln.

Die Schwarzweißen Varis sind stark bedroht; sie kommen nur noch in den wenigen Resten primären Regenwalds vor, die noch nicht ihrer höchsten Bäume beraubt wurden, um den (illegalen) Holzhandel zu beliefern. Diese Urwaldfragmente findet man nur an Stellen, wo die Holzfäller noch nicht eingedrungen sind, weil sie zu weit ab einer Straße oder in zu unwegsamem Gelände liegen. Ich musste 26 Kilometer zu Fuß gehen, mich durch endlose Reisfelder schlängeln, unter der sengenden afrikanischen Sonne braten und dann auf scheinbar nicht enden wollenden steilen und schlüpfrigen Pfaden tief in die Dunkelheit des Bergregenwalds vordringen. Einen ganzen Tag habe ich mich dafür abgerackert, von der Morgen- bis zur Abenddämmerung, und als ich endlich in dem provisorischen Camp ankam, war ich kurz vor dem Zusammenklappen und mehr als dankbar für eine Mahlzeit aus Reis und gummiartigen, wenn nicht schon ranzigen Zebu-Trockenfleischstreifen (Trocknen ist die einzige Möglichkeit, ohne Elektrizität das dringend benötigte Protein zu lagern).

Die Forschungssaison von Andrea Baden hatte gerade begonnen, und die Lemuren würden sich bald fortpflanzen. Die junge amerikanische Professorin wollte so viele Individuen wie möglich mit Sendern ausstatten, damit sie ihnen folgen konnte, wenn sie sich bei ihrer elterlichen Reise hoch oben durch das Blätterdach der Bäume bewegten. Dafür mussten die Lemuren, die gut 30 Meter über uns herumtollten, erst einmal entdeckt und dann oft stundenlang verfolgt werden, ehe es gelang, einen mit einem Pfeil zu betäuben und einzusammeln. Alles ziemlich anstrengend, besonders für den jungen Madegassen, der auf die Bäume stieg, um unsere vom Pfeil betäubte und nun schlafende Beute herabzuholen.

Ich wurde mit einer unerwartet nahen Begegnung belohnt: Ich durfte eine meiner entfernten Primaten-Verwandten auf den Arm nehmen und sie in unser Camp tragen. Ihr warmer Körper hatte etwa die Größe einer stattlichen Hauskatze. Das dichte einfarbige Fell fühlte sich herrlich weich an, und sie roch nach Ahornsirup – eine überraschend zuckrig duftende Nebenwirkung ihrer Ernährung, die überwiegend aus Früchten besteht.

Ohne die Besenderung der Lemuren könnte Baden den Tieren nicht durch ihre luftigen Dachgeschosswohnungen folgen. Männchen und Weibchen sehen gleich aus, sodass es fast unmöglich ist, Individuen aus der Ferne zu unterscheiden. Mehrere Jahre lang hat Baden die Tiere jeweils über Monate hinweg penibelst per Wildtier-Telemetrie verfolgt und dabei entdeckt, wie außergewöhnlich diese Primaten wirklich sind. Sie leben nicht in festen Gruppen, wie Jeanne Altmanns Paviane, oder eigentlich die meisten Primaten. Stattdessen bilden 25 bis 30 Erwachsene eine lockere Gemeinschaft, die sich über ein gemeinsames Revier verteilt. »Man findet eigentlich nie alle Mitglieder der Gemeinschaft zur selben Zeit zusammen am selben Platz. Sie sind ein bisschen wie Atome, die sich gegenseitig abstoßen«, erklärt Baden.

Trotz dieses ungezwungenen Soziallebens bringen die Weibchen ihre Jungen alle zur selben Zeit auf die Welt, als Auslöser dient vermutlich ein üppiges Nahrungsangebot. Nicht in jedem Jahr stehen Früchte im Überfluss zur Verfügung, und es kommt durchaus vor, dass die Lemuren sechs Jahre lang keinen Nachwuchs haben. In guten Jahren gleichen sie das jedoch mit Mehrlingsgeburten aus. Die Babys sind ungewöhnlich hilflos – blind und unfähig, sich an ihrer Mutter festzuhalten. Ungefähr einen Monat lang bleiben sie allein mit ihrer Mutter in ihrem Geburtsnest. Sobald sie groß genug sind, verfrachtet ihre Mutter sie in ein Gemeinschaftsnest in der Nähe eines großen, Früchte tragenden Baums.

»In einem solchen Gemeinschaftsnest befindet sich der Nachwuchs von zwei bis drei Müttern; meist bleibt eine bei den Kleinen und die anderen gehen weg. Noch häufiger jedoch entfernen sich alle Mütter, und jemand anderes hat ein Auge auf die Jungen«, sagte Baden.

Diese Wächter passen auf, dass den Kindern in ihrem in luftiger Höhe gelegenen Hort nichts zustößt. Die verspielten Primaten fallen leicht aus dem Nest, deshalb darf man sie nie aus den Augen lassen. Aber die Babysitter dienen nicht nur als Sicherheitspersonal, sondern spielen auch mit ihren Schützlingen, lausen sie, und manchmal säugen sie sie sogar. Wie Andrea Baden beobachtet hat, fällt dieser Wächterjob zwar manchmal Tanten oder älteren Schwestern zu, doch Freunde und Freundinnen sind fast noch wichtiger.[297] Vertrauen ist der Schlüssel, und erst kürzlich hat Baden entdeckt, dass Weibchen lange Distanzen zurücklegen, um mit vertrauenswürdigen Artgenossen eine Nestgemeinschaft zu bilden. Das passt dazu, wie die Mütter die Zeit verbringen, während ihre Kinder im Hort sind. Baden stellte überrascht fest, dass die Lemuren-Mamis ihre Freizeit nicht nur dazu nutzten, sich an dem reichen Früchteangebot auf nahe gelegenen Bäumen zu laben, sondern auch zur ausgedehnten Kontaktpflege mit anderen Weibchen.

»Das Sprichwort ›Es braucht ein Dorf, um ein Kind großzuziehen‹ trifft auf diese Primaten wirklich zu«, sagte Baden und zieht Parallelen zum Menschen. »Es ist evolutionär von Bedeutung, dass man sich auf andere verlassen kann, die die Last der Kinderbetreuung mit einem teilen. Meine Mutter war alleinerziehend, ich weiß das also zu schätzen. Ich denke, eine Gemeinschaft ist wirklich wertvoll und Zusammenarbeit beim Aufziehen von Kindern wichtig.«

Sarah Blaffer Hrdy ist überzeugt, dass diese Art gemeinschaftlicher Kinderbetreuung für die außergewöhnliche Evolution unserer Spezies eine Schlüsselrolle spielte. Menschliche Babys sind wirklich die Spitzenreiter, was Dauer und Kosten des Heranreifens angeht. Eine Studie mit südamerikanischen Jägern und Sammlern ergab, dass man schätzungsweise zehn bis 13 Millionen Kalorien braucht, um einen Menschen von der Geburt bis zu dem Zeitpunkt zu bringen, an dem er sich selbst mit Nahrung versorgen kann; das ist weit mehr, als eine einzige Frau – und sei sie noch so gut im Auffinden von nahrhaften Wurzeln und Knollen – realistischerweise herbeischaffen könnte.[298]

Während Darwin meinte, dass die Versorgung durch immer geschicktere männliche Jäger unsere allmähliche Entwicklung gefördert habe, was in der Evolution die »größere intellectuelle Kraft und das stärkere Erfindungsvermögen beim Manne«[299] bewirkte, glaubt Hrdy, dass – ähnlich wie bei den Schwarzweißen Varis – eine weniger geschlechtsspezifische Helferschar zur Stelle war und sich die Verantwortung für die Versorgung teilte.

In ihrem 2009 erschienenen Buch *Mothers and Others: The Evolutionary Origins of Mutual Understanding* (*Mütter und andere. Wie die Evolution uns zu sozialen Wesen gemacht hat*) führt Hrdy jede Menge Belege aus heute noch traditionell lebenden Kulturen an, die nahelegen, dass unsere Urahninnen im Pleistozän in erheblichem Umfang Hilfe erhalten haben – von Männern, die dachten, sie könnten die Väter sein, bis zu den wirklichen Vätern, Großmüttern nach der Menopause, kinderlosen Tanten und älteren Kindern.[300] Die Hilfe dieser Allomütter ist der Grund dafür, dass unsere Spezies große Gehirne ausbilden und sich dennoch vermehren konnte.

»Menschenkinder kommen größer und hilfloser auf die Welt als die Kinder aller anderen Menschenaffen, doch wenn man die Geburtsintervalle von modernen Jäger-Sammler-Gesellschaften mit denen von Menschenaffen vergleicht, stellt man fest, dass Menschenkinder früher entwöhnt und ihre Mütter sehr viel schneller wieder schwanger werden als Menschenaffenweibchen«, sagt Hrdy.[301]

Eine Orang-Utan-Mutter erhält keine Hilfe, darum kann sie sich nur alle sieben bis acht Jahre ein Baby leisten. Im Gegensatz dazu beträgt das Geburtsintervall bei menschlichen Jägern und Sammlern gerade einmal zwei bis drei Jahre.

Weiter argumentiert Hrdy, dass die gemeinschaftliche Betreuung Nachwuchs förderte, der gut darin war, Fürsorge zu erbetteln, was die Evolution unserer einzigartigen Befähigung zu Empathie, Kooperation und Einfühlen in das Denken anderer voranbrachte. In Hrdys Version der Evolution des Menschen war es nicht die Jagd oder die Kriegsführung, sondern das Teilen der Verantwortung für die Versorgung der Kinder, das die Befähigung zum gemeinschaftlichen Denken und Handeln beim emotional modernen Menschen herausbildete.

Darwins mütterliche Instinkte schlummern in jeder:m von uns. Sie sind weder allein den Frauen vorbehalten noch so spontan auftretend und allwissend wie der große Mann uns glauben machen wollte. Es braucht Zeit, bis sie erwachen, und sie entwickeln sich in Trippelschritten weiter. Aber sie ermöglichen es jeder:m von uns, mit »größerer Zartheit und geringerer Selbstsucht«[302] für unsere Mitgeschöpfe zu sorgen.

KAPITEL 7

Zickenzone: Wenn Frauen sich bekriegen

Spätnachmittag in der Grassavanne der Masai Mara. Während die Sonne langsam Richtung Horizont gleitet, beharken sich zwei Leierantilopen oder Topis *(Damaliscus lunatus jimela)* in den langen Schatten der Akazien. Es ist Brunstzeit, und die beiden Kontrahenten – etwas größer und langbeiniger als Ziegen – haben sich mit Hunderten anderer Artgenossen zusammengefunden, um sich für Sex zu schlagen.

Die erregten Hornträger gehen aufeinander los, knallen zusammen und fallen vorne auf die Knie, die leierartig geformten Gehörne ineinander verhakt und die Köpfe verkeilt gegen den Boden gedrückt in einem bösen Patt. Nach ein paar spannungsreichen Sekunden nutzt das dominantere Tier einen leichten Größenvorteil zu seinen Gunsten und schiebt das andere rückwärts über den Boden. Gedemütigt wie ein Sumo-Ringer, der aus dem Ring befördert wurde, trottet das unterlegene Topi zurück zur Herde, schüttelt den Kopf und überlässt es seinem siegreichen Gegenüber, den Preis einzufordern – Sex mit dem Leitbullen. Bei den beiden Duellanten handelte es sich nicht etwa um Bullen, die einen Streit um Kühe ausfochten. Es waren mit »Waffen« (Hörnern) ausgestattete aggressive Kühe, die sich um das Sperma des Oberbullen stritten.

Als Darwin das »Gesetz des Kampfes«[303] formulierte, gab es keine sex- und kampfeslustigen Leierantilopenkühe. So wie er das Tierreich verstand, brauchten sich Weibchen nicht um Sex zu schlagen. In Darwins Theorie der sexuellen Selektion (»geschlechtliche Zuchtwahl«) geht es fast ausschließlich um Männchen, die sich darum prügeln, wer die Weibchen begatten darf. »Es ist sicher, daß bei fast allen Thieren ein Kampf zwischen den Männchen um den Besitz des Weibchens besteht«[304], erklärt er uns. Mit der für ihn typischen Sorgfalt widmet er zig Seiten detaillierten Augenzeugenberichten über alle Arten von Macho-Gehabe, von »furchtsamen Tieren« wie Maulwürfen bis hin zu »eifersüchtigen« Pottwalen, die sich alle »während der Zeit der Liebe in verzweifelte Kämpfe einlassen«[305].

Der Kampf um die Weibchen erklärte die Evolution von auffallenden Merkmalen, die für den Kampf ums Überleben ansonsten überflüssig waren. Teure »Waffen« wie Hörner und Geweihe oder Zierrat wie der Pfauenschwanz entwickelten sich vor allem für den Konkurrenzkampf und den Zugang zu Sex. Dass solche sogenannten sekundären Geschlechtsmerkmale auch bei »passiven« Weibchen vorkamen, stellte Darwin vor ein Rätsel. Hörner wachsen zu lassen ist für Weibchen schließlich genauso kostspielig wie für Männchen. Warum also besitzen die Weibchen mancher Arten welche?

Der Gedanke, dass Weibchen ihr Gehörn benutzen könnten, um mit anderen Weibchen zu kämpfen, taucht nirgends in Darwins viele Seiten umfassenden, tiefschürfenden Überlegungen auf. Stattdessen zieht er den Schluss, dass – obwohl eine solche »Ausstattung« eine »Verschwendung von Lebenskraft«[306] sei – »ihr Vorhandensein oder Fehlen bei den Weibchen [...] nicht davon abhängt, daß sie von irgend einem speciellen Nutzen sind, sondern einfach von der Form der Vererbung«[307]. Die Hörner der Weibchen wären demnach lediglich der blasse Abklatsch männlicher Protzerei, der überflüssigerweise auf ihren Köpfen sitzt und nur darauf wartet, von der natürlichen Selektion endlich ausrangiert zu werden.

Jakob Bro-Jørgensen ist Evolutionsbiologe an der University of Liverpool; ihm zufolge sterben solche Vorurteile nur langsam aus. »Wenn Biologen vom ›Kampf der Geschlechter‹ sprechen, dann nehmen sie oft stillschweigend an, es gehe um einen Kampf zwischen aufdringlichen Männchen, die sich immer nur paaren wollen, und Weibchen, die das nicht wollen«[308], sagte er.

Bro-Jørgensen ist der weltweit führende Experte (wenn nicht der einzige) für die Sexualpolitik der Leierantilopen. Zehn Jahre lang beobachtete er deren jährliche Brunstzeit und entdeckte eine komplexe Kultur von Zickenkämpfen, Trickbetrügern und schüchternen Bullen, Dinge, die sich Darwin nie hätte träumen lassen.

Nach den kurzen Regenfällen im März wandern Leierantilopenkühe in großen Gruppen umher mit dem Ziel, in einer Balz-Arena – dieselbe Art Arena wie die, die wir bei den Beifußhühnern kennengelernt haben – Männchen aufzugabeln. Bei den Topis kommen bis zu 100 Männchen zusammen und markieren kleine, nebeneinanderliegende Reviere. Das tun sie mit ihrem Kot, einem überraschend vielseitigen Material, das eine markante Duftgrenze zwischen den Rivalen herstellt.

Die Paarungszeit ist intensiv, denn die Weibchen kommen alle nur für einen einzigen Tag im Jahr in den Östrus. Weil das Fruchtbarkeitsfenster nur so kurze Zeit offen steht, sind diese 24 Stunden ein einziges sexuelles Getümmel. Bro-Jørgensen berechnete, dass sich jedes Weibchen im Schnitt mit vier Männchen paarte, einige brachten es in dieser begrenzten Zeit sogar auf bis zu zwölf verschiedene Partner.

Während die Weibchen nach Sex Ausschau halten, greifen abgewiesene Männchen nicht selten zu miesen Tricks, um ihre Aufmerksamkeit zu gewinnen. Will ein Weibchen sein Revier unbegattet verlassen, stößt der verschmähte Liebhaber oft einen Warnlaut aus, ein lautes Schnauben, das bedeutet, dass sich eine Hyäne oder ein Löwe in der Nähe befindet. Dieser Fake-Alarm veranlasst das umworbene Weibchen, sich sicherheitshalber länger im Revier des Tricksers aufzuhalten. Da es nur wenig Zeit hat, läuft es nicht selten darauf hinaus, dass es, noch während es wartet, von dem Betrüger bestiegen wird.[309]

Bro-Jørgensen hat ausgerechnet, dass bei Leierantilopen in etwa zehn Prozent der Fälle die Begattung nur dank des falschen Alarms erfolgreich ist. Während manche Bullen schummeln müssen, um zum Zuge zu kommen, wehren andere Weibchen ab, weil sie völlig fertig sind. Die Top-Bullen beherrschen das Terrain im Zentrum der Balz-Arena, und sie sind diejenigen, um deren begrenzte Reserven sich die Weibchen schlagen. »Es kommt gar nicht so selten vor, dass Männchen erschöpft zusammenbrechen, weil zu viele Weibchen zu viel von ihnen wollen«[310], sagte Bro-Jørgensen.

Diesen Top-Männchen geht im doppelten Sinn der Saft aus – Energie und Sperma. Wie wir in Kapitel 3 festgestellt haben, sind die Spermienvorräte – anders als die Veteranen unter den Evolutionsbiologen glauben wollen – alles andere als billig und unerschöpflich.[311] Bro-Jørgensen fand heraus, dass die Weibchen verbissen um die begrenzten Samenvorräte der begehrtesten Vertreter des anderen Geschlechts kämpften. Ein paar robuste Kühe gingen sogar so weit, Super-Samenspender beim Besteigen anderer Weibchen anzugreifen.[312] Doch diese freche Taktik zahlt sich nicht immer aus. Oft gehen derart gestörte Bullen zum Gegenangriff über und wehren die Avancen aggressiver Weibchen mit noch mehr Aggression ab, vor allem wenn sie sich zuvor bereits mit ihnen gepaart haben.

Bro-Jørgensen fand auch heraus, dass die Top-Befruchter unter den Leierantilopenbullen nicht blindlings jede Kuh bespringen, wie Darwin es wohl vorhergesagt hätte, sondern dass sie die traditionelle Rolle der wählerischen Weibchen übernehmen, um mit ihrem kostbaren Sperma zu haushalten. Sie wollen sich immer noch mit so vielen Partnerinnen wie möglich paaren, aber sie wählen gezielt Weibchen aus, die bis dahin möglichst wenige Paarungen hatten,[313] um ihre Chancen im Wettbewerb der Spermien zu verbessern.

Bro-Jørgensen hegt den Verdacht, dass seine Leierantilopenweibchen nicht die einzigen sind, die um begrenzte Samenvorräte wetteifern. Eine solche Rollenumkehr – kämpfende Weibchen, wählerische Männchen – könnte womöglich weiter verbreitet sein, als wir glauben, insbesondere bei promiskuitiven Arten, wo viele Weibchen um einige wenige Männchen buhlen.[314] »Vielleicht haben wir schlicht unsere Augen davor verschlossen, dass umgekehrte Sexualkonflikte häufiger vorkommen, als wir gemeinhin annehmen«, sagte Bro-Jørgensen.

Neuere Forschungsergebnisse zu Westlichen Flachlandgorillas *(Gorilla gorilla gorilla)* stützen seine Vermutung. Untersuchungen an wild wie auch in menschlicher Obhut lebenden Populationen zeigten, dass die Weibchen im Harem eines Silberrückens miteinander konkurrieren und dabei sogar Sex selbst als Waffe im Krieg der Spermien einsetzen. Wie wir wissen, haben Silberrücken bemerkenswert kleine Hoden für ihre Körpergröße, was auf begrenzte Samenvorräte schließen lässt. Bei in Gefangenschaft lebenden hochrangigen Gorillafrauen wurde beobachtet, dass sie außerhalb ihres Östrus Sex hatten (also wenn sie ganz sicher nicht schwanger werden konnten), um die Samenvorräte des Silberrückens zu leeren, sodass er bei der niederrangigen Liebeskonkurrenz nur Fehlschüsse landete. In einer wilden Population im Kongo waren die hochrangigen Gorillafrauen sogar noch dreister: Sie piesackten die niederrangigen Weibchen, störten sie bei der Kopulation, manchmal verdrängten sie sie sogar und nahmen ihren Platz ein. Die Forschergruppe schloss daraus, dass taktischer, nicht der Konzeption und Fortpflanzung dienender Sex eine sehr effektive, bösartige Strategie[315] ist, um das Sperma und die Ressourcen des Silberrückens zu monopolisieren und allein für den eigenen Nachwuchs zu sichern.[316]

Dass sich weibliche Antilopen und Menschenaffen um Sex balgen wie bei einer Folge von *Geordie Shore* am Samstagabend, kam erst in den letzten zehn Jahren ans Licht. Darwin wusste um die Existenz »einiger weniger anormaler Fälle« miteinander konkurrierender Weibchen, bei welchen sich »eine fast vollständige Umkehrung« der Geschlechterrolle findet, die »eigentlich den Männchen gehört«[317], aber diese Fälle wurden als unbedeutende Ausnahmen beiseitegeschoben.

Darwins engstirnige, aber höchst einflussreiche Auffassung sorgte dafür, dass sich die Studien zur intrasexuellen Konkurrenz in den nächsten 150 Jahren auf die Konkurrenz von Männchen um Sexualpartnerinnen konzentrierten; das kämpferische Potenzial von Weibchen wurde von der Wissenschaft weitestgehend ignoriert.[318] Und die Datenlücke, die dadurch entstand, maskierte man als Wissen. Einen Konkurrenzkampf unter Weibchen gibt es nicht, Punkt. Auf dieser Vorstellung wurden Theorien aufgebaut, während wir in Wahrheit einfach nicht richtig hingeschaut haben.

Vogelgesang ist ein typisches Beispiel. Die melodiösen Rufe von Singvögeln galten lange als Musterbeispiel für sexuelle Selektion: eine männliche Zierde, die sich in der Evolution immer weiter entwickelte, um die Konkurrenz erfolgreich auszustechen und so beim anderen Geschlecht zu punkten. Vogelgesang scheint keine ressourcenintensive Angelegenheit zu sein, aber sich an alle Lieder zu erinnern, erfordert ein größeres Gehirn, das für ein so kleines Tier, das fliegend für sein Auskommen sorgen muss, sowohl energetisch wie auch physiologisch einen enormen Aufwand bedeutet. Tatsächlich wissen wir, dass die Gehirne männlicher Singvögel in den Wintermonaten, wenn sie nicht singen müssen, kleiner sind.

»Weibliche Vögel [können], indem sie Tausende von Generationen hindurch den Melodie-reichsten oder schönsten Männchen, je nach ihren Begriffen von Schönheit, bei der Wahl den Vorzug geben, ebenfalls einen merklichen Effekt bewirken«, schrieb Darwin in *On the Origin of Species* (*Über die Entstehung der Arten*).[319]

Ganz so wie viktorianische Ladys auf einer Dinnerparty hatten weibliche Vögel keinen Grund zu wetteifern. Darwins Theorie ließ sie verstummen, ihre wichtigste Rolle war es, den Auftritten und Darbietungen der gockelnden Hähne zu lauschen und ihren Favoriten, wenn auch zögernd, mit Sex zu belohnen. Jeder weibliche Singvogel, den man beim Singen erwischte, wurde als schräger Vogel abgetan. Ihre Rufe stießen auf taube Wissenschaftlerohren und wurden mit den nur allzu bekannten Ausreden weggewischt; weiblicher Gesang sei das Ergebnis einer Hormonstörung oder, wie die Hörner der Antilopen, schlicht ein nicht angepasstes Nebenprodukt der genetischen Ausstattung, die sie mit Männchen gemeinsam haben.[320]

»Es war allgemeiner Konsens, dass es sich bei weiblichem Gesang um eine nutzlose Fehlfunktion handelt, ein altes Weibchen, das ein bisschen zu viel Testosteron im Körper hat«, erzählte mir Naomi Langmore, Professorin für Evolutionäre Ökologie an der Australian National University. »Die Lehrbuchdefinition für Vogelgesang lautet ›komplexe Lautäußerungen von männlichen Vögeln während der Fortpflanzungszeit‹.[321] Das heißt, der Gesang wird tatsächlich als männliche Lautäußerung definiert.«

Angesichts der andauernden Einstufung als rein männlich sträubt sich bei Naomi Langmore heftig das Gefieder. Seit 30 Jahren erforscht sie die komplexen Lautäußerungen weiblicher Singvögel und kämpft dafür, dass ihre Stimmen gehört werden. Sie ist Teil eines Teams wissenschaftlicher Pioniere, das die dogmatischen androzentrischen Definitionen des Vogelgesangs satthatte und selbst alle verfügbaren wissenschaftlichen Daten durchforstete, um schließlich zu zeigen, dass weibliche Singvögel alles andere als stumm sind: 71 Prozent von ihnen singen.[322]

Darüber hinaus sind ihre Gesänge unbedingt anhörenswert; was diese fliegenden Diven zu sagen haben, bringt fundamentale Annahmen zu Darwins Theorie der sexuellen Selektion ins Wanken.

Wie Naomi Langmore ausführt, belegt ihre eineinhalb Jahrhunderte abdeckende Übersicht nicht einfach nur ein weiteres Opfer althergebrachter sexistischer Voreingenommenheit, sie zeigt, dass das Vorurteil vor allem geografische Gründe hat. Singvögel (Passeri) gehören zu den Sperlingsvögeln (Passeriformes), der größten Vogelordnung, die 60 Prozent aller bekannten Vogelarten umfasst.[323] Typische Merkmale der gut 6000 Arten sind die hoch entwickelten Zehen, mit denen sich die Vögel auf Ästen festhalten können, und die als Syrinx oder Stimmkopf bezeichnete kehlkopfähnliche Struktur, die ihnen die Fähigkeit zur Lautbildung verleiht. Außerdem sorgte die Evolution überaus kreativ für Myriaden von Formen: zierliche Meisen, himmelstürmende Mauersegler, exaltierte Paradiesvögel und viele andere mehr. Zusammen bilden die etwa 140 Familien eine der vielgestaltigsten Wirbeltiergruppen – dank einer explosionsartigen evolutionären Radiation (Auffächerung) in jüngerer geologischer Zeit, die es den Sperlingsvögeln ermöglichte, die Welt zu erobern. Der einzige Kontinent, auf dem keine Vögel singen, ist die Antarktis.

Obwohl sie überall auf der Welt in vielen Arten vorkommen, werden Singvögel traditionell in Europa und Nordamerika erforscht. Die dort lebenden Spezies sind meistens Zugvögel aus einer systematischen Gruppe, die evolutionär noch recht jung ist, den Passerida; deren Weibchen sind allerdings tatsächlich nicht so gut bei Stimme. Und wenn Weibchen doch singen, wie beim Rotkehlchen, unterscheiden sich die beiden Geschlechter äußerlich meist nicht, sodass man sie leicht für lautstarke Männchen hält.[324]

In Langmores Heimat Australien und in den Tropen sieht die Sache ganz anders aus. Hätte Darwin *down under* gelebt, er hätte im Busch und in den Hausgärten Dutzende von Arten vorgefunden, deren Weibchen ebenso gut hörbar sind wie die

Männchen, von Kettensägen nachahmenden Leierschwänzen bis hin zu den zierlichen Staffelschwänzen.

»Als Australierin, die sich wissenschaftlich mit Vogelgesang beschäftigt, bin ich mir dieses Missverständnisses in der Literatur sehr bewusst.[325] Ich las die Fachartikel über singende Männchen, dann ging ich raus in die biologische Feldarbeit und war von singenden Weibchen umgeben, wo immer ich hinschaute. Es war schlicht unmöglich, diese Anomalie nicht zu sehen«, sagte Langmore.

Heute gehen wir davon aus, dass sich die Singvögel vor etwa 47 Millionen Jahren in Australien entwickelt haben.[326] Nachdem hier, am Ursprungsort, der größte Teil der Weibchen singt, fragten sich Naomi Langmore und ihr Team, ob das immer so war. Sie erstellten einen Stammbaum der Vögel, um den Ausgangszustand zu rekonstruieren, und kamen zu dem Schluss, dass die ersten weiblichen Singvögel tatsächlich stimmgewaltige Diven waren.[327]

»Das stellte die Dinge wirklich auf den Kopf«, erzählte mir Langmore. »So lange hatte man diese altertümlichen Gruppen australischer Singvögel für merkwürdige Sonderfälle gehalten. Nun stellt sich raus, dass die Singvögel auf der Nordhalbkugel die Sonderfälle sind.«

Naomi Langmores Entdeckung ist wahrlich von großer Bedeutung. Sie zeigte, dass der Gesang von Weibchen keine neumodische evolutionäre Erfindung ist, die es nur in den Tropen gibt. Weibliche Singvögel haben immer gesungen. Die Veränderung fand bei den Singvogel-Familien statt, die sich erst in jüngerer Zeit in einigen gemäßigten nördlichen Breiten entwickelt haben; hier hörten die Weibchen aus irgendeinem Grund auf zu singen. Dieses Evolutionsszenario unterscheidet sich radikal von dem, das Darwin vorgeschlagen hat.

»Die Frage, die wir stellen müssen, lautet nicht: Warum singen Männchen?, sondern: Warum hörten einige Weibchen wieder auf zu singen?«, erklärte mir Langmore.

Anders als die Forschung zum Gesang der Männchen steckt die zum Gesang der Weibchen noch in den Kinderschuhen. Aber es sieht so aus, als nutzten weibliche Singvögel ihre stimmlichen Fähigkeiten vor allem, um mit anderen Weibchen zu wetteifern. Sie singen, um ihre Reviere, Nester oder Männchen gegen andere Weibchen zu verteidigen, oder um Männchen von anderen Weibchen wegzulocken. In heißen Ländern wie in Australien, wo die Brutzeit länger dauert und Paare das ganze Jahr in ihren Revieren bleiben, ist das wesentlich sinnvoller.

»Hier ist die Revierverteidigung genau die richtige Rolle für ein Weibchen, denn das Männchen könnte sterben, es könnte sie verlassen oder versuchen, in der Nachbarschaft mit anderen Weibchen rumzuvögeln. In jeder dieser Situationen muss die Vogelfrau immer noch in der Lage sein, ihr Revier gegen mögliche Eindringlinge zu verteidigen, und vielleicht sogar dazu zu singen, um einen neuen Partner anzulocken. Das heißt, in tropischen Regionen ist es für ein Weibchen von großem Wert, wenn es singen kann«, sagte Naomi Langmore.

In den Gärten Europas oder Nordamerikas, wo die meisten Singvögel im Winter in den Süden ziehen, sieht das ganz anders aus. Bei ihrer Rückkehr kommt in der Regel das Männchen zuerst an und singt sich die Kehle aus dem Hals, um ein Revier zu ergattern und eine Partnerin anzulocken. Weibchen schauen sich in aller Ruhe um, ehe sie einen Partner wählen, und das führte aufgrund der sexuellen Selektion in einigen Fällen zur Perfektionierung des männlichen Gesangs. Die Brutzeit ist kurz, das heißt, Weibchen müssen schnell zur Sache kommen und ihre Jungen großziehen, ehe sie wieder Richtung Süden aufbrechen. Infolgedessen können sie sich wahrscheinlich weniger in Kämpfe mit anderen Weibchen verwickeln lassen, und der Selektionsdruck auf den Gesang hat nachgelassen.

Für Weibchen hat Gesang ebenso viel adaptiven Wert wie für Männchen. Clevere Experimente zeigen sogar, dass Weibchen von Zugvögeln, die selten singen, wie der amerikanische Goldwaldsänger (*Setophaga petechia*), dazu gebracht werden können, mit dem Singen anzufangen, wenn andere Weibchen (obwohl es nur Dummies waren) in ihr Revier eindringen.[328]

Vogelweibchen, die singend um Nistplätze und Reviere wetteifern, stellen für Darwins Theorie der sexuellen Selektion ein Problem dar. Daran arbeiten sich Evolutionsbiologen bis heute ab.

»Es ist nicht so, dass Darwin unrecht hatte. Bis zu einem gewissen Grad hat sich die Perfektionierung des Gesangs bei den Männchen von Zugvögeln schon durch sexuelle Selektion entwickelt. Aber das ist eben nur ein kleiner Teil der Geschichte. Es ist nicht die ganze Geschichte des Vogelgesangs«, erklärte mir Langmore. »Wir erkennen jetzt, dass Gesang ein viel größeres Spektrum von Funktionen abdeckt. Er spielt eine Rolle bei der Konkurrenz um alle möglichen Dinge. Nicht nur bei der Partnersuche. Darum glauben wir nicht mehr, dass sich Gesang durch sexuelle Selektion entwickelt hat, heute sind wir der Meinung, dass soziale Selektion die Triebfeder war.«

Das Konzept der sozialen Selektion wurde schon 1979 von der theoretischen Biologin Mary Jane West-Eberhard erarbeitet.[329] West-Eberhard erkannte, dass Darwins Theorie der sexuellen Selektion zu eng gefasst war, um komplexe Merkmale zu erklären, die sich infolge der Konkurrenz herausbildeten, Konkurrenz nicht um Sex, sondern um Reviere und Ressourcen außerhalb der Brutzeit, und zwar bei Weibchen ebenso wie bei Männchen.

West-Eberhard wollte Darwin nicht diskreditieren, sie schlug lediglich vor, seine Prinzipien zu erweitern, sodass die sexuelle Selektion zu einem von mehreren Bereichen vor dem breiteren Hintergrund der sozialen Selektion wurde. Sie illustrierte ihre Argumentation, ganz ähnlich wie Darwin, mit einer Vielzahl von Beispielen aus dem Tierreich, von Geschöpfen, deren auffallende Merkmale oder sexuelle Dimorphismen nicht allein mit sexueller Selektion zu erklären waren und die vielleicht sogar unterschiedliche soziale Funktion hatten, je nach Jahreszeit und Situation. Sie stellte dar, wie sich die Hörner von Dungkäfern, Pfauenschwänze, die Schnäbel von Tukanen, Vogelgesang und das Dominanzverhalten von Bienen und Wespen mit der umfassenderen Kategorie der sozialen, wenn auch nicht der sexuellen Selektion erklären lassen.[330]

Das Konzept ist dennoch bis heute umstritten. Viele Zoologen sehen keine Notwendigkeit, eine weitere Form der Selektion zur Evolutionsparty einzuladen.[331] Noch dazu eine, die von jemand anderem als Darwin kommt (und einer amerikanischen Frau obendrein). Doch je weiter die Forschung zu sozialer Konkurrenz fortschreitet und mehr betrachtet als die ins Auge stechenden männlichen Showauftritte, desto stärker wird das Bewusstsein, dass Darwins Definition der sexuellen Selektion nicht umfassend genug ist, um so komplexe Merkmale wie Gesang oder auch ein farbenprächtiges Gefieder bei weiblichen Vögeln zu erklären.[332] Was noch schlimmer ist: Darwins verengte Sichtweise hat unseren Blick getrübt und eine wissenschaftliche Voreingenommenheit gefördert, die davon ausgeht, dass raffinierte Merkmale und sexuelle Dimorphismen immer mit dem Paarungserfolg zu tun haben, obwohl es sich oft um andere Formen sozialer Konkurrenz handelt.[333]

Die Debatte wird vermutlich noch andauern. Doch unabhängig davon, wie wir die Kräfte nennen, die zur Entstehung dieser fantastischen Eigenschaften führen, es lässt sich nicht mehr übersehen, dass Weibchen ebenso miteinander konkurrieren wie Männchen; nur geht es bei ihren Auseinandersetzungen oft um andere Dinge. Während sich Männchen vor allem um den Zugang zu Weibchen schlagen, kämpfen Weibchen eher um Ressourcen im Zusammenhang mit Fruchtbarkeit und Elternschaft.[334] Selbst wenn ihr (Kampf-)Einsatz oft etwas weniger sichtbar sein mag, die Konkurrenz zwischen Weibchen hat ebenso großen – wenn nicht sogar größeren – Einfluss auf den Fortgang der Evolution wie die Kämpfe zwischen Männchen.

Platz da für das Alpha-Huhn!

Bei sozialen Arten ist der Status der Schlüssel, der über den Zugang zu Nahrung, Schutz und hochwertigem Sperma entscheidet – alles Ressourcen, die ein Weibchen benötigt, um sich fortzupflanzen. Das heißt, es zahlt sich aus, die Oberzicke zu sein. Mit ihren blutigen Hahnenkämpfen um die Vormachtstellung ziehen Männchen vielleicht mehr Aufmerksamkeit auf sich, aber bei in Gruppen lebenden Weibchen gibt es im Allgemeinen ebenfalls irgendeine Form der Hierarchie, die oft von der der Männchen unabhängig ist. Und das erste jemals dokumentierte Dominanzsystem war tatsächlich ein weibliches. Ein junger norwegischer Wissenschaftler mit Namen Thorleif Schjelderup-Ebbe machte die wissenschaftliche Welt mit dem allerersten Alpha-Tier bekannt, das zufälligerweise eine Henne war.

Schjelderup-Ebbe pflegte seit seinem sechsten Lebensjahr ein geradezu obsessives Interesse an Hühnern. Das war Anfang des 20. Jahrhunderts, eine Zeit, als Kinder noch nicht von TikTok und Pokémons gefesselt waren, und der kleine Thorleif fing an, die Hühner beim Sommerhaus seiner Eltern zu beobachten und ihr Verhalten zu dokumentieren; das tat er mit einem solchen Eifer, dass er sogar im Winter hinfuhr, um sie zu besuchen und über ihr Sozialleben auf dem Laufenden zu bleiben.

Er bemerkte, dass, wenn sich in einer Gruppe zwei Hennen kabbelten, immer eine die andere pickte. Die Pickende, meist die ältere der beiden, hatte dann in Zukunft vor der Verliererin Zugang zu den besten Sitzplätzen und zum Futter. Nach weiteren Runden im Pick-und-Hack-Wettbewerb kristallisierte sich eine Gesamtsiegerin heraus, und die Aggression innerhalb der Gruppe schwand, da jeder Vogel seinen Platz in der auf diese Weise entstandenen Hierarchie verstand und akzeptierte. Die ranghöchste Henne – von Thorleif als »Despotin« bezeichnet – erinnerte dennoch jedes subordinierte Mitglied der Schar, das sich erdreistete, vor ihr zu fressen, an dessen sozialen Status, indem sie ihm einen schmerzhaften Schnabelhieb versetzte.

Der junge Schjelderup-Ebbe hatte die erste Hackordnung entdeckt.

»Beim Huhn werden Verteidigung und Aggression mit dem Schnabel vollzogen«, so schrieb er in seiner wegweisenden Arbeit *Gallus domesticus in seinem täglichen Leben*, die 1921 auf Deutsch veröffentlicht wurde.[335]

Schjelderup-Ebbe war auf etwas Großes gestoßen. Größer als nur eine Hühnerschar, in der man sich gegenseitig hackte. Der junge Wissenschaftler vermutete, ganz zu Recht, dass diese Art von Despotismus zu den grundlegenden Prinzipien in Tier- und Vogelgesellschaften gehört. Leider verhinderte die Auseinandersetzung mit einer mächtigeren Akademikerin, dass er die Anerkennung erhielt, die er verdiente;[336] vermutlich war er im Entdecken von Hierarchien besser als darin, sich im echten Leben in ihnen zurechtzufinden.

Schjelderup-Ebbe hatte herausgefunden, dass weibliche Hierarchien alles andere als trivial sind. »Kämpfe unter Hühnern werden im Allgemeinen als ziemlich harmlos erachtet, doch dem ist gewiss nicht so, und sie entstehen auch nicht aus einer momentanen Laune heraus«, schrieb er. »Sie riskieren viel, manchmal sogar ihr Leben, um zu gewinnen.«[337]

Das gilt quer durch alle Tiergesellschaften, seien es nun Vögel oder Bienen. Der Preis für das Erklimmen der sozialen Leiter bis zum Status als Alphaweibchen bringt einen erheblichen reproduktiven Vorteil mit sich, und dafür lohnt es sich zu kämpfen. Bei Männchen wird der Kampf um die Vormachtstellung oft blutig und mit Gebrüll geführt und ist kaum zu übersehen. Machtkämpfe unter Weibchen sind in der Regel wesentlich subtiler, aber nicht weniger vernichtend. Vermutlich blieben viele weibliche Hierarchien deshalb jahrzehntelang unbemerkt.

»Frauen besitzen keine angeborene Veranlagung, sich in Hierarchien zu organisieren [...] Primatenmänner scheinen das archetypische *zoon politikon* [ein politisch und/oder sozial handelndes Wesen – Anm. d. Übers.] zu sein«,[338] lautete die jämmerliche Schlussfolgerung in *Female Hierarchies*, dem ersten Fachbuch, das sich speziell dem weiblichen Dominanzverhalten widmete.

Weit gefehlt. Strategischer Wettbewerb unter Frauen ist für die Organisation von Primaten von zentraler Bedeutung. Die meisten weiblichen Primatengemeinschaften weisen stabile mütterliche Abstammungslinien auf, die miteinander wettstreiten und rücksichtslos um die Kontrolle kämpfen, indem sie Psychoterror, taktische Allianzen und grausame Strafen als Mittel einsetzen.

Erinnern Sie sich an die Steppenpaviane aus dem vorherigen Kapitel. Hochrangige Weibchen haben alles: den ersten Zugriff auf Nahrung und eine Art Abschirmdienst für Höhergestellte für sich und ihre Babys. Niederrangige Weibchen und ihr Nachwuchs werden von den über ihnen stehenden ständig gepiesackt. Der Stress, dem sie ausgesetzt sind, beeinträchtigt ihre Fortpflanzungsfähigkeit. Niederrangige Weibchen bekommen später Kinder, haben seltener einen Eisprung und können sogar spontane Fehlgeburten erleiden, wenn sie dauernd von den dominanten terrorisiert werden.

Wie Sarah Blaffer Hrdy schreibt, bringt ein hoher Rang quer durch alle Primatenspezies »nicht nur Freiheit von Schikane und Ausbeutung durch höhergestellte Weibchen mit sich, sondern auch das unselige Vorrecht, sich in die Reproduktion anderer Weibchen einzumischen«[339].

Solche auf die Fruchtbarkeit zielenden Schläge unter die Gürtellinie haben schwerwiegende Konsequenzen, die wesentlich weiter reichen als selbst die wüstesten Wettbewerbe im Zähneblecken bei Männchen. Es trifft Frauen dort, wo es wirklich schmerzt, in ihrem kostbaren Erbgut. Von der Fortpflanzung abgehalten zu werden, ist die verheerendste Strafe, die es gibt. Nur weil nicht rund um die Uhr die Fäuste fliegen, wäre es naiv anzunehmen, dass Primatenweibchen weniger konkurrenzorientiert sind als ihre männlichen Artgenossen. Sie kämpfen lediglich geschickter und schmutziger.

Ein niederrangiges Pavianweibchen hat dann die besten Überlebenschancen, wenn es politisch geschickt agiert und die soziale Leiter hochklettert, indem es strategische Koalitionen eingeht, die es und seinen Nachwuchs schützen. Man sagt von Primatenweibchen, sie achteten peinlich genau auf Anzeichen für Statusunterschiede und Respektlosigkeit.[340] Sie tun das nur nicht so offensichtlich wie die Männer.

Oberflächlich betrachtet könnte so ein Trupp im nachmittäglichen Schatten lagernder Pavianweibchen, die Samen knabbern und sich gegenseitig das Fell nach Zecken absuchen, ein Abbild weiblicher Harmonie sein. Doch kratzt man an der Oberfläche dieser mütterlichen Idylle, stößt man auf komplexe Beziehungen, die knallhart berechnet und mittels Fellpflege, Futterteilen und Kinderbetreuung ausverhandelt werden. Individuen können zusammenarbeiten, um ein aggressives Männchen anzugreifen oder um gegenseitig auf die Kinder aufzupassen, aber sie tun das immer für sich, um ihre eigene Zeugungsfähigkeit zu schützen. Derartige diplomatische Schachzüge erfordern beachtliche kognitive Fähigkeiten, und wahrscheinlich gehören die zu den Triebkräften, die bei allen sozialen Primaten, uns eingeschlossen, Gehirne und Intelligenz größer werden ließen.[341]

Ein Hoch auf die Fortpflanzungsautokratinnen!

Tierische Matriarchate sind kein feministisches Paradies. Ein unangenehmer Hang zu reproduktiver Tyrannei rüttelt häufig an der dünnen Grenzlinie zwischen Teamwork und Ausbeutung. Nirgendwo ist das so deutlich zu sehen wie im Gemeinschaftsleben der allseits beliebten Erdmännchen (*Suricata suricatta*), deren gewalttätige totalitäre Gemeinschaft nicht mit ihrem zuckersüßen Fernsehimage zusammenpassen will.

Ich muss zugeben, es ist schwer, Erdmännchen nicht niedlich zu finden. Normalerweise bin ich ziemlich immun gegen das, was allgemein als »süß« gilt. Ich fühle mich eher zu seltsamen, schleimigen Kreaturen mit völlig fremdartigen Lebensweisen hingezogen. Doch als ich vor einigen Jahren das Kalahari Meerkat Project in Südafrika besuchte, war ich völlig hingerissen von den kleinen sozialen Mangusten. Es sind komische Charaktere. Und ihre Vorliebe, sich auf die Hinterbeine zu stellen, macht die Vermenschlichung nur allzu verzeihlich. Buddeln ist ihre Lieblingsbeschäftigung, und das tun sie mit großem Eifer, sobald sie in der Laufbewegung innehalten, wenn auch meist mit wenig Erfolg. Balgereien um Riesenskorpione und Umkippen nach dem Einnicken in der Sonne sind weitere Beispiele für das gut bestückte Clownsrepertoire. Abseits solcher Slapstick-Nummern hat die Erdmännchen-Gemeinschaft allerdings mehr mit Stalin als mit Chaplin gemein.

Erdmännchen leben in Familiengruppen von drei bis 50 Individuen, wobei ein einziges dominantes Weibchen 80 Prozent des Nachwuchses »monopolisiert«.[342] Der Rest der Truppe – seine Verwandten, Abkömmlinge und ein paar herumziehende Männchen – hilft dabei, das Revier zu verteidigen, Wache zu schieben, den Bau in Ordnung zu halten, auf die Kinder aufzupassen und sogar dabei, den Nachwuchs der Chefin zu säugen. Diese Art der Arbeitsteilung, bei der nur einige wenige Individuen zur Fortpflanzung kommen, wird wissenschaftlich als *cooperative breeding* (gemeinsame Jungenaufzucht) bezeichnet.[343] Diesen Begriff habe ich schon immer als äußerst euphemistisch empfunden. Die scheinbare Kameradschaft unter Erdmännchen kommt nicht durch freundschaftliche Zusammenarbeit zustande, sondern vielmehr durch eine ausgesprochene Schreckensherrschaft.

Die Erdmännchen-Gemeinschaft beruht auf einem brutalen reproduktiven Wettbewerb zwischen eng verwandten Weibchen, die, wenn sie trächtig sind, ohne Umschweife die Jungen der anderen töten und auffressen. Dieses Kinderfressfest steht voll und ganz unter der Kontrolle eines allmächtigen dominanten Weibchens, das eine Null-Toleranz-Politik betreibt, was die Fortpflanzung der ihm unterordneten Clanmitglieder angeht.[344] Sein Ziel ist es, während seiner Herrschaft die weiblichen Verwandten davon abzuhalten, sich zu reproduzieren, stattdessen werden sie für die Versorgung seines Nachwuchses eingespannt. Auf diese Weise haben die eigenen Jungen keine unerwünschte Konkurrenz und müssen auch nicht befürchten, gefressen zu werden. Außerdem kann das Alphaweibchen seine ganze Energie in die Aufzucht von mehr Würfen stecken, als es normalerweise hätte. Für diese Spitzenposition lohnt es sich, hart und ohne Rücksicht auf Verluste zu kämpfen. Und mit Erpressung, Misshandlung, Täuschung und Mord gelingt es ihm, dorthin zu kommen.

Der Spitzenplatz ist nur selten vakant. Er wird normalerweise nur dann frei, wenn eine Matriarchin stirbt, weil sie von einem Greifvogel oder einer rivalisierenden Erdmännchen-Gang geschnappt wurde. Dann fällt der Posten an das älteste und schwerste Weibchen der Gruppe, in der Regel eine der Töchter der Matriarchin.

Von dem Augenblick an, wo ein weibliches Erdmännchen den Spitzenstatus erbt, nimmt es an Größe zu, sein Testosteronspiegel steigt ebenso wie die Feindseligkeit gegenüber allen anderen Weibchen. Besonders aggressiv ist das Verhalten gegenüber denjenigen, die ihm in Alter und Größe am nächsten stehen – aller Wahrscheinlichkeit nach seine Schwestern – und die folglich die größten Konkurrentinnen im Rennen um die Fortpflanzung darstellen.

»Wenn Sie ein weibliches Erdmännchen sind, ist das Beste, was Ihnen passieren kann – die Hoffnung Ihres Lebens –, dass irgendwer Ihre Mutter frisst«, erklärte mir Tim Clutton-Brock, seines Zeichens Professor für Verhaltensökologie in Cambridge und Gründer des Kalahari Meerkat Project, mit seinem feinen britischen Akzent und seiner freundlichen Art am Telefon. »Es bringt aber nichts, wenn Ihre Mutter zur falschen Zeit gefressen wird. Sie wollen natürlich, dass man sie frisst, wenn Sie selbst das älteste ihr untergeordnete Clanmitglied sind. Ansonsten geht der Job an eine Ihrer verdammten Schwestern, und die wird Sie rauswerfen.«

Tim Clutton-Brock beobachtet und dokumentiert die grausame Erdmännchen-Familien-Seifenoper seit 25 Jahren. Er berichtete mir, dass nicht nur die Schwestern der Matriarchin ausgebootet werden. Während ihrer Herrschaft wird jedes Weibchen, das die sexuelle Reife erreicht hat und vielleicht mit der Idee, Mutter zu werden, liebäugelt, aus der Gemeinschaft ausgeschlossen, noch ehe es einen Versuch in dieser Richtung unternehmen kann.

»Wir sehen immer wieder dominante Erdmännchen, die ihre älteren Töchter vertreiben. Sie sind brutal: Wenn sich die Töchter nicht gleich vom Acker machen, bringen sie sie um. In einer Erdmännchen-Gruppe gibt es praktisch keine niederrangigen Weibchen, die älter sind als vier Jahre, weil das Alpha-Tier sie rauswirft, wenn sie zwischen zwei und vier Jahre alt sind. Und dann sind sie alle weg.«

Die Vertreibung folgt einem altbewährten Eskalationsprogramm zunehmender Misshandlungen. Das Mobbing beginnt damit, dass den Subordinierten Futterhappen direkt aus dem Maul gerissen werden. Das sieht auf dem Fernsehbildschirm lustig aus, ist in Wahrheit aber ganz übel. Essbares Leben ist rar in der Kalahari. Die meisten Geschöpfe, die ein Erdmännchen fressen könnte, haben zum Schutz giftige Gegenmaßnahmen entwickelt: Skorpione, die tödliche Neurotoxine injizieren können, und Käfer, die aus ihrem Hinterende kochend heiße ätzende Flüssigkeit verspritzen. All diese Tiere müssen vor dem

Verzehr entgiftet werden. Aber dafür musst du sie erst einmal finden. Der ausgetrocknete Wüstenboden kann hart wie Beton sein. Es hat mich zehn Minuten Schwerstarbeit mit der Spitzhacke gekostet, bis ich zu Versuchszwecken einen Skorpion ausgegraben hatte, nachdem ich sein Versteck entdeckt hatte. Erdmännchen können nur in weichem Sand arbeiten, und sie müssen unter Umständen Berge davon durchwühlen, bis sie etwas Genießbares finden. Das heißt, dermaßen hart erarbeitetes Futter gestohlen zu bekommen, ist mehr als nur gemein, es ist ein schwerwiegender Verlust von teurer Energie.

Die nächste Stufe sind Schläge auf die Hüfte und beiläufige Bisse in Schwanz, Nacken und Genitalien, verpasst von einem dominanten Weibchen, das seine Macht demonstrieren will. Körperliche Angriffe dienen dazu, seine Autorität zu unterstreichen, und – ein weiterer Bonus – über den entstehenden Stress können sie die Fruchtbarkeit des Opfers mindern. Hauptzweck ist es jedoch, den Opfern das Leben in der Gruppe so unangenehm wie möglich zu machen, bis sie schlussendlich den Clan verlassen.

»Die Vertreibung beginnt mit Mobbing. Oft sind das Bisse in die Schwanzwurzel. Wenn man ein weibliches Erdmännchen mit einer kahlen Stelle am Schwanzansatz sieht, weiß man, das ist als Nächstes dran«, erklärte Clutton-Brock.

Mag sein, dass Verbannung – verglichen mit ständigen Schikanen wie Futterstehlen und Schwanzbissen – wie ein Spaziergang im Park klingt. Doch das Einzige, was noch brutaler ist als ein dominantes weibliches Erdmännchen, ist die Kalahari-Wüste selbst.

Es gibt nur wenige Landstriche, die noch unbarmherziger sind als diese weite semi-aride Savanne. Regen fällt so gut wie nie, und die Temperaturen schwanken jeden Tag um 45 Grad Celsius. Im Hochsommer liegen die Spitzenwerte bei 60 Grad Celsius, im Winter können die Temperaturen unter den Gefrierpunkt fallen. Ohne warme Körper, an die es sich in einem Gemeinschaftsbau ankuscheln kann, könnte sich ein Erdmännchen leicht zur Ruhe legen und nicht wieder aufwachen.

Noch gefährlicher kann es allerdings werden, das Revier eines anderen Clans durchqueren zu wollen. Jede Gruppe hat ein Territorium, das zwischen zwei und fünf Quadratkilometer groß ist und das sie energisch kontrolliert und verteidigt. Da geeignete Baue und Nahrung knapp sind, stehen benachbarte Gruppen in starker Konkurrenz und tragen oft heftige Kämpfe untereinander aus. Das Gebiet, in dem Tim Clutton-Brock seine Studien betreibt, ist ein einziger Flickenteppich von Revieren sich bekämpfender Clans. Ein von seiner Gruppe vertriebenes Erdmännchen muss also zwangsläufig das Revier einer rivalisierenden Gruppe betreten. Sobald es entdeckt wird, wird es von der dort ansässigen Meute vertrieben. Wenn sie es erwischen, ist es tot.

Wenn das vertriebene Weibchen von der rivalisierenden Erdmännchen-Familie nicht umgebracht wird, gibt es noch zig Beutegreifer mit scharfen Augen, denen ein einsames Erdmännchen zum Abendessen gerade recht käme. Der weiche Sand, den Erdmännchen brauchen, um nach Nahrung zu graben, ist nur entlang ausgetrockneter Flussbetten, in Grasland oder in Dünen zu finden, wo es kaum Vegetation gibt, in der sie sich verstecken können. Ein Erdmännchen auf Futtersuche ist also immer exponiert, in einer weiten, offenen Fläche und mit gesenktem Kopf, weil es nach Futter gräbt. Ohne Wächter, die Alarm schlagen, wenn sich ein Beutegreifer nähert, wird ein einzelnes Erdmännchen zur leichten Beute für Greifvögel, Wildkatzen oder Schakale.

Es ist die Brutalität der Kalahari, die einer autokratischen Herrscherin über die Reproduktion den notwendigen Hebel an die Hand gibt, um ihr totalitäres Regime durchzusetzen. Als Einzelgänger zu überleben, ist nur etwas für Spezialisten, für viele Tierspezies lautet die Devise: Zusammenarbeit oder Tod. Dazu kommt, dass die Kalahari eine uralte Wüste ist, etwa

60 Millionen Jahre alt, damit haben wir die perfekten Bedingungen für die Evolution von ein paar ziemlich verwickelten »kooperativen« Beziehungen. Außer den Erdmännchen gibt es noch Ameisen, Termiten, Koloniebrüter wie den Elsterdrosselhäherling oder die in weitläufigen unterirdischen Gangsystemen lebenden Damara-Graumulle. Sie alle haben im Laufe der Evolution eine Form von Reproduktionstotalitarismus und damit einhergehender »Kooperation« entwickelt (Konvergenz), mit der sie ihr Überleben sichern.

»Hier gibt es keine Romantik«, notierte der Reiseschriftsteller A.A. Gill. »Die Kalahari ist eine amoralische, unregulierte Marktmacht, von Profis betriebener bösartiger Kapitalismus in Reinkultur.«[345]

Und sollte es doch einmal vorkommen, dass die Hormone eines jungen weiblichen Erdmännchens stärker sind als das System, und sollte es die Frechheit besitzen, sich von einem herumstreunenden Männchen schwängern zu lassen, dann folgt die Strafe auf dem Fuß. Das trächtige Weibchen wird ohne Umschweife rausgeworfen. Der damit verbundene Stress führt in der Regel zum Abort. Falls es dem Weibchen doch gelingt, die Jungen unbemerkt auszutragen und im Bau zur Welt zu bringen, wird die Matriarchin die ungeliebten Kleinen, oft ihre eigenen Enkel, töten und auffressen und die Mutter aus der Gruppe verbannen.

Als wäre das nicht grässlich genug, gibt es noch eine weitere »kooperative« Wendung im Zusammenhang mit den gerade ihrer Kinder beraubten Töchtern. Sie dürfen unter Umständen in die Gruppe zurück, aber nur unter einer Bedingung: Sie müssen für die Babys ihrer mörderischen Mutter Ammenpflichten übernehmen.[346]

Das Säugen zehrt erheblich an den Ressourcen der nachrangigen Weibchen, aber diese Sklavinnen haben keine andere Wahl, wenn die Alternative Verbannung und ein einsamer Tod ist. So erklärt sich der merkwürdige Altruismus von Individuen, die angeborenermaßen selbstmotiviert, also aus eigenem Antrieb, handeln. Die Versorgung der Jungen des Alphaweibchens ist eine Art Bestrafung oder eine »Buße«, die für abweichendes Verhalten gezahlt werden muss.[347] Da die Weibchen der Gruppe eng miteinander verwandt sind, bedeutet die Mithilfe bei der Aufzucht des Nachwuchses der Mutter zumindest, dass sie mit diesem einen beträchtlichen Teil des Erbguts gemeinsam haben. Diese genetische Verbindung erhöht für ein nachrangiges Weibchen den Anreiz, dieses Opfer zu bringen, und bietet einen gewissen erblichen Nutzen für die Kooperation. Wenn es einem solchen Weibchen gelingt, das Alpha-Tier zu besänftigen, und wenn es lange genug in der Gruppe bleibt, hat es immerhin die Möglichkeit, eines Tages vielleicht selbst den Platz an der Spitze einzunehmen und zur Fortpflanzung zu kommen.

»Das Letzte, was Sie als junges Weibchen wollen, ist, dass Ihre Mutter Sie aus der Gruppe rauswirft. Sie müssen das böse Spiel wohl oder übel mitspielen. Ihre Mutter ist größer als Sie, und sie ist in der Lage, Sie rauszukicken. Ihnen bleibt nur, darauf zu hoffen, dass irgendwer sie irgendwann frisst«, sagte Tim Clutton-Brock.

Eins werden Sie jedoch niemals sehen, dass sich untergeordnete Weibchen zusammenrotten, um die Clanchefin zu stürzen. »Das würden Primaten machen. Eine Allianz bilden und das dominante Tier angreifen«, erklärte Clutton-Brock. »Erdmännchen bilden keine Allianzen. Sie sind sehr dumm – auf jeden Fall würden Sie sie nicht um Rat fragen, wenn es um eine Versicherungspolice geht«, ergänzte er in Anspielung auf ein britisches Vergleichsportal, das seine Dienste mit Erdmännchen als Sympathieträgern bewirbt.

Zu einem Aufstand kommt es höchstens, wenn die Dominanz nicht eindeutig ist. Etwa wenn ein schwaches Weibchen den Spitzenplatz erbt, weil es zufälligerweise das älteste, aber vielleicht nicht das schwerste der nachgeordneten ist. Oder das starke dominante Tier wird krank oder verletzt. Dann kollabiert das System und ein blutiges Chaos bricht aus, da die eng verwandten Weibchen verzweifelt um den Platz an der Sonne kämpfen. Eskalierende Aggression gegeneinander ist das eine, dazu kommt, dass sie oft alle trächtig werden. Am Ende steht ein Blutbad, bei dem die Neugeborenen gefressen werden. Der erste Wurf wird von einem trächtigen Weibchen gefressen, dann der nächste. Das Massaker geht weiter, bis der letzte Wurf auf der Welt ist; dieser wird überleben, unabhängig davon, wer die Mutter ist. In einer Studie, in der 248 Würfe registriert worden waren, verließen 106 den Bau nicht, vermutlich wurden alle diese Jungtiere getötet.[348]

Erdmännchen-Kultur ist Stress und Tod. Eine Studie, die Gewalt mit tödlichem Ausgang in über tausend Säugetierarten untersuchte, enthüllte, dass Erdmännchen die mörderischsten Säuger auf Erden sind – in diesem brutalen Punkt übertreffen sie sogar die Menschen. Jedes neugeborene Erdmännchen wird mit einer Wahrscheinlichkeit von eins zu fünf von einem anderen Erdmännchen getötet, höchstwahrscheinlich von einem Weibchen und mit einiger Sicherheit von der eigenen Mutter.[349]

All dies zusammengenommen, sind Erdmännchen wohl nicht gerade die beste Wahl für ein Familien-Wohlfühl-Unterhaltungsprogramm oder vertrauenswürdige Anbieter von Autoversicherungen. Sie mögen zwar niedlich und komisch sein und einer mit dem Etikett »kooperativ« versehenen Gemeinschaft angehören, doch nichtsdestotrotz steht jedes einzelne Individuum für sich allein. Kein Gott hätte jemals ein so schlechtes, von Blut triefendes System geschaffen. Aber die Evolution hat es getan, und es funktioniert nicht nur irgendwie, sondern es ist sogar außerordentlich erfolgreich. Dominante Weibchen können drei bis vier Würfe pro Jahr haben statt nur eines einzigen, wie es für ein Tier von Erdmännchengröße zu erwarten wäre. Eine legendäre Matriarchin mit Namen Mabili brachte während ihrer zehnjährigen Herrschaft 81 Junge zur Welt.

Wenn man davon ausgeht, dass sich nur eines von sechs oder sieben Erdmännchen tatsächlich fortpflanzt,[350] dann ist die Varianz im Fortpflanzungserfolg weiblicher Erdmännchen sogar noch größer als die von durchschnittlichen konkurrierenden Alphamännchen. Tim Clutton-Brock erzählte mir, dass der erfolgreichste Rothirschbulle, den er je beobachtet und dokumentiert hat, in seinem ganzen Leben gerade einmal 25 Nachkommen zeugte – und das trotz all des Aufwands mit dem Geweih, das immer nachwachsen muss, den Kämpfen mit Rivalen und der Energiebeschaffung für einen großen Harem.

Lang lebe die Königin!

Über eine solche Zahl können Weibchen mit kooperativer Jungenaufzucht nur müde lächeln. Die Königinnen des kooperativen Lebens sind – natürlich – die sozialen Insekten, allen voran Termiten und Ameisen sowie Wespen und Bienen, deren Gesellschaften Wunder des Fruchtbarkeits-Totalitarismus darstellen. Nur eines von Zehntausenden weiblicher Wesen erhält überhaupt die Chance, Mutter zu werden. Diejenigen, die es schaffen, können außerordentlich produktiv sein, auch weil Eierlegen ihr einziger Job ist. Das tun sie abgeschirmt in ihren königlichen Privatgemächern, mit Unterstützung von unfruchtbaren Arbeiterinnen und Arbeitern und gegebenenfalls Soldatinnen und Soldaten, die eigene Gruppen (»Kasten«) im Insektenstaat bilden.

Die Termiten, die seit der frühen Jurazeit vor etwa 150 Millionen Jahren kooperieren, als die Dinosaurier noch über die Erde wanderten, haben das System perfektioniert. Angehörige der Art *Macrotermes bellicosus* züchten nicht nur Pilze, sondern konstruieren auch bis zu neun Meter hoch aus der westafrikanischen Savanne aufragende Hügel mit Temperatur- und Feuchtigkeitsregulation. In der Mitte der Hügel liegt die königliche

Kammer. Anders als bei Ameisen und Bienen lebt hier aber nicht nur die Königin, sondern auch der König, der seiner Gattin ein Leben lang beiwohnt. Bei vielen Arten schwillt die Königin zu einer monströsen Eierlegemaschine heran; ihr Hinterleib vergrößert sich um das Tausendfache und sieht dann aus wie ein zehn Zentimeter langes, matt weißes, wachsiges Würstchen. Kopf, Brust und Beine bleiben klein und können nur wild herumstrampeln, da ihr grotesker Körperumfang keine anderen Bewegungen erlaubt. Unzählige Arbeiterinnen und Arbeiter versorgen sie mit Futter und putzen ihren riesigen raupenähnlichen Leib, sodass sie ihre gesamte Energie darauf verwenden kann, etwa alle drei Sekunden ein neues Ei zu legen, Tag für Tag, und das etwa 20 Jahre lang. Bei mehr als 20 000 Eiern pro Tag könnte sie in ihrem Leben theoretisch an die 146 Millionen Termiten produzieren; damit wäre sie, was die Fortpflanzung angeht, das erfolgreichste Landlebewesen des Planeten.[351]

Diese extreme Variante von kooperativer Jungenaufzucht, mit der strikten Aufteilung der Reproduktionsarbeit zwischen Geschlechtstieren und sterilen Arbeiterkasten, wird als Eusozialität bezeichnet. Die griechische Vorsilbe *eu-* bedeutet »gut«, obwohl auch dieser Begriff wieder extrem subjektiv ist, denn in Wirklichkeit ist diese Arbeitsteilung nur für ein Individuum gut: Ihre königliche Reproduktivität. Der Rest der mehrere Millionen zählenden Termiten in der Kolonie wird, abgesehen vom König, unfruchtbar gemacht und in den niedrigen Kasten gehalten;[352] dies geschieht durch die Aufnahme von Pheromonen, die vom Allerwertesten Ihrer Majestät ausgeschieden werden. So gesehen, erscheint die britische Monarchie auf einmal doch ganz annehmbar.

Eusozialität ist eine befremdliche Lebensweise, eine Herausforderung für philosophische Vorstellungen von Individualität, und sie inspirierte nicht wenige Schriftsteller zu dystopischen Science-Fiction-Romanen. Angeblich habe sich Aldous Huxley für seine Diktatur in *Brave New World* (*Schöne neue Welt*) an sozialen Insekten orientiert und die Menschen in fünf Kasten eingeteilt. Es ist tröstlich zu wissen, dass sich diese futuristische Gesellschaft bei wirbellosen Tieren – und damit nur sehr entfernten Verwandten des Menschen – entwickelt hat. Dennoch gibt es eine Säugetier-Gesellschaft, die ebenfalls als eusozial eingestuft wird: die faszinierend merkwürdigen Nacktmulle.[353]

Eine Begegnung mit Nacktmullen steht schon seit Langem ganz oben auf meiner Tier-Wunschliste, doch das einzige eusoziale Säugetier der Welt ist nicht leicht aufzustöbern. Zunächst einmal verbringen Nacktmulle ihr ganzes Leben unter der Erde; unter dem trockenen Grasland von Äthiopien, Somalia und Kenia leben sie, ähnlich wie Termiten, in Kolonien von bis zu 300 Tieren in ausgedehnten, mehrere Kilometer langen Tunnelsystemen. Die Lebensweise in engen, dunklen Räumen führte im Lauf der Evolution dazu, unnötige Extravaganzen wie Sehvermögen und Haarkleid aufzugeben, die für die anstehenden Aufgaben – vor allem das unermüdliche Graben nach essbaren Pflanzenwurzeln und Knollen – nicht gebraucht werden. Diese Nahrung ist in den Wüstenböden Ostafrikas nur schwer zu finden und die Triebfeder für die Notwendigkeit der Zusammenarbeit bei Nacktmullen: Eine Kolonie kann für die verzweifelte Suche nach Nahrung pro Jahr bis zu 4,4 Tonnen Erde bewegen.

Nacktmulle kommen so gut wie nie an die Oberfläche, was vermutlich sehr klug ist. Ähnlich wie die Kalahari ist auch diese Ecke des subsaharischen Afrika extrem lebensfeindlich. Die brennend heiße Äquatorsonne würde einen Nacktmull binnen weniger Minuten durchbraten. Außerdem wird die Region von Banden und terroristischen Gruppierungen unsicher gemacht, was für die Nacktmulle weniger ein Problem darstellt als für die Menschen, die sie erforschen. Ich hörte, dass mindestens ein Nacktmull-Forscher im Feld »verschwand« und bis heute als vermisst gilt.[354]

Jedes Mal, wenn ich in Kenia war, suchte ich nach den kegelförmigen Maulwurfshügeln in der hartgebackenen roten Erde, den einzigen oberirdischen Hinweisen auf ihr verborgenes Labyrinth – ohne Erfolg. Meine erste Begegnung mit einer Kolonie fand schließlich nicht in der afrikanischen Einöde statt, sondern in einem sehr warmen Wärmeschrank im Londoner Osten. Chris Faulkes, eine führende Autorität für Nacktmulle, unterhält dort, am Queen Mary College der University of London, zu Studienzwecken eine Kolonie. Wie sich herausstellte, leben sie schon seit fast 30 Jahren in der obersten Etage des zoologischen Instituts – nur einen Steinwurf von meiner Wohnung entfernt.

Mein lang ersehntes Nacktmull-Date gehört definitiv zu den surrealsten Tierbegegnungen, die ich je hatte. In London tobte die Corona-Pandemie, und Faulkes trug eine Nacktmull-Maske, als wir uns trafen; dann eilte er sieben Treppen hoch und ließ mich in einen kleinen, stickigen Raum eintreten, in dem es süßlich nach Hefe roch. Mit Tupperdosen und Unmengen von zusammengeklebten Plastikrohren hatte er dort, über ein halbes Dutzend breite Regalböden verteilt, den unterirdischen Wüsten-Lebensraum der Nacktmulle nachgebildet. Das Ganze erinnerte mich stark an Heath Robinsons vertrackt-komische Apparaturen, ermöglichte es Faulkes und seinem Team jedoch, das ansonsten geheime Sozialleben der Tiere zu beobachten und zu versuchen, es zu entschlüsseln.

Durch die Rohre wuselten, wie auf einer Art Fließband, Hunderte kleiner Wesen, die aussahen wie Würstchen auf Beinen. Ihr Äußeres ist wirklich außergewöhnlich, bei der Wahl zum hässlichsten Tier der Welt belegen Nacktmulle regelmäßig den Spitzenplatz. Ihr wissenschaftlicher Name *Heterocephalus glaber* besagt, dass es sich um Tiere mit »anders geformtem Kopf« und »glatter« Haut handelt, was ihre eigenartige Erscheinung lediglich andeutungsweise beschreibt. »Sie sehen aus wie ein Penis mit Zähnen«, tönte es mit überraschender Offenherzigkeit hinter Faulkes' Maske hervor, die dasselbe Bild zeigte. »Ich finde sie wirklich niedlich«, fügte er hinzu.

Das Gesicht eines Nacktmulls kann vermutlich nur eine Mutter schön finden – wenn es sich bei der einzigen Mutter, die dafür infrage kommt, nicht um eine höchst aggressive, despotische Königin handeln würde, die für rein gar nichts Liebe empfindet. Der runzlige rosafarbene Nacktmull-Körper sieht tatsächlich bemerkenswert phallisch aus und folgt auf einen helmartigen Kopf mit zwei Paar erschreckend langen gelben Zähnen. Diese stehen weit vor, weil sich die Lippen des Nacktmulls hinter ihnen schließen, sodass er nicht ständig auf Erde herumkauen muss, wenn er seine Beißerchen zum Graben benutzt. Mit zwei schwarzen Punkten dort, wo die nutzlosen Augen liegen, und ohne sichtbare Ohren. Jedenfalls nichts, was an eine Spezies mit derart dominanten Frauen denken lässt.

Faulkes tauchte eine Hand in eine der Tupperdosen, fischte eines der Säbelzahn-Würstchen mit kahlem Stummelschwanz heraus und gab es mir. Die glatte Haut des Nacktmulls fühlte sich elastisch und unglaublich weich an. Faulkes erklärte mir, dass das hilft, die Schäden bei seinem aufreibenden Tunnelleben gering zu halten. Nacktmulle produzieren einen neuartigen Typ von Hyaluronsäure – Sie wissen schon, die Pampe in teuren Hautcremes, die Ihnen ewige Jugend versprechen. Das Hyaluronan macht ihre Haut superelastisch, möglicherweise sorgt es auch dafür, dass sie keinen Krebs kriegen.[355]

Der Nacktmull ist wahrlich ein wissenschaftliches Wunder. Das einzige wechselwarme Säugetier ist offensichtlich gegen Krebs immun, spürt keinen Schmerz und kann 18 Minuten ohne Sauerstoff überleben. Diese unverwüstlichen Nager werden bis zu 30 Jahre alt – achtmal älter, als für ein Tier dieser Größe zu erwarten wäre. Natürlich haben diese besonderen Eigenschaften das Interesse von Genomhackern im Silicon Valley geweckt, die nach dem Quell ewiger Jugend suchen,[356] doch in Wahrheit handelt es sich um Anpassungen an eine extreme, unterirdische Lebensweise, um die sie ansonsten niemand beneidet.

Faulkes hat die letzten 30 Jahre mit der Erforschung der eusozialen Nacktmull-Gesellschaft verbracht. Die Kolonien werden von einer einzigen Königin beherrscht, die mit ein bis drei auserwählten Männchen den gesamten Nachwuchs zeugt. Vier- bis fünfmal pro Jahr bringt sie etwa ein Dutzend Junge zur Welt, obwohl sie noch wesentlich mehr aus sich herauspressen kann – schier unglaubliche 27 wurden einmal in einem einzigen Wurf dokumentiert.[357] Obwohl die Babys bei der Geburt noch extrem unreif sind – hellrote Böhnchen mit einer durchscheinenden, »gelatinösen«[358] Haut –, ist das doch ein außergewöhnlicher Output. Um so viele Junge austragen zu können, schwillt der Körper der Königin enorm an, ähnlich wie bei den Termiten. Und wie die Königin in einem Insektenstaat lebt sie zehnmal länger als die Arbeitstiere der Kolonie, allerdings nimmt ihre Fruchtbarkeit mit zunehmendem Alter nicht ab, was es ihr ermöglicht, in ihrem ungewöhnlich langen reproduktiven Leben ein außergewöhnliches genetisches Erbe zu hinterlassen. Eine legendäre Nacktmull-Königin brachte es nachweislich in 24 Jahren auf über 900 Junge.[359]

Mit Ausnahme des von der Königin erwählten Gatten widmet sich der Rest der Kolonie den anfallenden Arbeiten oder der Verteidigung. Wie Faulkes erzählt, sind diese Rollen, anders als bei sozialen Insekten, nicht fixiert, sondern plastisch. Größere Individuen übernehmen eher die Wächterrolle, um die Gemeinschaft vor eindringenden fremden Nacktmullen oder Fressfeinden wie Schlangen zu schützen, während die kleineren die Arbeiterschaft bilden und ihre Tage damit zubringen, nach Wurzeln und Knollen zu graben, mit ihren kleinen, dünnen Hinterbeinchen die Tunnel zu fegen, die Babys zu betreuen oder die Toilettenräume zu säubern. Nacktmulle scheinen ungewöhnlich pingelig zu sein, was ihre Abfälle angeht. Faulkes meint, sie hätten Persönlichkeit, und es habe den Anschein, als würden manche von ihnen bestimmte Aufgaben bevorzugen. Doch das ist im Prinzip egal, denn wenn sie nicht gerade zum König oder zur Königin aufsteigen, werden diese Individuen ihr Leben lang nichts anderes tun, als die Kolonie am Laufen zu halten.

»99,99 Prozent der Kolonie wird sich nie fortpflanzen«, sagte Faulkes. Anders als Erdmännchen missachten nachrangige Nacktmulle das Fortpflanzungsverbot nicht, indem sie heimlich kopulieren. Sie können schlicht nicht. Die Königin verhindert jeden Gedanken an Elternschaft, indem sie die sexuelle Entwicklung der anderen unterdrückt. Ihr untergeordnete männliche wie weibliche Familienmitglieder verbleiben in einem präpubertären Zustand; sie entwickeln nicht einmal die Genitalien von Erwachsenen. Damit gibt es in diesem eusozialen System keinen Sex zwischen Untergebenen. Und, sagt Faulkes, bei den nicht fortpflanzungsfähigen Kasten sind die Geschlechter nicht zu unterscheiden. Alle huschen als aalglatte Unisexe durch die Gänge und tun, was die Königin will.

Faulkes hat sein ganzes Berufsleben damit zugebracht herauszufinden, wie die Königin das Kunststück fertigbringt, die Sexualität der anderen zu blockieren. Anfangs dachte man, wie bei den sozialen Insekten seien Pheromone die Antwort – Pheromone, die die Königin mit ihrem Urin überall in der Kolonie verspritzt. Faulkes konnte zeigen, dass das nicht stimmt. Andere Forschende postulierten, dass die Untergebenen durch den Verzehr des Kots der Königin kontrolliert würden, den diese chemisch manipulieren könnte.[360] Nacktmulle sind begeisterte Kotfresser. Die Jungen betteln ihre Betreuer ständig um Kot an. Immerhin füllt der Verzehr von Exkrementen die wertvolle Bakterienflora, Nährstoff- und Flüssigkeitsvorräte auf. Faulkes erklärte jedoch, dass die Königin, wenn sie Fäkalien für die flächendeckende Kontrolle der Kolonie einsetzen wollte, diese »wie mit einem Maschinengewehr« abfeuern müsste, was er bislang noch nicht beobachten konnte.

Chris Faulkes ist fest davon überzeugt, dass die Nacktmull-Königin ihre Untergebenen durch leichtes körperliches Mobbing in ihrem geschlechtslosen Zustand festhält. Sie schubst die anderen oft herum, um ihnen klarzumachen, dass sie immer noch stark und leistungsfähig ist. Wenn sie nicht angegriffen werden wollen, müssen sich Arbeiterinnen und Soldaten unterwürfig zeigen. Trifft die Königin in einem der vielen Tunnel mit einem Vertreter der unteren Chargen zusammen, geht sie einfach weiter, und dem anderen Tier bleibt nichts anderes übrig, als sich unter ihr platt auf den Boden zu drücken.[361]

Welche Mechanismen dieser Form der physiologischen Unterdrückung zugrunde liegen, ist noch nicht im Detail geklärt; grob gesagt glaubt Faulkes, dass das gegen sie gerichtete Verhalten der Königin bei ihren Untergebenen zu einem Stresszustand führt, der deren Hirnchemie verändert und negative Auswirkungen auf den Hypothalamus hat, die Hirnregion, die unter anderem die Fortpflanzung steuert. Faulkes glaubt, dass das Hormon Prolactin eine Schlüsselrolle spielt.

»Wir haben festgestellt, dass die Prolactinspiegel bei den nicht fortpflanzungsfähigen weiblichen und männlichen Nacktmullen ausgesprochen hoch sind, bei Menschen führt das sofort zur Unfruchtbarkeit«, erzählt er. Bei schwangeren Frauen und jungen Müttern ist der Prolactinspiegel hoch – das regt die Milchproduktion in den Brustdrüsen an und mindert die Fruchtbarkeit, bis das Kind entwöhnt ist. Auch zwischen Prolactin und elterlicher Fürsorge gibt es einen Zusammenhang. Möglicherweise hat Prolactin also eine Doppelrolle bei den Nacktmullen: Es verhindert nicht nur die Fortpflanzung, sondern lässt sie gegenüber dem Nachwuchs der Kolonie fürsorglicher werden.

Für die Königin bedeutet das Aufrechterhalten der Dominanz in ihrer Kolonie harte Beinarbeit. »Wir wissen, dass sie beim Patrouillieren in den Gängen enorm viel Energie verbraucht. Wir haben herausgefunden, dass die Königin mehr als doppelt so aktiv ist wie das Tier mit der zweithöchsten Aktivität in der Kolonie und dass sie in 18 Monaten dreimal so viel Wegstrecke zurücklegt«, erklärte Faulkes.

Wie Faulkes meint, ist diese unermüdliche royale Wandertätigkeit notwendig, um die sexuelle Unterdrückung der anderen Koloniebewohner aufrechtzuerhalten.[362] »Die Königin ist keine faule Regentin, die nur in ihrer Brutkammer rumhängt und sich von den anderen füttern lässt (wie ihre Kolleginnen bei den sozialen Insekten)«, sagte Faulkes. »Für sie ist es wirklich ein ziemlich harter Job, denn sie muss ihre Dominanz ständig bestätigen.«

Kolonien können viele Jahre, wenn nicht Jahrzehnte, gut funktionieren; alles läuft friedlich und reibungslos, solange die Königin dominant und präsent ist. Doch wenn sie schwächelt oder aus irgendeinem Grund entfernt wird, bricht die Hölle los. Wenn sie nicht mehr da ist, werden die ranghöchsten Weibchen innerhalb einer Woche geschlechtsreif, und dann erinnert das Szenario sehr stark an *Game of Thrones.*

»›*When you play the game of thrones you win or you die*‹ (›Wenn man das Spiel der Throne spielt, gewinnt man oder man stirbt‹), lautet das berühmte Zitat, und es trifft voll und ganz auf Nacktmulle zu. Sie kämpfen um den Thron, und sie werden jede Konkurrentin töten oder selbst in diesem Kampf sterben. Es ist echt brutal«, erklärte Faulkes.

Diese Tunnelbau-Profis haben einen fürchterlichen Biss entwickelt. Ein Viertel ihrer gesamten Körpermuskulatur dient dazu, den Kiefern, die sich durch die steinharte Erde nagen, die nötige Kraft zu verleihen. Und dann ihre langen Vorderzähne. Wenn die Weibchen diese Grabwerkzeuge als Waffen einsetzen, wird es ganz schnell ganz hässlich. Faulkes erzählte mir, dass die Plastikrohre der Kolonie dann von Blut überzogen sind und sein Team versucht, die sich bekriegenden Weibchen zu trennen. »Aber bei diesen tödlichen Nagezähnen muss man wirklich auf der Hut sein, sie können dir den Finger abbeißen.«

Einem Paar runzliger rosa Penisse dabei zuzusehen, wie sie sich gegenseitig mit langen gelben Zähnen zerfleischen, ist in vielerlei Hinsicht irritierend. »Es ist schrecklich, wenn sie damit anfangen, man fühlt sich so hilflos. Uns macht es immer ganz fertig, vor allem wenn die Person, die Wochenenddienst im Labor hat, am Samstagmorgen anruft und sagt: ›Oh, sie kämpfen. Ich weiß nicht, was ich tun soll.‹«

Die extreme Gewalttätigkeit lässt sich damit erklären, dass der frei gewordene »Thron« den nachrangigen Weibchen die einmalige Chance eröffnet, sich selbst fortzupflanzen. Es alleine zu versuchen ist in dieser unterirdischen Welt einfach keine Alternative. Nacktmulle können nur als aufopferungsvolle Masse existieren. Sie haben sich in der Evolution so entwickelt, dass sie in einer extrem unwirtlichen Umgebung gut zurechtkommen, wahrscheinlich weil sie sich zusammengerauft haben, um die fürs Überleben notwendigen schwierigen Aufgaben zu teilen. Sie sind herausragende Beispiele für die Macht der Kooperation, aber auch für reproduktiven Despotismus.

Solche Ausbrüche extremer weiblicher Gewalttätigkeit in einer ansonsten ruhigen, erfolgreichen Kultur sollten uns noch einmal vor Augen führen, dass die Weibchen einen enormen Fortpflanzungstrieb besitzen und eusoziale Gesellschaften auf unterschwelliger reproduktiver Konkurrenz aufbauen, was einen äußerst repressiven Führungsstil notwendig macht, wie man ihn sonst im Tierreich nicht findet.

Chris Faulkes formulierte es so: »Die Nacktmulle sind ein großartiges Beispiel für eine utopische, fast schon kommunistische Gesellschaft, aber natürlich spielt sich – unter der Oberfläche – jede Menge übler Scheiß ab.«

KAPITEL 8

Primatenpolitik: Macht in weiblicher Hand

Im Film *Madagaskar* wird das große afrikanische Inselreich von einem schnell sprechenden Katta namens König Julien XIII. regiert. Trickfilm-Blockbuster sind nicht gerade für ihre Realitätsnähe berühmt, doch da König Julien einer Art angehört, die in Madagaskar heimisch ist, ist es verzeihlich zu glauben, er sei eine der glaubwürdigeren Figuren im Film. Tatsächlich ist er genauso wenig plausibel wie die deplatzierten Pinguine. Im echten Madagaskar gibt es zwar jede Menge Kattas, aber sie werden nicht von einem König angeführt, sondern von einer Königin. Die Produzent:innen des Films haben es vielleicht als naturgegeben empfunden, dass in ihrem Gute-Laune-Film ein männlicher Herrscher vorkommt, doch in der Katta-Gesellschaft haben ganz fraglos die Weibchen das Sagen.

Dasselbe gilt für die meisten Lemurenarten. Diese besonderen, nur in Madagaskar anzutreffenden Primaten sind überwiegend weiblich dominiert. Ob in monogamen Partnerschaften, wie beim Indri *(Indri indri)*, oder in polygamen Gesellschaften, wie beim uns schon bekannten Schwarzweißen Vari – bei 90 Prozent der 111 Lemurenarten sind es die Weibchen, die sexuell, sozial und politisch bestimmen, wo es langgeht. Madagaskar ist ein Land, in dem die Primatenweibchen regieren.

Diese weibliche Macht steht im krassen Kontrast zu den gängigen patriarchalen Erzählungen vom Leben der Primaten, bei denen etwa ein despotisches Schimpansenmännchen sich auf die Brust trommelt und die Gruppe mit roher Kraft terrorisiert – ein populäres Sozialmodell für unsere eigenen Urahn:innen. Derlei männliche Dominanz gilt als eine der grundlegenden Voraussagen von Darwins Theorie der sexuellen Selektion, als Begleiterscheinung des männlichen Konkurrierens um Weibchen, das auf große, aggressive Männchen mit »Waffen« selektiert, die ihre Körperkraft dann nutzen, um kleinere, passive Weibchen zu unterwerfen.

Aus diesem Grund betrachtete man weibliche Dominanz lange Zeit als Seltenheit unter Säugetieren. Die uns an dieser Stelle bereits bekannten Tüpfelhyänen- und Nacktmull-Matriarchinnen entwickelten einen signifikanten Größenvorteil, dank dessen sie Darwins vermeintlich natürliche Ordnung auf den Kopf stellen und den Männchen überlegen sein können. Lemuren allerdings zeigen praktisch keinen Geschlechtsdimorphismus. Wie also kam das »schwache« Geschlecht an die Macht? Und was kann uns die Lemurengesellschaft über die Ursprünge und Dynamik von Macht bei anderen Primaten – auch uns selbst – verraten? Um das herauszufinden, begab ich mich auf eine Pilgerreise in das sengend heiße Hinterland im Süden Madagaskars.

Madagaskar ist der zweitgrößte Inselstaat und trotz reicher natürlicher Ressourcen eines der ärmsten Länder der Erde – drei Viertel der Bevölkerung müssen mit weniger als zwei Dollar pro Tag über die Runden kommen. Beides führt dazu, dass es sich als Reiseland für Eilige nicht empfiehlt. Auf der Landkarte schien meine Reisestrecke von der Küstenstadt Morondava bis zur Ankoatsifaka Research Station im Kirindy-Mitea-Nationalpark im entlegenen, trockenen Südwesten des Landes kaum mehr als 40 Kilometer zu betragen. Als erfahrene Afrikareisende nahm ich an, dass die Fahrt ungefähr zwei Stunden dauern würde – eine viel zu optimistische Schätzung, wie ich leidvoll erfahren musste. Kaum hatten wir das verschlafene Küstenstädtchen verlassen, mutierte die Fahrt zu einer extremen Folge von *Top Gear*.

Randzi, mein Fahrer, blieb vollkommen gelassen, während wir die endlosen, mit feinem weißen Sand bedeckten Flussbetten entlangschlitterten, die als Straßen dienen. Gelegentlich stieg er ohne große Erklärung – wir wechselten nur ein paar Worte Französisch, und unsere Akzente waren höchst inkompatibel – aus unserem Allradwagen, um in der flirrenden Hitze nach Stellen mit Treibsand zu suchen. Die einzigen anderen Verkehrsmittel, die wir hin und wieder zu Gesicht bekamen, waren schäbige Holzkarren, gezogen von je zwei unwilligen Zebus, auf die heftig eingedroschen wurde. Über den zweiten Gang kamen wir nie hinaus, und unser Schneckentempo wurde noch verlangsamt durch zig »Mautstationen«. An den behelfsmäßigen Schranken saßen Angehörige der örtlichen Volksgruppe der Vezo. Die Frauen hatten sich die Gesichter mit gelblichem Rindenmark bestrichen, um sie vor der brennenden Sonne zu schützen, und verlangten mageren Wegezoll, um uns passieren zu lassen.

Wir kamen nur langsam voran, aber ich war voller Abenteuerlust. Jedenfalls so lange, bis wir vom Weg abkamen und ich meine gute Laune zeitweise einbüßte. Ich war davor gewarnt worden, abends zu fahren, nicht wegen der unzuverlässigen »Straßen«, sondern weil die Gefahr bestand, überfallen zu werden. Viehdiebstahl ist in dieser Gegend eine Form, seinen Lebensunterhalt zu bestreiten, und sich als Bandit zu betätigen, ist einer der wenigen möglichen Berufswege, die man in dieser dünn besiedelten Halbwüste einschlagen kann. Wir hatten kein Mobilfunknetz, keine Karte, niemanden, den wir nach dem Weg fragen konnten, und ein extrem entlegenes Ziel, von dem ich mir aus den genannten sprachlichen Gründen nicht sicher war, dass Randzi selbst es kannte.

Ich hatte kein Trinkwasser mehr, und gerade als ich dachte, ich müsse vielleicht meine Tränen auffangen, um sie im Notfall zu trinken, erblickten wir die Forschungsstation am Ende einer langen, mit rotem Sand bedeckten Fahrspur, umgeben von einem staubigen, ziemlich tot aussehenden Wald. Wir hatten seit Stunden keine andere Ansiedlung gesehen. Die Station war nicht groß, nur eine hölzerne Baracke, die als Küche diente, und ein Anbau, der praktisch alle anderen Funktionen erfüllte. Und da war eine attraktive Frau in den Vierzigern, die die unverkennbar praktische Bekleidung einer Feldforscherin trug. Dies war meine Gastgeberin, Dr. Rebecca Lewis, Professorin für Anthropologie an der University of Texas in Austin und führende Expertin für weibliche Dominanz bei Lemuren.

Lewis half mir, mein Zelt auf einer kleinen Lichtung aufzustellen, und führte mich dann schnell tiefer in den Wald, damit wir noch einen Blick auf ihre Forschungsobjekte werfen konnten, bevor sich diese zur Nachtruhe begaben. Während wir durch das trockene Laub stapften, wuchs meine Aufregung. Lewis erforscht Larvensifakas *(Propithecus verreauxi)*, die zufälligerweise auf meiner Top-Ten-Liste der Tierarten standen, die ich unbedingt einmal sehen wollte. Lange bevor ich wusste, dass bei ihnen die Weibchen das Sagen haben, hatte ich schon den Wunsch, diese merkwürdig rundäugigen Halbaffen wegen der Art kennenzulernen, wie sie sich bewegen: Sifakas gehen nicht, sie tanzen.

Der laubabwerfende Wald, in dem die Sifakas beheimatet sind, setzt sich aus einigen der zähesten Pflanzenarten unserer Erde zusammen, die monatelange Trockenzeiten überstehen können – das komplette Gegenteil zu der überwältigenden Fruchtbarkeit des Regenwaldes. Statt dieser wächst hier ein graues Durcheinander dürrer Bäume, deren Zweige das Gewicht eines Lemuren nicht tragen könnten, vielleicht nicht einmal das einer Katze. Die Fortbewegung von Baum zu Baum mittels Klettern oder Schwingen von Ast zu Ast, wie bei der

Affenverwandtschaft, kommt für die Sifakas somit nicht infrage.

Die Lösung des Problems: Die Sifakas entwickelten übergroße Füße und Hände, mit denen sie sich an die Baumstämme klammern können, sowie lange Beine zum Springen. Sie sind Meister darin und machen mit ihren kräftigen, langen Beinen bis zu zehn Meter lange Sätze von einem Stamm zum anderen. Gewisse Probleme bereitet ihnen dagegen die Fortbewegung am Boden; dort ist ihnen das Fortkommen auf allen vieren wegen der langen Beine, kurzen Arme und riesenhaften Füße unmöglich. So sind sie gezwungen, seitwärts zu hüpfen, wobei sie die Arme ausstrecken, um das Gleichgewicht zu halten. Ein wunderbares Beispiel dafür, dass es die Evolution wirklich gibt – kein Gott hätte sich eine derart verrückte Art der Fortbewegung ausgedacht, es sei denn, er hätte einen wirklich schrägen Humor.

»Für mich sind sie wie Wonder Woman – sie können hervorragend springen, und sie haben diese Riesenkraft«, so Lewis über ihre Lemuren.

Als wir bei den Sifakas ankamen, hatten sie ihr Springen und Tanzen für diesen Tag bereits beendet und sich zum Feierabend an ihre Ruheplätze begeben. Doch selbst dabei zeigte sich die Überlegenheit der Weibchen. Sifakas leben in kleinen Familiengruppen von zwei bis zwölf Individuen. Es sind meist eine Matriarchin, ihre Nachkommen sowie ein bis zwei adulte Männchen. Die Matriarchin dieses Trupps, von Lewis Emily genannt, kuschelte sich mit ihrem Jungen hoch oben in einem Baum behaglich zusammen, um die kühle Nacht auf diese Weise zu verbringen. Mafia dagegen, das adulte Männchen, saß unterhalb von ihnen (eine oft zu beobachtende physische Abbildung des Ranges eines Tieres) und musste sich selbst wärmen. Die Temperatur kann dort nachts auf kühle zehn Grad Celsius absinken. Lewis berichtete mir, dass sie oft Männchen sieht, die in der Kälte allein bleiben müssen.

Männliche Sifakas sind Gruppenmitglieder zweiter Klasse; sie müssen die behaglichsten, sonnigsten Schlafplätze und die beste Nahrung an das Alphaweibchen abtreten. Jeglicher Widerstand wird mit harter Hand unterbunden. Laut Lewis war ich zur besten Jahreszeit gekommen, um die Weibchen bei der Ausübung dieser Autorität zu beobachten. In den trockenen Wintermonaten haben die meisten Bäume ihr Laub abgeworfen; der Kirindy-Wald gleicht dann einer öden Wüste mit kahlen Baumgerippen. Ich habe gewiss nie einen tropischen Wald erlebt, in dem so wenig Leben war und in dem solche gespenstische Stille herrschte – kein Insektenzirpen, kein Vogelgesang, nur das Rascheln beim Gehen durch das trockene Laub war zu hören. Für einen Blätter fressenden Lemuren, ja eigentlich für jedes Tier, gab es hier eindeutig wenig zu essen. »Die Sifakas verlieren im Winter 15 bis 20 Prozent ihres Körpergewichts. Das ist wirklich eine harte Zeit für sie«, so Lewis.

Affenbrotbäume bieten den Sifakas in dieser Zeit Nahrung. Diese Goliaths der Pflanzenwelt speichern Wasser in ihren gewaltigen Stämmen, und gerade, wenn der Rest des Waldes kahl und dürr dasteht, bringen sie ihre Früchte hervor: grüne, samtige Kugeln von der Größe einer Orange, die fett- und kalorienreiche Samen enthalten und wie Christbaumkugeln von den kurzen Ästen des Baumes herabbaumeln. Das einzige Problem besteht darin, dass die Fruchtschale hart ist, das Gebiss der Sifakas aber nicht. Ihre Schneidezähne sind zu einem feinen Zahnkamm verschmolzen, der etwa für die Pflege von weichem Fell geeignet ist, weniger aber für das Knacken holziger Schalen.

»Die Männchen verbringen eine Ewigkeit damit, diese harte Schale durchzuarbeiten, um an die ölreichen Samen im Inneren zu kommen«, erzählte mir Lewis. »Sie ruinieren sich den Zahnkamm, und wenn sie es endlich geschafft haben, kommt das Weibchen, schwupps, haut ihnen auf den Kopf und sagt: ›Danke schön, das nehme ich!‹«

Am nächsten Morgen konnte ich das Ende einer solchen Szene beobachten. Wir gingen gegen neun Uhr morgens in den Wald, um die Sifakas noch auf ihren Schlafbäumen anzutreffen. Das war ein überraschend später Tagesbeginn – keine Patrouille im Morgengrauen, wie ich sie von der Erforschung anderer Primaten her kannte. Sifakas kommen nach einer kalten Nacht im Wald nur langsam in Schwung. Nach einem Sonnenbad begaben sie sich auf der Suche nach einem Frühstück ins wirre Gezweig, wobei Emily die Richtung vorgab. Sie bewegten sich viel schneller als wir durch den Wald, und als wir sie am Affenbrotbaum eingeholt hatten, konnte ich aus der Krone lautes Gezänk und das typische Unterwerfungs-Gezwitscher der Männchen vernehmen. Dann sah ich Mafia, das adulte Männchen, über den Boden hüpfen und im Laub nach Stückchen hellorangefarbenen Fruchtfleisches mit daran hängenden Samen suchen, den weggeworfenen Resten des Festmahls, das hoch über ihm stattfand. Lewis sagte mir, dass das ganz normal sei. Nachdem ein Männchen mehrere Affenbrotbaum-Früchte hergegeben und genug Schläge eingesteckt hat, zieht es sich, wenn es schlau ist, auf den Boden zurück, um nach Resten zu suchen.

»Ehrlich gesagt, ich weiß nicht, warum die Männchen überhaupt dableiben«, so Lewis. »Sie kriegen rechts und links ein paar, und sie bekommen auch nicht das gute Essen. Ihr Leben ist wirklich nicht leicht.«

Die aggressive Dominanz der weiblichen Lemuren hat die Wissenschaft beschäftigt, seit sie in den 1960er-Jahren von der jungen amerikanischen Forscherin Alison Jolly entdeckt wurde. Jolly, die 2014 im Alter von 76 Jahren in England starb, ist eine der weniger bekannten Visionärinnen der Primatologie. Sie leistete Pionierarbeit bei der Entwicklung eines Umweltaktionsplans, der dazu beitrug, einen großen Teil von Madagaskars einzigartiger Tier- und Pflanzenwelt zu schützen, und sie etablierte die Vorstellung, dass sich die hohe Intelligenz der Primaten nicht entwickelt hat, um Werkzeuge zu gebrauchen, sondern um mit komplexen sozialen Beziehungen zurechtzukommen. Das widersprach dem Denken der damaligen Zeit, gilt heute aber als gesichert.

Jolly verfasste mehr als 100 wissenschaftliche Artikel, doch trotz dieser akademischen Leistungen stand sie im Schatten ihrer Zeitgenossinnen Dian Fossey und Jane Goodall, und ihre Beiträge zur Wissenschaft sind ein wenig in Vergessenheit geraten. Vielleicht lag das an der fast ketzerischen Art ihrer Forschung. Während Fossey und Goodall dominante Gorilla-Silberrücken und die Hierarchien männlicher Schimpansen auf dem afrikanischen Festland beschrieben, arbeitete Jolly in Madagaskar und dokumentierte in aller Stille das vollkommene Gegenteil davon, nämlich Alphaweibchen.

Jolly traf 1962 im Alter von 25 Jahren in Madagaskar ein, mit einem gerade erworbenen Doktortitel und einem großen, saftigen »Forschungsstipendium der Sputnik-Ära, auf das ich mächtig stolz war«.[363] Sie richtete sich bei Berenty im isolierten Süden des Landes ein und machte sich daran, das einzigartige und bis dahin kaum bekannte Primatenleben der Insel zu dokumentieren. Ihre große Leidenschaft galt den absurd-charismatischen und heute zu Recht sehr bekannten Kattas *(Lemur catta)*. Jolly entdeckte, dass ihre Superstars mit den geringelten Schwänzen erstaunliche Verhaltensweisen an den Tag legten, die man bis dato für exklusiv männlich gehalten hatte.

Zunächst einmal sind es die Weibchen, die hauptsächlich das Revier verteidigen. Sie haben gut entwickelte Duftdrüsen und produzieren entgegen gängigen Erwartungen mehr chemische Markierungen als die Männchen. Offenbar interessieren sie sich auch mehr für den Duft ihres eigenen Geschlechts, besonders denjenigen fortpflanzungsfähiger Weibchen, als für den von Männchen. Die gesündesten Weibchen bilden zahlreiche Fettsäure-Ester, die signalisieren, dass sie stark und sexy sind. Auch dies findet man normalerweise nur bei Männchen. Vermutlich stehen ihre Duftsignale im Zusammenhang mit der

Konkurrenz zu anderen Weibchen, während Männchen für sie keine besondere Gefahr darstellen und getrost ignoriert werden können.[364]

Die Weibchen setzen in »Konfrontationszonen« besonders viele Marken, ebenso während Auseinandersetzungen mit anderen Trupps. Wenn sie sich in benachbarte Territorien begeben, schnüffeln sie immerzu an den Duftmarken der Nachbarinnen, ohne aber eigene zu setzen.[365]

Das ist insofern interessant, als es den »Patrouillengängen« männlicher Schimpansen ähnelt. Diese veranstalten oft einen Riesenlärm, doch wenn sie in ein benachbartes Territorium eindringen, sind sie plötzlich mucksmäuschenstill, weil sie nicht erwischt werden wollen. Begegnen sie fremden Artgenossen, gibt es eine gewaltige Aufregung, es wird geschrien und auf Bäumen herumgetrommelt. Die weiblichen Lemuren machen etwas sehr Ähnliches, nur mit Duftmarken. Indem sie sich nach nebenan stehlen und den Duft der benachbarten Weibchen überprüfen, können sie die Konkurrenz einschätzen; dabei hinterlassen sie selbst keine Marke, gehen also heimlich vor und vermeiden Vergeltungsmaßnahmen durch die Nachbarinnen. Wenn sie aber anderen Artgenossinnen begegnen, setzen sie plötzlich massenhaft Duftmarken und versuchen, die anderen zu verschrecken. Das Ganze ist subtiler als Schreien und lautes Trommeln, im Grunde aber genau dasselbe.

Weibliche Kattas werden auch handgreiflich. Sie werden als »außergewöhnlich aggressiv« gegenüber beiden Geschlechtern beschrieben.[366] Oft terrorisieren sie rangniedere Weibchen oder vertreiben diese sogar, was für eine in Gruppen lebende Art einem Todesurteil gleichkommen kann. Sie zeigen auch keine Nachsicht mit Müttern, die Jungtiere haben; diese kommen im Kreuzfeuer nicht selten ums Leben.

Weibliche Auseinandersetzungen um die Rangordnung sind unter Primaten nicht unüblich – wir kennen bereits die Schikanen im Matriarchat der Steppenpaviane –, doch Angriffe auf

Männchen fallen aus dem Rahmen. Eine Studie zur Aggression bei weiblichen Kattas ergab, dass Männchen mit dreimal höherer Wahrscheinlichkeit schwere Verletzungen zugefügt werden als Weibchen. Manche Männchen sterben sogar infolge weiblicher Gewalt.[367]

In Madagaskar sah ich Kattamännchen, die routinemäßig körperlich misshandelt wurden – mit Bissen, Schubsen und Schlägen –, damit sie Nahrung, einen kuscheligen Schlafplatz oder den besten Platz an der Sonne herausrückten. Wie die Sifakas nehmen auch die Kattas ihr Sonnenbad sehr ernst; mit auseinandergeklappten Beinen, ausgestreckten Armen und ekstatischem Augenrollen braten sie sich so hemmungslos wie britische Tourist:innen im Benidorm der 1970er-Jahre. Sollte ein Männchen es wagen, bei diesem Ritual vor dem Frühstück den sonnigsten Platz einzunehmen, wird es gnadenlos verjagt.

Jolly vermerkte, dass sich männliche Kattas »vor den Weibchen fürchten«, weil sich diese so »furchterregend« gebärden. Die Weibchen nutzen ihre Macht zum eigenen Vorteil, gelegentlich aber auch, um die Ordnung zu wahren. Jolly beschrieb eine Szene, bei der ein Weibchen einschritt und ein adultes Männchen, das ein Jungtier bedrängte, davon abhielt und es »an seinen Platz verwies«. Sie kam zu dem Schluss, dass Kattas die einzigen Primaten sind, »von denen man sagen kann, dass alle Weibchen gegenüber allen Männchen dominant sind«.[368]

Jolly veröffentlichte ihre bahnbrechenden Beobachtungen 1966 in einem Buch mit dem harmlos klingenden Titel *Lemur Behavior: A Madagascar Field Study*. Darin verzeichnete sie nicht nur ihre exakten Beobachtungen femininer Überlegenheit, sondern wagte auch die Vermutung, dass ihre fiesen Lemurenweibchen »einen besonders aufregenden Blick auf unsere eigene Geschichte« bieten könnten.[369]

Madagaskars Lemuren zählt man traditionell zu den »Halbaffen« (Prosimiae); sie gehören als Feuchtnasenprimaten zu unseren urtümlicheren Primatenverwandten. Den Feuchtnasenprimaten stehen die Trockennasenprimaten gegenüber, zu denen die eigentlichen Affen mit den Altwelt- und den Neuweltaffen zählen (Menschenaffen – inklusive uns Menschen – und Gibbons zählen zu den Altweltaffen). Vor 50 bis 60 Millionen Jahren wurden die Urahnen der modernen Lemuren auf der Insel Madagaskar isoliert. Niemand weiß genau, wie das geschah, doch der gängigsten Theorie zufolge gelangten sie auf treibender Vegetation auf die Insel. Diese ersten Primaten entwickelten dann in Isolation auf dieser riesigen, von recht wenigen Arten bewohnten Insel eine bemerkenswerte Artenvielfalt, vom winzigen Berthe-Mausmaki *(Microcebus berthae)*, dem kleinsten Primaten der Welt mit einem Gewicht, das 30 Büroklammern entspricht, bis hin zu *Archaeoindris fontoynontii*, einem Riesenlemuren, der die Größe eines Gorilla-Silberrückens erreichte, aber leider ausgestorben ist.

Nach Jollys Erkenntnissen eröffneten die Lemuren, die Altwelt- und die Neuweltaffen in ihren Übereinstimmungen wertvolle Rückschlüsse auf unseren gemeinsamen Vorfahren, jenen »Noch-nicht-ganz-Affen, der erstmals soziale Bindungen zu Artgenoss:innen ausbildete«.[370] Ihre Entdeckung dieser früh abgespaltenen Linie grimmiger, furchterregender Weibchen ließ die Vorstellung, dass das aggressive männliche Patriarchat bei Primaten den natürlichen Zustand darstelle, empfindlich bröckeln. Zumindest hätte sie das tun sollen.

Doch Jollys bahnbrechende Entdeckung stieß auf taube Ohren. Ihre Befunde mochten wissenschaftlich noch so gut belegt sein, sie konnten die herrschende Vorstellung nicht erschüttern, der zufolge »die Ordnung innerhalb der meisten Primatengruppen durch eine Hierarchie aufrechterhalten wird, die letztlich in erster Linie auf der Macht der Männchen beruht«.[371]

In den 1960er- und 1970er-Jahren stand die Primatologie völlig im Bann von protziger männlicher Dominanz. Diese Fixierung setzte schon in der Entstehungszeit dieser Fachrichtung in den 1920er-Jahren ein. Das wegbereitende Werk des

Zoologen Solly Zuckerman über Paviane (die zu den Altweltaffen zählen) gab den Ton vor. »Weibliche Paviane werden stets von ihren Männchen dominiert und zeigen in vielen Situationen eine extreme Passivität«, schrieb er 1932.[372] Obwohl die von Zuckerman untersuchte Population viel zu dicht gedrängt in Gefangenschaft lebte und den Bedingungen in freier Natur nicht entsprach, entwickelten sich seine Beobachtungen zu einer Theorie, die die Primatologie entscheidend prägen sollte: Das Leben der Primaten ist durch die Rangfolge männlicher Dominanz definiert. Diese entscheidet über den Zugang zu Ressourcen (nämlich Nahrung und die erwähnten »passiven« Weibchen) und wird durch die Befähigung zum Kämpfen etabliert.

Nach dem Zweiten Weltkrieg spielte die Frage nach dem Ursprung menschlicher Kriegsführung in der sich rasch entwickelnden Primatologie schon bald eine große Rolle. Paviane (Gattung *Papio*) wurden zu dem Modell schlechthin, weil sie in großen, sozialen, semi-terrestrischen Trupps in Savannen leben, ganz ähnlich den Umständen, die die Forschung für unsere Urahn:innen vermutete. Ihre brutale Kultur entsprach der empfundenen Bedeutung der männlichen Dominanz und Aggression bei unseren Vorfahr:innen. Männliche Paviane sind wirklich einschüchternd; sie können die doppelte Größe von Weibchen haben und besitzen enorme Eckzähne – so lang wie die von Leoparden –, mit denen sie um die Herrschaft über einen Harem kämpfen.

In den späten 1970er-Jahren wurde dann der Schimpanse zum Modell für die Abstammung des Menschen. Jane Goodalls Erkenntnisse über dessen kriegerisches Wesen befeuerte die Vorstellung, dass Menschenmänner auf gewalttätige Herrschaft programmiert seien. Diese wurde unter anderem von Richard Wrangham verbreitet, Professor für biologische Anthropologie der Harvard University und einer der vielen einflussreichen männlichen Wissenschaftler, die unsere Primaten-

Vorfahren als Abbilder des Schimpansen darstellten: patriarchal, männlich geprägt und äußerst feindselig.

»Die Suche nach unseren Urahnen lässt letztlich ein Bild entstehen, das uns furchtbar vertraut ist und erschreckend viel Ähnlichkeit mit etwas hat, das wir aus unserer Zeit kennen: das eines modernen, lebenden, atmenden Schimpansen«, so Wrangham in seinem Buch mit dem nicht gerade zweideutigen Titel *Bruder Affe: Menschenaffen und die Ursprünge menschlicher Gewalt*.[373]

Diese Vorherrschaft einiger weniger terrestrisch lebender Arten von Altweltaffen als Modelle für die Evolution des Menschen resultierte in dem, was die Anthropologin Karen Strier als den »Mythos vom ›typischen‹ Primaten« bezeichnete.[374] Diese idiosynkratischen Machoaffen-Gesellschaften wurden zur vermeintlichen Blaupause für *alle* Primaten. Spätere phylogenetische Forschungen ergaben jedoch, dass Altweltaffen als Primaten-Prototypen nicht besonders geeignet sind. Ihr Verhalten ist höchst abgeleitet, also auf den Umgang mit spezifischen Umweltanforderungen zugeschnitten und alles andere als repräsentativ.[375] Generell sind Primatengesellschaften weitaus vielfältiger als das gängige patriarchale Modell von Pavianen und Schimpansen. Diese natürliche Vielfalt wurde jedoch nicht beachtet, man ließ nicht nur die Lemuren, sondern auch die Neuweltaffen einfach außer Acht.*

Die Neuweltaffen spalteten sich vor rund 40 Millionen Jahren von den Altweltaffen ab. Sie leben in Mittel- und Südamerika, und wie bei den Lemuren ist auch bei ihnen die antagonistische männliche Dominanz eher unüblich. Die meisten Arten

* Ein von C.H. Southwick und R.B. Smith 1986 veröffentlichter Artikel zeigt, dass sich in den 50 Jahren von 1931 bis 1981 mehr als 60 Prozent der Publikationen über Feldforschung an Primaten mit gerade einmal zehn Gattungen beschäftigten. Und von diesen zählten alle bis auf eine zu den Altweltaffen. (Strier, Karen B. (1990), »New World Primates, New Frontiers: Insights from the Woolly Spider Monkey, or Muriqui *(Brachyteles arachnoides)*«, in *International Journal of Primatology*, 11, S. 7–19.)

sind friedlich und gleichberechtigt, wie die uns bereits bekannten Nachtaffen, bei denen Weibchen und Männchen gleich groß sind und sich gemeinsam um ihr Junges kümmern. Wo jedoch Dominanz gezeigt wird, wie bei den winzigen (und furchtbar niedlichen) Totenkopfaffen, Marmosetten und Tamarinen, scheinen eher die Weibchen die Oberhand zu haben.

Wie Lewis eines Abends ganz richtig nach dem Essen in unserem Camp ausrief: »Die Leute denken, Lemuren seien seltsam. Tja, dann sind Neuweltaffen auch seltsam!«

In den 1960er-Jahren passten Jollys streitlustige Lemurenweibchen ganz sicher nicht in das gängige testosteronbefeuerte Modell vom Altwelt-Primatenverhalten. Ihre Dominanz über die Männchen wurde nicht etwa als faszinierender Einblick in die soziale Evolution unserer Primaten-Urahn:innen gesehen, sondern entweder ignoriert oder in semantischen Debatten zerredet. Man zögerte, weibliche Dominanz anzuerkennen, und wischte sie als strategische männliche »Ritterlichkeit« beiseite oder erklärte sie zur bloßen weiblichen »Ernährungspriorität«.

Laut Lewis ist die Erforschung weiblicher Dominanz bis heute »intellektuell isoliert«[376] und wird oft als »merkwürdige Eigenart von Madagaskar« abgetan – die ultimative nicht überprüfbare Hypothese. Da aber bei zehn Prozent der Lemurenarten keine weibliche Dominanz besteht, ist dieses entschieden unwissenschaftliche Argument denkbar schwach. Zudem lässt es die globale Vielfalt der Säugetiere von Raubtieren über Nager bis hin zu Schliefern außer Acht, bei denen ebenfalls weibliche Dominanz beschrieben wurde; somit handelt es sich schwerlich um ein rein madagassisches Phänomen.

Das Besondere an Lemurenweibchen ist, dass sie dominieren, ohne körperlich überlegen zu sein. Abgesehen von einer Handvoll Arten, bei denen die Weibchen um weniges größer sind als die Männchen, sind die meisten monomorph (beide Geschlechter sind also gleich groß), was meist mit einer eher egalitären Gesellschaft assoziiert wird. Wie also schaffen es die weiblichen

Lemuren, ihre Sache durchzuziehen – ganz ohne die Muskeln, um eine mögliche Bedrohung abzuwehren?

Für Lewis liegt die Quelle der weiblichen Macht auf der Hand. Das Weibchen hat etwas, was das Männchen will: eine unbefruchtete Eizelle. »Das Weibchen hat diese Eizelle und kann sagen: Du willst sie befruchten? Pass auf – wenn du das willst, dann esse ich zuerst.«

Lemuren haben eine besonders kurze Fortpflanzungsphase – beim Larvensifaka sind die Weibchen nur 30 Minuten bis 96 Stunden pro Jahr paarungswillig, beim Katta vier bis 24 Stunden. »Ökonomisch betrachtet sollte ein Weibchen, wenn es als einziges im Östrus ist, ziemlich viel Macht haben, denn wenig Angebot bedeutet große Nachfrage«, erklärte mir Lewis.

Die Evolution hat jedoch noch andere Möglichkeiten. Sobald nur jeweils ein oder zwei Weibchen paarungswillig sind, bewirkt dies, dass die Männchen um den Zugriff auf diese kostbare Ressource zu konkurrieren beginnen. Sie werden größere Körper und Waffen entwickeln, um ihre Rivalen zu bekämpfen, was nebenbei bewirkt, dass sie mit ihrer Stärke auch die Weibchen dominieren und somit deren Eizellen-Macht reduzieren können. Die Kräfte, die den Weibchen mehr Macht verschaffen, selektieren also zugleich auf einen Geschlechtsdimorphismus und stärkere Männchen, die dann die weibliche Macht physisch untergraben.

Dies ist das Einmaleins der darwinschen sexuellen Selektion, und der Rothirsch *(Cervus elaphus)* ist dafür ein Paradebeispiel. Die Hirschkühe (Hinden) kommen alle gleichzeitig einmal im Jahr für kurze Zeit in Hitze, was die männlichen Hirsche in die Brunft bringt. Diese haben ein übergroßes Geweih und eine größere Körpermasse entwickelt, sodass sie untereinander konkurrieren, aber damit auch die Hirschkühe physisch dominieren können.

Im Falle des Larvensifakas konkurrieren die Männchen tatsächlich physisch um die Weibchen und tragen manchen blutigen Konflikt aus. Aus irgendeinem Grund hat das aber nicht bewirkt, dass sie den Weibchen körperlich überlegen sind, so wie es Darwin vorausgesagt hätte. Nach Lewis' Ansicht könnte das mit den besonderen Umweltbedingungen von Madagaskar und mit der merkwürdigen Fortbewegungsweise der Sifakas zu tun haben. Wie eine neuere Studie ergab, sticht Beweglichkeit brutale Kraft aus, wenn man in einem dürren Trockenwald lebt. Wird ein Männchen von einem Konkurrenten verfolgt und ist zu groß, ist es zu langsam und wird von ihm erwischt. Und ist es zu klein, wird es vielleicht nicht erwischt, kann sich aber im Kampf nicht durchsetzen. Die Selektion begünstigt hier also eine mittlere Körpergröße und kräftige, lange Beine,[377] was erklärt, warum die Männchen trotz Konkurrenz keine größeren Körper entwickelt und die Lemurenweibchen ihre Macht und soziale Dominanz behalten haben.

Und es sind noch weitere evolutionäre Kräfte am Werk. Der Konflikt der Geschlechter, wie wir ihn schon von den Genitalien der Enten kennen, spielt ebenfalls eine Rolle. Lemurenweibchen sind promisk, doch die Männchen haben einen Trick entwickelt, um sich ihre kostbare Eizelle auch ohne physische Dominanz oder Rivalenkämpfe zu sichern: Ihr Sperma härtet gummiartig aus und bildet einen »Kopulationspfropfen«. Wenn ein Weibchen nur für kurze Zeit empfängnisbereit ist, kann ein Männchen es zur »Keuschheit« zwingen, indem es seine Vagina mit seiner verdickten Samenflüssigkeit verschließt. Diese Pfropfen können recht groß sein, beim Katta erreichen sie mehr als fünf Kubikzentimeter.[378]* Zwar hindern sie ein anderes Männ-

---

* Alan Dixson und Matthew Anderson vom San Diego Zoo haben einen Katalog der Primaten-Spermapfropfen zusammengestellt, mitsamt offizieller Skalierung der Spermakoagulation von 1 (keine Koagulation) bis 4 (solider Spermapfropfen). Dabei entdeckten sie ein interessantes Muster: Je promisker die Weibchen, desto solider der Pfropfen. Der Mensch erreicht übrigens auf der Skala eine 2: »Das Sperma wird gallertig und bleibt halb flüssig, es bildet sich aber kein deutliches Koagulum.« (Dixson, Alan F.; Anderson, Matthew J. (2002), »Sexual Selection, Seminal Coagulation ...«, in *Folia Primatologica*, 73, S. 63–69.)

chen nicht daran, sich im Anschluss mit dem Weibchen zu paaren, doch müssen sie beiseitegeschoben werden und stellen ein echtes Hindernis dar. Wenn das Weibchen nur für einen Tag oder sogar noch kürzere Zeit empfänglich ist, kann dies entscheidend sein.

Eine neuere Studie von Amy Dunham, Associate Professor für Ökologie und Evolutionsbiologie an der Rice University, ergab, dass die Ejakulatpfropfen besonders bei Arten mit kurzer Fruchtbarkeitsphase (wie den Lemuren) und ohne Größenunterschied bei den Geschlechtern verbreitet sind.[379] Sie nimmt an, dass diese alternative Form des »Bewachens« der Partnerin eine weitere Erklärung dafür ist, warum männliche Lemuren keine größeren Körper und Waffen entwickelten, um die Weibchen physisch zu dominieren.

Dieser Monomorphismus könnte laut Dunham der Schlüssel zum Verständnis weiblicher Dominanz sein, der »Heilige Gral« der Lemurenforschung.[380] Die Spieltheorie besagt, dass bei zwei Wettstreitenden, die gleich stark sind, der- bzw. diejenige gewinnen wird, der bzw. die den Preis am meisten zu schätzen weiß. Weibchen betreiben für die Fortpflanzung erhöhten Aufwand; sie haben einen höheren Nährstoffbedarf als Männchen, und Hunger ist für sie ein größeres Risiko. Unterernährte Weibchen werden wohl weder hochwertige Eizellen produzieren noch eine Trächtigkeit und Laktation aufrechterhalten können, während ein mageres Männchen immer noch brauchbares Ejakulat hervorbringen und seine Gene in die nächste Generation katapultieren kann. Weibchen haben also in puncto reproduktive Fitness mehr zu verlieren und sollten darum auch härter um Ressourcen kämpfen. Körperliche Auseinandersetzungen sind außerdem kostenaufwendig, daher zahlt es sich für die Männchen aus, sich den Weibchen unterzuordnen und sich anderswo noch einmal Futter zu suchen, statt sich auf einen langen Kampf einzulassen, den sie wahrscheinlich nicht gewinnen würden und der sogar noch Verletzungen mit sich bringen könnte. Da bei den meisten Lemuren beide Geschlechter gleich groß sind und das Nahrungsangebot auf dieser rauen und von großen jahreszeitlichen Schwankungen geprägten Insel so knapp ist, könnte dies erklären, warum die männlichen Sifakas ihre kostbaren Affenbrotbaum-Früchte schon nach ein paar Kopfnüssen herausrücken.

Auch weibliche Lemuren sind auf aggressive Konkurrenz eingestellt. Christine Drea, Professorin an der Duke University und uns als Erforscherin der Tüpfelhyäne bereits bekannt, hat festgestellt, dass die Weibchen vieler Lemurenarten dieselbe verräterische körperliche Eigenart aufweisen: »maskulinisierte« Genitalien.[381]

Die Tüpfelhyäne *(Crocuta crocuta)* ist Anwärterin für den Titel »dominantestes Säugetierweibchen des Planeten«. Die Weibchen setzen sich in den meisten Situationen aggressiv gegen die Männchen durch und besitzen eine 20 Zentimeter lange Klitoris, die genauso aussieht und positioniert ist wie der Penis der Männchen. Sie besitzen überdies einen Als-ob-Hodensack, dafür aber keine Vaginalöffnung. Sie müssen stattdessen durch ihren Pseudo-Penis kopulieren und auch gebären.

Lemurenweibchen sind da weniger extrem, haben aber auch so einiges zu bieten. Bei Sifakas und Katzenmakis ist die Vagina nur etwa einen Tag lang während ihrer kurzen Fortpflanzungsphase für Besucher geöffnet und bleibt für den Rest des Jahres fest verschlossen. Die Weibchen mancher Lemurenarten haben einen Pseudo-Hodensack, dessen »Haut in der Zusammensetzung identisch mit der des männlichen Hodensacks« ist,[382] und viele verfügen über eine Klitoris, die oberflächlich betrachtet einem Penis ähnelt: lang und herabhängend, aber durch erektiles Gewebe und einen innen liegenden Knochen versteift. Die Klitoris von Kattaweibchen ist so dick und fast so lang wie der Penis der Männchen; die Harnröhre verläuft im Inneren des Schafts, sodass die Weibchen wie die Männchen aus der Spitze urinieren.

Kattaweibchen könnten also »ihren Namen in den Schnee schreiben«, wie Drea via Skype witzelte. Doch das ist nicht nur ein nettes Extra, sondern ein todsicherer Hinweis auf die Aktivität spezifischer Hormone. »Das ist sehr ungewöhnlich«, erklärte mir Drea, »und ein deutliches Zeichen für das Einwirken von Androgenen«.

Und wirklich, wie die Tüpfelhyänen zeigen auch trächtige Kattaweibchen erhöhte Blutspiegel an Testosteron und dem weniger bekannten Androgen Androstendion (ASD). Drea und ihr Team entdeckten vor Kurzem, dass der ASD-Spiegel von Kattaweibchen während der Trächtigkeit sogar auf die spätere Dominanz ihrer Töchter schließen lässt. Im Rahmen einer Langzeitstudie kontrollierten sie die Konzentration von ASD bei trächtigen Weibchen und beobachteten anschließend, wie ruppig die anderen Jungtiere später mit ihrem Nachwuchs spielten.[383] »Wenn der ASD-Spiegel von Mama hoch ist, wird ihre Tochter später nicht zum Ziel von so viel Aggression«, berichtete mir Drea. »Im Grunde bedeutet es, sie wird regieren.«

Man könnte meinen, das pränatale Bad in Androgensuppe verpasse den weiblichen Föten eine aggressive Tendenz und die entsprechende Durchsetzungskraft als Erwachsene. Doch in der Evolution dreht sich alles darum, möglichst viele Gene an die Nachwelt weiterzugeben, und so betrachtet ist dieser antagonistische Vorteil ein zweischneidiges Schwert. Dem Tüpfelhyänenweibchen und seinen Jungen mag die verstärkte Aggression dabei helfen, Nahrungskonkurrenz zu verjagen, wenn alle an einem Kadaver fressen. Der Preis dafür ist aber, dass es durch die Klitoris gebären muss, was ziemliche Risiken birgt. Für Erstgebärende ist das ungefähr so, als müssten sie eine Cantaloupe-Melone aus einem Gartenschlauch pressen; darum sind bis zu 60 Prozent der Geburten Totgeburten, und zehn Prozent der jungen Mütter sterben dabei.[384]

»Es gibt eine ganze Reihe negativer Folgen, die das Einwirken von Androgenen für Weibchen hat« – Drea erläuterte mir hier, dass androgenisierte Weibchen als ausgewachsene Tiere Probleme mit der Fortpflanzung und als Mutter haben können –, »diese weiblich dominierten Arten müssen also einen Weg finden, die positiven Auswirkungen von Androgenen zu nutzen und gleichzeitig die schädlichen zu minimieren«.

Dies will wohl austariert sein. Die Zugeständnisse für die stärkere Androgen-Exposition werden an Dreas dominanten weiblichen Studienobjekten deutlich. Wie bei der Tüpfelhyäne können Kattaweibchen und ihre Nachkommen davon profitieren, wenn sie im ansonsten öden madagassischen Trockenwald gewalttätig kostbare Nahrungsquellen einfordern. Doch ihre Aggression ist derart ausgeprägt, dass Lemurenmütter oft sehr heftig mit anderen Weibchen kämpfen und ihre eigenen Jungen dabei immer wieder als Kriegsopfer auf der Strecke bleiben,[385] und das ist alles andere als ideal.

Zahlreiche weibliche Säugetiere, vom Erdmännchen bis hin zum Europäischen Maulwurf, haben mehr oder weniger »maskulinisierte« Genitalien. Drea interessiert vor allem deren Vorkommen bei den Halbaffen, zu denen man traditionell die Lemuren Madagaskars, aber auch die Loris Asiens und die Galagos (»Buschbabys«) Afrikas zählt. All diese Primaten leiten sich von jener ursprünglichsten Stammlinie ab, die sich vor etwa 75 Millionen Jahren von den Neu- und Altweltaffen trennte.[386] Drea vermutet deshalb, dass die von Androgenen vermittelte weibliche Dominanz der Ursprungszustand nicht nur bei den Vorfahren der Lemuren, sondern bei denen aller Primaten (inklusive des Menschen) war.

Dr. Lewis ist zu demselben Schluss gelangt. In einem noch unveröffentlichten Artikel hat sie einen Stammbaum rezenter und ausgestorbener Arten und ihrer Physiologie erstellt und daraus abgeleitet, dass die gemeinsame Urahnen-Art aller Lemuren und sogar aller Primaten wahrscheinlich monomorph war. Männliche Dominanz tritt ausschließlich assoziiert mit größeren Männchen auf, was darauf schließen lässt, dass bei unseren gemeinsamen Vorfahren entweder Kodominanz oder rein weibliche Dominanz herrschte.

Dieses revolutionäre Postulat wirft die Annahme über den Haufen, dass ein aggressives Patriarchat der universale Naturzustand aller Primaten sei. Das ergibt für Drea 100-prozentig Sinn; sie glaubt, dass wir das »Rätsel« der dominanten Weibchen die ganze Zeit falsch betrachtet haben.

»Alle sagen immer: ›Warum weibliche Dominanz?‹ Na ja – warum denn nicht?«, rief sie via Skype, reiflich verzweifelt. »Da ist ein Plazenta-Tier, bei dem die Last der Fortpflanzung auf dem Weibchen ruht. Warum sollte da nicht eine Situation entstehen, bei der dieses Weibchen Vorteile gegenüber dem Männchen hat?« Sie vermutet, dass, wenn Dominanz durch erhöhte Aggression durch Androgen-Einwirkung erzielt wird, dies schwerwiegende Nebenwirkungen hat und es nur einige Arten geschafft haben, dennoch ihre reproduktive Fitness zu gestalten und somit zu bewahren. Andere Weibchen wiederum haben Wege zur Macht gefunden, die es glücklicherweise nicht erfordern, durch eine Klitoris zu gebären.

Gemeinsam stark

»Die Leute denken bei Macht immer nur ans Kämpfen«, erklärte mir Rebecca Lewis eines Abends in Madagaskar, als wir im Camp Reis und Trockenfisch aßen. »Aber Macht bekommt man nicht nur durch Kämpfen.« Traditionell wird Macht in tierischen Gesellschaften als Dominanz durch physische Einschüchterung definiert – was eine ziemlich männliche Sichtweise ist. Lewis glaubt, wir müssten eine neue Art finden, Machtstrukturen zu kategorisieren, sodass wir den leitenden Einfluss von Weibchen erkennen, die klein, aber doch mächtig sind.

»Ich bin in Mississippi aufgewachsen, im Süden, wo du niemals sagen würdest, dass Frauen dominant sind«, erzählte sie mir. »Aber die Frauen haben eine ganze Menge Macht, denn du legst dich nicht mit jemandes Mutter, Schwester, Ehefrau oder Tochter an. Ich wuchs also schon auf mit dem Wissen, dass es verschiedene Arten von Macht gibt.«

Nach Lewis' Ansicht leitet sich Macht aus physischer Überlegenheit ab oder aus von ihr so genannten ökonomischen Druckmitteln. Das kann Spezialwissen über den Standort der die besten Früchte tragenden Bäume sein, aber auch die Kontrolle über den Zugang zu unbefruchteten Eizellen oder die Bildung strategischer Allianzen.

Der hoch angesehene niederländische Primatologe Frans de Waal, Professor für Primatenverhalten an der Emory University in Atlanta, Georgia, bestätigt, dass weibliche Macht unterschätzt wird. Ich traf mich mit ihm, während er in London war, und er erzählte mir von dem weitreichenden Einfluss von Mama, dem Alphaweibchen einer Gruppe von Schimpansen in Gefangenschaft, die er im niederländischen Arnhem untersuchte.

»Mama war eine Königsmacherin«, erzählte mir de Waal.

Bei Schimpansen ist das Alphamännchen offiziell die dominante politische Figur. Doch kein Alphamännchen konnte sich erheben und die Kolonie dominieren, wenn es nicht Mamas Unterstützung hatte; das verlieh ihr enorm viel Macht. Die Männchen mögen mit all ihrem Geschrei und Kämpfen die Aufmerksamkeit auf sich gelenkt haben, doch Mama war ohne Zweifel »die Chefin«.[387]

De Waal lernte Mama zu Beginn seiner beruflichen Laufbahn in den 1970er-Jahren kennen, als es den jungen Primatologen nach Arnhem verschlug, um dort die sozialen Hierarchien der frisch etablierten experimentellen, in Gefangenschaft gehaltenen Schimpansenkolonie zu dokumentieren. Schnell bemerkte er, dass die zentrale Figur ein Schimpansenweibchen mit der Aura einer Großmutter war, das alles gesehen hatte und niemandem ein Späßchen durchgehen ließ. »Es steckt große Macht in Mamas Blick«, schrieb er in seinem ersten Buch *Unsere haarigen Vettern.*[388]

Mama verlangte Respekt von jedem Affen in ihrem Umkreis und auch von de Waal. Als sich ihre Blicke zum ersten Mal trafen, schaffte sie es, dass sich der hochgewachsene Primatologe »klein fühlte«.[389] Mama war breit gebaut und konnte andere physisch durchaus einschüchtern, doch de Waal bemerkte an ihr auch einen gewissen Humor. Sie trat mit Leichtigkeit mit allen Schimpansen, ob männlich oder weiblich, in Verbindung und entwickelte ein Unterstützernetzwerk wie niemand sonst in der Kolonie.

Mama war das ranghöchste Weibchen des Trupps, das Alphaweibchen – eine Position, die sie mehr als 40 Jahre lang bis zu ihrem Tod innehatte. De Waal vermutet, dass sich ihr Status von ihrem einzigartigen Charisma und ihren sozialen Fertigkeiten ableitete. Bei Schimpansen entscheiden Alter und Persönlichkeit über den Rang eines Weibchens. Werden in Zoos Weibchen zusammengesetzt, klären sie die Rangordnung meist schnell und ohne viel Aufhebens: Ein Weibchen demonstriert dem anderen seine Unterordnung, und damit hat sich die Sache. Weibliche Hierarchien sind stabil und werden selten angefochten. Laut de Waal werden sie durch »Respekt von unten statt Einschüchterung und Kraft von oben« aufrechterhalten,[390] und vielleicht sollten wir in ihnen besser »Unterordnungs-Hierarchien« sehen.*

---

* Dieser Begriff wurde ursprünglich in den 1970er-Jahren von der exzellenten Primatologin Thelma Rowell geprägt, für deren Empfinden zu viel Augenmerk auf die Dominanz und zu wenig auf die entscheidende Rolle der Unterwerfung gerichtet wurde. Diese Voreingenommenheit führte sie auf die »unbewusste Vermenschlichung« von Primaten durch ihre männlichen Kollegen zurück. (Rowell, Thelma (Juni 1974), »The Concept of Social Dominance«, in *Behavioural Biology*, S. 131–154.) Wie Alison Jolly ist auch Rowell eine leider viel zu wenig beachtete Primatologin, die konventionelle Ansichten auf manchmal provokative Weise infrage stellte. Es ist bezeichnend, dass Rowell beschloss, ihr Geschlecht zu verschleiern und ihre Artikel unter dem unverdächtigen Namen T. E. Rowell zu veröffentlichen, doch das verursachte auch manche Komplikation. Im Jahr 1961

Bei männlichen Schimpansen sieht das ganz anders aus. Der Rang wird zum Teil durch körperliche Stärke festgelegt, eine entscheidende Rolle spielen aber auch taktische Koalitionen mit anderen Männchen. Der Status des Alphamännchens wird oft angefochten und ist höchst instabil. Bei Machtkämpfen bilden sich meist komplexe und wechselnde Allianzen, die de Waal mit politischen Ränkespielen beim Menschen vergleicht.

Wenn die Spannungen in der Kolonie von Arnhem überhandnahmen, wandten sich die Beteiligten stets an Mama, die de Waal als »geborene Diplomatin« bezeichnete.[391] Sie scheute auch nicht davor zurück, sich in Streitereien der Männchen einzumischen, etwa indem sie dem Unterlegenen das Fell pflegte, was die Spannungen rasch abbaute.

Mamas Macht leitete sich aus ihrem Kommando über die Weibchen ab. Alle Männchen in der Arnhem-Kolonie wussten, dass sie Mama auf ihrer Seite brauchten, denn sie stand für alle Weibchen. Das machte sie zu einer mächtigen Verbündeten, aber sie war alles andere als unparteiisch. Bei männlichen Machtkämpfen stellte sie sich auf eine Seite und unterstützte den von ihr erwählten Kandidaten. Wagte ein Weibchen der Gruppe, das »falsche« Männchen zu unterstützen, gab es Ärger mit der Chefin, bis es sich hinter Mamas Favoriten stellte.

»Sie war im Grunde wie eine Fraktionschefin, die alle auf Linie hielt«, erklärte mir de Waal.

Die Männchen wussten alle, dass sie Mama bei Laune halten mussten. Sie pflegten ihr Fell und kitzelten ihre Babys. Wenn Mama ihnen Futter aus der Hand nahm, nahmen sie es ihr nie

---

sandte sie dem *Zoological Society of London Journal* einen Artikel zu. Die Gesellschaft war beeindruckt und lud T. E. Rowell nach Cambridge ein, um vor den Mitgliedern einen Vortrag zu halten; als man jedoch herausfand, dass T. E. Rowell eine Frau war, gab es einige Verlegenheit. Sie durfte den Vortrag halten, aber nicht mit den Fellows zu Abend speisen, weil sie eine Frau war. Als Lösung bot man ihr an, außer Sicht hinter einem Vorhang ihre Mahlzeit einzunehmen. Unnötig zu erwähnen, dass sie das ablehnte. (Despret, »Culture and Gender Do Not Dissolve into How Scientists ›Read‹ Nature«.)

wieder weg, und sie beklagten sich auch nicht. Sie nahmen alles hin, was sie tat, nur um sie auf ihrer Seite zu haben.

»Wir müssen weg von dieser Vorstellung, dass Dominanz etwas Besonderes ist«, so de Waal in unserem Gespräch. »Wir müssen genauer unterscheiden. Es gibt die physische Dominanz, die bei vielen Arten eindeutig männlich ist. Dann gibt es die Rangordnung, die mehr unter den Männchen und unter den Weibchen kommuniziert wird als zwischen den Geschlechtern.«

Der Rang bemisst sich danach, wer sich wem unterordnet, was Schimpansen durch Verbeugen und Hechelgrunzen kundtun. Diese äußeren Anzeichen des Status spiegeln die von de Waal so genannte formale Hierarchie[392] wider und fungieren wie Streifen auf einer Uniform.

»Und schließlich wäre da noch die Macht«, so de Waal, »die bedeutet, wie viel Einfluss du auf die sozialen Vorgänge in der Gruppe hast, was viel schwieriger zu definieren ist«.

De Waal vermutet, dass sich die Macht hinter der formalen Ordnung verbirgt. Soziale Ergebnisse richten sich in einer Schimpansengruppe danach, wer über Familienbande und Allianzen am besten vernetzt ist. Mit ihrem exzellenten sozialen Netzwerk und ihren Vermittlungskünsten war Mama ungeheuer einflussreich. Alle adulten Männchen waren ihr im Rang überlegen, doch sie alle brauchten und respektierten sie. »Ihr Wunsch war der Kolonie Befehl«, so de Waal.[393]

Die Königsmacherinnen-Macht von Alphaweibchen ist auch bei anderen klassischerweise »männlich dominierten« Primaten zu beobachten. Wie Barbara Smuts, hoch angesehene Professorin für Anthropologie an der University of Michigan, dokumentierte, wird beispielsweise bei Rhesusaffen und Grünmeerkatzen das Streben eines Männchens, Dominanz zu erlangen und zu bewahren, stark durch die Unterstützung ranghoher Weibchen beeinflusst.[394]

Weibliche Grünmeerkatzen verbleiben in der Gruppe, in die sie hineingeboren werden, und bilden mit ihren Artgenossinnen starke, lebenslange Bindungen, während die Männchen abwandern und sich anderen, nicht verwandten Gruppen anschließen. Das verleiht den Weibchen eine enorme Macht. Linien aus miteinander verwandten Weibchen bilden den stabilen Kern und kooperieren gegen die männliche Dominanz. Die Weibchen verhindern, dass sich bestimmte Männchen der Gruppe anschließen und andere Männchen vertreiben,[395] wobei sie sie gelegentlich verwunden oder sogar töten.

»Es sind im Wesentlichen Weibchengruppen. Die Männchen kommen und gehen, aber das Alphaweibchen ist die zentrale Figur und hat ungeheure Macht«, erzählte mir de Waal.

Weibliche Individuen bilden den stabilen Kern einer Gruppe und sind oft deren »Gehirn«; sie bewahren essenzielle Kenntnisse über die Umwelt, etwa darüber, wo am besten Nahrung oder sichere Schlafplätze zu finden sind. Weibliche Säugetiere leben oft länger als männliche, wodurch sie noch mehr Wissen und Erfahrungen sammeln können. Diese Weisheit verleiht den Weibchen die Autorität, ihre Gruppe zu führen.[396] Bei Kapuzineraffen etwa sind es meist die kleinen Weibchen, die bei der Nahrungssuche und Wanderungen der Gruppe die Richtung vorgeben, und nicht das Alphamännchen. Das stellt die uralte Vorstellung, nach der Dominanz und Führung ein und dasselbe seien, deutlich infrage.[397]

Der soziale Einfluss dieser Mütter-Linien blieb jahrzehntelang unbeachtet; die Forscher:innen konzentrierten sich stattdessen auf die dramatischere Politik der Alphamännchen und die lärmenden Auseinandersetzungen innerhalb der Dominanzhierarchie. Von Primatenweibchen nahm man an, sie wären zu sehr mit dem Muttersein beschäftigt, um sich in irgendeiner Machtstruktur zu organisieren. »Primatenweibchen scheinen biologisch nicht darauf programmiert zu sein, politische Systeme zu dominieren«, schrieb 1970 der angesehene kanadische

Anthropologe Lionel Tiger,[398] der dafür berühmt ist, den Begriff *Male bonding* (»Männerfreundschaft«, »Männerbündnis«) geprägt zu haben.

Nach und nach verschwinden diese Vorurteile. Je eingehender Mütter-Linien untersucht werden, umso mehr zeigt sich, welche Autorität in der Gruppe sie haben. Sie beeinflussen soziale Entwicklungen auf Wegen, die – unter dem Aspekt der physischen Dominanz betrachtet – traditionell unterschätzt wurden, und unterminieren so die vermeintliche Autonomie des Alphamännchens.[399]

An Mamas Geschichte ist besonders interessant, welche Macht sie aus einem Netzwerk aus *nicht mit ihr verwandten* Weibchen bezog. Die Kolonie in Arnhem war, obwohl man möglichst natürliche Bedingungen anstrebte, insofern künstlich, als sie fremde Weibchen in große Nähe zueinander brachte. Außerdem erhielten die Tiere reichlich Nahrung, sodass sie nicht um diese Ressource konkurrieren mussten und die Weibchen die Gelegenheit hatten, eine Bindung aufzubauen.

Diese experimentelle Situation verdeutlicht, wie flexibel das Sozialgefüge bei Schimpansen ist und wie leicht es sich an verschiedene Umweltbedingungen anpasst. In freier Wildbahn kommen Schimpansenweibchen nicht in den Genuss einer solch affiliativen, also beziehungsorientierten oder -fördernden Hilfe von oben. Anders als weibliche Grünmeerkatzen verlässt ein Schimpansenweibchen, sobald es die Pubertät erreicht, seine Familie und beginnt, als Nomadin allein im Wald auf Nahrungssuche zu gehen. Alle Weibchen, denen es auf seinem Weg begegnet, werden als Konkurrentinnen angesehen, darum erfolgt keine Bindung. Und wenn es sich einer anderen Gruppe anschließen sollte, gibt es dort keine vertrauten Familienmitglieder, an die es sich halten kann; die einzige nennenswerte Bindung wird es mit seinen eigenen Nachkommen haben.

Schimpansenmännchen dagegen wandern nicht ab, sondern verbringen ihr Leben im Kreise der Familie. Männliche Schimpansen bilden den Kern des Trupps; im Laufe ihres Lebens entwickeln sie komplexe Beziehungen und großen sozialen Einfluss.

Die jeweiligen Abwanderungsmuster können somit dabei hilfreich sein, die Machtdynamik bei sozialen Primaten vorherzusagen. Der einflussreiche Anthropologe Richard Wrangham von der Harvard University formulierte aufgrund dieser Beobachtung die viel zitierte Theorie, nach der das Geschlecht, das in seiner Familiengruppe bleibt, stets die stärksten Bindungen untereinander eingeht.[400] Wrangham gründete seine wegweisende Theorie auf den wenigen Primatenarten, bei denen Weibchen und nicht Männchen auf diese Weise abwandern. Diese Weibchen ohne Bindungen sind zu einem traurigen Leben ohne Freunde verurteilt und der Albtraum jeder Feministin. Wrangham merkt an, dass sie alle von körperlich überlegenen Männchen unterdrückt sind, unter »unbedeutenden und undifferenzierten« Beziehungen leiden, wenig Anzeichen für die Bildung von Allianzen und keine erkennbare eigene Dominanzhierarchie zeigen.

Neben Schimpansen gibt es weibliche Primaten ohne Bindungen auch bei Gorillas, Stummelaffen und Mantelpavianen *(Papio hamadryas)* – deren Weibchen sind die am wenigsten emanzipierten von allen und haben die zweifelhafte Ehre, von der Anthropologin Sarah Blaffer Hrdy als »die kläglichsten und am wenigsten unabhängigen von allen nicht-menschlichen Primaten« bezeichnet zu werden.[401]

Sie möchten wirklich nicht als Mantelpavianin wiedergeboren werden. Diese sozialen Altweltaffen leben in großen Gruppen und führen ein karges Dasein, indem sie in den öden Halbwüsten von Somalia, dem Sudan und Äthiopien nach Samen und Pflanzentrieben scharren. Der Geschlechtsdimorphismus ist bei ihnen extrem: Die kräftigen Männchen sind doppelt so groß wie die Weibchen, haben fürchterliche Eckzähne und eine prachtvolle helle Mähne. Die Weibchen dagegen sind nervös wirkende, zerrupft aussehende kleine braune Wesen.

Die virilen Männchen versammeln und halten einen Harem von zehn bis 20 Weibchen um sich. Das tun sie auf einzigartig scheußliche Art, nämlich indem sie diese als Jungtiere noch vor der Pubertät aus ihren Familien entführen. Vom ersten Tag an wird das junge Weibchen von seinem Häscher durch routinemäßige häusliche Gewalt auf Gehorsam getrimmt. Entfernt es sich beispielsweise nur ein paar Meter, um schnell einen Schluck Wasser zu trinken, wird es von seinem Gebieter verfolgt und attackiert, manchmal mit solcher Kraft, dass es fast durch die Luft fliegt. Diese »übermäßig paternalistischen«[402] Männchen fügen ihren Geiseln allerdings nur selten schwere Verletzungen zu. Ihre Gewalt ist sorgfältig so dosiert, dass sie einschüchternd und kontrollierend wirkt, ohne die kostbare reproduktive Investition irreparabel zu beschädigen.

Hier bestehen augenfällige Parallelen zu menschlichen Gesellschaften. Die Gemeinschaften, bei denen Frauen am wenigsten selbst über ihr Leben bestimmen können und am häufigsten männlicher Gewalt ausgesetzt sind, sind solche, in denen sie schon früh von ihrer Familie getrennt werden und nur wenig Unterstützung haben.

Wranghams Weibchen ohne Bindungen sind ein Segen für Anthropolog:innen, die nach Belegen für die Vorherrschaft aggressiver Männchen als natürlichem Zustand bei einigen unserer nächsten Verwandten Ausschau halten. Noch deprimierender ist Wranghams Behauptung, dass die Patrilokalität (Männer bleiben, Frauen gehen) vermutlich das gängige Muster bei den Vorläufern des Menschen war, was impliziert, dass unsere Urahninnen ebenso isoliert, verletzlich und unterdrückt waren.

Eine Primatenart allerdings straft Wranghams Gesetz Lügen und schürt die Hoffnung auf eine Vision unserer Vergangenheit und Zukunft mit mehr weiblicher Stärke: der Bonobo.

Frans de Waal nannte den Bonobo »ein Geschenk für den Feminismus«.[403] Wo Schimpansen patriarchal und kriegerisch sind, sind Bonobos matriarchal und friedlich. Wir sind mit beiden gleichermaßen verwandt. Das unorthodoxe Leben dieser noch etwas obskuren Menschenaffen versetzt jedenfalls der Vorstellung, dass aggressive männliche Dominanz fester Bestandteil des Primatendaseins ist, den endgültigen Todesstoß.

Der Bonobo stellt die seltenste Menschenaffenart dar. Bonobos leben ausschließlich in den üppigen Regenwäldern am Südufer des Kongo in der Demokratischen Republik Kongo, und ihre Anzahl ist gering – nicht einmal 50 000 Individuen in einem Gebiet von weniger als 500 000 Quadratkilometern.

Die Entlegenheit und politische Instabilität der Heimat der Bonobos bewirkten gemeinsam mit ihrer geringen Individuenzahl, dass sie bis weit ins 20. Jahrhundert hinein unbekannt blieben. Der Bonobo ist eines der letzten großen Säugetiere, das von der Wissenschaft beschrieben wurde. Entdeckt wurde er von Taxonomen in den verstaubten Archiven eines belgischen Kolonialmuseums. Im Jahr 1929 untersuchte der deutsche Anatom Ernst Schwarz einen Schädel, der wegen seiner geringen Größe bis dahin als der eines jungen Schimpansen gegolten hatte. Es gab allerdings kleine, aber unverkennbare Unterschiede, die den Anatomen stutzen ließen. Als er erkannte, dass dies der Schädel eines adulten Tieres war, verkündete er der Welt, dass er auf eine neue Unterart des Schimpansen gestoßen sei.

Ursprünglich als Zwergschimpanse klassifiziert, ist der Bonobo *(Pan paniscus)* heute als eigenständige Art anerkannt. Tatsächlich sehen die Tiere ihrer Schimpansenverwandtschaft sehr ähnlich, doch sie sind ein wenig kleiner, schlanker und weniger behaart. Wie beim Schimpansen sind die Weibchen etwa um ein Drittel kleiner als die Männchen, und auch sie verlassen ihre angestammte Familie. Ihr Sozialleben könnte jedoch nicht unterschiedlicher sein. Statt ihr Erwachsenenleben als verlorene Einzelgängerinnen mit wenig oder gar keinem Einfluss zu fristen, schließen sich Bonoboweibchen Gruppen an und bilden

Allianzen mit nicht verwandten Artgenossinnen. Die Macht dieser konstruierten Schwesternschaft macht es ihnen möglich, die größeren Männchen zu dominieren. Diese Macht wird jedoch nicht durch Kämpfe und körperliche Einschüchterung erworben und bekräftigt, sondern durch das von Wissenschaftler:innen sogenannte Genito-Genital-Rubbing (GG-Rubbing). Kurzum, weibliche Bonobos haben im Laufe ihrer Evolution das Patriarchat gestürzt, indem sie die Kunst des Aneinanderreibens perfektioniert haben.

Kommt ein junges Bonoboweibchen in eine neue Gemeinschaft, wählt es ein oder zwei ältere Weibchen der Gruppe aus, denen es besondere Aufmerksamkeit schenkt; mit häufigem GG-Rubbing und sozialer Fellpflege versucht es, eine Beziehung aufzubauen. Gehen die anderen darauf ein, entstehen enge Zusammenschlüsse, und das jüngere Weibchen wird nach und nach in der Gruppe akzeptiert. Seine Position wird dann noch einmal stabiler und zentraler, nachdem es einen Partner gefunden und seinen ersten Nachwuchs hervorgebracht hat.[404]

Diese Form von Sex ist für andere wild lebende Primatenarten nicht dokumentiert. Weibliche Bonobos aber praktizieren häufiger GG-Rubbing als jede andere Form von sexueller Aktivität. Es ist ihr sozialer Schmierstoff und dient dazu, den sozialen Status zu erhöhen, Kooperation zu fördern und jegliche Rivalitäten zwischen nicht verwandten Weibchen zu regulieren, besonders im Zusammenhang mit der Nahrungsaufnahme. Und sie machen ganz den Eindruck, dass sie es genießen. Weibchen zeigen und äußern beim GG-Rubbing jene Arten von Grinsen und Quieken, die darauf hindeuten, dass sie gerade eine wirklich schöne Zeit haben.

»Ich bin ziemlich sicher, dass sie dabei zum Orgasmus kommen«, sagte mir Amy Parish. »Ihre Klitoris ist genau so positioniert, dass sie bei dieser Art von Sex maximal stimuliert wird.«

Dr. Parish ist die Wissenschaftlerin, die dieses einzigartige Geheimnis der weiblichen Solidarität bei Bonoboweibchen als

Erste öffentlich machte. Ich traf mich mit ihr an einem heißen Sommertag im Zoo von San Diego; dort lebt jene Gruppe von Bonobos, die ihr zu dieser Erkenntnis verhalf. Die bekennende darwinistische Feministin kann einen außergewöhnlichen Lebenslauf vorweisen; eine ganze Reihe der größten lebenden Primatolog:innen waren ihre Mentor:innen. Sie ist geradezu furchterregend klug, hatte mich aber sofort für sich eingenommen, als sie zu unserem Treffen mit einer rosa Herzchen-Sonnenbrille erschien.

Parish wählte Bonobos als Forschungsobjekt für ihre Doktorarbeit und dokumentiert ihr Sozialleben seit nunmehr 30 Jahren. Zur damaligen Zeit war über diesen kleinen Großen Menschenaffen nur wenig bekannt. Parish beobachtete das Verhalten der Bonobos im Wild Animal Park von San Diego und erkannte schnell die besondere Art der weiblichen Freundschaften, die Wranghams Theorie widersprachen.

»Faszinierend war für mich, wie nahe sich die Weibchen standen: Sie hingen zusammen rum, spielten und waren nett zu ihren Kindern«, berichtete sie mir. »Wir erwarten schon, dass Weibchen miteinander auskommen, wenn sie das Glück haben, verwandt zu sein, aber bei Säugetieren beobachten wir das eigentlich nicht, wenn die Weibchen nicht miteinander verwandt sind. Dann gehen sie sich entweder aus dem Weg, verhalten sich antagonistisch oder sind richtig aggressiv.«

Besonders die Fütterungszeit kann da nervenaufreibend sein – allerdings nicht bei Bonobos. Als wir auf der Beobachtungsplattform im Zoo von San Diego saßen und die Abendfütterung beobachteten, zeigte Parish auf Loretta, das Alphaweibchen der Gruppe, das die Kontrolle über das Futter hatte. Der Zugang dazu wird oft im Tausch gegen Sex gewährt. Männchen wie Weibchen geben Sex gegen Nahrung, sodass sie am Ende alle fröhlich beieinandersitzen und gemeinsam fressen. Das steht im scharfen Kontrast zum Schimpansen, bei dem die

Männchen zuerst fressen und die Weibchen in sicherer Distanz abwarten, bis sie satt sind.

»Ich glaube, Sex hilft dabei, eine Basis zu schaffen, die jegliche Spannungen ausräumt, die der Bildung von langfristigen Bindungen entgegenstehen würden«, so Parish.

Nicht verwandte Weibchen entwickeln tatsächlich stabile, langfristige Beziehungen zueinander, gefördert durch soziale Fellpflege und Sex. Parish beobachtete zudem, dass sie einander unterstützen und Koalitionen bilden. Anders als männliche Schimpansen benutzen sie Koalitionen aber nicht, um ihresgleichen zu bekämpfen, sondern um sich gegen aggressive Männchen durchzusetzen.

Wie Parish beobachtete, fügen die Weibchen Männchen durchaus ernste, blutige Wunden zu – tiefe Risse, abgebissene Finger und Zehen, ja sogar punktierte Hoden. Ihr Betreuer Frans de Waal schickte ihr eine Liste mit 25 Verletzungsfällen, die er während seiner Erforschung der Bonobos in San Diego dokumentiert hatte. Fast immer handelte es sich um Angriffe von Weibchen auf Männchen. Parish hörte sich weiter um und erhielt schockierende Berichte aus Zoos in aller Welt. In der Stuttgarter Wilhelma etwa hatten zwei Weibchen ein Männchen angegriffen und seinen Penis entzweigebissen (die Verletzung wurde mikrochirurgisch behandelt, und das Männchen konnte sich weiter fortpflanzen).

Jeder Zoo hatte seine Geschichten darüber, was mit seinen Männchen »nicht stimmte«, denn dieses Aggressionsmuster passte einfach nicht zu dem, was die Leute für »natürlich« hielten. Parish betrachtete die Daten jedoch aus einem anderen Blickwinkel und kam zu der bahnbrechenden Erkenntnis, dass es sich hier um eine Art mit weiblicher Dominanz handelte: »Das war für Bonobos bis dahin nie beschrieben worden.«

Bei der Gruppe in San Diego konnte ich mir einen kleinen Eindruck davon machen. Lisa, ein Weibchen mit Führungsambitionen, hatte schon eine Weile ihre Autorität demonstriert, indem sie Makasi, ein rangniederes Männchen, drangsaliert hatte. Es hatte Bisse in die Finger gegeben, und es war auch mehrfach Blut geflossen, darum hatte man Lisa und Makasi in verschiedene Gruppen gesteckt, um weiteren Verletzungen vorzubeugen.

»Es ist ganz klar, dass die Weibchen das ernst meinen. Für die Männchen ist das gefährlich, und sie haben große Furcht vor den Weibchen«, so Parish.

Als Folge davon sind Bonobomännchen weit weniger aggressiv als Schimpansenmännchen. »Wahrscheinlich haben sie im Laufe der Zeit ihre Lektion gelernt«, sagte mir de Waal.

Männliche Bonobos stehen ihren Müttern sehr nahe, deren Rang und Autorität den Söhnen Schutz vor den Nachstellungen anderer Weibchen bieten. Makasis Mutter war nicht im Zoo von San Diego, sodass er Angriffen schutzlos ausgeliefert war. In freier Wildbahn ist die Mutter in der sozialen Gruppe meist in der Nähe. Die Bedrohung durch weibliche Aggression ist also zwar sehr real, doch unterm Strich sind Bonobos sehr viel friedfertiger als ihre Verwandten, die Schimpansen.

Diese sind berüchtigt für ihr Territorialverhalten. Treffen benachbarte Gruppen aufeinander, verläuft dies extrem feindselig. Die Männchen laufen mit gesträubten Haaren herum und versuchen alles, um ihr Gegenüber einzuschüchtern. Sie schreien, schlagen auf Bäume ein und bringen einander sogar um. Wenn sich Bonobo-Gruppen begegnen, gibt es dagegen keinerlei Anzeichen eines Kampfes.

»Manchmal schreien sie am Anfang ein bisschen herum, aber dann sieht es schnell eher nach einem Picknick aus als nach einem Krieg«, erklärte mir Frans de Waal. Allerdings ein Picknick, bei dem jeder mit jedem Sex hat.

»Sex ist das Mittel der Bonobos, um Konflikte zu vermeiden«, so de Waal weiter. Darum nennt man diese unkonventionelle Menschenaffenart auch den »Make love not war«-Hippie unter den Menschenaffen.

Das Sexleben der Bonobos ist kreativ und zügellos. Männchen erfreuen sich beispielsweise am »Penisfechten«, indem sie ihre »Degen« aneinanderreiben, während sie von einem Ast baumeln (wer kann, der kann).[405] Bei den Weibchen ist die häufigste und beliebteste Sexualpraktik das GG-Rubbing, das sie dem Sex mit einem Männchen vorziehen, falls beides zur Wahl steht.

»Kein Bonobo ist rein hetero- oder homosexuell. Sie sind alle bisexuell«, berichtete mir Parish.

Wie bei uns Menschen besteht auch bei den Bonobos eine teilweise Abtrennung des Sex von der Fortpflanzung; die Weibchen fordern und praktizieren ihn oft außerhalb ihrer fruchtbaren Phase. Eine Kopulation dauert durchschnittlich 13 Sekunden; Bonobo-Sex ist also schnell, häufig und offenbar so gängig wie ein Handschlag für uns.

Und er wirkt bemerkenswert vertraut. Bonobos schauen sich dabei tief in die Augen, tauschen leidenschaftliche Zungenküsse, praktizieren Oralsex und benutzen sogar Sexspielzeug. Frances White, biologische Anthropologin an der University of Oregon, beobachtete einmal ein Bonoboweibchen dabei, wie es sich aus einem Stock eine Art knubbeligen Dildo herstellte und sich dann damit vergnügte.

Doch ausgerechnet die konservativste Praktik ihres breit gefächerten Repertoires sorgt für das meiste Aufsehen. Heterosexuellen Sex praktizieren Bonobos oft in der Missionarsstellung. Das ist bei anderen Primaten eher nicht zu beobachten. Schimpansen haben praktisch nie Sex von Angesicht zu Angesicht, bei wild lebenden Bonobos dagegen findet jede dritte Paarung so statt.[406]

Die erste Andeutung dahingehend, dass das Sexualverhalten der Bonobos in gewisser Weise unser eigenes widerspiegelt, stammt schon aus den 1950er-Jahren, doch die beteiligten Forscher beschlossen, ihre kontroversen Befunde zu verschleiern, indem sie dafür lateinische Ausdrücke verwendeten. Eduard

Tratz und Heinz Heck berichteten 1954, dass die Schimpansen im Tierpark Hellabrunn sich *more canum* (nach Sitte der Hunde) paarten und die Bonobos *more hominum* (nach Sitte der Menschen). In jener Zeit glaubte man, die Kopulation von Angesicht zu Angesicht sei allein dem Menschen vorbehalten, eine kulturelle Innovation, die »ungebildeten« Völkern erst beigebracht werden musste (daher die Bezeichnung »Missionarsstellung«). Diese frühe Studie wurde vom internationalen wissenschaftlichen Establishment geflissentlich ignoriert. Erst mit der sexuellen Befreiung in den 1970er-Jahren trat das Sexleben der Bonobos in voller Pracht ins Bewusstsein der Leute.

Der neuartige Ansatz der Bonobos für Harmonie und Hierarchie ist in freier Wildbahn genauso zu beobachten wie in den eher künstlichen sozialen Situationen in Zoos. Bei Bonoboweibchen im Wald rund um die LuiKotale-Forschungsstation im Kongo wurde sogar aufgezeichnet, dass diese mit bestimmten Gesten und pantomimischen Zeichen ihr Verlangen nach ein bisschen GG-Rubbing zum Ausdruck bringen. Das ersuchende Weibchen wird mit einem Fuß rückwärts in Richtung seiner Genitalschwellung zeigen und dann die Lippen in Nachahmung des Reibens hin und her bewegen,[407] woraufhin das andere Weibchen es in den Arm nehmen und seinem Wunsch entsprechen wird. Die Autorinnen des Artikels verweisen auf die Bedeutung solcher Gesten in der Evolution von Sprache – die Fähigkeit, auf etwas zu zeigen, wird beim Menschen ebenfalls als begünstigend für Kooperation und Verhaltenskoordination angesehen.

Wie Schimpansen haben auch Bonobos fast 99 Prozent ihres Erbgutes mit uns gemeinsam. Beide können mit gleichem Recht als unsere nächsten Verwandten gelten. Der Urahn von Schimpanse und Bonobo spaltete sich vor lediglich acht Millionen Jahren von unserer Abstammungslinie ab. Die beiden *Pan*-Arten trennten sich erst viel später voneinander; darum sehen sie einander so viel ähnlicher als uns.

Frans de Waal äußerte die Vermutung, dass der Bonobo, wenn dieses evolutionäre Szenario der ökologischen Kontinuität zutrifft, womöglich weniger Veränderungen durchgemacht hat als der Mensch oder Schimpanse. Er könnte dem gemeinsamen Vorfahren der drei Arten sehr ähneln. Tatsächlich äußerte Harold J. Coolidge – jener US-amerikanische Anatom, der dem Bonobo seinen endgültigen taxonomischen Status gab – schon in den 1930er-Jahren die Vermutung, dass dieser dem gemeinsamen Urahnen der drei Arten am meisten ähnelt, da die Anatomie des Schimpansen mehr Anzeichen für eine evolutionäre Anpassung zeigt.

Die Körperproportionen des Bonobo werden oft mit denen der Australopithecinen verglichen, früher Urahnen des Menschen aus der Gruppe der Hominini. Und tatsächlich schienen die Bonobos im Zoo von San Diego, wenn sie standen oder aufrecht umhergingen, direkt einer künstlerischen Darstellung der frühen Hominiden entstiegen zu sein, besonders die Matriarchin Loretta mit ihrer weisen, wenn auch bemerkenswert kahlköpfigen Autorität.

Verglichen mit den Primaten-Alphamännchen in den benachbarten Gehegen – dem massigen Orang-Utan mit seinen langen, schwingenden roten Dreadlocks und den riesigen Wangenwülsten oder dem Gorilla-Silberrücken mit den gewaltigen Muskelpaketen – war Lorettas Körperbau gewiss nicht sonderlich beeindruckend.

Tatsächlich stellte Dr. Parish fest: »Sie sieht ein bisschen aus wie Shrek«, da ihre Ohren abstanden und sie praktisch kahl war. Was ich jedoch für einen bedauerlichen Haarausfall hielt, war in Wirklichkeit ein Anzeichen für den hohen Status der Matriarchin. Soziale Fellpflege bewirkt Haarverlust, je höher also der Rang eines Individuums, desto weniger Haare hat es. Die deshalb fast unbehaarte Haut ließ Loretta sehr viel menschenähnlicher aussehen, als es bei einem kahlen Schimpansen denkbar wäre.

Doch es war Lorettas Reaktion auf Dr. Parish, die die genetische Kluft zwischen unseren Arten vergessen ließ und mir eine Gänsehaut verursachte. Als nach der Fütterung wieder Ruhe eingekehrt war, ließen sich die Bonobos nieder und begannen, die Menschen wahrzunehmen, die sie von der anderen Seite der Glasscheibe aus betrachteten. Die Bonobo-Tierpflegerin sagte, wie geehrt sie sich immer fühlt, wenn Loretta ihr zunickt, und ich fragte mich, wie die alternde Matriarchin wohl auf Dr. Parishs Anwesenheit reagieren würde.

Die beiden Frauen hatten sich 1989 kennengelernt, als Parish eine junge PhD-Studentin war und Loretta eine junge Matriarchin. Parish verbrachte damals mehrere Jahre lang sieben Tage die Woche sämtliche Tageslichtstunden damit, Loretta und ihre Gruppe zu beobachten und ihr Verhalten zu dokumentieren. Seither hat sie die Gruppe regelmäßig besucht. Die Primatin und die Primatologin haben sich gegenseitig heranreifen sehen, wurden junge Mütter und erfahrene ältere Frauen. Daher erwartete ich schon eine Art Wiedererkennen, doch was dann geschah, übertraf alles.

Loretta bemerkte Dr. Parish und steuerte direkt auf sie zu. Die Bonobofrau stand aufrecht hinter der Glasscheibe, blickte Parish mit ihren seelenvollen braunen Augen fest an und nickte ein paarmal leicht mit dem Kopf. Parish nickte zurück und zeigte ihr auf dieselbe Art ihre Anerkennung. Dann lehnte sich Loretta gegen das Glas und drückte den Kopf gegen die Scheibe. Parish tat dasselbe, und die beiden machten 20 Minuten lang soziale Fellpflege »durch die Glasscheibe«. Einmal drückte Loretta ihre Hand an das Glas, und die Forscherin drückte ihre von der anderen Seite dagegen, als wäre nichts zwischen ihnen.

Die Szene war zutiefst bewegend. Ich hatte einen Kloß im Hals, und damit war ich nicht allein. Die umstehenden Zoobesucher:innen schauten ebenso gebannt dabei zu, wie sich die beiden alten Freundinnen ihre Zuneigung zeigten. Wir alle standen in respektvollem Schweigen da, ich zitterte. Hinterher sagte mir Parish, dass das wirklich ein besonderer Moment gewesen sei. Sie und Loretta hatten sich mehr als einen Monat lang nicht gesehen; normalerweise fielen ihre Begrüßungen nicht so emotional und ausführlich aus.

Ich musste darüber nachdenken, welches Privileg es für Parish doch war, diese Verbindung zu erleben und so viel gemeinsame Lebensgeschichte mit einem Tier zu haben, das uns Menschen sehr nahesteht, aber doch kein Mensch ist. Es war eine zutiefst besondere Beziehung. Das weise alte Weibchen hatte Parish dabei geholfen, die Geheimnisse seiner friedlichen matriarchalen Gesellschaft zu lüften, und es hatte uns Menschen dabei geholfen, ein für alle Mal zu begreifen, dass Patriarchat und Gewalt nicht zwangsläufig in unserer DNA festgeschrieben sind.

Dieser so ganz andere Verwandte steht uns ebenso nahe wie der Schimpanse. Er zwingt uns, die Modelle zur Abstammung des Menschen zu überdenken und die echten, bedeutungsvollen Beziehungen zwischen nicht verwandten Weibchen ebenso in Betracht zu ziehen wie flexible Sozialgefüge mit Abwanderungsmustern, die nicht unbedingt das Bindungspotenzial von Weibchen vorgeben. Zudem müssen wir die Möglichkeit einer systemimmanenten weiblichen Autorität über die Männchen anerkennen, selbst wenn diese das *körperlich* dominante Geschlecht sind.

Der Bonobo öffnete die Anthropologie für die Erforschung neuer Modelle, die das Patriarchat nicht als unseren universellen angestammten Zustand betrachten. Die Tatsache, dass es unter allen Primaten offensichtlich eher selten ist, wirft vielmehr die interessante Frage auf, wie und warum sich das Patriarchat entwickelt und in vielen menschlichen Gesellschaften festgesetzt hat.

Parishs frühere wissenschaftliche Betreuerin, die brillante Barbara Smuts, integrierte den Bonobo in eine neue Theorie, in der sie darlegte, wie sich im Laufe der menschlichen Evolution die Geschlechterungleichheiten in diesem ungewöhnlichen Ausmaß hatten entwickeln können. Dabei verwies sie vor allem auf die allmähliche Veränderung der Lebensweise unserer Vorfahren, vom Jagen und Sammeln hin zu intensivem Ackerbau und Viehzucht. Das Kooperieren bei der Jagd gab den Männern die Möglichkeit, Nahrungsressourcen zu kontrollieren, doch diese Kontrolle war durch den Beitrag der Frauen bei der Nahrungssuche begrenzt. Mit Ackerbau und Viehzucht beschränkte man sich jedoch auf weniger Landfläche. Das limitierte den Bewegungsradius der Frauen und gab den Männern die Kontrolle über die Ressourcen – und einen Anreiz, politische Allianzen mit anderen Männern zu bilden, um Rivalen zu bekämpfen und Kontrolle über die Frauen auszuüben.

Ein Leben als Jäger und Sammler macht es Männern deutlich schwerer, den Bewegungsradius der Frauen und ihren Zugang zu Ressourcen einzuschränken, weil sie sich selbst versorgen können. Sobald aber die Frauen in ihrer Aktivität eingeschränkt waren und die Männer die Kontrolle über hochwertige Nahrung, wie Fleisch, erlangt hatten, verloren die Frauen an Handlungsfähigkeit und wurden zu sexuellem Besitz. Vaterschaft wurde zum Thema, weil Besitz vererbt wird, und das Patriarchat etablierte sich. Die Evolution der Befähigung zur Sprache half den Männern, ihre Kontrolle über die Frauen zu festigen und zu steigern, denn sie ermöglichte das Erschaffen und die Verbreitung von Ideologien von männlicher Dominanz und weiblicher Unterordnung sowie von männlicher Vorherrschaft und weiblicher Minderwertigkeit.[408]

»Die Wurzeln des Patriarchats reichen bis zu unseren vormenschlichen Ahnen zurück«, sagt Smuts. »Aber viele Formen, die es annimmt, spiegeln allein menschliche Verhaltensweisen wider.«[409]

Nicht alle Anthropolog:innen waren willens, den Bonobo anzunehmen und die Geschichte des Menschen bereitwillig neu zu betrachten. »Einige meiner Kolleg:innen, die an Schimpansen forschen, waren nicht gerade begeistert«, erzählte mir Parish. »Ganze 40 Jahre lang hatte ihnen die Nische ›engster lebender Verwandter des Menschen‹ gehört. All unsere Modelle der menschlichen Evolution basierten damals auf körperlich aggressiven, männerbündischen und männlich dominierten Schimpansen.«

Die akademische Welt ist ein Nährboden für Konkurrenz und übergroße Egos; die Forscher:innen rangeln darum, dass ihr Tier und ihre Forschung als besonders relevant gelten. Wenn Sie Ihr Berufsleben darauf aufgebaut haben zu belegen, dass die patriarchalen Wurzeln des Menschen auf die Schimpansenkultur und die noch frühere Vergangenheit zurückgehen, fällt es nicht leicht, lebenslang gesammelte Daten quasi abzuhaken und noch einmal von vorn anzufangen.

»Das war wahrscheinlich wie ein Schock, denn es war etwas so ganz anderes als das, was wir in der Welt für ›natürlich‹ halten«, sagte mir Parish. »Die Reaktionen der Leute waren zum Teil reichlich sexistisch. Einige meiner männlichen Kollegen wollten nicht anerkennen, dass in der Bonobo-Gesellschaft die Weibchen dominant sind.«

Frans de Waal ist derselben Ansicht – die Primatologen, die die Bonobos marginalisieren wollen, sind niemals Frauen. »Es sind alles Männer«, sagte er mir und brachte als Beispiel eine lustige Geschichte über die wütende Reaktion eines angesehenen Biologen auf de Waals Bonobo-Vorträge.

»Ein alter deutscher Professor stand auf und sagte:« – de Waal nahm einen erbosten Ton an – »›Was *stimmt nicht* mit diesen Männchen?‹. Ich erklärte, dass mit ihnen alles in Ordnung sei. Sie hätten ein gutes Leben. Sie hätten jede Menge Sex, und ich könne nicht erkennen, was mit ihnen nicht stimmen solle. Aber er war *wirklich* besorgt um sie.«

Ganz so, wie Alison Jollys Erkenntnisse über Lemuren beiseitegewischt wurden, wurde auch die weibliche Dominanz bei den Bonobos heruntergespielt und von vielen Primatologen als »männliche Ritterlichkeit« oder »weibliche Nahrungspriorität gepaart mit männlicher sozialer Dominanz« umgedeutet.[410]

Besonders lautstark äußerte sich Craig Stanford, ein gefeierter Schimpansen-Fachmann der University of Southern California. »Er argumentierte, es sei keine weibliche Dominanz, sondern eine strategische männliche *Unterordnung*, die die Männchen zeigen, um mehr Sex zu bekommen«, erzählte mir Parish. »Er hielt wirklich an dieser Idee fest, sie steht auch noch in seinem Lehrbuch. Das war ziemlich irritierend, einfach weil es so ungeheuerlich war.«

Manch einer ging sogar so weit, jeglichen weiblichen Einfluss auf die traditionellen patriarchalen Modelle der Evolution der Hominiden als »politisch motivierte Illusion, hervorgebracht durch den Feminismus« abzutun.[411]

Heute gibt es nur noch wenige beharrliche Gegner. Die meisten Fachleute sind sich inzwischen darüber einig, dass weibliche Bonobos in Gefangenschaft immer die Männchen dominieren. In freier Wildbahn, so erklärte mir de Waal, ist die Hierarchie durchmischter; an erster Stelle stehen meist ein oder zwei Weibchen, dann kann ein Männchen folgen. Die meisten Männchen sind rangniederer als die meisten Weibchen.

»Man stelle sich vor, wir hätten nie etwas von Schimpansen oder Pavianen gehört und hätten die Bonobos zuerst kennengelernt«, schrieb Frans de Waal augenzwinkernd. »Wir würden höchstwahrscheinlich glauben, dass die frühen Hominiden in Gesellschaften lebten, bei denen Frauen im Mittelpunkt standen, Sex wichtige soziale Funktionen erfüllte und Kriege selten waren oder gar nicht vorkamen.«[412]

Die beste Rekonstruktion unserer Vergangenheit ist letztlich wohl eine Mischung aus typischen Eigenschaften von Schimpanse und Bonobo. Ob mehr Bonobo oder mehr Schimpanse, darüber lässt sich trefflich streiten, und das wird wahrscheinlich immer so bleiben. Es ist für mich aber auch gar nicht entscheidend. Die Vergangenheit ist Vergangenheit und lässt sich nicht mehr ändern. Die Zukunft allerdings schon. Und genau deshalb finde ich die Bonobos so inspirierend. Ihre Geschichte zeigt uns, dass männliche Wesen nicht genetisch darauf programmiert sind, weibliche Wesen aggressiv zu dominieren. Ihre Befähigung dazu hängt von Umwelt- und sozialen Faktoren ab. Entscheidend für den Machtgewinn von Weibchen ist der starke Zusammenhalt untereinander, ob Familie oder Freundinnen, um ein erdrückendes Patriarchat zu überwinden und eine egalitärere Gesellschaft zu fördern.

Parish stimmt mir hierin zu. »Wir müssen von Bonoboweibchen viel lernen. Der Feminismus argumentiert, dass du, wenn du mit nicht verwandten weiblichen Wesen so umgehst, als seien sie deine Schwestern, an Macht gewinnen kannst. Die Bonobos zeigen uns, dass das zutrifft. Das gibt uns viel Hoffnung.«

Amen.

KAPITEL 9

Matriarchinnen und Menopause: Wal-Verwandtschaften

Die futuristische Skyline der Innenstadt Seattles lieferte die irreale Kulisse für meine erste Begegnung mit einem der kraftvollsten Beutegreifer der Erde. Es war eindeutig: eine weiße Nebelfontäne und dahinter eine unverwechselbar lange, schlanke Rückenfinne, die vielleicht 1,20 Meter emporragte und das silbrige Wasser des Puget Sound, des maritimen Hinterhofs der US-amerikanischen »Smaragdstadt«, durchschnitt.

Die Schwertwale waren in der Stadt, und es fühlte sich an, als wären sie Rockstars. Der Hafen von Seattle ist der drittgrößte Industriehafen der USA, zahlreiche lärmende Autofähren und monströse Frachtschiffe fuhren aus und ein, doch die Wale kreuzten die Rushhour so unbekümmert, wie es wohl nur sechs Tonnen schwere Killer fertigbringen können.

Mir kam der Soundtrack zu Tarantinos Film *Reservoir Dogs* in den Sinn, während etwa 25 Wale, darunter ein junges Kalb, durch die geschäftige Wasserstraße navigierten. Als ein riesiger Frachter besonders dicht an ihnen vorbeifuhr, tauchten sie nicht etwa in die Tiefe ab, sondern nutzten die Gelegenheit, ihr ungeheures Charisma zu demonstrieren, indem sie auf dessen Bugwelle surften. Es war ein Anblick für die Götter. Die Orcas sprangen aus dem Wasser, drehten Pirouetten und hatten ganz offensichtlich ihren Spaß. Ich hatte Gänsehaut. Und damit war ich nicht allein: Das Deck unseres Bootes war voller Whale Watcher, die ihre Kameras schwangen und bei jedem Auftauchen aufgeregt nach Luft schnappten – hörbares Zeugnis des Entzückens, das im Waltourismus auch »Orca-gasmus« genannt wird.

»Ihr habt wirklich den Hauptgewinn gezogen«, sagte mir Ariel Yseth, ein erfahrener einheimischer Orca-Beobachter. »Die Southern Residents wurden seit Monaten nicht mehr so zusammen gesehen.«

Ich wurde Zeugin einer Orca-Party, eines eher seltenen Ereignisses. Der Schwertwal (»Killerwal«, *Orcinus orca*) ist das kraftstrotzendste Mitglied der Familie der Delfine und, wie seine kleineren Verwandten, ein hoch soziales Wesen mit der entsprechenden Intelligenz. Sein gewaltiges, sieben Kilogramm schweres Gehirn hat mehr Großhirnrinden-Oberfläche für komplexe Denkprozesse wie Sprache, soziale Kognition und Sinneswahrnehmung als das jedes anderen Tieres auf dem Planeten.[413] Schwertwale leben in großen Familienverbänden (Schulen oder Pods genannt) von etwa fünf bis 30 Individuen; treffen miteinander bekannte Schulen aufeinander, vollziehen sie eine »Begrüßungszeremonie«. Die Tiere der Gruppen reihen sich jeweils nebeneinander auf und »stehen« sich an der Oberfläche für einige seltsame Minuten gegenüber, bevor sie in wildes Spiel ausbrechen.

Die Southern Residents (also die südlichen ortstreuen Schwertwale des Nordostpazifiks) sind ein Clan, der drei solcher Schulen (J-, K- und L-Pod) umfasst und als besonders verspielt gilt. Das von uns beobachtete überschwängliche Springen und Radschlagen markierte das erste Wiedersehen des gesamten J-Pods und einiger Mitglieder des K-Pods seit wahrscheinlich elf Monaten.

Über uns stand ein Hubschrauber des Fernsehens in der Luft. »Die Wale sind gerade das große Thema«, so Ariel.

Seit einigen Jahren wird die Southern-Resident-Population als gefährdet eingestuft. Hauptursache ist ein rasanter Rückgang der Vorkommen der Pazifischen Lachse, ihrer fast ausschließlichen Nahrungsquelle. Doch auch die zunehmende Verschmutzung, ob mit Toxinen, die sich im Blubber der Wale anreichern, oder durch lärmenden Schiffsverkehr, der sie bei der Echoortung ihrer schwindenden Beute stört, trägt dazu bei.

Diese sogenannten residenten Orcas (im Gegensatz zu anderen, nicht ortsgebundenen oder »transienten« Orcas, die hier ebenfalls zu beobachten sind) waren früher in der Salischen See in den Sommermonaten zuverlässig täglich zu beobachten, doch inzwischen werden ihre Wanderungen immer unvorhersagbarer.

»Alles ist anders, seit Granny tot ist«, sagte mir Ariel.

Granny, offiziell auch als J2 bezeichnet, war die bejahrte »Großmutter« des J-Pods. Diese alte Orca-Dame war auch das Leittier der Southern Residents, und Grannys Kommando über diesen Clan von rund 70 Orcas war selbst für menschliche Landratten unübersehbar. Wenn sie wollte, dass die Gruppe ihr in eine andere Richtung folgte, tauchte sie auf, klatschte mit ihrer zwei Meter breiten Fluke auf das Wasser, und schon kamen alle herbeigeschwommen. »Das war ihre Art zu sagen: ›Los, Kinder!‹«, erzählte mir Ariel.

Zum Zeitpunkt ihres Verschwindens im Oktober 2016 wurde ihr Alter auf irgendwo zwischen 75 und sogar 105 Jahren geschätzt, sodass sie als der Orca mit dem höchsten dokumentierten Lebensalter galt. Das Außergewöhnlichste an dieser hochbetagten Matriarchin war jedoch nicht ihr Alter. Es war die Tatsache, dass sie ungefähr im Alter von 40 Jahren ihr letztes Kalb bekommen, danach aber noch mehrere Jahrzehnte weitergelebt hatte. Ihr post-reproduktives Leben war also mindestens so lang wie ihre reproduktive Phase, wenn nicht sogar länger.

Die Menopause, also die letzte fruchtbare Phase, und die anschließende Postmenopause sind im Tierreich sehr selten. Rein theoretisch sollte es sie gar nicht geben. Die natürliche Selektion urteilt ziemlich gnadenlos über den Verlust der Fruchtbarkeit, und das aus gutem Grund. Wenn der Zweck des Überlebens die Fortpflanzung ist, besteht kein Grund zum Weiterleben für ein Tier, das seine Gene nicht mehr in einem schönen fleischigen Paket an die nächste Generation weitergeben kann. Tierarten, die für ihre Langlebigkeit berühmt sind, wie die Galapagos-Riesenschildkröten, etliche Papageienarten und der Afrikanische Elefant, pflanzen sich allesamt bis zu ihrem Lebensabend fort.

Somit haben wir Menschen uns lange Zeit als menopausalen Sonderfall betrachtet. Bis vor nicht allzu langer Zeit waren die einzigen Säugetiere, die nach der Menopause weiterlebten, solche in Gefangenschaft. Eine echte Postmenopause tritt dann ein, wenn die reproduktive Alterung von der somatischen Alterung entkoppelt wird, will sagen: wenn die Geschlechtsorgane schneller altern als der übrige Körper. Im Falle der postmenopausalen Zoobewohnerinnen, etwa Gorillas, wird das Leben durch freie Kost und Gesundheitsversorgung künstlich verlängert. In freier Wildbahn lebt ein Gorillaweibchen etwa 35 bis 40 Jahre, in Gefangenschaft kann es älter als 60 Jahre werden. In diesem Fall haben sein Körper und sein Gehirn seine Ovarien überlebt. Von den rund 500 bekannten Säugetierarten sind es nur vier Arten der Zahnwale, die natürlicherweise die Menopause überleben – und der Mensch.*

Irgendwie merkwürdig, eine solche Verwandtschaft mit einem Wal.

---

* Die vier Zahnwalarten sind der Orca, der Kurzflossen-Grindwal *(Globycephala macrorhynchus)*, der Narwal *(Monodon monoceros)* und der Beluga (Weißwal, *Delphinapterus leucas*). (Ellis; Franks; Nattrass; Currie; Cant; Giles; Balcomb; Croft (2018), »Analyses of Ovarian Activity Reveal Repeated Evolution of Post-reproductive Lifespans in Toothed Whale«, in *Scientific Reports*, 8:1.)

Mich als Frau in einem gewissen Alter, die mit der eigenen schwindenden Fruchtbarkeit und der damit drohenden Nutzlosigkeit und Unsichtbarkeit hadert, sprach Grannys Geschichte zu sehr an, um sie einfach zu ignorieren. Ich verspürte den dringenden Wunsch, eine Schwertwalkuh nach der Menopause kennenzulernen und herauszufinden, warum wir diese merkwürdige Gemeinsamkeit haben.

Oberflächlich betrachtet gibt es wenig Bezugspunkte; der letzte gemeinsame Urahn lebte vor rund 95 Millionen Jahren (eine winzige, spitzmausähnliche Kreatur, aus der eine ganze Reihe von Säugetieren hervorgegangen sind, darunter Wale, Menschen, Fledermäuse und Pferde). Wie kam es also, dass diese Orca-Oma der natürlichen Selektion ein Schnippchen geschlagen hatte und auch noch Anführerin der Southern-Residents-Rockstars geworden war? Was kann uns Granny über Anführer:innen und die Menopause beim Menschen lehren? Und angesichts der drohenden Öko-Apokalypse die vielleicht viel dringendere Frage: Was bedeutet es, wenn wir unsere Matriarchinnen *verlieren*?

Den größten Teil unseres Wissens über das Leben von Schwertwalen verdanken wir den Southern Residents. Sie werden seit mehr als 40 Jahren kontinuierlich erforscht, doch es dauerte anfangs eine Weile, bis die (männlichen) Walforscher erkannten, dass die Walgesellschaft matriarchal organisiert war. Ken Balcomb, Begründer des Center for Whale Research (CWR) und einer der ersten Erforscher der Southern Residents, beschrieb es mir so: »Die Weibchen *sollten* einfach der Harem sein.«

Als in den 1970er-Jahren die ersten Studien über die Southern Residents erarbeitet wurden, fanden die Forscher:innen oft Orcagruppen vor, die aus einigen adulten Bullen bestanden, wie sich an deren beeindruckender Größe (männliche Orcas können bis zu neun Meter lang werden) und hoch aufragenden

Rückenflossen (Finnen) erkennen ließ. Meist begleiteten diese Männchen eine Handvoll kleinerer Individuen – diese waren einen oder zwei Meter kürzer – mit vergleichsweise gedrungenen Finnen, die man für Weibchen hielt.

Laut Howard Garrett vom Orca Network, der in den frühen 1980er-Jahren ebenfalls für das CWR arbeitete, nahm man aufgrund von Studien zu anderen Herden bildenden Meeressäugern (wie Seelöwen) an, dass die Männchen ihren Größenvorteil ausnutzten, um auf aggressive Weise einen Harem an Weibchen um sich zu scharen, und dass man früher oder später beobachten würde, wie die großen Bullen miteinander um die Vorherrschaft kämpfen oder die Weibchen zur Paarung drängen.

Doch auch nach mehreren Jahren intensiver Beobachtung trat solch feindseliges Verhalten niemals auf. Stattdessen geschah etwas völlig Unerwartetes. Einige der Wale, die man für Weibchen gehalten hatte, entwickelten große Rückenfinnen und »verwandelten sich offenbar« und ziemlich eindeutig in Männchen.* Noch überraschender war die Tatsache, dass sie anschließend nicht den Pod verließen, sondern weiterhin mit den anderen Männchen und Weibchen schwammen.

»Langsam dämmerte es uns, dass viele der ›Weibchen‹ in Wirklichkeit juvenile Männchen waren und dass sie auch im Erwachsenenalter nahe bei ihren Müttern blieben«, so Garrett.[414] Anfangs zögerte man seiner Beschreibung nach, diese Beobachtung zu ihrer sozialen Ordnung zu akzeptieren. Die

---

* Orcas haben eine ziemlich lockere Einstellung zum Sex. »Im Grunde haben alle Sex mit allen«, erklärte mir Dr. Giles von Wild Orca. So ist es für heranwachsende Söhne nicht ungewöhnlich, ihre ersten sexuellen Erfahrungen mit ihren Müttern oder älteren Matriarchinnen zu sammeln. Und von Männchen ist bekannt, dass sie sich im »Schwertkampf« mit anderen Männchen messen. Ob sie auf diese Weise lernen, mit ihrem 1,50 Meter langen Organ umzugehen und komplizierten, fluiden, vierdimensionalen Sex zu meistern, oder ob es ihnen einfach nur Spaß macht, ist nicht klar. Vollkommen klar aber ist, dass sie mit ziemlicher Sicherheit keine Weibchen sind.

Wissenschaft kennt kein anderes Säugetier, bei dem Mütter und ihre Nachkommen beiderlei Geschlechts lebenslang in Kontakt bleiben. Immer besteht bei einem Geschlecht die Tendenz, abzuwandern, und bei sozialen Säugetieren sind es meist die Söhne, die dies tun. Einige der matrilinearen Orcagruppen umfassten bis zu vier Generationen männlicher und weiblicher Orcas. Hatte diese einzigartige Struktur vielleicht etwas mit der extrem langen postreproduktiven Lebensspanne der Weibchen zu tun?

Darren Croft, Professor für Tierverhaltensforschung an der University of Exeter, glaubt, dass es so ist. Seit einem Jahrzehnt fesselt ihn das Rätsel der Menopause/Postmenopause und der sozialen Systeme, die diese tragen. »Aus evolutionärer Sicht ist die Menopause ganz klar maladaptiv«, so Croft im Gespräch. »Darum fasziniert es mich so, dass es sie gibt.«

Das Rätsel der menschlichen Meno- bzw. Postmenopause hat Dutzende von Theorien und Jahrzehnte der wissenschaftlichen Debatte hervorgerufen. Eine gängige Erklärung besagt beispielsweise, dass eine postmenopausale Frau, wie jene Gorillafrauen in Zoos, einfach dank der modernen Medizin ihre Ovarien überlebt, was im Rückschluss bedeuten würde, dass die Menopause nicht wirklich natürlich ist und wir Frauen um die 50 mit dem Schwinden unserer Fruchtbarkeit eigentlich in Würde abtreten sollten.

Zum Glück schiebt die Existenz der Menopause bei Jäger-und-Sammler-Völkern dieser Theorie einen Riegel vor. »Eine Fülle von Belegen spricht dafür, dass die Menopause eben kein Artefakt unserer erhöhten Lebenserwartung ist, sondern dass ihre Wurzeln weit in unsere evolutionäre Vergangenheit zurückreichen«, so Croft.

Die evolutionären Erklärungen der Menopause/Postmenopause decken ein breites Spektrum an Ideen ab, an dessen einem Ende das steht, was ich als »Hugh-Hefner-Hypothese« bezeichnen möchte. Sie wurde zwar nicht von dem verstorbenen

Schürzenjäger entwickelt, aber ich bin sicher, dass sie ihm gefallen hätte.

Dieser Hypothese zufolge ist die Menopause das evolutionäre Ergebnis der Vorliebe menschlicher Männer für jüngere Frauen.[415] Die drei (männlichen) Forscher der McMaster University in Ontario, welche diese zutiefst entmutigende Theorie 2013 formulierten, unterfütterten sie mit einigen flotten mathematischen Modellen, die demonstrieren sollten, wie der männliche Hang zu jungem Gemüse letztlich eine Anhäufung von schädlichen Mutationen bewirkt, aufgrund derer die Ovarien (vielleicht auch die Hoffnungen und Träume) älterer Frauen verschrumpeln und noch vor dem Rest ihres Körpers ihr Leben aushauchen.

Am anderen Ende des Spektrums steht die belastbarere und eindeutig feminismusfreundlichere »Großmutter-Hypothese«. Sie wurde 1998 vorgestellt und besagt, dass Frauen, die in der Mitte des Lebens aus dem reproduktiven Hamsterrad aussteigen und ihre Energie darauf konzentrieren, ihre Kinder und Enkelkinder zu unterstützen, statt selbst noch mehr Nachwuchs zu produzieren, die Überlebenschancen ihrer Nachkommen (und somit der eigenen Gene) signifikant erhöhen.[416]

Die Urheberin der Theorie, die Anthropologin Kristen Hawkes, legte ihrer These Beobachtungen an heutigen Jäger-und-Sammler-Gesellschaften zugrunde, keine abstrakten mathematischen Modelle. Sie bemerkte, dass Mütter aus dem Volk der Hadza in Tansania vor dem Problem standen, in mühevoller Arbeit nach stärkehaltigen Pflanzenknollen suchen und sich zugleich um ihre Neugeborenen kümmern zu müssen. Halfen aber Großmütter beim Ausgraben und Aufteilen von Knollen und Beeren, wurde sie mit gesünderen Enkelkindern belohnt, die schneller entwöhnt werden konnten.

Die detaillierte, über Jahrzehnte laufende Dokumentation des Lebens und der Familienverhältnisse der Southern Residents durch das Center for Whale Research lieferte Croft ein alternatives Modell zur Menopause/Postmenopause und vor allem die Daten, die er brauchte, um verschiedene Theorien zu überprüfen.

Als ich ihn nach der Hugh-Hefner-Hypothese fragte, antwortete er, es gebe keine Belege dafür, dass Orcabullen bevorzugt Sex mit jungen Weibchen hätten: »Ich kann auch kein Szenario erkennen, bei dem das für einen männlichen Orca adaptiv wäre.« Tatsächlich ist, so wurde mir gesagt, eher das Gegenteil der Fall: Orcakühe in der Postmenopause haben ein recht ausschweifendes Sexleben und wurden schon oft dabei beobachtet, wie sie bei jungen, pubertierenden Bullen um Sex nachsuchten.

Beim Durchforsten von Unterwasseraufnahmen, Feldforschungsnotizen und Identifikationsfotos von Rückenfinnen aus mehr als 40 Jahren entdeckten Croft und sein Team, dass es größtenteils Weibchen in der Postmenopause waren, die ihre Pods anführten; sie leiteten ihre Familien zu den besten Nahrungsgründen, besonders in Zeiten der Nahrungsknappheit.

Neben dem Menschen ist der Schwertwal der Prädator mit dem weltweit größten Verbreitungsgebiet. Hoch spezialisierte Jagdstrategien ermöglichen es diesen kosmopolitischen Killern, von der Arktis bis in die Antarktis bestimmte Beutetypen zu nutzen. Die Orcas vor der neuseeländischen Küste etwa haben sich darauf spezialisiert, Stachelrochen auszugraben und zu fressen. In Argentinien werfen sie sich an Land, um Seelöwenjunge vom Strand zu erbeuten. Im Unimak Pass in Alaska versammeln sie sich im Mai, um jungen Grauwalen aufzulauern, und in der Antarktis schwimmen sie synchron, um Wellen zu erzeugen und so Robben von den sicheren Eisschollen zu kippen – direkt in ihr Maul. Diese besonderen Orca-Schläge werden in der Ökologie auch als Ökotypen bezeichnet; sie gehören zwar biologisch derselben Art an, bewohnen aber ein bestimmtes geografisches Gebiet und paaren sich nicht untereinander. Zudem »sprechen« sie eigene Dialekte, und ihre von Generation zu Generation weitergegebenen speziellen Jagdtechniken werden als eine Art von Kultur angesehen.

Die Southern Residents jagen fast ausschließlich Pazifische Lachse (Gattung *Oncorhynchus*), idealerweise Königslachse *(Oncorhynchus tshawytscha)*, und ein ausgewachsener Wal muss täglich 20 bis 30 Exemplare fressen, um gesund zu bleiben. Die Salische See, ein Meeresgebiet vor der amerikanisch-kanadischen Westküste, ist ein traditioneller Nahrungsgrund, wo sich Wale an den großen Fettfischen satt fressen. Die Lachse sammeln sich hier in großer Zahl, bevor sie die in dieses Gebiet mündenden Flüsse hinaufschwimmen, um zu laichen.

Das Aufspüren dieser kurzlebigen Lachs-Hotspots gelingt nur klugen und gewitzten Jäger:innen, da sie mit den Jahren, Jahreszeiten und sogar Tiden variieren. Die Orcas müssen entscheiden, ob sie die Energie aufwenden, um den Fischen zu den Flussmündungen zu folgen, oder ob sie bei den Tiefsee-Nahrungsgründen der Lachse abwarten, bis neue Tiere eintreffen. Dies ist eine komplexe kognitive Aufgabe. Sie wird noch erschwert dadurch, dass die Lachse heute auf dem Weg zu ihren Laichgründen durch einen Hindernisparcours aus gigantischen Staumauern von Wasserkraftwerken navigieren müssen; dies und Jahrzehnte der Überfischung haben ihre Bestände dramatisch zurückgehen lassen. Wenn es nur wenige Fische gibt, braucht es Schwertwale mit jahrelanger Erfahrung im Aufspüren ihrer Beute – und das sind die ältesten Matriarchinnen.

»Es ist ungefähr so, als wären in einer Großstadt die Imbissstuben immer nur einen Abend im Monat geöffnet und Sie müssten wissen, welcher Imbiss an welchem Abend im Monat geöffnet hat«, erklärte mir Darren Croft via Skype.

Für Orcas in Gefangenschaft ist nachgewiesen, dass sie ein phänomenales fotografisches Gedächtnis haben und sich beispielsweise noch nach 25 Jahren an Testmuster erinnern.[417] Diese weisen alten Damen sind nicht nur ein wandelndes Lexikon bezüglich ökologischen und kulturellen Wissens, sondern auch unglaublich gutmütig: »Man kann beobachten, dass ein 60-jähriges Orcaweibchen einen Lachs fängt, ihn in zwei Teile teilt und die eine Hälfte seinem 30-jährigen Sohn gibt. Einfach unfassbar«, so Croft.

Ihrem martialischen Namen zum Trotz hängen männliche »Killerwale« nach Auskunft von Walexperten ziemlich an Mutters Rockzipfel. Sie verbringen den Großteil ihres Lebens nur wenige Meter von der Mutter entfernt schwimmend, und von ihr überlassene Beute hilft ihnen maßgeblich, am Leben zu bleiben.

Wie Crofts Team herausfand, steigt bei einem Männchen, dessen Mutter vor seinem 30. Geburtstag stirbt, die Wahrscheinlichkeit, im darauffolgenden Jahr selbst auch zu sterben, auf das Dreifache. Wenn sie stirbt, *nachdem* es 30 geworden ist, steigt die Wahrscheinlichkeit, im nächsten Jahr zu sterben, auf das *Achtfache*. Wenn aber Mama die Menopause schon hinter sich hatte, steigt die Wahrscheinlichkeit für den Sohn, im Folgejahr sein Leben auszuhauchen, auf das *Vierzehnfache*. Die Daten waren eindeutig: Söhne, deren Mütter nach ihrer Geburt lange leben, haben einen Überlebensvorteil gegenüber jenen, deren Mütter früher sterben, und das gilt mit wachsendem Alter von Mutter und Sohn umso mehr. Diese postmenopausalen Orcas stützen somit die von Hawkes vertretene Großmutter-Hypothese.

Doch ein Problem birgt diese Theorie nach Crofts Ansicht noch: Sie erklärt nicht, warum Weibchen bzw. Frauen auf der Hälfte ihres Lebensweges die Fortpflanzung einstellen. »Nehmen wir das Beispiel Elefanten«, so Croft. »Die älteren Kühe bewahren auch ökologisches und soziales Wissen, aber sie haben keine Menopause.«

Elefanten-Matriarchinnen zählen zu den eindrucksvollsten weiblichen Wesen des Planeten. Sie sind die Anführerinnen ihrer Familiengruppe, sie wissen, wie man Löwen austrickst und politische Allianzen mit anderen Elefantenkühen schmiedet, und sie erinnern sich in Zeiten der Dürre an uralte Wasserstellen. Diese charismatischen Riesinnen haben viel mit Schwertwalen (und auch Menschen) gemeinsam – ein langes Leben, ein großes Gehirn, komplexe Kommunikationsfähigkeiten und ein großes, wandelbares soziales Netzwerk.

Karen McComb, Professorin für Tierverhaltensforschung und Kognition an der University of Sussex, fand eine geniale Methode, um das soziale Wissen und die Entscheidungsfähigkeit dieser großen alten Damen zu messen. Sie reiste zum Amboseli Elephant Research Project in Kenia, wo die Elefanten seit 1972 beobachtet werden – länger als jede andere Elefantenpopulation und fast so lang wie die Southern Residents. Dort fuhr sie mit einem Lautsprecher und einem Kassettenrekorder herum, spielte Elefantenfamilien Tonaufnahmen von anderen Elefanten vor und beobachtete, wie sie reagierten.[418]

Nervöse Elefanten halten in dem inne, was sie gerade tun, rücken schützend eng zusammen und schnuppern in der Luft nach olfaktorischen Hinweisen auf den vermeintlichen Eindringling. Familien mit älteren Matriarchinnen konnten das Risiko deutlich besser einschätzen und zeigten dieses disruptive Verhalten nur, wenn die Rufe von ihnen unbekannten Elefanten stammten. Die Familien mit jungen Matriarchinnen dagegen reagierten sehr schnell defensiv und waren laut McComb »völlig konfus«.

Die älteren Matriarchinnen konnten nicht nur besser Freund und Feind auseinanderhalten, sie konnten auch männliche und weibliche Löwen am Brüllen unterscheiden. Das ist überlebenswichtig, denn das Gebrüll klingt zwar ähnlich, doch die Gefahr ist es nicht. Normalerweise jagen hauptsächlich die Löwinnen, doch nur männliche Löwen, die um die Hälfte größer sind als die Weibchen, können sich an Elefantenkälber heranwagen.

Die exzellenten Unterscheidungskünste einer älteren Matriarchin sorgen dafür, dass ihr Clan sicher und entspannt ist und sich auf das konzentrieren kann, was schon immer das

Wichtigste war: auf das Fressen. McCombs Forschung zeigt uns, dass die geistesgegenwärtige und souveräne Führung durch ältere Matriarchinnen zu mehr Nachkommen führt, was die Großmutter-Hypothese stützt.

Man könnte also meinen, dass diese alten Damen aus dem Reproduktionskarussell aussteigen und ihre Energien auf ihre bereits vorhandenen reproduktiven Investments konzentrieren – vor allem, wenn man bedenkt, dass die Trächtigkeit bei ihnen 22 Monate dauert und körperlich besonders strapaziös ist und die Kälber fünf bis sechs Jahre brauchen, bis sie vollständig entwöhnt sind. Doch so unglaublich es auch klingen mag, die Matriarchinnen von Amboseli brachten noch in ihren Sechzigern Nachkommen zur Welt. Ihre Reproduktionsrate verlangsamt sich zwar, aber sie geht nicht so steil bergab wie bei Orcas und Menschen. Studien ergaben, dass die Ovarien von Elefantenkühen noch in ihren Siebzigern funktionierten;[419] theoretisch könnten sie also bis zu ihrem Tod Kälber zur Welt bringen.

Sollte die Großmutter-Hypothese zutreffen, müsste die Fortpflanzung im hohen Lebensalter hohe Kosten verursachen; andernfalls gäbe es keinen Grund für Orcas oder andere Tiere, damit aufzuhören. Croft und seine Mitarbeitenden postulierten, dass die Lösung zum Rätsel der Menopause bei Schwertwalen in deren besonderer sozialer Situation zu sehen ist, und zwar weniger in der Kooperation als vielmehr in Konflikten.

Es ist aufwendig, Kinder zu haben, doch bei Schwertwalen gibt es einen interessanten Unterschied bei den Kosten für Söhne und Töchter. Wenn ein junges Orcaweibchen mit etwa 15 Jahren beginnt, sich fortzupflanzen, braucht es 40 Prozent mehr Lachse, um die fette Milch für sein Kalb bilden zu können. Wenn also eine Tochter geschlechtsreif wird, bedeutet das eine signifikante Steigerung der Ernährungsbedürfnisse der Gruppe.

Bei Söhnen ist das anders. Wenn Pods aufeinandertreffen, paaren sich die Söhne mit Weibchen aus der anderen Mutterlinie, und obwohl sie sogar beim Sex erstaunlich nah bei ihrer Mutter bleiben, wird doch ihr Nachwuchs von der Mutter in dem anderen Pod großgezogen. Aus Sicht seiner Mutter geht also das Durchbringen des genetischen Erbes ihres Sohnes auf Kosten der Gruppe einer anderen Matriarchin, was sie somit viel billiger kommt als eine Tochter. Der Evolutionstheorie zufolge müssten also Mütter ihre Söhne viel mehr verwöhnen als ihre geschlechtsreifen Töchter, und genau das belegte eine über zwölf Jahre laufende Studie zum Teilen von Nahrung bei Schwertwalen.[420] Umgekehrt sagt die Evolutionstheorie als Folge einer einzigartigen familiären Dynamik auch einen Konflikt zwischen Müttern und ihren weiblichen Nachkommen voraus, sobald Letztere die Geschlechtsreife erreichen.

Wenn ein Orcaweibchen zur Welt kommt, lebt sein Vater in einem anderen Pod, daher ist seine Verwandtschaft mit den Männchen in seinem eigenen Pod eher entfernt. Mit zunehmendem Alter nimmt seine relative Verwandtschaft zur Gruppe zu, da es Söhne und Enkel hervorbringt. Die Mütter sind daher immer enger mit ihrem Pod verwandt als ihre Töchter und Enkeltöchter. Diese Asymmetrie des Verwandtschaftsgrades fördert den Konflikt zwischen Weibchen unterschiedlicher Generationen, die sich zur gleichen Zeit fortpflanzen. Die natürliche Selektion wird junge Mütter bevorzugen, die weniger Anteil am Erfolg der weiter gefassten Gruppe haben, deren Individuen aggressiv um Nahrung konkurrieren. Diese Vorhersage leitet sich aus der Beobachtung ab, dass bei gleichzeitiger Fortpflanzung von Orca-Müttern und -Töchtern die Kälber der älteren Mütter im Vergleich zu denen jüngerer Mütter mit fast doppelt so hoher Wahrscheinlichkeit nicht älter wurden als 15 Jahre.[421]

Diese sozialen Kosten der späten Mutterschaft liefern den evolutionären Impetus für ein Orcaweibchen, in der Lebensmitte mit der Fortpflanzung aufzuhören, sodass es in seine Söhne und Enkel investieren kann und nicht mehr mit seinen Töchtern und Enkeltöchtern konkurrieren muss. Diesen Anreiz gibt es bei Elefanten nicht, weil deren Söhne, wie bei den meisten sozialen Säugern, letztlich ihre angestammte Gruppe verlassen. Elefantenweibchen werden also im Laufe der Jahre immer weniger oder zumindest nicht enger mit ihrer Gruppe verwandt. Daher ist es für eine Elefanten-Matriarchin das Beste, die Fortpflanzung beizubehalten, bis sie stirbt.

Croft ist der Ansicht, dass diese »Hypothese vom reproduktiven Konflikt«[422] letztlich die Erklärung der Evolutions-Motivation für die Großmutter-Hypothese liefern könne, sodass sie auch bei anderen menopausalen Arten, wie uns Menschen, passt.

Aus dem vorigen Kapitel wissen wir, dass bei den Urahnen des Menschen wahrscheinlich die Töchter abgewandert sind, um sich neuen Familien anzuschließen. Anfangs hatten solche jungen weiblichen Neuankömmlinge keinen verwandtschaftlichen Bezug zu der Gruppe. Sobald sie aber begannen, Kinder zu bekommen, nahm der Verwandtschaftsgrad zu. Mit zunehmendem Alter war es für den Fortbestand ihrer Gene dann vorteilhafter, ihren Töchtern und Enkelinnen beim Großziehen ihrer Kinder zu helfen, besonders da weitere eigene Kinder unmittelbar mit ihren anderen Nachkommen um Ressourcen konkurriert hätten. »Wenn man also die verwandtschaftliche Asymmetrie am Beispiel Mensch betrachtet«, so Croft, »dann wird die Evolution Frauen begünstigen, die in jüngeren Jahren mehr konkurrieren und im Alter mehr helfen.«

Manche Belege sprechen für, andere gegen diesen familiären Konflikt beim Menschen. Eine robuste Studie, die Daten aus 200 Jahren über finnische Familien in vorindustrieller Zeit auswertete, stützt die These; eine kleinere Studie mit norwegischen Frauen tut dies nicht. »Es ist schwer, sie beim Menschen zu überprüfen, weil wir nicht in der Evolution zurückgehen können. Genau darum ist das System bei den Schwertwalen so spannend, denn da können wir die Hypothese testen«, so Croft. »Wer hätte gedacht, dass wir so viel über unsere eigene Evolution herausfinden würden, indem wir diese meeresbewohnenden Zahnwale beobachten?«

Es bringt durchaus einige Herausforderungen mit sich, die Menopause bei einem sechs Tonnen schweren schwimmenden Torpedo mit Zähnen zu erforschen. Eine der ersten Hürden: Wie in aller Welt soll man die Sexualhormone kontrollieren, die das reproduktive Altern des Orcas abbilden? Die Entnahme von Blutproben wäre gefährlich (für die Forscher) und invasiv (für den Orca). Eine deutlich dezentere, wenn auch geruchsintensivere Alternative besteht darin, Kotproben einzusammeln. Und so kam es, dass ich an einem sonnigen Septembernachmittag die Salische See nach Orcakot absuchte. Das tat ich in Begleitung von Dr. Deborah A. Giles, Forschungs- und wissenschaftliche Leiterin der gemeinnützigen Organisation Wild Orca und offizielle wissenschaftliche Kot-Kescherin der Southern Residents. Giles erforscht die Southern Residents seit zehn Jahren, kennt jedes einzelne Tier und war meine beste Chance, einer Orca-Matriarchin aus nächster Nähe zu begegnen.

Giles arbeitet von San Juan Island aus, Teil einer gleichnamigen Inselgruppe, die eiszeitliche Gletscher im pazifischen Fjordland zwischen dem kanadischen Vancouver Island und dem Nordwesten der USA hinterlassen haben. Mit dem Wasserflugzeug braucht man nur eine Stunde von Seattle, doch der Flug verschaffte mir aus der Vogelperspektive einen spektakulären Eindruck von den wirren Kaltwasserströmen und Tangwäldern, die die Salische See zu einem solchen Paradies für marines Leben machen. Der Hauptort der Insel, Friday Harbor, war von Orca-Darstellungen übersät: Schwertwale aus Holz tauchten aus dem Licht der Straßenlaternen ab, tauchten auf Wandgemälden auf oder winkten mir als Ofenhandschuhe aus den Schaufenstern von Souvenirshops zu.

Nach nur 20 Minuten hatte ich die kleine Insel mit dem Auto überquert und traf Giles in Snug Harbor, wo ihr bescheidenes

Schnellboot lag. Sie teilte mir mit, dass sie noch helfende Hände brauchten und ich mit sofortiger Wirkung zum Such- und Kescherdienst eingeteilt sei. Tausend Fragen kamen mir in den Sinn. Als Hundebesitzerin sammele ich regelmäßig Kot ein, aber ich konnte mir keinen Kotbeutel vorstellen, der für diese spezielle Aufgabe groß genug wäre. Das dunkelgrüne Wasser sah tief und kalt aus, ganz zu schweigen von der Aussicht, mit Spitzenprädatoren zu schwimmen. Würde ich tauchen müssen? Giles drückte mir einen großen Kescher in die Hand und beruhigte mich: Wale produzieren, nun ja, Schwimmer, und zwar ziemlich große.

»Der Kot ist eine absolute Goldmine«, sagte sie mir. Dank der Kotproben kann ihr Team nicht nur die Östrogenspiegel der Orcas überwachen, sondern auch ihre Stress- und Trächtigkeitshormone. Die Forscher:innen können bestimmen, was die Wale fressen, und den Kot auf Parasiten, Bakterien, Pilze und Mikroplastik untersuchen. Die Kotproben ermöglichen einen kompletten Gesundheits-Check – nicht nur der Wale in der Salischen See, sondern ihres gesamten Ökosystems.

Doch erst einmal musste Giles den Kot finden. Das Meer ist riesig, daher sind selbst die Exkremente eines so gewaltigen Tiers schwer zu entdecken. Zum Glück kann Giles dabei auf die Hilfe von Eba zählen, einer ehemaligen Straßenhündin aus Sacramento, die gerettet, vermittelt und schließlich darauf trainiert wurde, Walkot zu erschnüffeln.

Ebas zuckende Nase enthält 300 Millionen Geruchsrezeptoren, ich dagegen verfüge nur über etwa sechs Millionen. Sie kann also Kotgeruch etwa 40-mal besser wahrnehmen als ich. Sie riecht Walkot auf eine nautische Meile Entfernung und ist damit die perfekte Partnerin für die Kotjagd. Der kleine weiße Mischling aus dem Tierschutz war ein Energiebündel und ging ganz offensichtlich in seiner neuen Aufgabe als Umweltschutzhund vollkommen auf. »Wenn man mit einem Hund zusammenarbeitet, kommt man noch viel lieber zur Arbeit. Und schauen Sie mal, mein Büro!«, sagte Giles und deutete auf das silbrig-blaue Meer um uns, das in der tief stehenden Herbstsonne glitzerte.

Die ersten Wale, denen wir begegneten, waren zwei Buckelwale, die vor der Küste den San Juan Channel durchquerten – ihre rhythmisch auftauchenden, vier Meter breiten Fluken vermittelten uns eine Ahnung von der Größe der 30-Tonnen-Giganten. Diese Riesen sind eine Erfolgsgeschichte des Umweltschutzes. In der ersten Hälfte des 20. Jahrhunderts war ihre Zahl durch den kommerziellen Walfang dramatisch zurückgegangen, doch seit dem Verbot der Jagd auf Buckelwale 1966 haben sich die Bestände eindrucksvoll erholt. Im Jahr 2021 versammelte der örtliche Katalog zur Identifizierung von Buckelwalen Fotos von 100 Fluken (dem Buckelwal-Äquivalent von Fingerabdrücken); ein Jahr später waren es 400.

Giles folgte den abtauchenden Walen im Abstand von etwa 50 Metern, um eventuellen Kot zu ergattern. Buckelwale ernähren sich von kleinen Fischen, die auch der Königslachs erbeutet, daher konnten ihre Exkremente auch im Hinblick auf die Schwertwale Interessantes verraten. Durch die unmittelbare Nähe zu den Walen erfuhr ich etwas, das mir völlig neu war: Der Atem von Walen riecht wirklich grässlich. Umgeben von einer Wolke von Gestank ähnlich dem, wenn man im Sommer den Deckel einer Mülltonne öffnet, vermutete ich zunächst, der von uns gesuchte Kot sei nicht mehr fern. Doch Giles korrigierte mich: »Das ist nur der Atem. Wenn Sie finden, das stinkt, dann sollten Sie mal Minkwal riechen – da will man sich nur noch übergeben.«

Dankbar begab ich mich zu Eba ins »Büro« am Bug des Bootes. Giles bat mich, auf dem Wasser nach allem Ausschau zu halten, was irgendwie glibberig aussah. Eine Spiegeleiqualle *(Phacellophora camtschatica)* und einige Knäuel verfaulenden Seegrases lösten die ersten falschen Alarme aus. Dann entdeckte ich einen tellergroßen Klecks brauner Pampe, der auf der Oberfläche schaukelte. Wir machten kehrt, damit Giles ihn näher in Augenschein nehmen konnte: »Tut mir leid, aber das stammt von einem Boot.« Es waren tatsächlich Exkremente – nur leider menschliche, keine vom Wal.

Den Ozean nach der richtigen Art von Kot abzusuchen, mag für viele nicht gerade der Traumjob sein, doch Giles möchte nichts anderes machen. Als sie sechs Jahre alt war, hatte sie einen lebhaften Traum davon, wie sie die Southern Residents rettete. Damals, in den 1970er-Jahren, waren es nicht Nahrungsmangel und Umweltverschmutzung, die diese Orcas bedrohten, sondern Kidnapping. Genau diese Population von Schwertwalen wurde brutal von Meeres-Themenparks geplündert; fast 40 Prozent der Southern Residents wurden in der Salischen See gefangen und zu Unterhaltungszwecken in Delfinarien eingesperrt.

»Wir haben so ziemlich alles getan, um diese Tierpopulation zu dezimieren, und das macht mich gleichzeitig unglaublich traurig und unglaublich wütend«, sagte mir Giles merklich bewegt.

Mir war sehr bewusst, dass ich Giles in einer zutiefst bitteren Phase begleitete. In den 18 Monaten seit Grannys Tod waren weitere sieben Southern Residents gestorben, darunter zwei weitere Matriarchinnen in der Postmenopause. Einige der Wale waren eindeutig abgemagert; ihre Körper hatten sich von großen, fleischigen Torpedos in zusammengesunkene *peanut heads*, »Erdnussköpfe«, verwandelt, wie es bei Hunger im Endstadium der Fall ist. Die Population hatte mit nur noch 73 Individuen den Tiefststand seit 30 Jahren erreicht, und die gestorbenen Tiere wurden nicht schnell genug ersetzt, um den Bestand zu halten. Giles' Hormonuntersuchungen des Kotes hatten gezeigt, dass 70 Prozent der Trächtigkeiten aufgrund von Nahrungsstress fehlschlugen, 23 Prozent davon zu einem späten Zeitpunkt.

Der wohl traurigste Verlust war ein neugeborenes Kalb, das weltweit Schlagzeilen gemacht hatte, nachdem seine Mutter

Tahlequah seinen toten Körper 17 Tage lang mit sich geführt hatte. Die Medien in aller Welt hatten spekuliert, ob diese junge Mutter wohl trauern konnte oder nicht; für Giles war die Sache klar. »Ich finde es anmaßend zu glauben, sie habe nicht getrauert«, sagte sie mir. »Diese Orcas sind uns sehr ähnlich, aber ganz ehrlich, ich glaube, sie sind besser als wir. Sie haben Gehirnteile, die wir nicht einmal besitzen.«

Orca-Gehirne stecken voller Superlative: Sie sind riesig und enorm komplex und stellen daher uns Menschen mit unserer verhältnismäßig begrenzten grauen Substanz vor ziemliche Rätsel. Das Gehirn des Schwertwals ist mit rund sieben Kilogramm das schwerste der Welt. Und es ist sehr groß; fünf menschliche Gehirne würden bequem hineinpassen. Damit ist es 2,6-mal so voluminös, wie man es von einem Säugetier dieser Größe erwarten würde – größer als das der Großen Menschenaffen. Die relative Größe des Gehirns im Vergleich zum Körper, der sogenannte Enzephalisationsquotient (EQ), gilt als grobes Maß für die Intelligenz eines Tieres. Menschen haben einen EQ von 7,4 bis 7,8, Schimpansen liegen bei 2,2 bis 2,5. Weibliche Orcas haben einen EQ von etwa 2,7 und liegen damit höher als ein Schimpanse; auch ihre männlichen Artgenossen liegen darunter. Die männlichen Orcas mit ihren größeren Körpern haben einen EQ von nur 2,3. Dieser Unterschied der Geschlechter widerspricht Darwins Annahme von der männlichen intellektuellen Überlegenheit. Man vermutet, dass dies mit den besseren sozialen Fertigkeiten und Führungsqualitäten der Weibchen zu tun hat,[423] die mehr kognitive Kraft erfordern, als die Männchen sie brauchen.*

---

* Beim Pottwal ist der EQ-Unterschied zwischen den Geschlechtern sogar noch ausgeprägter. (Marino; Rose; Visser; Rally; Ferdowsian; Slootsky (2020), »The Harmful Effects of Captivity and Chronic Stress on the Well-being of Orcas *(Orcinus orca)*«, in *Journal of Veterinary Behavior*, 35, S. 69–82.) Der EQ von Pottwalkühen beträgt mehr als das Doppelte von dem der Bullen (1,28 bei Weibchen und nur 0,56 bei Männchen). Ein solches Maß an Dimorphismus ist einzigartig unter den Säugetieren. Und wie bei den Orcas nimmt man an, dass es mit den erhöh-

Natürlich ist Größe nicht alles, doch Schwertwale haben verhältnismäßig mehr von dem »denkenden« Teil des Gehirns entwickelt als wir Menschen. Ihr Großhirn (Cerebrum) macht 81,5 Prozent des gesamten Hirnvolumens aus,[424] bei uns sind es nur 72,6 Prozent. Die Verarbeitungskapazität wird aus der Größe und Oberfläche des Neokortex (des Teils der Großhirnrinde, in dem komplexe Denkvorgänge stattfinden) errechnet, und dieser ist beim Schwertwal so stark gefältelt wie bei keinem anderen Tier. Das ist an sich schon genug, um sich mental mangelhaft ausgestattet zu fühlen, doch die Orcas besitzen obendrein noch einen rätselhaften Extra-Hirnlappen zwischen ihrem extrem hoch organisierten Neokortex und dem limbischen System, in dem Emotionen verarbeitet werden.

Um zu verstehen, was all diese Zahlen und Werte tatsächlich bedeuten, sprach ich mit Dr. Lori Marino, die seit 30 Jahren die Neuroanatomie von Walen erforscht und MRT-Scans mit den Gehirnen gestrandeter Orcas durchgeführt hat. Wie sie mir sagte, gibt es besagten »paralimbischen« Hirnlappen nur bei Delfinen und Walen. Er sorgt für eine enge Verbindung zwischen den beiden benachbarten Hirnregionen und deutet darauf hin, dass Orcas womöglich Emotionen in einer Weise verarbeiten, die wir gar nicht begreifen können.

»Ich glaube, Orcas erleben eine ganze Bandbreite an Emotionen, von der Freude, die Sie [in Seattle] beobachtet haben, bis hin zur Verzweiflung«, sagte mir Marino. »Und ich glaube, dass dieses Spektrum an Emotionen Dimensionen hat, die wir nicht kennen und die wir deshalb auch nur schwer verstehen können.«

---

ten Anforderungen an die soziale Intelligenz der Weibchen zu tun hat. Männliche Pottwale sind Einzelgänger, während die Pottwalkühe in großen Familiengruppen leben, innerhalb derer soziale Interaktionen und Kommunikation zwischen Individuen unerlässlich sind. Als wie beschränkt mag da wohl das Weibchen die Konversation mit einem Männchen während der Partnerwerbung empfinden!

Sie berichtete mir, dass bei Orcas andere, an sozialem Bewusstsein und Kommunikation beteiligte Teile des Gehirns ebenfalls außergewöhnlich komplex seien. »Interessant ist hier, dass so viele Teile ihres Großhirns ausgefeilter konstruiert sind als bei Primatengehirnen, und das sind genau die Teile, die sehr interessante Dinge tun – soziale Kognition, Bewusstsein, Problemlösung. Es stellt sich also die Frage: Wie ist es um ihre Psychologie, ihr Seelenleben bestellt?«

Marino sieht in Schwertwalen emotional ausgereifte, blitzschnelle Denker mit »viel mehr Dimensionen der Kommunikation« als wir sie haben. Nur eine Handvoll Tierarten hat den berühmten Spiegeltest bestanden, indem sie ihr eigenes Spiegelbild auf eine Weise betrachteten, die darauf hindeutete, dass sie ein Ich-Bewusstsein haben. Sie sind aber alles andere als egoistisch. Marino hat sogar spekuliert, diese »sozial komplexen Intelligenzbestien« könnten ein gemeinsames Ich-Bewusstsein haben, das genauso mit der Gruppe wie mit dem Individuum verknüpft ist.[425] Das könnte den ungeheuren sozialen Zusammenhalt erklären, der sogar so weit geht, dass er zu ihrem Schaden ist: Die Southern Residents wurden eben deshalb so massiv von den Vergnügungsparks dezimiert, weil die Familien, wenn eines ihrer Mitglieder gefangen wurde, an dessen Seite blieben und auf diese Weise mit tragischer Leichtigkeit ebenfalls gefangen werden konnten. »Sie wären eigentlich absolut dazu in der Lage, einfach abzuhauen«, so Marino. »Aber es kommt für sie nicht infrage, die Gruppe zu verlassen.«

Das Center for Whale Research arbeitet inzwischen mit Drohnen, und diese Aufnahmen aus der Luft geben einen neuen Einblick, wie intim die sozialen Bindungen der Tiere sind. In den letzten 40 Jahren konnten Orca-Forscher nur die Finnen und hin und wieder einen kurz auftauchenden Körper beobachten; nun können sie sehen, was unter der Oberfläche vor sich geht. »Das ist so, als würde man den Deckel eines Fischbeckens anheben und zum ersten Mal hineinschauen«, sagte mir Darren

Croft. »Sie haben den ganzen Ozean, um darin zu schwimmen, aber sie schwimmen nicht einfach nur nebeneinander, sondern so, dass sie sich berühren.«

Wenn man in einem ungeheuer riesigen grauen dreidimensionalen Raum wie dem Ozean lebt, darin täglich in große Tiefen vordringt und enorme Distanzen zurücklegt, hat man kein Zuhause, in das man sich täglich zurückziehen kann, um bei seinen Lieben zu sein und sich sicher zu fühlen. Die Familiengruppe *ist* das Zuhause, der sichere Ort und der Schlüssel zum Überleben. Es zahlt sich für die Orcas also aus, dicht beieinander und in Verbindung zu bleiben, und das auf Arten, die wir vielleicht gar nicht verstehen.

Zweifellos zeigen sie in bemerkenswertem Maße soziale Unterstützung, etwa indem sie auf die Kälber der anderen Mütter aufpassen oder sich um gehandicapte Individuen kümmern. Giles berichtete mir von einem männlichen Orca eines transienten, Säugetiere fressenden Pods (also nicht zu den Southern Residents gehörig), der eine verkrümmte Wirbelsäule hat und dennoch ein gesundes Mitglied der Familie ist. »Sie bringen ihm Nahrung«, erzählte sie. »Er kann nur schwer mit ihnen mithalten, aber sie kehren um und bringen ihm Stücke von einer Robbe oder sonst etwas, das sie gerade erlegt haben. In vielen menschlichen Kulturen hätte man ein solches Individuum sich selbst überlassen.«

Mir drängt sich der Gedanke auf, wie viele unserer menschlichen Anführer:innen von der Transplantation eines paralimbischen Lappens profitieren würden, indem sie mehr wie diese weisen und mitfühlenden Matriarchinnen mit ihren unvorstellbaren Emotionen und ihrer tragenden, sozial inklusiven Gesellschaft würden.

Allerdings sind nicht alle Orcaweibchen gute Anführerinnen. Giles berichtete mir, dass Orcas, wie wir Menschen, unterschiedliche Persönlichkeiten haben, und manche sind eben willensstärker als andere. »Wir haben ›Matriarchinnen von Familiengruppen‹, die gar keine guten Leittiere sind. Sie gehen einfach dahin, wohin der Rest der Gruppe geht. Und dann gibt es da noch die, die ganz klar ihre eigenen Ansichten haben und den Rest des Pods leiten.«

Die Beziehung zwischen Persönlichkeit und Führungsstil wird seit langer Zeit bei den Elefanten im Amboseli-Nationalpark in Kenia eingehender untersucht, bei denen das Verhalten etwas einfacher zu beobachten ist als bei einem pfeilschnellen Meeressäuger. Dr. Vicki Fishlock, die als Forscherin vor Ort tätig ist, berichtete mir, dass unterschiedliche Persönlichkeiten eine große Rolle bei den Elefanten-Matriarchinnen spielten, obwohl sich dies nur schwer quantifizieren ließe, da die Familien bestimmte Merkmale oft über Generationen weitergäben, seien sie nun selbstbewusst und neugierig oder nervös und neophob. In einer neueren Studie analysierten Fishlocks Chefinnen, Cynthia Moss, Begründerin des Amboseli Elephant Research Project, und Phyllis Lee, Professorin für Psychologie an der schottischen University of Stirling, die Matriarchinnen und fanden heraus, dass es beim Anführen des Clans nicht so sehr darum geht, dominant zu sein und Macht auszuüben (weniger als beispielsweise bei einem Schimpansen-Alphamännchen), sondern vielmehr um größeren Einfluss, umfangreicheres Wissen und bessere Wahrnehmung, was den anderen Elefanten Respekt abfordert und ihnen das Vertrauen einflößt, der Leitkuh zu folgen.[426]

Elefanten leben wie Orcas (und Große Menschenaffen, also auch wir) in sogenannten *Fission-Fusion*-Gemeinschaften (englisch für »Trennen« und »Zusammengehen«), das heißt, ihre soziale Organisation ist variabel. Die Gruppengröße ist nicht starr festgelegt, sondern dynamisch und kann sich sehr schnell verändern, indem etwa Mitglieder abwandern oder wieder zurückkehren. »Ihnen wird nicht gesagt, wohin sie gehen sollen, aber die Führung bildet einen attraktiven sozialen Mittelpunkt«, erklärte mir Fishlock. »Die Matriarchin ist der Klebstoff, der alle zusammenhält.«

Der Verlust dieser weisen, alten, weiblichen Fixpunkte erschüttert die soziale Welt der Elefanten, wie Fishlock und ihr Team erkannten, nachdem Amboseli 2009 von einer katastrophalen Dürre getroffen wurde. Es war die schlimmste seit Jahrzehnten: Flüsse trockneten restlos aus, und das Grasland zerfiel zu Staub. Das Amboseli-Projekt verlor ein Fünftel seiner Elefanten. Alte Individuen sind durch Dürren besonders gefährdet, weil ihre Zähne abgenutzt sind und sie die harte Vegetation, die ohne Wasser überdauert, nicht gut fressen können. In der Folge kostete die Dürre von 2009 ganze 80 Prozent der Amboseli-Matriarchinnen im Alter von über 50 Jahren das Leben. Unter den Opfern war auch Echo, eine legendäre 64-jährige Elefantenkuh, die ihren Clan seit fast vier Jahrzehnten angeführt hatte – ein Verlust, der ähnliche Dimensionen hatte wie der Tod von Granny für die Southern Residents.

»Der Verlust einer Matriarchin betrifft alle«, so Fishlock. Zunächst einmal ist der Clan seines Fundus an ökologischem und sozialem Wissen beraubt, genau dessen also, was er braucht, um in harten Zeiten zu bestehen. Die Tiere wissen nicht mehr, woher sie schnelle, sichere Entscheidungen bekommen sollen, und das bewirkt eine allgemeine Verunsicherung in der Gruppe. Ebenso schädlich aber sind die sozialen und emotionalen Auswirkungen des schmerzlichen Verlustes.

»Ich betrachte das als Trickle-down-Effekt«, sagte mir Fishlock. »Trauernde Tiere sind nicht so aufmerksam gegenüber ihren Artgenoss:innen. Das wirkt sich in der Folge auf ihre Bindungen aus; sie sind ein bisschen deprimiert, verbringen nicht so viel Zeit mit der Nahrungssuche und kümmern sich nicht um die Bedürfnisse der Gruppe.« Eine Studie zu den Auswirkungen von Wilderei auf Elefanten im tansanischen Mikumi-Nationalpark ergab, dass die Stresshormonspiegel in jenen Gruppen am höchsten waren, die eine alte Matriarchin verloren hatten.

Fishlock nimmt an, dass die Auswirkungen der Trauer auf diese sozialen Wesen zu einer verstärkten Aufsplitterung von

Familien unmittelbar nach dem Verlust einer Matriarchin führen, denn genau das hatte das Team in Amboseli nach Echos Tod beobachtet.

Echos 44-jährige Schwester Ella war die nächstälteste Elefantenkuh und hätte die Aufgabe übernehmen können, aber »sie wollte sich nicht um alle kümmern und setzte sich mit ihrer Familie einfach ab«, so Fishlock. Damit blieben zwei Weibchen als potenzielle Matriarchinnen: Eudora, 37 Jahre alt, und Enid, 27 Jahre alt. Das Alter und die damit einhergehende Weisheit spielt bei der Frage nach der Matriarchin bei Elefanten normalerweise die größte Rolle. Aber Eudoras Temperament – »sie ist ein bisschen verrückt und chaotisch« – machte sie ungeeignet für den Top Job. Somit wurde Echos älteste Tochter Enid die neue Matriarchin, obwohl sie zehn Jahre jünger war als Eudora. »So etwas kommt ganz selten vor.«

Die Amboseli-Elefanten brauchten zwei Jahre, um ihre neue Sozialstruktur zu bilden und sich von der Dürre zu erholen, doch heute geht es der Gruppe gut. »Richtig cool ist, dass sie wieder zu alter Form zurückgefunden haben«, erzählte mir Fishlock. »Anscheinend ist eine intakte Altersstruktur [mit sowohl jüngeren als auch älteren Gruppenmitgliedern] einer der entscheidenden Faktoren, die so etwas ermöglichen, weil auf diese Weise eine neue Generation von Anführerinnen ganz natürlich heranwachsen kann.«

Die Southern Residents dagegen stecken noch tief in der Krise. »Die Zeit wird zeigen, was der Verlust all dieser älteren Weibchen wirklich bedeutet. Es graut mir, wenn ich darüber nachdenke«, sagte Giles.

Eindeutig findet eine immer stärkere Fragmentierung statt. Als Giles und ich die Southern Residents endlich einholten, waren es nur zwei der 23 Gruppenmitglieder, die sich vor der Westküste von San Juan Island an einem traditionellen »Lachsbüffet« bedienten, das sonst den ganzen Pod angelockt hätte. Zuerst entdeckte ich die hoch aufragende onyxfarbene Finne von Lobo, einem 19 Jahre alten Männchen, die so dicht neben dem Boot die Oberfläche durchschnitt, dass mir kurz das Herz stehen blieb. Dann sah ich ganz in der Nähe seine Mutter Lea. Mit ihren 42 Jahren stand sie wahrscheinlich vor dem Ende ihrer Fruchtbarkeit und machte vielleicht, wie ich, ein hitziges Auf und Ab hormoneller Schwankungen durch. Ich musste Giles einfach fragen, ob sie glaubte, dass Schwertwale rund um die Menopause hin und wieder schlechte Laune und Hitzewallungen hätten.

Orcas sind quasi »eine isolierte Wurst«, antwortete sie, sodass sich ihre Körpertemperatur kaum messen lässt. Sie erinnerte sich an drei Situationen im Laufe der Jahre, bei denen ihr aufgefallen war, dass sich ältere Weibchen von der Familie entfernten und ein wenig für sich blieben. »Vielleicht waren sie kränklich oder brauchten einfach etwas Zeit für sich allein, wer weiß«, so Giles. Ein Vergleich der Hormonspiegel könnte da mehr Aufschluss geben. Hitzewallungen und schlechte Laune werden mit einem sinkenden Östrogenspiegel in Verbindung gebracht, der wiederum den Serotoninspiegel beeinflusst – dieser Neurotransmitter wird mit Glücksempfinden assoziiert. Doch all das muss noch anhand der Orca-Kotproben überprüft werden.

Dennoch empfand ich eine inspirierende Gemeinschaft mit diesem Schwertwal. Lea war (wie ich) ein soziales Wesen, das an der Schwelle zum nächsten Lebensabschnitt stand. Für sie läutete der Tod ihrer Ovarien die Rückkehr ihrer Handlungsfähigkeit ein. Sie verschwand nicht etwa aus der Gesellschaft, nein: Sie nahm eine zentrale Rolle ein – ihre Altersweisheit verschaffte ihr den Respekt ihres Clans und brachte diesen voran. Als eines der acht verbliebenen Orcaweibchen in der Postmenopause könnte sie vielleicht sogar die neue Granny werden.

»Jeder fragt sich, wer das übernehmen wird, aber ich glaube, sie können sich gar nicht leisten, darüber nachzudenken«, erklärte Giles. Sie glaubt, dass die Bestände an Königlachs nicht ausreichen, um sie als Gruppe zusammenzuhalten, und das erschwert ihre traditionelle Lebensweise. »Es fühlt sich so an, als wenn sich ihre ganze Kultur strukturell auflösen würde.«

Diese Kultur ist ein Teil des Problems. Es gibt in der Salischen See reichlich potenzielle Schwertwalbeute, aber die Southern Residents haben sich auf Pazifische Lachse spezialisiert und werden nichts anderes jagen, selbst wenn ihnen der Hungertod droht. In denselben Gewässern lebt ein anderer Orca-Ökotyp, der sich von Meeressäugern ernährt, und dieser Population geht es sehr gut. Hin und wieder sieht man, wie einer der Southern Residents mit einem Robbenbaby spielt, aber zur großen Enttäuschung der Naturschützer erkennen sie diese (noch) nicht als Nahrung.

Kultur ist für uns meist etwas, das große Vorteile mit sich bringt, doch die Southern Residents führen uns vor Augen, wie riskant das starre Festhalten daran sein kann. In unserer sich so schnell verändernden Welt zahlt es sich aus, opportunistisch zu sein; andernfalls landet man schnell in einer Sackgasse. Eine der neuen Matriarchinnen müsste dringend als Erneuerin wirken, nicht mehr nur mit Robben spielen, sondern einmal kräftig hineinbeißen. Genau so dürfte ihre Kultur vor vielen Jahrtausenden ihren Anfang genommen haben, aber wer weiß, ob ein solcher Wandel im Verhalten rechtzeitig erfolgen wird, um diese Orcas noch zu retten.

Und das heißt, dass es an uns Menschen als Urheber all dieser Veränderungen ist, auch ohne paralimbischen Lappen genügend Mitgefühl mit unseren Gehirnen hervorzubringen, um *unsere* Gewohnheiten zu ändern, bevor es zu spät ist.

»Wenn wir Menschen nicht unser tägliches Tun – von der Schifffahrt und Fischerei bis hin zur Vergiftung der Meere – grundlegend ändern, geben wir diese Population dem Untergang preis. Das wäre zutiefst unmoralisch – wir haben ihnen das angetan«, sagte Giles mit bebender Stimme und Tränen in den Augen. »Diese Wale sind für die Region wie Kanarienvögel im Bergwerk. Sie zeigen uns, dass etwas mit der Umwelt nicht stimmt. Wenn wir diese Wale retten, vollbringen wir etwas Großartiges.«

KAPITEL 10

Weibchen unter sich: Ein Leben ohne Männer

Der Laysanalbatros *(Phoebastria immutabilis)* sieht aus wie eine mit Steroiden aufgepumpte Möwe. Zwar ist er die kleinste unter den 22 Albatros-Arten, aber wenn er die Flügel aufspannt, würde die Basketballlegende LeBron James daneben dennoch geradezu klein wirken. Der außergewöhnliche Körperbau dieses Meeresvogels ist auf den dynamischen Segelflug ausgerichtet, eine spezielle Technik, dank derer er mit geringem Energieaufwand die Weltmeere überfliegen kann, über Tausende von Kilometern getragen von ozeanischen Aufwinden, sodass er kaum einen Flügelschlag braucht. Albatrosse können jahrelang draußen auf dem Meer bleiben, ohne ihre mit Schwimmhäuten versehenen Füße auch nur einmal auf Land zu setzen. Seeleute, Dichter und sonstige Mythenbildner verehren diese ausdauernden Meerumsegler dafür.

Die Notwendigkeit der Fortpflanzung bringt ihr poetisches Nomadendasein allerdings zu einem abrupten Ende und holt sie auf den felsigen Boden der Tatsachen in lärmenden, überfüllten Brutkolonien zurück. Laysanalbatrosse brüten bevorzugt auf Inseln des Hawaii-Archipels im Pazifik, wo sie sich nach sechs Monaten der Einsamkeit jedes Jahr im November einfinden, um sich zu paaren und einen einzelnen Jungvogel aufzuziehen. Diese Aufgabe ist allein nicht zu meistern. Albatrosküken entwickeln sich besonders langsam; bis sie das Nest verlassen und sich selbst in die Lüfte erheben, vergehen fast sechs Monate. In dieser Zeit müssen ihre Eltern in Wechselschichten in Flügen bis hinauf nach Alaska auf Futtersuche gehen; ein Elternteil bleibt dazu wochenlang auf See, um nach Tintenfischen für den eigenen Bedarf und die wachsenden Ansprüche des Jungvogels zu suchen, während das andere auf dem Nest bleibt, um ihre lärmende, aber hilfsbedürftige Investition in die Zukunft zu beschützen.

Solches Teamwork erfordert unendliches Vertrauen, Verständnis und Hingabe, weshalb Albatrosse zum Symbol für ein weiteres Merkmal von großer Dauerhaftigkeit geworden sind: die Monogamie. Albatrosse können 60 bis 70 Jahre alt werden und finden sich Jahr für Jahr, lebenslang, meist mit immer demselben Partner bzw. derselben Partnerin zusammen. Ihre »Scheidungsrate«, wie Biolog:innen sie nennen, zählt zu den niedrigsten unter allen Vogelarten. Ihre dauerhafte Treue und ihr Zusammenhalt als Kernfamilie findet von verschiedenen Seiten positive Erwähnung. Als Laura Bush im Jahr 2006 Hawaii besuchte, lobte die damalige First Lady die Albatrospaare für ihre lebenslange Bindung. Was damals niemand wusste (und am wenigsten Bush): Mehr als ein Drittel dieser treuen Paare waren, um es anthropomorph auszudrücken, Lesben.

»Man kann nicht einfach davon ausgehen, dass ein Paar aus Weibchen und Männchen besteht«, sagte mir Lindsay Young, während wir uns durch eine Nistkolonie von Laysanalbatrossen in Hawaii (Oahu) bewegten.

Dr. Young ist geschäftsführende Direktorin der Non-Profit-Organisation Pacific Rim Conservation und erforscht die Albatrosse seit 2003. Wohl kaum jemand kennt diese Vögel besser als die kanadische Biologin, und so schätzte ich mich glücklich, sie bei ihrer wöchentlichen Vogelzählung in der Brutkolonie von Kaena Point, der westlichsten Spitze von

Oahu, begleiten zu dürfen. Dieser Finger aus sanft gewelltem Sand, über den sich ein Netz aus einheimischen Gewächsen spannt, liegt im Schatten eines schroffen Vulkankamms, der aussieht wie der Rücken eines Drachen. Diese Ecke der Insel ist wild und windumtost und Welten entfernt von den Tiki-Bars und Hochhäusern von Honolulu. Deshalb ist Kaena Point ein kostbares Schutzgebiet für etliche bedrohte Seevogelarten – Albatrosse, Tölpel und Sturmvögel. Seit 20 Jahren werden diese arglosen, am Boden nistenden Arten dort vor streunenden Katzen, invasiven Ratten und marodierenden Geländefahrzeugen durch einen massiven Metallzaun geschützt. So behütet hat sich die Laysanalbatros-Kolonie zu einem sicheren Hafen für Seevögel entwickelt und zeigt unerwarteterweise auch »den höchsten Anteil an ›homosexuellen Tieren‹ weltweit«, so Young.[427]

Die Albatrosse von Hawaii werden seit mehr als 100 Jahren von Biologen beobachtet und dokumentiert, doch ihre unkonventionelle Paarbildung wurde erst 2008 erkannt.[428] Der Grund dafür liegt auf der Hand. Als ich hinter Young her über die unzähligen versteckten Sturmvogel-Nisthöhlen stolperte, die die Kolonie wie lauter Fallgruben durchzogen, glotzte mich eine ganze Armee identischer, gänsegroßer Vögel an. Alle zeigten in ihrem gefiederten Gesicht denselben starren, konsternierten Ausdruck. Weder ihr Körper noch ihr Verhalten gaben in irgendeiner Form Aufschluss über ihr Geschlecht.

Ich sah zu, wie Vögel einander enthusiastisch mit ihrem ritualisierten Tanz umwarben. Eine Handvoll Albatrosse findet sich zu einem von Youngs Team so genannten Singletreff zusammen und nickt mit den Köpfen, wie in einer stummen Disco. Nach einer Weile synchronisieren sich zwei Vögel miteinander und vertiefen das Ganze noch, indem sie nach festgelegtem Zeremoniell ihre Flügelbuge beschnuppern, mit den Schnäbeln klappern, die Schnäbel hoch in die Luft werfen und klagend »muhen«.

Unverpartnerte Vögel nehmen über mehrere Jahre an diesen Albatros-Discos teil und beurteilen das Talent verschiedener Tanzpartner:innen, bevor sie sich schließlich für ihren ersten Partner oder ihre erste Partnerin entscheiden – angesichts der Länge und Intensität der daraus folgenden Bindung ist das sehr klug. Ein Albatros muss einen Partner oder eine Partnerin finden, mit dem oder der er kommunizieren und sein Handeln koordinieren kann, und all das Tanzen scheint dabei ein Teil der Prüfung zu sein. Es war eine beeindruckende Vorstellung, so leidenschaftlich wie ein Tango Argentino. Mir schien ganz klar, bei welchen Paaren die Sache gut lief – man konnte die Energie fast spüren, wenn besser harmonisierende Paare miteinander in Einklang fanden. Allerdings fehlte jeglicher Hinweis darauf, ob das fragliche Paar hetero- oder homosexuell war. Auch Young konnte auf meine Frage hin nur mit den Schultern zucken.

Einen großen ovalen Hinweis gab es jedoch, der Young und ihre Kollegin, die Umweltbiologin Brenda Zaun, vermuten ließ, dass bei den betreffenden Vögeln etwas besonders war. Ein Laysanalbatros ist körperlich nicht in der Lage, mehr als ein Ei pro Brutsaison zu legen – es würde das Weibchen einfach zu viel Energie kosten, noch mehr zu produzieren. Zahlreiche Nester in Kaena Point enthielten jedoch ein zweites Ei, oder eines lag direkt daneben, als sei es hinausgerollt.

In der Forschung wird dieses Phänomen als »übernormales« Gelege *(supernormal clutch)* bezeichnet; solche Gelege wurden für Hawaii seit 1919 immer wieder dokumentiert. Ornitholog:innen haben für diese Ei-Doppelungen unzählige unwahrscheinliche Erklärungen formuliert. Ein Vorschlag lautete, manche Weibchen hätten letztlich doch die Energie, um zwei Eier zu legen; ein anderer unterstellte, dass andere Weibchen ihre Eier in diesen Nestern »abluden«. Diese zweite Theorie ging auf Harvey Fisher zurück, einen angesehenen Albatrosforscher Mitte des 20. Jahrhunderts, der außerdem mit etwas voreiligem konservativem Eifer verkündete, dass »Promiskuität, Polygamie und Polyandrie bei dieser Art unbekannt« seien.[429]

Solchen Traditionalisten kam es nie in den Sinn, einmal das Geschlecht dieser Paare mit den Zweiergelegen zu bestimmen, um zu ermitteln, ob sie auch wirklich heterosexuell waren. Brenda Zaun aber, eine Biologin des US Fish and Wildlife Service, hatte diese Idee. Sie erforschte zu dieser Zeit eine Laysanalbatros-Kolonie auf der benachbarten Insel Kauai. Zaun bemerkte, dass bestimmte Nester jedes Jahr zwei Eier aufwiesen. Albatrosse suchen meist alljährlich dasselbe Nest auf, daher ließen sich die Zweiergelege nicht auf zufälliges Abladen von Eiern zurückführen; schließlich traten sie wiederholt bei denselben Paaren auf. Aus einem Gefühl heraus entnahm sie einem solchen Paar Federn und sandte sie an Lindsay Young, damit diese in ihrem Labor die DNA isolieren und das Geschlecht der Vögel genetisch bestimmen konnte.

Als die Untersuchung ergab, dass beide Vögel Weibchen waren, dachte Young zuerst, ihr sei ein Fehler unterlaufen: »Meine erste Reaktion war nicht ›ich habe diese großartige Entdeckung gemacht‹, sondern ›ich habe meine Laborarbeit vermurkst‹.«

Darum nahm Young Proben von jedem Paar mit Zweiergelege in Kaena Point. Als sich alle Tiere als Weibchen erwiesen, glaubte sie immer noch, sie habe ihre Arbeit im Feld nicht ordentlich gemacht. Also ging sie noch einmal in die Kolonie und nahm weitere Blutproben, doch das Ergebnis war dasselbe: Die Paare waren alle rein weiblich.

Ihre nächste Reaktion war: »Niemand wird mir glauben, bis ich es zu 100 Prozent belegt habe.« Ein Jahr lang überprüfte sie weiter Laborergebnisse, um absolut sicherzugehen. Letztlich wiederholte Young ihre Probenentnahmen und Laboruntersuchungen nicht weniger als viermal; erst dann war sie sich sicher genug, um damit an die Öffentlichkeit zu gehen. Das Endergebnis war wirklich erstaunlich: Ganze 39 der 125 Nester von Kaena Point gehörten seit 2004 rein weiblichen Paaren, darunter mehr als 20 Nester, bei denen nie ein übernormales Gelege beobachtet wurde.

Die Daten sind seit Beginn der Untersuchung 2004 in dieser Kolonie konstant geblieben: Alljährlich ist rund ein Drittel der Paare rein weiblich. Nach Youngs Ansicht müssen diese Weibchen irgendwie Gelegenheit finden, mit Männchen zu kopulieren, entscheiden sich dann jedoch, sich mit einem anderen Weibchen zusammenzutun, um ihre Eier auszubrüten.

Aber warum?

Wie sich zeigt, sind diese Weibchen in jeder Hinsicht Pionierinnen. Die Kolonie von Kaena Point ist relativ neu – Laysanalbatrosse nisten dort erst, seit das Gebiet in den späten 1980er-Jahren vor invasiven Raubfeinden und den Zerstörungen durch Geländefahrzeuge geschützt wurde. Die Kolonie speist sich aus Jungtieren großer und dicht besetzter Kolonien auf anderen unbewohnten Inseln Hawaiis (wie Laysan) und des Midway-Atolls; dort brüten mehr als eine Million adulte Tiere.

Es sind meist die jungen Weibchen, die abenteuerlustig ihren Geburtsort verlassen und sich auf zu neuen Ufern machen. Junge Männchen bleiben eher zu Hause und beginnen, in ihrer Heimatkolonie zu brüten. Darum besteht in jungen Kolonien wie in Kaena Point und auf der benachbarten Insel Kauai ein Mangel an Männchen und somit potenziellen Partnern für die Weibchen. Da ein Alleinerziehenden-Dasein für Albatrosse keine Option ist, haben sich diese innovativen Weibchen insofern adaptiert, als sie ein Männchen aus einem bestehenden Paar als Samenspender benutzen und sich dann mit einer anderen Pionierin verpartnern, um gemeinsam die schwierige Aufzucht des Jungen zu bewältigen.

Obwohl beide Weibchen ein befruchtetes Ei legen können, wird nur eines davon ausgebrütet. Vögel verfügen über einen sogenannten Brutfleck, eine unbefiederte Fläche am vorderen Bauch, die dem Wärmen des Eies dient. Beim Albatros ist dieser nur groß genug für ein Ei. Ein Ei des Zweiergeleges wird also letztlich immer verworfen – welches, scheint rein dem Zufall überlassen. Höchst unwahrscheinlich, dass die Weibchen Konkurrenzgebaren zeigen und das Ei der jeweils anderen aus dem Nest schieben. Young ist sich ziemlich sicher, dass die Weibchen keine Ahnung haben, welches der Eier ihr eigenes ist, sie scheinen einfach darauf geprägt zu sein, auf etwas Rundlichem zu sitzen. »Ich habe schon gesehen, wie sie versucht haben, einen Volleyball zu bebrüten«, erzählte sie mir.

Der Bruterfolg bei den weiblichen Paaren ist bestenfalls halb so groß wie der eines Paares mit Weibchen und Männchen. Aber das ist noch deutlich besser, als sich gar nicht fortzupflanzen. Die größte Herausforderung für diese innovativen Weibchenpaare stellen die ersten Wochen nach dem Legen der Eier dar. Bei Hetero-Paaren übernimmt das Männchen die erste Brutschicht, sodass das ausgehungerte Weibchen drei Wochen lang nach Tintenfischen jagen und seine Energievorräte auffüllen kann, die nach der Eiablage erschöpft sind. Wenn die Weibchen eines gleichgeschlechtlichen Paares beide ein Ei legen, muss eines hungernd auf dem Nest verbleiben. Daher ist der Anteil der verlassenen Nester bei rein weiblichen Paaren deutlich erhöht. Wenn sie aber diese schwierige Phase überwinden, so berichtete mir Young, werden bei diesen Paaren genauso viele Jungvögel flügge wie bei den Hetero-Paaren.

»Wenn sie durchhalten, bis das Küken geschlüpft ist, sind sie in der Aufzucht genauso erfolgreich«, so Young.

Manche dieser Weibchen bleiben für eine oder zwei Brutsaisons mit einem Weibchen verpartnert und wechseln dann zu einem verfügbaren Männchen. Angesichts des Weibchen-Überschusses vermutet Lindsay Young, dass die männlichen Laysanalbatrosse von Kaena Point zum wählerischen Geschlecht werden. Ihre Daten legen nahe, dass sie sich von Weibchen angezogen fühlen, die sich bereits als gute Mütter bewiesen haben, indem sie – ob mit Partnerin oder Partner – bereits ein Junges erfolgreich aufgezogen haben. Interessanterweise resultiert diese »umgekehrte« sexuelle Selektion nicht in weiblicher Konkurrenz, wie die Theorie es eigentlich voraussagen würde, sondern in gesteigerter weiblicher Kooperation. Darwin hätte sich da wohl ratlos am Bart gekratzt.

Manche Weibchenpaare wechseln nie zu einem männlichen Partner und verbleiben jahrelang, vielleicht sogar lebenslang, in festen homosexuellen Beziehungen. Young hat keine Ahnung, warum, aber offenbar funktioniert ihr Zusammenleben einfach. Gegen Ende unseres Rundgangs um die Kolonie von Kaena Point stellte mir Young eine Hälfte eines solchen Paares vor: Vogel Nr. 99, oder »Gretzky«.

»Das ist ja eigentlich ein Männername«, sagte sie lachend und etwas verlegen. Manche Wissenschaftler:innen halten nichts davon, Tieren Namen zu geben, und wenn man mit dem Geschlecht danebenliegt, wird die Sache nicht besser. Young lernte den Vogel kennen, als sie noch nichts von den gleichgeschlechtlichen Paaren wusste, daher dachte sie, es handele sich um ein Männchen. Die junge Biologin benannte das Tier nach ihrem kanadischen Lieblings-Eishockeyspieler, dem bärbeißigen Macho Wayne Gretzky – auch bekannt als »der größte Eishockeyspieler aller Zeiten« –,[430] dessen Rückennummer zufälligerweise auch noch die 99 war.

Auch wenn das Geschlecht nicht stimmte, schien mir der Champions-Name doch angemessen. Gretzky und ihre Partnerin sind zusammen, seit Young vor 17 Jahren ihre Beobachtungen aufnahm, vermutlich sogar schon länger. In dieser Zeit haben sie erfolgreich acht Küken großgezogen und sind bereits dreifache Großmütter. Damit zählen sie zu den erfolgreichsten Paaren von Kaena Point, egal ob homo- oder heterosexuell.

Was also ist das Geheimnis ihres langfristigen Bruterfolgs?

Zunächst einmal hatten sie ihr Nest in bester Lage errichtet, wie mir schien. Gretzky thronte mit großartigem Blick auf den Sonnenuntergang über der Kolonie, mit Sicht auf die anderen Nester und die donnernde Brandung des Pazifiks. Wichtiger noch: Ihr Nest war keine exponierte, vermurkste Mulde im Sand wie bei manchen anderen, sondern ein beeindruckender Donut aus Schlamm und Vegetation im Schatten eines einheimischen, in Hawaii *Naio* genannten Strauches *(Myoporum sandwicense)*. Dieses dunkelgrüne Braunwurzgewächs spendete dem Jungvogel dringend benötigten Schatten, denn für die nicht zum Schwitzen fähigen Jungvögel in ihrem grauen Daunenkleid stellt das Braten in der heißen Sonne Hawaiis ein echtes Problem dar. Sie können sich nur im Nest hinlegen und ihre großen Paddelfüße in der Hoffnung auf ein wenig Abkühlung in den Schatten schieben, ein System, das die Evolution nach meinem Empfinden (während ich in der Nachmittagshitze schwitzte wie ein Pferd) durchaus noch verbessern könnte.

Der Schlupf von Küken Nummer neun wurde täglich erwartet. Als Young Gretzky sanft zum Aufstehen bewegte, um ihr Ei untersuchen zu können, klackte der Vogel defensiv mit seinem Schnabel in unsere Richtung. Young musste überrascht feststellen, dass sich in der Schale noch keinerlei Riss zeigte. Normalerweise schlüpfen die Jungen der erfahreneren Eltern zuerst, und zwar nach exakt 65 Tagen. Dieses Küken war spät dran, wie alle anderen in der Kolonie in diesem Jahr. Young vermutet, dass das mit dem Klimawandel zu tun hat – ein Grund zur Besorgnis.

Als Young zurücktrat, um sich Notizen zu machen, beugte sich Gretzky über ihr Ei und gab ein hochfrequentes »Bellen« von sich. »Sie spricht mit ihrem Küken«, erklärte mir Young. Ich stellte mir vor, wie Gretzky ihr Junges ermunterte, doch bald zu schlüpfen. Gut möglich, dass sie das sogar tat. Albatrosse verfügen über ein beeindruckendes Repertoire an Lautäußerungen und Bewegungen, die ihre Kommunikation erleichtern. Und diese beginnt früh – schon während es noch im Ei steckte, konnte Küken Nummer Neun seiner Mutter antworten.

Bei Albatrossen hängt der Bruterfolg stark von Kommunikation, Koordination und Kooperation ab. Gretzky und ihre Partnerin sind darin eindeutig Meisterinnen. Wenn Gretzkys Partnerin schließlich von ihrem Fischzug vor Alaska zurückkehrt, um den Eishockey-Champion abzulösen, sodass sie sich Nahrung suchen kann, vollführen die beiden dieselben turtelnden Tanzbewegungen, schnäbeln und putzen einander genauso wie es heterosexuelle Albatrospaare tun, berichtete mir Young.

»Sie machen alles exakt so wie die Männchen-Weibchen-Paare. Wir konnten bisher keinerlei Unterschied in ihrem Verhalten feststellen.«

Diese intimen körperlichen Gesten stärken die Paarbindung der Vögel, indem sie die Freisetzung des »Kuschelhormons« Oxytocin und verschiedener Wohlfühl-Endorphine bewirken, so wie es Küsse, Liebkosungen und Sex beim Menschen tun.[431] Oxytocin erzeugt nicht nur liebevolle Empfindungen, es senkt auch den Stresslevel und fördert die soziale Anerkennung; all das ist nützlich, um seine Partnerin oder seinen Partner nach Wochen oder Monaten auf See zu finden und das Trauma des extremen Hungers zu lindern. Ganz zu schweigen davon, in einer überfüllten, von Konkurrenz geprägten Nistkolonie Konflikte mit den Nachbarn zu vermeiden.

Bei Vögeln gehen das kooperative Brüten und niedrige Trennungsraten mit dem ausgiebigen Praktizieren von – um die trockene wissenschaftliche Bezeichnung zu bemühen – »sozialer Gefiederpflege« *(allopreening)* einher.[432] Vielleicht liegt das Geheimnis des Bruterfolgs von Gretzky und ihrer Partnerin in ihrer starken körperlichen Intimität, die ihre Zuneigung über all die Jahre bewahrt hat.

»Albatrosse sind wie Menschen«, gab Young in einem seltenen Moment des Anthropomorphismus zu. »Viele sind monogam und bleiben lange Zeit in derselben Partnerschaft, manche dieser sozial monogamen Paare betrügen einander, manche trennen sich … es ist das komplette Spektrum.«

Dieses Spektrum ist nun also erweitert um langfristige gleichgeschlechtliche Beziehungen, die die nächste Generation hervorbringen, indem sie sich Spendersperma von anderweitig gebundenen Männchen besorgen. Somit dürfte Youngs Forschung an dem Bild vom Albatros als Ikone der heterosexuellen Monogamie gekratzt haben. Aber dieses Bild war ohnehin eine unrealistische Projektion der unnatürlichen moralischen Ansprüche westlicher Religionen auf die Vögel.

Dafür verweist Young mit ihrer Forschung auf etwas, das um vieles inspirierender ist: die natürliche Flexibilität der Geschlechterrollen und die Fähigkeit von Tieren, ihr Verhalten neu auszurichten, um unter schwierigen neuen sozialen und ökologischen Bedingungen erfolgreich zu sein. Dieser Aspekt wird umso wichtiger, als wir immer weiter auf die Öko-Apokalypse zusteuern. Mehr als 65 Prozent der Seevogelkolonien Hawaiis sind durch den steigenden Meeresspiegel bedroht, da die Tiere auf flachen Koralleninseln nisten. Das Midway-Atoll und Laysan, wo 95 Prozent der Laysanalbatrosse gemeinsam mit anderen bedrohten Tölpeln und Sturmvögeln nisten, werden wahrscheinlich in der Mitte dieses Jahrhunderts verschwunden sein.[433]

Diese lesbischen Pionierinnen, die neue Kolonien auf unbekanntem, höherem Gelände gründen, sind also buchstäblich Bewahrerinnen ihrer Art. Wenn die Wissenschaft ihre Hetero-Brille einmal kurz ablegen und unvoreingenommen auf andere Arten schauen würde, bei denen die Geschlechter identisch aussehen und vielleicht ein Mangel an Männchen herrscht, dann würden wir gewiss noch weitere Beispiele für in der Brut kooperierende Pionierinnen entdecken. Ein eher unbekannter und selten zitierter Artikel aus dem Jahr 1977, der »übernormale Gelege« und weibliche »homosexuelle Paare« bei Westmöwen *(Larus occidentalis)* dokumentiert, die auf Santa Barbara Island in Kalifornien brüteten, deutet darauf hin, dass es da draußen gewiss noch mehr sapphische Seevogeleltern gibt.

Die Autor:innen des Artikels, George L. Hunt und Molly Warner Hunt von der University of California, vermuteten, dass ihre Studie der erste Bericht über die Bildung homosexueller Paare bei Vögeln sei; allerdings kannten sie auch Berichte von »übernormalen« Gelegen bei Ringschnabelmöwen *(Larus delawarensis)* aus dem Jahr 1942. Die im Artikel beschriebenen weiblichen Westmöwenpaare machten 14 Prozent der Brutpaare aus und galten ebenfalls als Adaptation an einen Mangel an Männchen auf der Insel.[434] Später gab es ähnliche Berichte über Rosenseeschwalben *(Sterna dougallii)* auf Bird Island im US-Bundesstaat Massachusetts,[435] und Dr. Young ist sich sicher, dass es noch viele Beispiele gibt, die nur darauf warten, entdeckt zu werden.

Die Laysanalbatrosweibchen sind nicht die einzigen lesbischen Pionierinnen, die in Hawaii leben. An meinem letzten Tag auf Oahu raste ich über die Insel, weil ich unbedingt ein Tier sehen wollte, das noch einen Schritt weiter geht und komplett auf Männchen verzichtet. Die Populationen des Jungferngeckos *(Lepidodactylus lugubris)* sind rein weiblich – es gibt einfach keine Männchen. Diese überaus erfolgreiche Art hat die Inseln ganz ohne männliches Zutun besiedelt, indem sich die Tiere einfach klonten.

Eine rein weibliche Art von sich selbst replizierenden Echsen klingt nach Science-Fiction, und damit war sie für mich natürlich unwiderstehlich. Nachdem ich erfahren hatte, dass es sie auf Oahu gibt, bombardierte ich sofort verschiedene Herpetolog:innen mit E-Mails. Und nach einigem Hin und Her hatte ich eine Verabredung auf der anderen Seite der Insel, mit einer Frau namens Amber, die mir offenbar einiges über die Tiere erzählen konnte.

Amber erwies sich als Dr. Wright, Assistant Professor für Ökologie an der University of Hawaii. Ich fand sie, wie in ihrer E-Mail angekündigt, beim Mähen des langen Grases in einer entfernten Ecke der universitätseigenen landwirtschaftlichen Forschungsstation. Nachdem ich sie unbeabsichtigt fast zu Tode erschreckt hatte – da der Mäher so laut brüllte, hatte sie mich nicht kommen hören –, bot mir Dr. Wright freundlicherweise an, mich zum Objekt meiner Wünsche zu bringen.

Die Forschungsstation der Universität ist ein üppiger Querschnitt durch die hawaiianische Landwirtschaft – kleine Felder mit sauberen Reihen ortstypischer Nutzpflanzen wie Taro, Zuckerrohr und Kaffee, über denen sich wiederum ein grüner Vulkankamm wie der Rücken eines Drachens erhebt. Meine Jagd nach den wilden Geckos endete schließlich in der unersprießlichsten Ecke dieses agrikulturellen Idylls: dem Müllhaufen.

Geckos sind nachtaktive Wesen, die sich tagsüber vor möglichen Raubfeinden verstecken müssen. Sie besitzen zudem keine Augenlider, was, wie ich mir vorstellte, das Schlafen in der brennenden hawaiianischen Sonne etwas schwierig gestaltete. Wright hob ein großes weggeworfenes Zaunelement aus Plastik hoch, und da waren sie: etwa ein halbes Dutzend Jungferngeckos, rüde aus dem Schlaf gerissen und eiligst nach Deckung suchend. Die Ökologin, ein echter Echsenprofi, beugte sich hinunter und nahm ohne Zögern vorsichtig ein Exemplar in die Hand, damit wir es uns näher ansehen konnten.

Dieses außerordentliche Science-Fiction-Geschöpf kommt in einer denkbar farblosen Verkleidung daher – als unauffälliges, kleines braunes Tier von rund vier Zentimetern Länge, den langen, dicken Schwanz nicht mitgerechnet. Wie bei allen Geckos kann dieser abgeworfen werden, wenn er von einem Raubfeind gepackt wird, und wächst dann wieder nach; auch das ist reinste Science-Fiction. Und als dritte Superkraft können die Echsen auf jeder noch so glatten Oberfläche entlangklettern und geradezu beiläufig kopfüber an der Decke laufen. Diese Fähigkeit verdanken sie den Haftlamellen an ihren Füßen. Wright forderte mich auf, die Unterseite der kleinen ausgestreckten Geckohand zu berühren, und tatsächlich fühlte sie sich klebrig an. Der Grund dafür war jedoch kein Klebstoff, sondern eine Unzahl winzigster Hafthärchen (Spatulae),[436] die aufgrund von elektrostatischen und molekularen Kontaktkräften an allem haften, was sie berühren. Dieses System ist so effektiv, dass die NASA es für die Entwicklung von »Astronauten-Ankern« übernimmt, mit deren Hilfe sich Roboter bei Reparaturen an der Außenseite einer Raumstation anheften können.[437]

Wright drehte die Echse auf den Rücken, und unter der durchscheinenden Bauchhaut konnte ich deutlich zwei weiße Flecken (etwa so groß wie Tic-Tac-Bonbons) in der Leistengegend erkennen. »Das sind ihre Eier«, erklärte mir Wright. Im Gegensatz zu denen der meisten anderen Tiere brauchten die Eizellen dieser kleinen Lady kein Sperma zur Vervollständigung. Alles, was sie benötigte, war ein sicherer Ort zur Ablage ihrer Eier, aus denen dann vollendete kleine Kopien ihrer Mutter schlüpfen würden, ganz ohne männliche Beteiligung.

Das Geckoweibchen blickte mich an und leckte über seinen Augapfel, die einzige Art, wie es seine goldenen Augen befeuchten konnte, da es ohne Lider nun einmal nicht blinzeln konnte. Es zeigte ein rätselhaftes Lächeln. Da es keinerlei Mimikmuskeln besitzt, war es ein festgewachsenes Lächeln, das keine Emotion repräsentierte, aber es schien mir dennoch passend. Ich lächelte zurück.

Diese winzige Echse hat einen gewitzten Weg gefunden, um das stressige Geschäft der Fortpflanzung zu erledigen. Sie braucht kein passendes Exemplar des anderen Geschlechts ausfindig zu machen, dem sie sich dann auch noch attraktiv präsentieren muss. Diese ganze energiezehrende Quälerei erspart sie sich. Sie braucht auch nicht die zusätzliche Energie aufzubringen, erfolgreich zu kopulieren. Oder das Risiko einzugehen, in flagranti verspeist zu werden – Sex kann für die Beteiligten verständlicherweise eine gewisse Ablenkung mit sich bringen, und ihre verzückten Bewegungen ziehen nicht selten die Aufmerksamkeit von Raubfeinden auf sich.

Nein, dieser kleine Jungferngecko war eine Ein-Frau-Echsen-Produktionsmaschine, die in ihrem nur fünf Jahre währenden Leben bis zu 300 Klone von sich selbst hervorbringen kann.

Natürlich dürfte das eigentlich gar nicht möglich sein. Eizellen und Spermatozoen entstehen durch einen Meiose (Reifeteilung) genannten Prozess, bei dem das Chromosomenmaterial der Geschlechtszellen dupliziert wird, bevor sich die Zelle zweimal teilt. Daraus entstehen Tochterzellen mit nur einem Chromosomensatz (normalerweise verfügen Körperzellen über einen doppelten Chromosomensatz). Eizellen und Spermien verfügen also nur über die Hälfte der normalen Chromosomenzahl; erst bei ihrer Verschmelzung ergibt sich wieder die volle Anzahl an Chromosomen, die für die nächste Generation bereitsteht.

Jungferngeckos haben es irgendwie geschafft, sich diesem grundlegenden Prozess zu entziehen. Die Geckoweibchen sind Mitglieder eines sehr erlesenen reinen Damenclubs, in dem nur rund 100 bekannte Wirbeltierarten – verschiedene Fische, Echsen und Lurche – sowie eine Reihe wirbelloser Wunderwesen Mitglieder sind.[438] Letztere sind oftmals nur unter der Lupe wirklich erkennbar, doch ihr Sexleben (beziehungsweise dessen Fehlen) wirbelt manche Paradigmen der Evolutionslehre gehörig durcheinander.

Ihre bemerkenswerte asexuelle Fähigkeit wird als Parthenogenese oder »Jungfernzeugung« bezeichnet. Dank ihr konnte der Jungferngecko nicht nur den Hawaii-Archipel besiedeln, sondern auch Sri Lanka, Indien, Japan, Malaysia, Papua-Neuguinea, Fidschi, Australien, Mexiko, Brasilien, Kolumbien, Chile und viele weitere Regionen. Tatsächlich dürfte man in praktisch allen warmen Küstenregionen des indopazifischen Raums auf Jungferngeckos stoßen, die abends nahe der Außenbeleuchtung sitzen, freundlicherweise die Stechmücken verzehren und dazu noch fröhlich »zirpen«.

Es ist kaum zu glauben, aber die weltweite Population von *Lepidodactylus lugubris*, die viele Millionen Individuen zählen dürfte, besteht ausschließlich aus Klonen einer Handvoll ursprünglicher Mütter. Angesichts der globalen Verbreitung und Resilienz dieser Art stellt sich durchaus die Frage: Warum sich überhaupt mit Sex abgeben?

Dies wurde als »die Königin aller Fragen« bezeichnet[439] und ist das vielleicht größte Rätsel der Evolutionsbiologie. Sex bringt nun einmal hohe Kosten mit sich. Schließlich muss nicht nur mühsam ein Partner oder eine Partnerin gefunden und angelockt werden, nein: Er reduziert auch das Fortpflanzungspotenzial einer Art auf die Hälfte, da nur ein Geschlecht tatsächlich Eizellen produzieren kann.

Rein weibliche Arten können sich doppelt so schnell vermehren wie solche, die sich sexuell fortpflanzen. Das macht sie zu exzellenten Neubesiedlerinnen einer Region,* da sie auf schnelle Entwicklung und Ausbreitung spezialisiert sind. Der Jungferngecko erreichte gemeinsam mit den Polynesiern gegen 400 n. Chr. Hawaii und gelangte im Zweiten Weltkrieg mit Schiffen über den Pazifik. Praktisch an jedem Ort, den sie dank unserer Mithilfe erreichte, konnte die Art Fuß fassen. Wie so viele unisexuelle Arten, darunter der Marmorkrebs und die sich in der Antarktis ausbreitende Mückenart *Eretmoptera murphyi*, gilt der Jungferngecko als invasive Art – ein abwertendes und sehr subjektives Etikett, das auf jungen vulkanischen Inseln wie denen Hawaiis, wo nur wenige Lebewesen (und am wenigsten der Mensch) wirklich »angestammt« oder endemisch sind, merkwürdig anmutet.

---

* Auf das Potenzial einer doppelt so hohen Produktion bei rein weiblichen Arten wurden auch Agrarforscher:innen aufmerksam, die eine Möglichkeit zur Profitmaximierung suchten. (Roughgarden, *Evolution's Rainbow*, S. 17.) Hühner und Puten sind nur zwei der Fleischquellen, bei denen man versucht, durch selektive Zucht rein weibliche Linien zu erschaffen. Das Schaf Dolly ist ein anderes Beispiel. Dolly wurde 1996 in Schottland aus einer Euterzelle geklont, was weltweit Schlagzeilen machte. Weniger bekannt war allerdings, dass dies aus Profitgründen geschah und das seit fünf Jahrzehnten bestehende Streben widerspiegelte, die landwirtschaftliche Säugetierproduktion durch asexuelle Vermehrung zu erhöhen.

Diese unisexuellen »Invasoren« sind sich explosiv vermehrende Opportunisten, deren aggressive Ausbreitung konkurrierende, sich langsamer, weil sexuell fortpflanzende Arten verdrängen kann. Doch trotz der ökonomischen Vorteile der Parthenogenese sind rein weibliche Arten deutlich in der Minderheit. Die Natur bleibt auf die sexuelle Fortpflanzung angewiesen.

Das Problem beim Klonen besteht darin, dass alle Nachkommen genetisch identisch mit ihrer Mutter sind. Letztlich ist es die ultimative Form der Inzucht – es besteht (abgesehen von gelegentlichen Kopierfehlern bei der Meiose) keine Möglichkeit, genetische Vielfalt zu erzeugen. Tiere, die sich selbst klonen, setzen ihre Nachkommen also der Gefährdung durch Parasiten, Krankheitserreger und Umweltveränderungen aus, da ihnen die genetische Variabilität fehlt, diesen zu begegnen.

Wäre die Umwelt frei von Erregern und unveränderlich, wären Männchen durchaus überflüssig. Doch zu ihrem Glück ist die Welt im steten Wandel begriffen, und wir brauchen Sex, um die genetischen Karten immer wieder neu zu mischen und die Diversität zu erhalten. Der Vorteil der sexuellen Fortpflanzung besteht im Überleben in evolutionären Zeiträumen, und genau deshalb nutzen die erfolgreichsten »Invasoren« auch beide Wege der Reproduktion.

Gärtner:innen kennen manche dieser sich selbst klonenden Tierarten aus leidvoller Erfahrung, weil sie unter anderem an Tomaten verheerende Schäden verursachen. Die Rede ist natürlich von den Blattläusen. Die rund 4000 Arten dieser kleinen Pflanzenläuse werden dafür gehasst, dass sie Nutz- und Gartenpflanzen das Leben aussaugen und auch noch Krankheiten übertragen. Außerdem sind sie die Virtuosinnen in der Welt des Klonens.

Mit Beginn des Sommers bringt ein einzelnes Weibchen 50 bis 100 weitere Weibchen hervor, die ihrerseits bereits Embryonen in sich tragen. Wie winzige, plumpe grüne Matrjoschkas ineinandergeschachtelt, verkürzen sie so das Heranreifen der Nymphen auf nur zehn Tage, sodass sich Blattläuse geradezu exponentiell vermehren können. Manche Arten von an Kohl saugenden Blattläusen, wie *Brevicoryne brassicae*, können in nur einer Saison bis zu 41 Generationen hervorbringen. Ein am Anfang des Sommers geschlüpftes Weibchen könnte also theoretisch Hunderte Milliarden Abkömmlinge produzieren, wären da nicht die Marienkäfer und andere Feinde, die sie in großer Zahl verspeisen.*

Im Herbst, wenn das Zerstörungswerk vollbracht und ihre Zahl Legion ist, pflanzen sich die Weibchen sexuell mit männlichen Blattläusen fort und legen Eier mit der nötigen genetischen Vielfalt, um mit allen möglichen Bedrohungen im nächsten Jahr zurechtzukommen. Es ist ein absolut unschlagbares System, das sie zum Erzfeind der Gärtner:innen macht. Am Ende gewinnt immer die Blattlaus.

Weibchen brauchen also Männchen, um die genetische Vielfalt aufrechtzuerhalten. Und die Männchen erfüllen noch eine

---

* Der hoch angesehene französische Naturforscher René Réaumur errechnete, dass, wenn alle Nachkommen einer einzelnen Blattlaus den Sommer überleben und in Viererreihen hintereinander aufgestellt würden, die Schlange eine Länge von mehr als 44700 Kilometern hätte und somit länger wäre als der Erdumfang am Äquator. Man kann wohl sagen, dass Réaumur von Blattläusen geradezu besessen war. Der begeisterte Entomologe beschrieb in seinem erfolgreichen mehrbändigen Werk über die Naturgeschichte der Insekten, dass er trotz vieler, vieler Stunden des Suchens weder ein Blattlausmännchen noch ein Blattlauspaar bei der Kopulation entdecken konnte. Er versuchte sogar, ein jungfräuliches Weibchen tagelang zu beobachten, um sie beim Akt zu erwischen, bevor es Nachkommen gebar, doch auch dies gelang ihm nicht. Réaumurs erfolgloses Experiment wurde jedoch später von dem aufstrebenden jungen Naturforscher Charles Bonnet aufgenommen, der sich mit ebenso großer Hartnäckigkeit den Blattläusen widmete. Er sperrte eine jungfräuliche Blattlaus in ein Glas und beobachtete sie ihr ganzes 33-tägiges Leben lang von morgens bis zehn Uhr abends. Er war sicher, dass sie sich nie gepaart hatte, und dennoch brachte sie 95 Nachkommen hervor. Seine exakten Beobachtungen zahlten sich aus. Im Jahr 1740 wurde Bonnet der Erste, der die Allgegenwart von Sex in der Natur widerlegte und die Existenz der »jungfräulichen Geburt« verkündete.

weitere essenzielle Aufgabe. Sex verhindert die Anhäufung schädlicher Mutationen, wie sie natürlicherweise bei der Meiose auftreten. Bei sich sexuell fortpflanzenden Arten werden diese Kopierfehler beim Verschmelzen von Spermium und Eizelle durch die gesunden Gene des anderen Geschlechts ausgetauscht. Sich asexuell fortpflanzende Arten verfügen nicht über diesen Luxus und sind stattdessen zur ewigen Replikation verdammt, sodass sich Mutationen immer weiter anhäufen und es schließlich zur »Mutations-Kernschmelze«[440] kommt, wie es Genetiker:innen nennen.

Das ist genauso schlimm, wie es klingt, und der Grund dafür, dass sich ausschließlich asexuell fortpflanzende Arten als kurzlebig gelten, wenn man sie mit jenen vergleicht, die sich zumindest ansatzweise sexuell vermehren. Dies brachte den rein weiblichen Arten einen schlechten Ruf als »evolutionäre Sackgassen« im Baum des Lebens ein.[441]

Eine durchschnittliche sich sexuell fortpflanzende Art ist rund eine oder zwei Millionen Jahre alt. Asexuelle Arten dagegen können nur selten mehr als ihren 100 000. Geburtstag feiern. Zumindest ist das theoretisch so. Dummerweise gibt es eine Handvoll rein weiblicher Arten, die ihre vermeintlich geringe Haltbarkeitsdauer einfach ignorieren. Diese »evolutionären Gauner«, wie der legendäre Biologe John Maynard Smith sie nannte,[442] haben für endlose wissenschaftliche Verwirrung gesorgt und stellen den Sex an sich infrage.

Vielleicht haben Sie schon die eine oder andere allzu lange Sexflaute überstehen müssen, doch all das ist nichts im Vergleich zu den Rädertierchen der Ordnung Bdelloida, den unangefochtenen Rekordhaltern in Sachen Zölibat im Tierreich. Diese mikroskopisch kleinen, egelähnlichen Tiere üben sich seit rund 80 Millionen Jahren in keuscher Zurückhaltung. Alle 450 Arten dieser Ordnung sind rein weiblich. Sie leben in verschmutztem Wasser, etwa in Pfützen und Klärbecken, was sich in einem Tinder-Profil sicher nicht sehr gut machen würde. Das ist diesen sich selbst replizierenden Schwestern jedoch ganz gleichgültig, denn sie haben das Rätsel gelöst, wie man die natürliche Selektion überleben und sich auch ohne Sex weiterentwickeln kann.

Der Grund für die evolutionäre Langlebigkeit der Bdelloida ist Gegenstand anhaltender Forschungen und lebhafter Diskussionen unter Wissenschaftler:innen. Eines der Geheimnisse ihres Erfolges jedoch scheint zu sein, dass sie Gene von anderen Lebensformen »stehlen«, vermutlich über die von ihnen aufgenommene Nahrung.

Die Ernährung der Bdelloida ist nicht wirklich erstrebenswert, was angesichts ihres Lebensumfelds kaum überrascht. Sie leben hauptsächlich von »organischem Detritus« (fragen Sie lieber nicht), abgestorbenen Bakterien, Algen und Protozoen – praktisch allem, was in ihre Mundöffnung passt. Manche Wissenschaftler:innen sind der Ansicht, dass die Bdelloida DNA aus ihrer Nahrung extrahieren und dann damit über sogenannten horizontalen Gentransfer ihr eigenes Genom aufpolieren können. Studien zeigen, dass bis zu zehn Prozent der aktiven Gene dieser Rädertierchen von anderen Arten übernommen sein könnten, kurzum: Die Bdelloida scheinen sich ein frankensteinartiges Sammelsurium fremder DNA von mehr als 500 anderen Arten angeeignet zu haben.[443] Ob das tatsächlich über die Nahrung geschah, ist noch umstritten, doch diese stibitzten Gene verschaffen den Bdelloida auch ohne Sex die dringend benötigte genetische Vielfalt. Sie könnten zudem der Grund für eine andere Superkraft dieser Winzlinge sein: ihre zähe Widerstandskraft gegen Austrocknung und Strahlung.

In einer Natur-Edition der Sendung *Survivor* würden die Bdelloida vermutlich die letzten Tiere sein, die noch durchhalten. Sie können mehrere Jahre der Austrocknung ebenso überstehen wie intensive Bestrahlung. Soweit wir wissen, sind sie die strahlenresistentesten Lebewesen des Planeten und lassen damit sogar die als praktisch unzerstörbar geltenden Bärtierchen als Härteste der Harten hinter sich.* Bdelloida tolerieren das Hundertfache der Strahlung, die Sie und mich zu einer heißen Pfütze zerschmelzen lassen würde, und bringen *trotzdem* noch eine Handvoll gesunder Töchter hervor.

Die Bdelloida können überleben und lebensfähige Replikationen von sich selbst hervorbringen, weil ihr Mosaik geklauter Gene Enzyme codiert, dank derer sie die bemerkenswerte Fähigkeit haben, ihre zerstörte DNA zu reparieren. Die temporären Wasseransammlungen, in denen sie leben, trocknen regelmäßig aus, und die Bdelloida warten dann quasi mumifiziert womöglich jahrelang, bis es wieder regnet. Solche Austrocknung hat dieselbe Schadwirkung auf ihre DNA wie Strahlung (wenn auch weniger extrem); ihr übernommenes Gen-Reparaturkit aber hilft ihnen, alles wieder in Ordnung zu bringen. Zusätzlich ist genau dies wahrscheinlich der Grund dafür, dass die Bdelloida Jahrtausende ohne Männchen überdauern konnten; offenbar verschafft der »Diebstahl« von Genen und die Rekonstruktion ihres Genoms ihnen dieselben evolutionären Vorteile wie Sex.

Das sind wichtige Neuigkeiten. Bis die Bdelloida-Rädertierchen auf der Bildfläche erschienen, hatte Sex den Markt der Genom-Umbauten beherrscht. Heute wissen wir, dass es da noch mindestens eine andere Möglichkeit gibt (Männer, aufgepasst).

Wie sich zeigt, sind noch viele weitere rein weibliche Arten älter und bei besserer evolutionärer Gesundheit als gedacht, da sie eigene, heimliche Wege gefunden haben, um der Bedrohung durch die Mutations-Kernschmelze und genetische Einförmigkeit zu begegnen.[444] Im Jahr 2018 wurde entdeckt, dass eine

---

* Die Bärtierchen oder »Wasserbären« (Tardigrada) sind mikroskopisch kleine Lebewesen, die ein trockenes Resistenzstadium bilden, das extremer Hitze, aber auch Temperaturen nahe dem absoluten Nullpunkt, giftigen Gasen und starker Bestrahlung widerstehen kann. Sie haben sogar im Vakuum des Weltalls überlebt. Doch selbst diese harten Nüsse werden von Strahlendosen in Höhe von 500 bis 1000 Gray sterilisiert, die die Bdelloida noch tolerieren.

rein weibliche Querzahnmolch-Population der Gattung *Ambystoma* fünf Millionen Jahre alt ist. Ihr Ticket ins hohe evolutionäre Alter war die »Kleptogenese«. Die Weibchen stibitzen sich gelegentlich Spermien von nahe verwandten Arten, die ihre Eizellen zwar nicht befruchten, aber doch stimulieren. Ungefähr einmal alle 1000 Jahre aber bauen sie Gene der gespeicherten »gestohlenen« Spermatozoen in ihr Genom ein, sodass die Vielfalt erhalten bleibt.[445]

Es sind wahrhaftig aufregende Zeiten. Die Entdeckung solcher genetischer Mauscheleien lässt die Grenzen zwischen sexuellen und asexuellen Arten verschwimmen, ja sie fordert sogar eine Neubeantwortung der grundlegenden Frage, was eigentlich eine Art ist. Diese Pionierinnen stellen heteronormative Unterstellungen bezüglich der Allgegenwart von Sex infrage und eröffnen neue Forschungsfelder für Genetik und Evolutionsbiologie. So gibt es etwa erstaunliche physische und Verhaltensunterschiede zwischen diesen Klonlinien, was vermuten lässt, dass die Epigenetik – Unterschiede in der Art, wie Gene exprimiert werden – eine Rolle spielt und selbst bei genetisch identischen Linien eine gewisse Variation bewirkt.[446]

Das Geheimnis hinter der Parthenogenese beim Jungferngecko besteht darin, dass es sich dabei um eine Hybride aus zwei eng verwandten Arten handelt.[447] Hybriden gelten allgemein als steril, sie können sich nicht fortpflanzen. Doch unser biologisch aufmüpfiger Jungferngecko hat das Memo nicht gelesen; stattdessen gab die Hybridisierung bei ihm den Anstoß, zum Klonen überzugehen.

Die Ausgangsarten des Jungferngeckos waren genetisch unterschiedlich genug, dass ihre Chromosomensätze nicht zusammenpassen, aber doch so ähnlich, dass eine Form von Meiose erfolgt. Das scheint auch bei etlichen weiteren bekannten unisexuellen Wirbeltieren der Auslöser für die Parthenogenese zu sein. Die resultierenden Klon-Töchter verfügen zwar dennoch nicht über den genetischen Mix, der bei sich sexuell fortpflanzenden Arten einen ständigen Strom der Variation als Antwort auf Veränderungen schafft. Aber offenbar kommt es während ihrer eigentümlichen Meiose zu einer gewissen Vermischung der diversen hybriden Chromosomensätze, was auf lange Sicht helfen kann, die Auswirkungen der Inzucht in Grenzen zu halten.[448] Manche Klone verfügen sogar über einen zusätzlichen Chromosomensatz, was impliziert, dass sich die Hybriden hybridisieren. Dies könnte noch weitere genetische Variation und Langlebigkeit mit sich bringen. All dies ist ganz neu. Wie die Replikanten von Nexus-6 in *Blade Runner* könnten diese Klone sehr viel länger überdauern als erwartet, aber niemand weiß, wie lange.

Am merkwürdigsten an diesen kleinen unisexuellen Echsen ist, dass sie zwar keinen Sex brauchen, um zu überdauern, aber die Gewohnheit doch nicht ganz abgelegt haben. Ein eher unbekannter Artikel, den der israelische Herpetologe Yehudah L. Werner, Professor emeritus der Hebräischen Universität von Jerusalem, vor 40 Jahren in Berlin veröffentlichte, beschreibt das »homosexuelle Verhalten« dieser Geckos auf Oahu. Die Weibchen wurden dabei beobachtet, wie sie miteinander rangelten und einander bestiegen, wobei eines die »männliche« und das andere die »weibliche« Rolle einnahm.[449]

Und das ist nicht der einzige Bericht über lesbische Echsen. Die rein weiblichen nordamerikanischen Rennechsen der Art *Aspidoscelis* (früher: *Cnemidophorus*) *uniparens* ergehen sich ebenfalls ausgiebig in Werbungs- und »Paarungs«-Verhalten, bevor sie Eier legen, und nehmen dabei sogar die sogenannte Donut-Position ein, wie nahe verwandte, sich sexuell fortpflanzende Arten.[450] Ursprünglich hielt man diese »Pseudo-Kopulationen« einfach für Rudimente aus der sexuellen Vergangenheit der Art. Aber warum dann das Spiel mit den Geschlechterrollen?

Bei vielen sich sexuell fortpflanzenden Echsenarten sind Partnerwerbung und Kopulation nötig, um den Eisprung anzuregen. Da aber keine Männchen da waren, um die Eierstöcke in

Aktion zu versetzen, wurden die schlauen Rennechsenweibchen zu Geschlechts-Grenzgängerinnen.

Setzt man zwei dieser Rennechsenweibchen zusammen in ein Terrarium, schlüpfen sie mit jedem monatlichen Eizyklus mal in diese und mal in jene Geschlechterrolle. In einem Monat ist ein Weibchen das besteigende »Männchen«, im nächsten Monat spielt es das bestiegene »Weibchen«. Wie sich zeigte, ist dieses merkwürdige Rollenspiel hormonell gesteuert. Im gemeinsamen Terrarium pendeln sich die Zyklen der beiden Weibchen zeitversetzt ein, sodass etwa alle zwei Wochen eines der beiden ovuliert. Ein hoher postovulatorischer Progesteron-Spiegel bringt die Weibchen dazu, sich wie Männchen zu verhalten und das andere zu besteigen. Dieses komplexe Verhalten wird durch neuronale Schaltkreise gesteuert, die bei Männchen meist durch Testosteron an- und abgeschaltet werden.[451] Bei den unisexuellen Rennechsen jedoch werden diese durch Progesteron aktiviert, sodass die rein weiblichen Echsen die Geschlechterrollen wechseln und ihre Fruchtbarkeit maximieren können.[452] Studien bestätigten, dass Echsen, die sich nicht »paaren« konnten, weniger Eier legten.

Diese unisexuellen Rennechsen existieren länger als aus evolutionärer Sicht erwartet und maximieren ihre reproduktive Fitness, alles ohne Männchen. Aber ist ihre rein weibliche Science-Fiction-Gesellschaft eine Utopie oder eine Dystopie?

In den 1980er-Jahren führte Dr. Beth Leuck von der University of Oklahoma ein faszinierendes Experiment durch, bei dem sie mehrere – sich sowohl asexuell als auch sexuell fortpflanzende – Rennechsenarten zur genauen Beobachtung in ein Gehege setzte. Die rein weiblichen Arten verhielten sich dabei ganz anders als ihre sich sexuell fortpflanzende Verwandtschaft.[453] Die gleichgeschlechtlichen Paare lebten viel häufiger zusammen und teilten sich einen Bau als ihre sich sexuell fortpflanzenden Verwandten, die nachts eher allein schliefen. Die sexuellen Arten zeigten auch eine viermal höhere Aggression untereinander als die asexuellen. Die sich sexuell fortpflanzenden Arten trugen mehr Kämpfe aus, versuchten einander häufiger Nahrung abzujagen und zeigten eine ausgeprägtere Dominanzhierarchie.

Die rein weiblichen Klone haben 100 Prozent ihrer DNA gemeinsam und sind damit deutlich enger miteinander verwandt als die sich sexuell fortpflanzenden Rennechsen. Vielleicht ist dieser Verwandtschaftsgrad der Grund für ihre stärkere Kooperation. Leuck beobachtete, dass die Aggression oft von den Männchen ausging, was vermuten lässt, dass zumindest bei Rennechsen das Fehlen von Männchen in einer toleranteren Gesellschaft resultiert. Das weckt bei mir irgendwie den Wunsch, als unisexuelle Rennechse wiedergeboren zu werden.

Die Rennechsen stehen zweifellos für ein erfolgreiches Dasein ohne Männchen. Der Erfolg der rein weiblichen Arten eröffnet eine neue Dimension im Kampf der Geschlechter, wobei die Männchen nicht mehr nur darum kämpfen, Eizellen zu befruchten, sondern um nichts Geringeres als ihre Existenz. Rein weibliche Gesellschaften sind doppelt so produktiv ohne den männlichen Ballast, dessen Beitrag zur genetischen Vielfalt heute als weniger entscheidend angesehen wird als bisher angenommen. Neuere mathematische Modelle zeigten, dass die Evolution die sexuelle Fortpflanzung nicht zu begünstigen braucht, selbst wenn sie die förderliche Variabilität begünstigt.[454] Der Sex ist und bleibt also rätselhaft.

Wie aber verhält es sich bei sozial komplexeren Gesellschaften, bei denen Männchen mehr sind als nur Spermienspender oder Eisprungstimulatoren – dort sind sie doch wohl sicher? Nun, neuere Erkenntnisse aus Japan legen nahe, dass dies vielleicht nicht so ist.

Im Jahr 2018 berichtete Toshihisa Yashiro von der Universität Kyoto von der Entdeckung des ersten rein weiblichen Termitenstaates.[455] Rein weibliche Linien waren für wenige Ameisen- und Honigbienenarten bereits dokumentiert, doch ihre

Staaten sind ohnehin von der Königin und Arbeiterinnen geprägt. Yashiros Fund ist insofern bedeutend, als Termitenstaaten sowohl auf eine Königin als auch auf einen König zurückgehen, die auf sexuellem Wege männliche und weibliche Nachkommen hervorbringen. Man ging davon aus, dass in traditionellen Termitenstaaten mit beiden Geschlechtern diese jeweils eine wichtige Rolle für den Erhalt ihres komplexen Staates spielten. Der Verlust der Männchen hätte deshalb genetisch und sozial signifikante Auswirkungen, so die Annahme.

Aus menschlicher Perspektive sind Termiten die ungeliebten Stiefkinder unter den sozialen Insekten. Bienen werden als Bestäuberinnen gepriesen, Ameisen für ihren Fleiß; Termiten aber sind ein Affront für die menschliche Zivilisation, denn sie mampfen sich durch alles, was uns lieb und teuer ist: Bibliotheken, Häuser, ja sogar Geld – 2011 verirrte sich ein Trupp Termiten in eine indische Bank und verspeiste Banknoten im Gegenwert von 220 000 US-Dollar.

Termiten sind echte »antikapitalistische Anarchisten«,[456] und ehrlich gesagt verdienen sie mehr Respekt von uns. Seit der Zeit der Dinosaurier haben sie Erstaunliches vollbracht, Staaten mit Arbeitsteilung aufrechterhalten, Pilze angebaut, Cellulose in Zucker umgewandelt und Wolkenkratzer mit eigener Klimaanlage errichtet. Diese Liste können wir nun um die Überwindung des Patriarchats ergänzen.

Dr. Yashiros Team sammelte 74 Staaten von *Glyptotermes nakajimai* an 15 Fundstellen in Japan. Ganze 37 der Staaten waren rein weiblich, die übrigen gemischtgeschlechtlich. Die rein weiblichen Staaten wiesen gegenüber den sich sexuell fortpflanzenden ein zusätzliches Chromosom auf, was vermuten ließ, dass die beiden Gruppen dabei waren, sich zu unterschiedlichen Arten zu entwickeln, nachdem sie sich vor rund 14 Millionen Jahren getrennt hatten.

Auch ihre Sozialstrukturen waren unterschiedlich. In sich sexuell fortpflanzenden Termitenstaaten produzieren ein König und eine Königin männliche und weibliche Arbeiter:innen, die verschiedene Aufgaben von der Kinderpflege bis zum bewaffneten Wachtposten übernehmen und sich später im Leben oftmals selbst fortpflanzen. Die Unisex-Staaten haben weniger Soldatinnen, was Dr. Yashiro vermuten ließ, dass die rein weibliche »Armee« sogar noch schlagkräftiger sein könnte als die gemischtgeschlechtliche.

Im Rahmen einer früheren Studie entdeckte Dr. Yashiro weibliche Termiten, die den Wechsel zur asexuellen Fortpflanzung steuerten, indem sie buchstäblich »die Tore für die Spermien verschlossen« und die Spermienspeicher (Spermathecae) in ihrem Hinterleib versiegelten, sodass Männchen sie physisch nicht mehr besamen konnten.[457] Die fraglichen Königinnen brachten dann stattdessen genetisch identische Töchter per Klonen hervor.

Möglicherweise besiegelte *Glyptotermes* sogar aktiv das Todesurteil der Männchen, indem die Weibchen deren Sperma aus ihren Spermathecae ausstießen. Dieses Sci-Fi-Szenario dürfte kaum der bewussten Kontrolle der Königin unterliegen; dennoch folgert Yashiro, dass dieser revolutionäre rein weibliche Termitenstaat den ersten Beweis dafür geliefert hat, dass »Männchen in höher entwickelten tierischen Gesellschaften entbehrlich sind, in denen sie zuvor eine sozial aktive Rolle gespielt haben«.[458]

Sex verliert offenbar nach und nach seine evolutionäre Notwendigkeit. Das mögen für die männliche Welt keine guten Neuigkeiten sein, aber für viele vom Aussterben bedrohte Arten, die zum Klonen latent befähigt sind, könnte es die Erlösung bringen.

In den letzten Jahren wurden bei allen möglichen Arten und an allen möglichen Orten unerwartet Jungfernzeugungen beobachtet – zum Beispiel bei einem Hai in Nebraska. Dieser konservative Binnenstaat im mittleren Westen der USA ist nicht unbedingt für seine Meeresbewohner, Wunder oder gar weibliche Emanzipation bekannt. Dennoch sorgte ein Hammerhaiweibchen für große Aufregung, als es im Aquarium des Zoos von Omaha zur Überraschung aller ein Junges gebar. Mit im Becken der Mutter schwammen zwei weitere Hammerhaiweibchen sowie verschiedene Rochen, wo (oder vielmehr: wer) war also der Vater?

Weibliche Haie können Sperma monatelang, womöglich sogar jahrelang speichern, daher nahm man an, dass sich dieses Haiweibchen, nennen wir es Mary, gepaart haben musste, bevor es gefangen wurde. Das Ereignis fand einen dramatischen Ausgang, als das Jungtier im Alter von nur wenigen Tagen von einem Stachelrochen getötet wurde. Immerhin ermöglichte es dieses Unglück, eine genetische Analyse vorzunehmen; diese ergab, dass der Babyhai über »keinerlei DNA männlichen Ursprungs« verfügte.[459] Was den örtlichen Zeitungen die einzigartige Gelegenheit gab, ein mannsgroßes Haiweibchen mit der Muttergottes zu vergleichen.

Statt durch männliches Sperma befruchtet zu werden, hatte sich das eigene genetische Material des Haiweibchens während der Meiose kombiniert. Dabei war eine Tochterzelle der ursprünglichen Eizelle (Eimutterzelle), welche den halben weiblichen Chromosomensatz enthält und sich normalerweise zum Ei entwickelt, mit einer anderen Zelle, dem zweiten oder letzten »Polkörperchen«, verschmolzen, das dasselbe Genmaterial enthält. Gemeinsam stellten diese beiden haploiden Zellen dann wieder den vollen diploiden Chromosomensatz, der für das Entstehen eines neuen Hammerhais nötig war. Mit dem Haiweibchen war zuvor nichts Ungewöhnliches geschehen, daher war damals nicht klar, was diese Entwicklung ausgelöst hatte.

Diese Entdeckung beim Hai bewirkte abermals einen Paradigmenwandel. Bisher war die Parthenogenese bei Knorpelfischen, zu denen auch die Haie gehören, unbekannt gewesen.

Nun aber gesellen sie sich zu den Knochenfischen, Amphibien, Reptilien und Vögeln, die dazu befähigt sind. Diese Verbreitung der Jungfernzeugung legt nahe, dass der Vorgang alte Wurzeln in der Abstammungslinie der Wirbeltiere hat.

In den letzten Jahren gab es in Zoos in aller Welt eine ganze Reihe ähnlicher »Jungferngeburten« bei unterschiedlichsten Tieren. Ein Kleiner Schwarzspitzenhai, ein Komodowaran und ein sechs Meter langes Netzpythonweibchen namens Thelma klonten sich allesamt unlängst in Gefangenschaft auf ähnliche Weise wie das Hammerhaiweibchen.

Die Parthenogenese scheint eine Art letzte Rettung für diese Zootiere zu sein, die keine Gelegenheit haben, sich sexuell fortzupflanzen. Vielleicht entwickelte sich das Klonen vor Hunderten von Jahrmillionen als praktische, alternative sexuelle Strategie bei urzeitlichen Wirbeltieren, die in disparaten Populationen sonst nicht zum Zuge kommen konnten.[460]

Da die Lebensräume in unserer Zeit zunehmend fragmentiert werden und so viele Arten einen katastrophalen Rückgang der Individuenzahlen erleiden, wird es für viele Tiere immer schwieriger, geeignete Sexualpartner:innen zu finden. Weibchen, die auf die uralte Kunst des Klonens zurückgreifen können, sind da vielleicht genau das, was Arten durch schwierige Zeiten hilft.

Der Schmalzahn-Sägerochen sieht so aus, als habe er das Schwert einer Kettensäge im Gesicht, und auch für diese Art wurde kürzlich dokumentiert, dass sie sich klont. Sie ist unter anderem in den Flüssen im Westen Floridas heimisch und ist einer der merkwürdigsten und am stärksten bedrohten Plattenkiemer – die Zahl der Sägerochen ist auf ein bis fünf Prozent ihrer ursprünglichen Populationsgröße eingebrochen. Im Jahr 2015 analysierten Forscher:innen der Stony Brook University aussagekräftige genetische Marker, die sogenannten Mikrosatelliten, bei 190 Sägerochen; diese gaben Aufschluss über die Elterntiere. Bei sieben Fischen deuteten die Marker darauf hin, dass ihre Eltern mit ihnen identisch waren, was nur eines bedeuten konnte: Weibliche Schmalzahn-Sägerochen hatten begonnen, sich selbst zu klonen.[461]

Dies ist der erste dokumentierte Fall einer solchen Parthenogenese bei einem Plattenkiemer, ja bei einem Wirbeltier überhaupt, in freier Wildbahn. Er steht für etwas zutiefst Erschreckendes: einen tragischen Kipppunkt für eine Art am Rande des Aussterbens. Zugleich aber macht mir die Entdeckung dieser Parthenogenese-Pionierinnen ein bisschen Hoffnung. Als kurzzeitige Strategie könnte das Klonen Abstammungslinien durch Phasen der Isolation bringen, mit der Option, zur sexuellen Fortpflanzung zurückzukehren, sobald ein passendes Männchen verfügbar ist.

Wenn man der Mathematik vertraut, beeinträchtigt dies nicht einmal den Genpool. Neuere Rechenmodelle ergaben, dass sich gute Mutationen in einer primär parthenogenetischen Population fast genauso schnell verbreiten wie in einer sich sexuell fortpflanzenden. Die Vorteile des Sex scheinen schon zum Tragen zu kommen, wenn er nur alle zehn oder 20 Generationen ausgeübt wird; ein neuerer Artikel beschreibt es so, dass sexuelle Fortpflanzung in fünf bis zehn Prozent der Fälle ausreicht, um dieselben genetischen Vorteile zu erlangen wie bei rein sexueller Fortpflanzung.[462]

Vielleicht braucht es also genau diese Weibchen mit ihrer Fähigkeit, auf Klonen umzuschwenken und die Individuenzahl auf eine unkritische Größe zu steigern, um eine Art vor dem Aussterben zu bewahren. Im Fall des Schmalzahn-Sägerochens beobachten Umweltschützer:innen eine gewisse Bestandserholung,[463] was auf diese sexuell innovativen parthenogenetischen Weibchen zurückzuführen sein könnte.

Bei diesem optimistischen Szenario gibt es allerdings ein großes Problem, und das sind wir Menschen. Während ich dieses Buch schreibe, fühlt es sich an, als stehe das Leben, wie wir es bisher kannten, am Ende. Die Pandemie hat uns fest im Griff, Feuer wüten im Amazonasgebiet und in Australien, und Stürme nie gekannten Ausmaßes peitschen über Amerika, Asien und Europa hinweg. Der Klimawandel ist sehr real und verändert unseren Planeten mancherorts derart rasant, dass sogar sich sexuell fortpflanzende Populationen einer gesunden Größe Schwierigkeiten haben, sich daran anzupassen. Unsere Art muss radikale Veränderungen auf individueller wie auf globaler Ebene vornehmen, und das schnellstens, wenn wir unser zerstörerisches Wirken beenden und Ökosystemen die Möglichkeit zur Erholung bieten wollen.

Auch ohne mathematische Modelle ist klar, dass eine Spezies zum Aussterben verdammt ist, wenn sie nirgends mehr einen Lebensraum findet, ganz gleich, wie sie sich fortpflanzt. Die Parthenogenese als Rettungsweg kommt nur für bestimmte Arten infrage, und nur Weibchen haben die Befähigung zum Klonen.* Diese besonderen Weibchen werden wahrscheinlich immer wichtiger. Wenn wir unseren Weg der Zerstörung weitergehen, wird die Zukunft definitiv weiblich sein, denn nur die Bdelloida-Rädertierchen werden dann überleben.

Die einzige große Wirbeltiergruppe, aus der es keine dokumentierten Fälle natürlichen Klonens gibt, sind die Säugetiere. Zwar wurde im Labor vereinzelt Parthenogenese induziert,**

---

* Die Arrhenotokie ist eine Sonderform des Klonens, bei der Männchen hervorgebracht werden. Diese können sich dann allerdings nicht selbst klonen – dieses Privileg bleibt allein Weibchen vorbehalten. Die meisten Bienen-, Ameisen- und Wespenarten pflanzen sich auf diese Weise fort – aus befruchteten Eiern gehen Weibchen hervor, aus unbefruchteten Männchen. Komodowarane zählen zu den wenigen bekannten Wirbeltierarten, die auch asexuell Männchen hervorbringen können; dies begründet sich in ihrem einzigartigen System der Geschlechtsdetermination (Männchen haben die Geschlechtschromosomen ZZ, Weibchen ZW). Eine Parthenogenese bei einem Komodowaranweibchen kann nur ein Geschlecht hervorbringen – ein Männchen mit nur einem Z-Chromosom. Solch einen Reptil-Jesus mit Namen Ganus lernte ich im Londoner Zoo kennen. Seine in Gefangenschaft lebende Mutter überraschte die Mitarbeiter des Zoos nicht nur dadurch, dass sie sich asexuell fortpflanzte, sondern auch dadurch, dass dabei ein Sohn herauskam.

** In den 1930er-Jahren behauptete Gregory Goodwin Pincus, einer der Erfinder der Antibabypille, ein »vaterloses« Kaninchen erzeugt zu haben, indem er in seinem aber es gibt kein bekanntes Beispiel für eine jungfräuliche Geburt bei einem Säugetier, ob in Gefangenschaft oder in freier Wildbahn. Grundlegende Aspekte der Säugetierbiologie machen es unwahrscheinlich, dass sich je ein Säuger selbst replizieren wird. Offenbar können also die Männer (vorerst) ruhig schlafen, und die Menschen müssen sich weiter in diesem komplizierten Sex üben. Da wir die Architekten all dieser Zerstörungen und die ultimative »invasive Art« sind, ist es vielleicht auch das Beste so. Die Vorstellung, dass sich Menschen vermehren wie die Blattläuse, ist wirklich erschreckend – und das wäre auch so ziemlich das Letzte, was unser Planet gerade braucht.

Labor eine Eizelle mit Salzwasser, Hormonen und Wärme behandelt hatte. Das daraus entstandene Kaninchen wurde ein großer Coverstar. Als aber andere Wissenschaftler:innen die von ihm sogenannte Pincogenese mit diesem Rezept nicht wiederholen konnten, kamen Zweifel an der Validität des Experiments auf. (Werthessen, N.I. (1974), »Pincogenesis – Parthenogenesis in Rabbits by Gregory Pincus«, in *Perspectives in Biology and Medicine*, 18:1, S. 86–93.) Viele Jahrzehnte später, im Jahr 2004, produzierte ein japanisches Labor eine weibliche Maus durch künstliche Parthenogenese. Die Maus lebte und bekam Junge.

KAPITEL 11

Mehr als binär: Der bunte Regenbogen der Evolution

Das Universum ist nicht nur bunter und vielfältiger, als wir es uns vorstellen, es ist bunter und vielfältiger, als wir es uns vorstellen können.
J. B. S. HALDANE (1928)

Ich möchte dieses letzte Kapitel gern mit einer Betrachtung von Darwins Rankenfußkrebsen (Unterklasse Cirripedia) beginnen, denn diese können uns viel über den großen Forscher verraten und darüber, was er über Sex dachte. Darwin mag berühmt für seine Finken sein, deren feine Schnabelunterschiede zwischen den Arten benachbarter Inseln des Galapagos-Archipels ihn mit zu seiner Theorie der Evolution durch natürliche Selektion inspiriert haben. Aber Darwins Vorliebe für Finken war nichts gegen seine Besessenheit von Rankenfußkrebsen. Diese bescheidenen, zähen Krebstiere, die oft auf Felsen eine fest sitzende, bei Niedrigwasser sichtbare Kruste bilden, eroberten sein Herz schon, als er noch ein junger Mann war, und waren eine lebenslange Passion.

Die Besessenheit setzte ein, als Darwin die Rankenfußkrebse katalogisierte, die er während seiner fünfjährigen Weltreise an Bord der HMS *Beagle* Anfang der 1830er-Jahre gesammelt hatte. Die Nachricht machte unter seinen Zoologenkollegen schnell die Runde, und bald darauf wurde sein Haus in Kent mit Cirripedia-Exemplaren aus aller Welt geflutet. Von 1846 bis 1854 dokumentierte Darwin seine salzigen Schätze mit einem Eifer, den kaum jemand vor (oder nach) ihm für Rankenfußkrebse entwickelt hatte. Er steckte so tief in seiner Arbeit, dass er angeblich, als sein Sohn bei einem benachbarten Gentleman zu Besuch war, fragte: »Wo untersucht er seine Rankenfußkrebse?«, als würden sich alle Väter mit diesen Tierchen beschäftigen.[464]

Diese ihm so am Herzen liegende Arbeit nahm Darwin derart in Anspruch, dass sie die Veröffentlichung seines Werkes über den Ursprung der Arten um viele Jahre verzögerte, in denen er voller Akribie vier umfassende Bände über die Rankenfußkrebse der Welt – noch lebende und bereits ausgestorbene – verfasste. Auch wenn man es zunächst nicht vermutet, erweisen sich diese für die wenigen, die sich an die eher unbekannten Monografien heranwagen, als erstaunlich anschauliche Lektüre.

Darwins Sorgfalt wurde mit einigen entscheidenden Entdeckungen belohnt. Zuvor hatte man die Rankenfußkrebse den Weichtieren zugeordnet, weil sie äußerlich stark an Napfschnecken erinnern. Darwin konnte jedoch belegen, dass sie wie die Krabben und Hummerartigen zu den Krebstieren (Crustaceen) gehören, ihre Mobilität aber zugunsten der häuslichen Sicherheit aufgegeben haben. Die zunächst frei schwimmenden Larven der Rankenfußkrebse verankern ihren Kopf mit einer Art »Zement« an einem Fels und bilden dann eine schützende harte Hülle (»Mauerkrone«) aus Kalk um sich herum. Fortan führen sie ein sicheres Leben und filtrieren durch eine Öffnung in ihrem Gehäuse Nahrung sowie Sauerstoff mit ihren federähnlichen Beinen aus dem Wasser.

Die sesshafte Lebensweise bietet dem Individuum zwar viel Sicherheit, aber wenige Möglichkeiten für Sex – es ist nicht einfach, eine:n Partner:in zu finden, wenn man an einem Fels festgeklebt ist. Wie Darwin entdeckte, verfügen die Krebse deshalb über eine Geheimwaffe: einen extravaganten Penis, den längsten im Verhältnis zur Körpergröße im gesamten Tierreich. Darwins üblicherweise sachliche Prosa wirkt fast schon aufgekratzt, wenn er beschreibt, dass der »rüsselförmige Penis« des Rankenfußkrebses »wunderbar entwickelt« ist und »aufgerollt wie ein großer Wurm« aussieht, aber »voll ausgestreckt wohl dem Acht- bis Neunfachen der Gesamtlänge des Tieres gleichkommt!«.[465]

Diese frivole Länge aber ist rein funktional. Dank ihr kann der Krebs die Nachbarschaft nach Gelegenheiten zum Sex absuchen, während er weiterhin mit dem Kopf an den Fels zementiert ist. Hilfreich ist außerdem, dass die meisten Rankenfußkrebse Hermaphroditen (Zwitter) sind. Jedes dieser Individuen hat sowohl männliche als auch weibliche Fortpflanzungsorgane, sodass die Tiere alle Nachbarn befruchten und von allen Nachbarn befruchtet werden können. Und wenn niemand in Reichweite ist, können sie als letzte Zuflucht ihren umherstreifenden Inseminator wieder einholen und sich selbst befruchten.

Im Jahr 1848 stieß Darwin auf ein Exemplar, dem ein Penis vollkommen fehlte. Zudem schien es von winzigen Parasiten befallen zu sein. Er hatte diese immer entfernt und weggeworfen, bis ihm klar wurde, dass er hier irrte. Der fragliche Rankenfußkrebs war ein Weibchen, und die winzigen »Parasiten« waren die Männchen dieser Art, allerdings denkbar reduziert: ohne Mundöffnung, ohne Verdauungstrakt und kurzlebig.[466]

In einem privaten Brief an seinen Kollegen J.S. Henslow beschrieb Darwin 1848 das bemitleidenswert reduzierte Dasein dieser von ihm sogenannten complementären Männchen mit spürbarer Empathie. In dieser Phase seines Lebens litt Darwin bereits unter einer dauerhaft angegriffenen Gesundheit. Seine Zeiten als Weltreisender waren nur noch ferne Erinnerung, nun lag er als Halbinvalide in Kent vor Anker. Die eingeschränkte Existenz dieser kümmerlichen Rankenfußkrebsmännchen, kaum mehr als unfreie Besamer, erinnerte ihn vielleicht ein bisschen zu sehr an ihn selbst, den ans Haus gebundenen Vater von zehn Kindern. Jene »bloßen Behälter für Spermatozoen«, so seine Ansicht, waren »halb eingebettet in das Fleisch ihrer Gattinnen«, verurteilt dazu, dort »ihr ganzes Leben zuzubringen & … niemals fortzukommen«.[467]

Einen Monat später machte Darwin eine noch kuriosere Entdeckung: eine nahe verwandte Rankenfußkrebsart, die hermaphroditisch war und *zusätzlich* die winzigen komplementären Männchen in ihren Körper eingebettet mit sich trug. Darwin spekulierte, dass diese Individuen eine evolutionäre Übergangsform zwischen hermaphroditischen und zweigeschlechtigen Arten darstellten – eine Art fehlendes Bindeglied für die Geschlechtsdifferenzierung.

In einem Brief an seinen Freund, den Botaniker Joseph Hooker, mit dem er engen intellektuellen Austausch pflegte, spekuliert Darwin vorsichtig, wie »eine hermaphroditische Spezies sich in kaum wahrnehmbar winzigen Stufen zu einer zweigeschlechtigen Spezies entwickeln muss; und hier haben wir sie, denn die männlichen Organe in diesem Hermaphroditen beginnen zu verschwinden, und eigenständige Männchen sind bereits gebildet«.[468]

Darwin sah in diesem seltsamen Rankenfußkrebs einen weiteren Beweis für seine große Theorie über die Entstehung der Arten, an der er eifrig arbeitete (und die später als seine Theorie der Evolution durch natürliche Selektion bekannt wurde). Seine Vorstellung, nach der alles Leben von einem gemeinsamen Urahnen abstammte und nicht von Gott geschaffen wurde, war schon ketzerisch genug. Die Vermutung, dass sich die Geschlechter im Laufe der Zeit umwandeln könnten, wäre eine wahrlich empörende Aussage gewesen, selbst im Falle niederer Tiere wie der Crustaceen. Am Ende seines Briefes gesteht Darwin dies ein, doch kann er die Aufregung über seine Entdeckung nicht für sich behalten: »Ich kann kaum erklären, was ich meine, und Sie werden meine Rankenfußkrebse und meine Speziestheorie vielleicht allesamt al Diabolo [zum Teufel] wünschen. Doch es kümmert mich nicht, was Sie sagen, meine Theorie ist die reine Wahrheit.«

Trotz der frevelhaften Sexualität dieser winzigen Crustaceen war Darwin eindeutig voll des Staunens. Mich fasziniert, wie sehr sich diese privaten Briefe und wenig bekannten frühen Monografien von Darwins später veröffentlichten, sehr bekannten Werken unterscheiden, die von seiner prüden Tochter lektoriert wurden. Rankenfußkrebse und ihre stattlichen Penisse glänzen in *Die Abstammung des Menschen und die geschlechtliche Zuchtwahl* durch Abwesenheit. In diesen vertraulichen Schreiben aber konnte Darwin frei über die neuartige sexuelle Ausstattung seiner geliebten Rankenfußkrebse nachsinnen, ohne eine öffentliche Kontroverse fürchten zu müssen (die er um jeden Preis vermeiden wollte). Hier findet sich nichts von den starren, binären viktorianischen Stereotypen, die in seiner Theorie der sexuellen Selektion immer wieder anklingen. Stattdessen ist einfach Darwin in seiner Genialität und Neugierde zu sehen, wie er das Spektrum der sexuellen Ausprägungen erforscht, ohne die Kirche, das Establishment oder den Rotstift seiner Tochter fürchten zu müssen.

In einem anderen seiner privaten Briefe zum Thema Rankenfußkrebse (diesmal an den Geologen Charles Lyell im Jahre 1849) merkt Darwin zum Schluss an: »Wahrhaftig, die Pläne und Wunder der Natur sind unbegrenzt.«[469]

Und wahrhaftig, das sind sie. Eineinhalb Jahrhunderte später hat hochmoderne Forschung mithilfe von DNA-Markern bestätigt, dass Darwin tatsächlich recht hatte.[470] Rankenfußkrebse zeigen eine enorme Vielfalt der Sexualsysteme, vom Hermaphroditismus zur Getrenntgeschlechtigkeit bis hin zu einer Mischung aus beiden. Das bietet Wissenschaftler:innen die einzigartige Möglichkeit, die Evolution direkt in ihrem Ablauf zu erforschen.

Rankenfußkrebse sind wahre Meister darin, sich in alle Richtungen abzusichern. Ihre Fähigkeit, ihr Sexualsystem an die Umweltbedingungen oder die soziale Situation, in der sie landen, anzupassen, verschafft ihnen als Adulttiere einige kreative Möglichkeiten. So können die winzigen Männchen, je nachdem, ob sie auf einem oder in der Nähe von einem Weibchen landen, Ovarien entwickeln oder auch nicht. Daher ist es problematisch, sie als rein männlich zu klassifizieren. Stattdessen werden viele als nicht festgelegtes Geschlecht eingeordnet, das in der modernen Wissenschaft besser als »potenziell hermaphroditisch« mit »vornehmlich männlicher Funktion« beschrieben wird.[471] In manchen Fällen verschwimmen die Grenzen zwischen einem hermaphroditischen Individuum und einem Weibchen oder Zwergmännchen so sehr, dass ihre sexuelle Ausprägung eher als ein Kontinuum denn als eine festgelegte Klassifikation der Geschlechter angesehen wird.[472]

Die rasche Evolution der Rankenfußkrebse von einem Fortpflanzungssystem zu einem anderen zeugt von der erstaunlichen Flexibilität des biologischen Geschlechts und seiner Ausprägung in der Natur. Darwin erkannte dies ganz klar – er war seiner Zeit weit voraus. Gerade deshalb ist es so schade, dass er sich entschied, seine geliebten Rankenfußkrebse nicht in seine Überlegungen zur Manifestation des Geschlechts einzubeziehen. Sie hätten ihn vielleicht davor bewahren können, das Geschlecht in so dichotomer und deterministischer Form darzustellen. Heute lehren uns vor allem Rankenfußkrebse und ähnliche Lebewesen, dass das biologische Geschlecht nicht statisch binär, sondern ein fluides Phänomen mit verschwimmenden Grenzen ist, das sich erstaunlich schnell den launenhaften Umweltbedingungen evolutiv anpassen kann.

Im Tierreich findet sich eine bunte Vielfalt geschlechtlicher Ausprägungen; jede Form, die man sich nur vorstellen kann, ist vertreten, und dazu noch etliche, die Sie sich wahrscheinlich in

Ihren wildesten Fantasien nicht ausmalen könnten. Eine der Wissenschaftler:innen, die immer wieder die Wichtigkeit der Erforschung dieser prachtvollen Vielfalt betont, ist die theoretische Ökologin und Biologin Dr. Joan Roughgarden, deren 2004 veröffentlichtes Buch *Evolution's Rainbow* erstmals einen Großteil dieser Diversität dokumentierte und entschlüsselte.

Beim Lunch, der aus Thunfischsandwiches und von ihrem Ehemann Rick selbst gemachten Pickles bestand, beehrte mich Roughgarden mit Geschichten von hermaphroditischen Nematoden, die sich durch »Selbstung« (ja, das gibt es) vermehren, von homosexuellen Gesellschaften schwuler Macho-Dickhornschafböcke und intersexuellen Bären, die durch die Spitze ihres »Penis« gebären.

Roughgarden ist inzwischen in ihren Siebzigern und im Ruhestand. Sie interessiert sich auch aus persönlichen Gründen für nicht-binäre Lebewesen. Ihre akademische Laufbahn begann sie als Jonathan Roughgarden; während ihrer Zeit in Stanford, in den späten 1990er-Jahren, ließ sie geschlechtsangleichende Maßnahmen vornehmen.* Sie ist schon lange eine sehr lautstarke Kritikerin von Darwins Theorie der sexuellen Selektion. Deren Nachwirkung hat ihrer Ansicht nach Generationen von Biolog:innen genötigt zu versuchen, die immense sexuelle Variation in der Natur – die Regenbögen, wie sie sie nennt – in allzu orthodoxe binäre Schubladen einzuordnen.

»Der größte Fehler der heutigen Biologie besteht darin, unhinterfragt davon auszugehen, dass binäre Größenverhältnisse von Gameten entsprechend binäre Körperformen, Verhaltensweisen und Lebensgeschichten implizieren«, so Roughgarden zu Beginn ihres Buches.[473]

---

* »Ich outete mich gegenüber Condoleezza Rice, die damals meine Prorektorin war«, erzählte mir Roughgarden. »Ich bin wahrscheinlich die einzige Linke in Amerika, die etwas Gutes über sie sagen kann, aber sie war wirklich sehr anständig zu mir.«

Das habe gefährliche Auswirkungen auf Wissenschaft und Gesellschaft; »die Unterdrückung der vollständigen Geschichte von Geschlecht und Sexualität spricht diversen Menschen das Recht ab, sich eins mit der Natur zu fühlen«, argumentiert sie.[474] »Die wahre Geschichte der Natur aber ist enorm ermutigend für Menschen, die in ihrer Geschlechtsausprägung und Sexualität zu einer Minderheit gehören.«[475]

Roughgardens Buch war eines der ersten, die darauf hinwiesen, dass die Geschlechtsdifferenzierung ein komplexer Prozess ist, der das Zusammenspiel von vielen Genen und Hormonen erfordert. Schon geringe Veränderungen in ihrer Expression, bedingt beispielsweise durch die Umwelt oder aber andere Gene, beeinflussen die sexuelle Entwicklung eines Tieres und münden letztlich in zahlreichen gleichermaßen funktionsfähigen und stabilen Ergebnissen. Wie wir schon zu Beginn dieses Buches erfahren haben, gestattet diese inhärente Plastizität viel mehr Variation in der Expression von das Geschlecht betreffenden Merkmalen und mehr Überschneidungen zwischen den Geschlechtern als allgemein bekannt, was die Evolution befeuert.[476] Beim Geschlecht ist keineswegs alles schwarz oder weiß, und Grauzonen als Anomalien oder schlimmer noch: pathologisch abzustempeln, bedeutet, dass wir die natürliche Funktion der Diversität nicht begriffen haben.

Roughgardens ikonoklastisches Denken stellte den starren heteronormativen Rahmen von Darwins Theorie der sexuellen Selektion infrage, der als einzige Funktion von Sex die Fortpflanzung vorsieht. Von dieser Warte aus wird homosexuelle Aktivität als unpassender »Irrtum« abgetan und sodann ignoriert.[477] Aufbauend auf dem Werk des kanadischen Biologen Bruce Bagemihl, dessen wegweisendes modernes Bestiarium homosexuelle Aktivität bei mehr als 300 Wirbeltierarten verzeichnet,[478] hebt Roughgarden die Rolle gleichgeschlechtlicher Aktivitäten zur Stärkung der Kooperation in tierischen Gesellschaften positiv hervor. Wir kennen diesen sozialen »Klebstoff«

bereits von den Bonobos, bei denen sexuelles Vergnügen soziale Spannungen abbaut und weibliche Allianzen bestärkt. Roughgarden führt noch zahlreiche weitere Arten aus unterschiedlichsten Taxa auf, bei denen sich die Homosexualität ihrer Meinung nach als »sozial inklusives Merkmal« entwickelt hat.[479]* Dabei bezieht sie sich unter anderem auf eine Langzeitstudie aus den Niederlanden, die bei Austernfischern, jenen an vielen Küsten so häufigen, schwarz-weißen Seevögeln, »Dreiecksbeziehungen« dokumentiert, bei denen zwei Weibchen und ein Männchen gemeinsam nisten. Diese Familien können aggressiv oder harmonisch sein, je nachdem, ob die Weibchen miteinander Sex haben oder nicht.[480]

---

* Gleichgeschlechtliche sexuelle Aktivität kann wahrscheinlich viele adaptive Funktionen erfüllen. So wie heterosexueller Sex nicht ausschließlich der Fortpflanzung allein dient (wie das Beispiel von Hrdys promisken Langurenweibchen zeigt, die Sex als Schutz vor Infantizid einsetzen), kann auch gleichgeschlechtlicher Sex viele sozio-sexuelle Zwecke erfüllen, die außerhalb von Darwins ursprünglicher Theorie liegen. Bei männlichen Delfinen etwa dient Sex vermutlich dazu, die Dominanz auszuhandeln. Bei Makakenweibchen fördert Sex die Versöhnung nach einem Konflikt. Bei männlichen Anubispavianen gilt das gegenseitige Anfassen der empfindlichen Teile als Ausdruck des Vertrauens, das die Kooperation anregt, wie bei Gang-Mitgliedern, die einen Treueschwur ablegen. (Sommer, Volker; Vasey, Paul L. (Hrsg.) (2006), *Homosexual Behaviour in Animals: An Evolutionary Perspective*, Cambridge University Press.) Es gibt viele weitere Theorien zu den proximaten Ursachen homosexuellen Verhaltens bei Tieren, die unter anderem die Genetik, Entwicklung und Lebensgeschichte nennen. Die jüngste Zusammenfassung der Forschungen zum weitverbreiteten Auftreten gleichgeschlechtlicher Aktivität bei Tieren kam zu dem Schluss, dass es in diesem Zusammenhang nicht den einen Grund oder Effekt gibt und solches Verhalten nur als diverse Zusammenstellung multikausaler Phänomene verstanden werden kann. (Poiani, Aldo (2010), *Animal Homosexuality: A Biosocial Perspective*, Cambridge University Press.) Aus evolutionärer Sicht postulierte eine Studie von 2019, dass sich beim Aufkommen des Sex der Sexualtrieb unserer frühen Urahn:innen ohne Unterschied auf alle Geschlechter gerichtet hat. (Monk, Julia D. et al. (2019), »An Alternative Hypothesis for the Evolution of Same-Sex Sexual Behaviour in Animals«, in *Nature, Ecology and Evolution*, 3, S. 1622–1631.) Durch diese veränderte Sichtweise ist die Existenz gleichgeschlechtlicher sexueller Aktivität kein evolutionäres »Rätsel« mehr. Im gesamten Tierreich ist gleichgeschlechtliche sexuelle Aktivität genauso normal und zu erwarten wie heterosexuelle.

Solche Fortpflanzungsstrategien werden meist als »alternativ« bezeichnet, da sie nicht dem allgemein als natürliche Norm angesehenen Ideal der Kernfamilie entsprechen. Roughgarden steht diesem abwertenden Etikett skeptisch gegenüber und argumentiert, dass in zahllosen Tierfamilien die Erwartungen dieser »Arche-Noah-Sichtweise« nicht erfüllt werden.[481] Bei manchen Arten zeigen Männchen und Weibchen vielfältige geschlechtliche Formen und Identitäten, die ihrer Ansicht nach als unterschiedliche (soziale) Geschlechter *(gender)* betrachtet werden sollten. Die meisten Biolog:innen scheuen davor zurück, dieses menschliche kulturelle und psychologische Konstrukt auf das Tierreich anzuwenden. In ihrem Buch aber weist Roughgarden diesem Begriff bei nicht-menschlichen Tieren eine andere Bedeutung zu und definiert ihn als »das Erscheinungsbild und Verhalten sowie die Lebensgeschichte eines Körpers, dem ein Geschlecht zu eigen ist«.[482] In *Evolution's Rainbow* führt die Autorin zahlreiche Arten – vom Lachs bis zum Sperling – auf, die ihrer Ansicht nach über drei, vier oder fünf separate soziale Geschlechter in diesem Sinne verfügen, also Tiere, die demselben biologischen Geschlecht angehören, aber unterschiedliche Erscheinungsbilder und sexuelle Verhaltensweisen zeigen.

Nehmen wir das Beispiel des Blaukopf-Lippfisches (auch Blaukopf-Junker, *Thalassoma bifasciatum*). Roughgarden zählt bei dieser farbenfrohen hermaphroditischen Fischart drei Geschlechter *(genders)*. Eines ist männlich und bleibt dies auch sein Leben lang, ein zweites ist weiblich und bleibt weiblich. Das dritte ist zu Beginn seines Lebens weiblich und entwickelt sich dann später zu einem Männchen. Diese geschlechtsumgewandelten Männchen sind deutlich größer als jene, die schon ihr ganzes Leben lang männlich sind. Sie bewachen Revier und Weibchen aggressiv. Kleine, nicht umgewandelte Männchen kommen sexuell zum Erfolg, indem sie Koalitionen bilden und per Teamwork Gelegenheiten zur Paarung herbeiführen.

Verschiedene Umweltbedingungen begünstigen verschiedene männliche Geschlechter. Die großen, geschlechtsumgewandelten Männchen haben in Seegraswiesen mit ihren vielen Verstecken Schwierigkeiten, die Weibchen zu bewachen, und die kleinen, nicht umgewandelten Männchen kommen hier häufiger zur Paarung. Im klaren Wasser der Korallenriffe wiederum können die großen Männchen die Weibchen besser bewachen, und so haben sie dort mehr Erfolg. Die Evolution begünstigt also eine Mischung aus beiden Formen.

Viele Akademiker:innen begrüßten Roughgardens radikale Vorschläge zum sozialen Geschlecht bei Tieren sowie die dadurch neu angestoßene Debatte zur Vielfalt der sexuellen Ausprägung und ihre nicht-lineare Beziehung zu Formen des biologischen Geschlechts.[483] Andere Ideen von ihr stoßen da auf weniger Gegenliebe. Roughgardens Vorwurf, die sexuelle Selektion sei »ein elitär-männliches, heterosexuelles Narrativ, das auf Tiere projiziert« werde,[484] ist harsch, aber nicht ganz unberechtigt. Ihre Überzeugung aber, dass Darwin grundlegend danebenlag und die sexuelle Selektion »falsch« sei,[485] wird weniger positiv aufgenommen.

Roughgarden forderte, Darwins »konzeptionellen Unsinn«[486] fallen zu lassen und ihn durch ein Modell zu ersetzen, das die ganze geschlechtliche Vielfalt in der Natur einbezieht, namentlich ihre Theorie der sozialen Selektion. Dieses revolutionäre Konzept schwächelte schon bei der ersten Hürde, da es denselben Namen trug wie die etablierte und sachlich-wissenschaftliche Theorie der sozialen Selektion von Mary Jane West-Eberhard, die wir bereits kennengelernt haben. Das führte zu unnötiger Verwirrung, da Roughgardens Theorie etwas ganz anderes vertrat. Sie stellte nämlich nicht die Konkurrenz im Sinne Darwins, sondern Kooperation auf Ebene der Gruppe beim Geschlecht in den Mittelpunkt – eine unpopuläre Idee, die ganze 40 Biolog:innen veranlasste, an das Wissenschaftsjournal *Science* zu schreiben, um zwar nicht Darwins Grundhaltung, aber doch seine fundamentalen Prinzipien der Konkurrenz innerhalb der Geschlechter und der Partnerwahl als Triebkräfte der Evolution zu verteidigen.[487]

»Ich bin eine akademische Terroristin«, witzelte Roughgarden im Gespräch. »In Großbritannien ist Darwin nicht einfach nur ein Wissenschaftler, er ist ein Nationalheld. Es ist Teil der britischen Identität, Darwins Werk zu preisen. Was in der britischen Evolutionsbiologie zu einer sehr konservativen Linie geführt hat.«

Roughgardens Ideen mögen nicht auf alle Fragen die richtigen Antworten bieten, das räumt sie selbst ein. Doch sie hat damit eine frische Debatte über die etablierten, von längst verstorbenen weißen Männern formulierten Archetypen entfacht, die die Welt durch eine restriktive kulturelle Brille betrachteten. Das kann nur etwas Gutes sein. Wissenschaft lebt vom Diskurs, und die meisten Evolutionsbiolog:innen stimmen darin überein, dass die Selektionstheorie derzeit eine Metamorphose durchläuft. Welcher konzeptuelle Schmetterling letztlich aus dieser hervorgehen wird, ist Gegenstand hitziger Debatten.[488] Roughgardens instinktives Gespür dafür, dass die Erforschung, nicht das Ignorieren der bunten evolutionären Vielfalt wertvolle Einblicke in Geschlecht und Evolution verschafft, war sowohl zeitgemäß als auch unbestritten. Ihre Arbeit hat andere dazu inspiriert, eine diverse theoretische Perspektive einzunehmen und archaische Vermutungen bezüglich der linearen Beziehung zwischen biologischem Geschlecht, Sexualität und geschlechtlicher Ausprägung im Tierreich zu überdenken.[489] Dass diese Vermutungen überholt sind, wird besonders deutlich, wenn man die Fische betrachtet, die in Korallenriffen leben. Ihre geschlechtliche Vielfalt ist ebenso bunt wie ihre äußere Farbenpracht.

Wenn Sie über einem Korallenriff schnorcheln, ist die Wahrscheinlichkeit ziemlich hoch, dass ein Viertel der von Ihnen beobachteten Fische serielle Geschlechtswandler sind. Der Blaukopf-Lippfisch ist nur einer von vielen regenbogenbunten Riffbewohnern, die als Adulttiere natürlicherweise ihr Geschlecht wechseln. Als sogenannte konsekutive Zwitter beginnen diese Fische ihr Leben als Angehörige des einen Geschlechts und werden dann durch einen sozialen Stimulus, etwa den Verlust eines dominanten Individuums oder die relative Verfügbarkeit des anderen Geschlechts, dazu angeregt, das Lager zu wechseln.

Bei manchen, etwa den extravaganten Papageifischen, ist dieser Wechsel endgültig – haben sie einmal umgeschwenkt, bleiben sie bis zu ihrem Tod bei diesem Geschlecht. Andere sind da flexibler und können ihr Geschlecht lebenslang hin und her wechseln. Das ist äußerst praktisch, wenn man, wie viele mit Korallen in Gemeinschaft lebende Grundeln, in einem Spalt wohnt und aus Furcht, gefressen zu werden, lieber zu Hause bleibt. Kommt eine andere Grundel des Weges, kann man sich immer fortpflanzen, ganz gleich, welchen Geschlechts das andere Individuum ist, indem man einfach die Gonaden wechselt und so zum Gegenstück der anderen Grundel wird.

Einige dieser Geschlechtswandler können erstaunlich häufig wechseln. Der Tabakbarsch *(Serranus tortugarum)* etwa, ein neonblauer, etwa daumenlanger Bewohner der Karibik, wechselt bis zu 20-mal am Tag sein Geschlecht. Das tun die Tiere nicht, um keine Gelegenheit auszulassen – der Geschlechtswandel ist ihr Rezept für eine erfolgreiche Beziehung. Diese Fische sind für ihre ungewöhnlich große Treue bekannt und gelten als weitgehend monogam. Ihre Geschlechtswandelungen sind eine koordinierte Reaktion auf ihre:n Langzeitpartner:in. Forscher:innen nehmen an, dass das abwechselnde Abgeben von Eiern, die größer sind und mehr Energie erfordern als die Bildung von Spermien, für ein ausgeglichenes reproduktives Investment sorgt. Jeder Fisch befruchtet so viele Eier, wie er/sie produziert. Was beweist, dass man sogar als Fisch in einer Beziehung so viel bekommt, wie man selbst gibt.

Viele Geschlechtswandler sind proterogyn (oder protogyn), was bedeutet, dass sie ihr Leben als Weibchen beginnen und später zu Männchen werden. Einige proterandrische (protandrische) Arten dagegen halten es genau andersherum. Anemonenfische (Gattung *Amphiprion*), zu denen auch die Clownfische gehören, beginnen ihr Leben als Männchen und bieten damit Forscher:innen die einmalige Gelegenheit zu untersuchen, welche Mechanismen es braucht, um ein Weibchen entstehen zu lassen.

»Bei Anemonenfischen können wir die aktive Feminisierung des Gehirns erforschen«, erklärte mir Justin Rhodes beim Rundgang durch sein Labor via Skype. »Wir wissen darüber rein gar nichts, aber das sollten wir!«

Das traditionelle Modell der Geschlechtsdifferenzierung, das uns bereits bekannte »Organisationskonzept«, betrachtet die Feminisierung des Gehirns als passiven Prozess, der einfach per Voreinstellung abläuft, wenn keine Androgene aus den Gonaden vorliegen. Aus diesem Grund sucht die Wissenschaft seit 70 Jahren nach Dimorphismen des Gehirns, die die Idee stützen, dass dank der maskulinisierenden Kraft des Testosterons in der frühen Individualentwicklung männliche Gehirne vom Mars sind und weibliche von der Venus. Doch diese Suche ist wenig erfolgreich. Das Gehirn der Anemonenfische, das männlich beginnt und später weiblich wird, bietet da Gelegenheit, sämtliche neuronalen Veränderungen zu katalogisieren.

Rhodes ist Professor für Psychologie an der University of Illinois, mit einem gewinnenden Wesen an der Grenze zur Exzentrik, und er ist Feuer und Flamme für seine Anemonenfische. Während ich ihn online interviewte, sauste er mit mir an endlosen Reihen von Aquarien vorbei, alle randvoll mit Hunderten orange-weiß gestreifter Falscher Clownfische *(Amphiprion ocellaris)*, die mich über das Internet fragend anzublicken schienen.

»Das hier ist eines meiner Lieblingsweibchen – schauen Sie mal, wie aggressiv es ist«, sagte Rhodes und steckte seine Hand in einen Behälter mit zwei kleinen Fischen, die über einem umgedrehten Blumentopf mit einem Gelege winziger Eier schwebten. Durch die transparenten Eihüllen waren die silbrigen Augäpfel der ungeschlüpften Jungen erkennbar.

»Die Art ist sehr visuell veranlagt. Sie weiß genau, dass wir gerade hier sind, und das gefällt ihr gar nicht«, ergänzte Rhodes fröhlich, während seine Finger von dem beherzten Weibchen gerammt wurden. Nach meinem Eindruck bereitete ihm die große, haarige Hand des Wissenschaftlers mehr Sorgen als mein vor der Scheibe schwebender virtueller Kopf.

Das Ganze war ziemlich surreal, besonders weil uns das Äußere mancher Anemonenfische so vertraut ist. Die kleinen Clownfische wurden als Stars des Films *Findet Nemo* international bekannt. Dieser ungeheuer erfolgreiche Disney-Trickfilm erzählt die herzerwärmende Geschichte des jungen Clownfisches Nemo, dessen Mutter von einem Barrakuda gefressen wird und der unglaubliche Abenteuer überstehen muss, bis er endlich seinen Vater Marlin wiedersieht.

Unnötig zu erwähnen, dass der Film das Leben der Anemonenfische mit einer übergroßen Portion künstlerischer Freiheit darstellt. Diese monogamen Riffbewohner beziehen gemeinsam eine Seeanemone, deren Nesseltentakel dem Paar und seinen Eiern Schutz bieten. Das angriffslustige Weibchen hat in der Beziehung das Sagen – es ist sein Job, das Revier zu verteidigen, während sich das Männchen um das Gelege kümmert. Die Fische leben überraschend lange – sie werden bis zu 30 Jahre alt – in derselben Anemone, oft begleitet von einigen jungen Männchen. Verschwindet das Weibchen, etwa weil es von einem Barrakuda gefressen wird, bewirkt das bei Herrn Anemonenfisch die Verwandlung in das neue dominante Weibchen, und eines der juvenilen Männchen reift zu dessen Partner heran.

In einer biologisch akkuraten Version des Films hätte sich somit Nemos Vater Marlin in ein Weibchen verwandelt und sodann Sex mit seinem Sohn gehabt, was dem Streifen bei Disneys erzkonservativem Familienpublikum vermutlich einen merklich geringeren Erfolg beschieden hätte.

Rhodes' Forschung ergab, dass die Veränderung von Männchen zu Weibchen im Gehirn einsetzt und dass die Gonaden des Fisches erst Monate oder gar Jahre später aufschließen und vollständig weiblich sind.

»Ich war schockiert«, sagte mir Rhodes. »Da war dieser eine Fisch, der sich gerade in ein Weibchen verwandelte. Wir entnahmen ihm jeden Monat Blut und dachten, das *kann* doch nicht wahr sein. Die Proben zeigten männliche Hormone, also nahmen wir wieder neue. Ich habe 30 Blutproben von diesem einen Fisch, und selbst nach fast drei Jahren hat er immer noch Gonaden, die denen eines Männchens ähneln.«

Rhodes machte mich mit einem Fisch bekannt, der sich erst wenige Monate im Wandel befand. Das Tier sah mich direkt an, während Rhodes mir in allen Details den Zustand von dessen Gonaden und Gehirn schilderte. Die Geschlechtsumwandlung wird im Gehirn ausgelöst, sobald der Fisch die Veränderung in seiner Umgebung wahrnimmt. Dies aktiviert auf irgendeine Weise die Vergrößerung einer bestimmten Hirnregion, der Area praeoptica. Diese Region steuert bei allen Wirbeltieren die Gonaden. Bei weiblichen Wesen enthält die Region etwa zwei- bis zehnmal so viele Neurone wie bei männlichen, um die komplizierte Bildung und Freisetzung von Eizellen zu bewerkstelligen. Wie Rhodes entdeckte, braucht die Area praeoptica bis zu sechs Monate, um bei Anemonenfischen die volle weibliche Größe zu erlangen. Derweil mögen die Hoden zwar schrumpfen, doch bilden sie weiterhin Androgene. Das tun sie, bis sie Monate später vollständig degeneriert sind und durch ausgereifte Ovarien voller Eizellen ersetzt werden.[490]

Der im Übergang befindliche Fisch hatte also ein weibliches Gehirn, aber männliche Gonaden. Man könnte meinen, dass das für ihn verwirrend war, aber Rhodes ist sich sicher, dass der Fisch auf die Frage nach seinem Geschlecht »weiblich« antworten würde.

»Das ist das Tolle an diesen Fischen: Sie sagen es uns«, so Rhodes. Er muss nur den Fisch in ein Aquarium mit einem anderen Weibchen setzen. In freier Wildbahn weigern sich diese extrem territorialen Fische, eine Seeanemone mit einem anderen Weibchen zu teilen, und bekämpfen sich garantiert, was sogar tödlich enden kann.

Er schickte mir ein Video von zwei miteinander kämpfenden Weibchen und gab mir vorher den Hinweis, darauf zu achten, wie sie »sich gegenseitig anschreien«. Bis dahin hatte ich nicht geahnt, dass Fische Lautäußerungen von sich geben oder gar so lautstark streiten können, aber Rhodes hatte recht. Das Video zeigte zwei Fische, die unerwartete und sehr aggressive Laute von sich gaben, wie platzendes Popcorn in der Pfanne, bevor die Auseinandersetzung körperlicher wurde. Das Verhalten war unmissverständlich und ganz anders als bei der Begegnung eines Weibchens mit einem Männchen, das als das unterwürfige Geschlecht keinen tödlichen Revierstreit entfacht.

Dieses simple Experiment verdeutlicht, dass die im Übergang befindlichen Anemonenfische ein typisch weibliches Verhalten zeigen und von anderen Fischen auch als Weibchen angesehen werden, selbst wenn sie noch Hoden haben – ein sehr klares Beispiel dafür, dass das Gehirn-Geschlecht (und somit sämtliches Sexualverhalten) vom gonadalen Geschlecht entkoppelt sein kann. Das wirft wiederum die Frage auf, ob man das Geschlecht des Fisches an seinen Gonaden oder an seinem Gehirn festmachen sollte.

»Wenn Sie sagen würden, dieser Fisch sei ein Männchen, dann lägen Sie daneben«, erklärte Rhodes. »Wen interessiert schon, ob er ein voll entwickeltes Weibchen ist? Das wird er irgendwann sein. Die Ovarien zählen nicht. Es sind weibliche Fische, in ihrem Verhalten und darin, wie die anderen Fische sie wahrnehmen.«

Das sieht die Wissenschaft aktuell noch anders. Die Hoden des Fisches, und wenn sie auch dahinwelken, stechen immer noch das erblühende weibliche Gehirn aus und machen das Tier in den Augen vieler Biolog:innen zum Männchen. Das verdeutlicht, wie unzulänglich es ist, eine lineare Beziehung zwischen gonadalem Geschlecht, sexueller Identität, Sexualität und sexualisiertem Verhalten vorauszusetzen, und sei es auch nur bei einem Fisch.

»Die Anemonenfische stellen unsere Art der Geschlechtszuweisung infrage«, fügte Rhodes hinzu. »Die Botschaft dieser Fische lautet: Man sollte das Geschlecht nicht anhand der Gonaden definieren.«

Die juvenilen »Männchen« stellen für Rhodes ein noch größeres Zuordnungsdilemma dar. Ihre unreifen Gonaden sind offiziell »Ovotestes« mit dem Potenzial, sich in männliche oder weibliche Fortpflanzungsorgane zu entwickeln. Sie verfügen über Hodengewebe, doch dieses produziert nicht aktiv Spermatozoen, und gleichzeitig verfügen sie über Ovarialgewebe mit nicht entwickelten Eizellen. »Ich denke nicht, dass wir diesen sich nicht fortpflanzenden Individuen so einfach ein Geschlecht zuweisen können«, so Rhodes. »Sie sind weder männlich noch weiblich.«

Etwa 500 hermaphroditische Fischarten sind bekannt; vermutlich gibt es noch viel mehr. Es ist eine raffinierte Strategie, um die eigenen Aussichten auf Fortpflanzung in den unendlichen Weiten des Ozeans zu maximieren. Die meisten Arten sind konsekutive, manche aber auch Simultanzwitter, also gleichzeitig männlich und weiblich. Wenige Arten, wie der Marmorierte Bachling *(Kryptolebias marmoratus)*, können sich sogar selbst befruchten.

Hermaphroditismus findet sich bei Fischen in allen taxonomischen Gruppen und auch in entwicklungsgeschichtlich älteren Gruppen wie den Rundmäulern. Die ein wenig furchterregend aussehenden Schleimaale oder Inger (Klasse Myxini) etwa sind muskulöse, schlangenähnliche Wesen, die gut als Stoff für Albträume taugen. Sie besitzen weder Schuppen, Wirbelsäule noch Kiefer, dafür aber zahllose im Kreis angeordnete Hornzähne, mit denen sie das Fleisch verendeter Tiere abraspeln, die sie zuvor mit ihrer einzelnen Nasenöffnung am Meeresgrund erschnüffelt haben.

Da die schleimigen Gesellen für gewöhnlich am Meeresgrund alleine unterwegs sind, kann es schwierig sein, eine:n Partner:in zu finden; Schleimaale erhöhen daher ihre sexuellen Chancen, indem sie sowohl ein Ovar als auch einen Hoden ausbilden. Schleimaale existieren seit rund 300 Millionen Jahren unverändert und gelten als primitive Vorfahren der modernen Fische; Rhodes schließt daraus, dass Hermaphroditismus der Ursprungszustand nicht nur der Fische, sondern aller Wirbeltiere gewesen sein könnte.

»All diese Fische stellen unser binäres System infrage«, erklärte er mir.

Anhand der Gonaden hermaphroditischer Fische mag die Geschlechtszuordnung schon schwierig sein, doch wie Rhodes herausfand, verhält es sich bei ihren Gehirnen auch nicht entscheidend anders. Bei seinen Anemonenfischen bemerkte er eine Varianz in der Area praeoptica, weshalb er annimmt, dass es weitere morphologische Unterschiede geben muss, die mit ihrem Verhalten assoziiert sind – die Männchen erledigen 80 Prozent der Brutfürsorge, die Weibchen führen die meisten Kämpfe aus. Aber diese Rollen sind nun einmal nicht starr. Auch Männchen vertreiben hin und wieder Eindringlinge, und die Weibchen kümmern sich ein bisschen um die Eier; es dürfte also eine entsprechende Überschneidung in der Gehirnentwicklung geben.

»Ich will diese Unterschiede nicht überbewerten«, sagte mir Rhodes. »Es ist nicht so, dass die Männchen ein komplett anderes Gehirn haben als die Weibchen. Der größte Teil ihrer Gehirne ist sehr, sehr ähnlich.«

Das dürfte für David Crews keine Überraschung sein. Der ehemalige Professor für Zoologie und Psychologie an der University of Texas, den wir bereits am Anfang dieses Buches kennengelernt haben, hat sein Berufsleben der Erforschung von Geschlecht und Sexualität im Tierreich gewidmet und gilt als eine:r der weltweit führenden Expert:innen.

»Jedes Wirbeltier trägt eine grundlegende Bisexualität* in sich«, sagte mir Crews bei einem unserer langen Telefonate. Hermaphroditen wie die Anemonenfische sind hervorragende Beispiele für diese inhärente Zweigeschlechtlichkeit. Da sie sowohl die männliche als auch die weibliche Rolle übernehmen und zu jedem Zeitpunkt ihres adulten Lebens den Wechsel vollziehen können, müssen sie ein hinsichtlich Organisation und Funktion bipotentes Gehirn haben. Crews erzählte mir von einem Experiment des Neurobiologen Leo Demski, das genau dies bei Wolfsbarschen demonstrierte; diese Fische sind Simultanzwitter, bilden also gleichzeitig beiderlei Gonaden aus. Ein und derselbe Fisch konnte durch Stimulation einer bestimmten Hirnregion zum Abgeben von Spermien gebracht werden und durch Stimulation einer anderen zum Freisetzen von Eiern.

Wie Justin Rhodes hat auch Crews beobachtet, dass das Sexualverhalten eines Tieres nicht an dessen gonadales Geschlecht gekoppelt ist. Dies dokumentierte er erstmals bei von ihm untersuchten Rennechsen, die wir im vorigen Kapitel kennengelernt haben. Diese eingeschlechtige Art ist rein weiblich und reproduziert sich durch Klonen, aber wechselnd »männliches« und »weibliches« Paarungsverhalten deutet darauf hin, dass ihre Gehirne für beide Geschlechter verdrahtet sind.

»Wir müssen weg von der binären Art der Geschlechtszuordnung«, forderte Crews. »Es gibt ein Kontinuum, mit Männ-

* Mit dem Begriff Bisexualität bezeichnet Crews nicht einfach nur die sexuelle Orientierung. Er meint damit, dass alle Geschlechter das Potenzial haben, männliche oder weibliche Geschlechtsmerkmale zu entwickeln, ob im Verhalten oder im Körperbau.

chen an einem Ende und Weibchen an dem anderen, und dazwischen gibt es eine kontinuierliche Variabilität.«

Dieser Ansicht ist auch Mary Jane West-Eberhard, deren umfassendes Werk zur Plastizität der Individualentwicklung ein Spektrum kontinuierlicher Variationen von Geschlechtsmerkmalen beschreibt, mit vielen »intergeschlechtlichen« Formen zwischen den männlichen bzw. weiblichen Polen.[491] Die Biologie jedenfalls tut sich schwer mit der Definition von Tieren wie dem oben beschriebenen, im Übergang befindlichen Anemonenfisch, Darwins Rankenfußkrebsen oder den am Anfang dieses Buches beschriebenen Fröschen mit vermischten Gonaden und Verhaltensweisen. Sie alle lassen sich eindeutig nicht in eine der beiden binären Schubladen stecken. Anhand ihrer Gonaden würden die meisten als Hermaphroditen oder Zwitter definiert werden, doch diese Definition widerspricht nicht nur der dichotomen Definition von biologischem Geschlecht, sondern ist ihrerseits viel zu simplistisch. Selbst diese dritte Kategorie hilft nämlich bei der Entscheidung nicht weiter, wo denn nun die Grenze zwischen Weibchen und Zwitter und Männchen zu ziehen sei, denn dies kann nur sowohl subjektiv als auch willkürlich geschehen. Der Maulwurf vom Beginn dieses Buches etwa wurde in verschiedenen wissenschaftlichen Artikeln im Laufe der Jahre schon als »weiblich«, »geschlechtsumgekehrt«,[492] »hermaphroditisch«[493], »zwischengeschlechtlich«[494] oder sogar mit einem Mix verschiedener Begriffe beschrieben. Was die Beurteilung des Maulwurfgeschlechts für die Wissenschaft (jedoch nicht für den Maulwurf) recht verwirrend macht.

Moderne Forscher:innen kritisieren die Wissenschaftssprache dafür, dass sie sich nicht schnell genug entwickelt, um das Spektrum sexueller Systeme und ihrer Ausprägung zu erfassen. »Wir müssen stets bedenken, dass die Vielfalt der Natur nur selten von unserer Terminologie eingefangen wird«, so die Autorin eines neueren linguistisch geforderten Kompendiums der Sexualsysteme.[495] Neue Begriffe wie »quantitatives Geschlecht«[496] oder »konditionale Geschlechtsausprägung«[497] werden dort als Versuche angeführt, die sprachliche Lücke zu schließen, aber wirklich eingängig sind sie nicht.

Ob es nun eine semantische oder eine philosophische Frage ist, Fakt bleibt, dass die Mainstream-Biologie langsam darin ist, sich über die grundlegenden binären Definitionen von Geschlecht hinauszuentwickeln[498] und die biologischen Tatsachen anzuerkennen – was irgendwie absurd ist.

»Ich bin zu dem Schluss gekommen, dass das menschliche Gehirn etwas für Schwarz-Weiß-Beispiele übrig hat. Ihm gefällt es, wenn Dinge entweder dies oder das sind, aber beim Geschlecht wird das problematisch«, so Crews' Erklärung für dieses Paradox.

Seiner Ansicht nach hat die Betrachtung des Tierreichs durch die binäre Brille Wissenschaftler wie Darwin und viele seiner Nachfolger:innen dazu gezwungen, sich auf die Unterschiede zwischen den Geschlechtern zu konzentrieren, wo eine Betrachtung der Parallelen viel hilfreicher gewesen wäre.

»Die Leute vergessen, dass die meisten Merkmale bei männlichen und weiblichen Wesen ähnlich sind. Wir alle haben Gehirne, wir alle haben Herzen, wir alle haben unsere Körper. Es gibt mehr Ähnlichkeiten zwischen den Geschlechtern als Unterschiede«, so Crews.

Und wie es gute Wissenschaftler:innen nun einmal tun, illustrierte er sein fundiertes und inspirierendes Argument mit einer ziemlich langweiligen Grafik. Die Überschneidung zwischen zwei Haufen linearer Daten (einer für männlich und einer für weiblich) veranschaulicht, dass die individuelle Variation innerhalb eines Geschlechts größer ist als die durchschnittliche Variation zwischen den Geschlechtern.[499] Die Biologie lässt individuelle Variationen oft außer Acht und wischt mögliche Extreme beiseite, um nur das zu betrachten, was für jedes Geschlecht »typisch« ist. Auf dem Papier erscheinen die Geschlechter darum komplett unterschiedlich, aber das ist nur ein statistisches Phänomen. In Wahrheit haben Männlein und Weiblein viel mehr Gemeinsamkeiten als Unterschiede.

»Wir alle entstammen einer einzigen befruchteten Zelle. Darum müssen wir über alle Elemente verfügen, um beide Geschlechter hervorzubringen«, fügte Crews hinzu. »Ich habe das Gefühl, dass wir, wenn wir die Ähnlichkeiten noch eingehender untersuchen, womöglich entdecken, dass tatsächlich alles am Individuum bisexuell ist.«

Darin würde ihm der Anemonenfisch wohl zustimmen, ebenso wie einige der eher binären Kreaturen, die wir in diesem Buch kennengelernt haben. Die Synchronisierung von Partnerwerbung und Sexualverhalten bei den rein weiblichen Albatros- oder Gecko-Paaren und der neuronale Schalter für »Mutterinstinkt«, der in den Gehirnen männlicher und weiblicher Frösche und Mäuse nachgewiesen wurde, könnten ebenfalls darauf hindeuten, dass Crews recht hat.

Eine 2020 veröffentlichte Studie zu dem Nematoden *Caenorhabditis elegans* versetzt dem binären Dogma einen weiteren Stoß.[500] Der mikroskopisch kleine Fadenwurm ist ein sehr beliebter Modellorganismus bei Neurowissenschaftler:innen, die nach Blaupausen für die Verhaltenssteuerung bei komplexeren Lebewesen (auch dem Menschen) suchen. Forscher:innen des University of Rochester Medical Center haben in Gehirnzellen des Wurms einen genetischen Schalter isoliert, der diesem erlaubt, je nach den Anforderungen der Umwelt zwischen geschlechtsspezifischen Merkmalen zu wechseln. Die männlichen Nematoden sind darauf programmiert, Gelegenheiten zum Sex zu suchen, weibliche darauf, Nahrung zu suchen. Werden die Männchen allerdings zu hungrig, schalten sie radikal um und verhalten sich wie das andere biologische Geschlecht. Diese Plastizität lässt die Grenzen zwischen den Geschlechtern verschwimmen und stellt die Vorstellung vom Geschlecht als feststehende Eigenschaft infrage. »Diese Befunde verweisen darauf, dass das Geschlecht auf molekularer Ebene nicht binär oder statisch ist, sondern dynamisch und flexibel«, verkündete Douglas Portman, der führende an dieser Studie beteiligte Neurowissenschaftler.[501]

Auf den Seiten dieses Buches sind wir Dutzenden von Weibchen begegnet, die sich Darwins starren binären Stereotypen entziehen. Weibliche Maulwürfe voller Testosteron, die stattliche männliche Gonaden vorweisen können, aber keine erkennbare Vagina; aggressiv-dominante Hyänenweibchen mit schlenkernden Pseudo-Penissen, weibliche Bartagamen, die den Chromosomen nach männlich, aber fruchtbarer sind als ihre genetisch weiblichen Gegenstücke; post-menopausale Schwertwalweibchen mit einem sozial und sexuell sinnvollen Leben; Krieg führende Nacktmullschwestern, die einander im Kampf um den höchsten Status in Stücke reißen; kleine Bonoboweibchen, die die Männchen durch ekstatisches gleichgeschlechtliches GG-Rubbing dominieren; promiske weibliche Languren, deren zügelloses Sexleben Ausdruck extremer mütterlicher Fürsorge ist; und schließlich im Übergang begriffene weibliche Anemonenfische, die darauf warten, ihre Ovarien entwickeln zu können.

Diese Weibchen lehren uns, dass das Geschlecht keine Kristallkugel ist. Es ist weder statisch noch deterministisch, sondern eine dynamische und flexible Eigenschaft genau wie jede andere, die durch das fein abgestimmte Zusammenspiel gemeinsamer Gene mit der Umwelt geformt und durch die Individualentwicklung und Lebensgeschichte eines Tieres sowie eine Prise Zufall weiter ausgestaltet wird. Wir sollten uns die Geschlechter nicht als gänzlich unterschiedliche biologische Entitäten vorstellen, sondern als Angehörige derselben Art, mit fluiden, komplementären Unterschieden in bestimmten biologischen und physiologischen Prozessen, die mit Fortpflanzung zu tun haben, ansonsten aber ziemlich gleich sind.[502] Es ist an der Zeit, schädliche und, offen gesagt, auch verblendete binäre

Erwartungen fallen zu lassen, denn in der Natur existiert das weibliche Erleben in einem Kontinuum ohne fest umrissene (soziale) Geschlechter: Es ist variabel, hoch plastisch und weigert sich hartnäckig, sich archaischen Klassifikationen anzupassen. Wenn wir diese Tatsache anerkennen, kann das unser Verständnis der Natur und unsere Empathie für andere Menschen nur bereichern. Das weitere Beharren auf einer antiquierten Vermutung hinsichtlich der Geschlechtsunterschiede dagegen befeuert nur weiter die unrealistischen Erwartungen von Frauen und Männern, fördert unzufriedenstellende intersexuelle Beziehungen und begünstigt die Geschlechterungleichheit.

SCHLUSS

Natur ohne Vorurteile

»Objektives Wissen«, das ist ein Oxymoron.
PATRICIA GOWATY,
FEMINISM AND EVOLUTIONARY BIOLOGY[503]

Als in mir der erste Gedanke an ein Buch darüber keimte, wie weibliche Tiere von der Wissenschaft fehlinterpretiert wurden und werden, hatte ich keine Vorstellung davon, dass dieses Thema derart groß und auch so anfällig für kulturelle Einfärbungen ist. Ich hatte den Eindruck, dass Wissenschaft, nun ja, wissenschaftlich sei – also rationales, evidenzbasiertes, empirisch abgeleitetes und nicht kontaminiertes Wissen. Die Erkenntnis, dass vieles von dem, was mir im Studium als reine Wahrheit beigebracht wurde – die eigentlichen Grundlagen der Evolutionsbiologie –, durch Vorurteile verzerrt war, schockierte mich. Diese Erkenntnis zwang mich, mich meinen eigenen Voreingenommenheiten zu stellen; außerdem fragte ich mich, ob wir uns wohl jemals von den Fesseln unserer persönlichen Wahrnehmung freimachen und die Tierwelt wirklich neutral betrachten werden.

Ich bin nicht die Erste, die diese Frage stellt. Sogar das akademische Establishment des 19. Jahrhunderts war sich der Tatsache bewusst, dass wissenschaftliches Wissen ein Konstrukt auf Basis sozialer Gegebenheiten ist. Mehr als drei Jahrzehnte bevor Darwin *Die Abstammung des Menschen* veröffentlichte, warnte der visionäre Universalgelehrte William Whewell (der neben anderen Leistungen der englischen Sprache das Wort *scientist* schenkte) in einer seiner philosophischen Schriften über die Wissenschaft davor.

»Eine Maske der Theorie bedeckt das gesamte Antlitz der Natur … Die meisten von uns sind sich unserer Gewohnheit nicht bewusst, dass wir nämlich die Sprache der Außenwelt lesen und sie bereits übersetzen, während wir noch lesen.«[504]

Diese Maske ist so schwer herunterzureißen, weil sie unsichtbar ist. Wir sind alle kulturell konditioniert, sodass wir die Welt innerhalb von Kategorien interpretieren, die sowohl tief verwurzelt als auch sehr persönlich sind. Will man aus diesem Sicherheitsnetz heraustreten, muss man erst einmal erkennen, dass es da ist – und dann mutig genug sein, sich einzugestehen, dass man die sichere Uferzone verlassen hat, und dennoch weiter vorwärtszuschwimmen.

Die Biowissenschaften haben lange gebraucht, um sich diesen Unzulänglichkeiten zu stellen, und der Feminismus hat dabei eine entscheidende Rolle gespielt. Die erste Welle baute sich bereits gegen Ende von Darwins Wirken auf, und seine Theorie von der sexuellen Selektion wurde von jenen ersten Pionier:innen der Gleichberechtigung attackiert. Vier Jahre nach der Veröffentlichung von *Die Abstammung des Menschen* veröffentlichte die US-amerikanische Pastorin und autodidaktisch gebildete Naturforscherin Antoinette Brown Blackwell ihr Werk *The Sexes Throughout Nature*, in dem sie argumentiert, dass Darwin die Evolution fehlinterpretiert habe, indem er »jene übermäßig in den Vordergrund gestellt hat, die sich in männlicher Linie entwickelt haben«.[505] Je komplexer oder höher entwickelt der Organismus, so ihre Vermutung, umso ausgeprägter die Arbeitsteilung zwischen den Geschlechtern. Für jedes spezielle Merkmal, das männliche Lebewesen entwickelten, hätten die weiblichen komplementäre entwickelt. Unterm Strich habe dies ein »organisches Gleichgewicht in der physiologischen und psychologischen Gleichwertigkeit der Geschlechter« ergeben.[506]

Und Blackwell stand nicht alleine da. Eine Handvoll weiblicher Intellektueller, allesamt Autodidaktinnen, lasen Darwins Werk und erkannten, dass die Weibchen der Arten marginalisiert und falsch verstanden worden waren. Doch diese frühen Feministinnen wurden vom wissenschaftlichen Patriarchat nicht gehört. Wissenschaft war im 19. Jahrhundert dem »rationalen Geschlecht« vorbehalten.[507*] Wie Sarah Blaffer Hrdy trocken anmerkte, lässt sich der Einfluss dieser frühen Feministinnen auf die gängige Evolutionsbiologie sehr kurz zusammenfassen: »Der Weg, der nicht eingeschlagen wurde.«[508]

Zum Glück wurden Hrdy und andere feministische Wissenschaftlerinnen des 20. Jahrhunderts letztlich doch gehört, auch wenn sie dafür recht laut werden mussten. Diese Frauen profitierten von der gleichberechtigten Ausbildung und dem damit einhergehenden intellektuellen Selbstbewusstsein, das sie in die Lage versetzte, sich der zweiten Welle des wissenschaftlichen Sexismus entgegenzustemmen, der von notorischen neodarwinistischen (und männlichen) Evolutionsbiologen und -psychologen vertreten wurde. Ihre bahnbrechenden Arbeiten trugen zu einem radikalen Wandel nicht nur in unserem Verständnis dafür, was es heißt, weiblich zu sein, sondern auch für die Evolutionstheorie selbst bei.

---

* Darwins Briefe lassen erkennen, dass er zwar der Beteiligung von Frauen an der Wissenschaft gegenüber offen war, diese grundsätzlich aber für eine Männerdomäne hielt. Als Blackwell Darwin eine Kopie eines anderen ihrer wissenschaftlichen Werke *(Studies in General Science)* zusandte, verschleierte sie ihr Geschlecht, indem sie ihren Vornamen mit dem Anfangsbuchstaben abkürzte. Darwins Antwort an sie war daraufhin prompt mit »Verehrter Herr …« überschrieben. (Brown Blackwell, Antoinette, Darwin Correspondence Project (University of Cambridge), https://www.darwinproject.ac.uk/antoinette-brown-blackwell.)

Einige dieser Wissenschaftspionier:innen haben wir in diesem Buch kennengelernt. Natürlich gibt es noch viele andere aller biologischen und sozialen Geschlechter, die ich hier hätte aufnehmen können. Dank ihrer furchtlosen Logik haben wir die rein deterministische Betrachtung des biologischen Geschlechts hinter uns gelassen und erkennen an, dass Plastizität in der Entwicklung und Variation im Verhalten die Evolution von weiblichen Lebewesen ebenso befeuert wie die von männlichen. Und dass die Mechanismen, die diese Evolution antreiben, eine unentwirrbare Mischung aus natürlicher, sexueller und sozialer Selektion bilden. Neben der Konkurrenz unter Männchen und der Weibchenwahl haben sowohl Konkurrenz unter Weibchen um Partner und Ressourcen als auch Männchenwahl, strategische weibliche Kooperationen mit *beiden* Geschlechtern und eine sexuell antagonistische Coevolution die Macht, den Fortpflanzungserfolg zu beeinflussen.

Ich verstehe ganz und gar nicht, warum nicht zumindest die Namen der produktivsten unter diesen revolutionären Wissenschaftlerinnen mit ihren vielen Veröffentlichungen – Hrdy ebenso wie Patricia Gowaty, Jeanne Altmann, Mary-Jane West-Eberhard und andere – mehr Anerkennung für den wissenschaftlichen und kulturellen Einfluss erfahren, den ihre Arbeit ausübte. Für mich verdienen sie genauso viel Berühmtheit wie ihre männlichen Gegenstücke – Robert Trivers, Richard Dawkins, Stephen Jay Gould usw. Doch aus irgendeinem Grund sind die weiblichen Autorinnen dieser kühnen neuen Perspektive weiterhin fast unsichtbar, obwohl ihre Ideen längst Eingang in das moderne evolutionsbiologische Denken gefunden haben.

Während eines unserer langen Telefongespräche drückte Gowaty, die mit ihrem Wirken erfolgreich vieles von der Bigotterie in der Evolutionstheorie aufgezeigt und zu ersetzen versucht hat, gerührt ihre Dankbarkeit für mein Interesse an ihrer Arbeit aus und sagte traurig: »Ich werde berühmt sein, wenn ich tot bin.« Ich hoffe, dieses Buch trägt dazu bei, diesen innovativen Denkerinnen die Anerkennung zu verschaffen, die sie verdienen.

Die Maske der Theorie rutscht tatsächlich allmählich vom Antlitz der Natur, aber es liegt noch viel Arbeit vor uns. Ein Jahrhundert des Chauvinismus hat tiefe Spuren im evolutionsbiologischen Denken hinterlassen. Das Bateman-Prinzip geistert immer noch durch die wissenschaftliche Literatur, während die von Gowaty et al. veröffentlichte empirische Kritik kaum oder gar keine Erwähnung findet.[509] Die Lehrbücher, anhand derer die nächste Generation von Evolutionsbiolog:innen ausgebildet wird, tendieren bis heute zu einer überholten männlichen Sichtweise der sexuellen Selektion. Im Jahr 2018 ergab eine Analyse, dass Abbildungen von männlichen und weiblichen Wesen in Lehrbüchern zur Evolution noch immer stereotype Geschlechterrollen bedienten und »nicht den Wandel widerspiegelten, der sich in der Wissenschaftsgemeinde vollzieht«.[510]

Auch in der Sprache lauern Voreingenommenheiten. Wie eine Studie vor einigen Jahren ergab, benutzen Wissenschaftsautor:innen immer noch eher aktive Wörter, um männliche Wesen zu beschreiben, und eher passive für die Beschreibung von weiblichen Wesen – Männchen zeigen beispielsweise »Adaptationen« und Weibchen »Gegenadaptationen«. Anders gesagt: Männchen agieren, Weibchen reagieren.[511] Stereotype Beschreibungen – »fürsorgliche« Weibchen und »konkurrierende« Männchen – sind in der akademischen Literatur immer noch verbreitet, als wären sie unbestreitbare Tatsachen, deren Nutzung keiner Gegenprüfung bedürfe.[512]

Die Forschung ist bis heute auf männliche Wesen ausgerichtet, ob absichtlich oder nicht. Die »Typusexemplare«, anhand derer jeweils Arten beschrieben wurden und die in den Naturkundemuseen der Welt die große Bibliothek des Lebens bilden, sind in großer Überzahl männlich.[513] In einer Welt, in der lebende Exemplare zunehmend seltener werden, dienen diese ausgestopften, präparierten und eingelegten Archetypen als Forschungsgrundlage; die weibliche Unterrepräsentanz bewirkt hier, dass die Verzerrung in Richtung männliche Wesen auch in der Zukunft der Evolutionsbiologie, Ökologie und des Umweltschutzes fortgeschrieben wird. Patricia Brennans Arbeit zur Dokumentation der vaginalen und klitoralen Formenvielfalt ist eine dringend nötige Initiative, doch auch der Rest der weiblichen Wesen muss katalogisiert werden, genau wie die männlichen.

Bei Studien an lebenden Tieren im Labor meiden viele Forscher:innen weibliche Untersuchungsobjekte.[514] Unsere »chaotischen Hormone« machen die Sache in den Augen vieler komplizierter, und männliche Wesen gelten eher als »pur«.[515] Dieser heimtückische Mythos ist blanker Unsinn. Es gibt keine belastbaren Belege dafür, dass der weibliche Zyklus ausgeprägtere endokrine Schwankungen beim Östrogen erzeugt als diejenigen beim Testosteron der Männchen. Die weiblichen Hormone sind nicht chaotischer als die männlichen.

Und wenn Weibchen zum Einsatz kommen, sind sie womöglich gar nicht repräsentativ. Die Neurowissenschaftlerin Catherine Dulac von der Harvard University berichtete mir, dass die kleinen weißen Mäuse, die Gegenstand so vieler Forschungsarbeiten im Labor sind, durch Chauvinismus domestiziert wurden. In freier Wildbahn sind Mäuseweibchen genauso aggressiv wie Männchen – sie greifen unbekannte Männchen an und fressen Mäusejunge. Diese Aggressivität wurde ihnen jedoch im Laufe der Jahre weggezüchtet, sodass ein Modelltier entstand, das dem entspricht, »wie ein Weibchen sein sollte«. Diese verfälschten Weibchen bilden nun als Modell die Grundlage zahlreicher laborbasierter Forschungen zu Verhalten und Neurobiologie. Untersuchungen an wild lebenden Tieren statt an Labortieren mögen schwieriger zu finanzieren und durchzuführen sein, doch wie Lauren O'Connell (und ihre Froscheltern) oder David Crews (und seine unisexuellen Echsen) bestätigen werden, ist dieser Aufwand notwendig, um ein der Realität entsprechendes System zu erforschen.

Selbst wenn Modellorganismen nicht einem patriarchalen Ideal entsprechend gezüchtet werden, können sie dessen Normen entsprechen. Modellsysteme sollen möglichst allgemeingültige Ergebnisse für eine bestimmte biologische Fragestellung liefern, doch ist die Auswahl der Versuchstierart oft fragwürdig. Ihre Nutzung richtet sich oft eher nach Tradition und Bequemlichkeit als nach ihrer Relevanz. So dominieren bis heute Taufliegen die Forschung zur sexuellen Selektion und sind Grundlage für ein Viertel der wissenschaftlichen Artikel zu diesem Thema.[516] Doch diese Rolle nehmen sie nur ein, weil ihr Fortpflanzungszyklus mit dem akademischen Terminkalender kompatibel ist. Die Tatsache, dass ihr Sexualverhalten nicht repräsentativ für andere Insekten ist, von anderen Taxa ganz zu schweigen, hat Forscher:innen nicht daran gehindert, ihre exzentrischen Verhaltensweisen als sexuelle Rollenmodelle für alle Tiere (auch uns Menschen) zu extrapolieren.[517]

Die Wahrheit liegt in Diversität und Transparenz

Marlene Zuk, Professorin für Evolutionsbiologie an der University of Minnesota, warnt schon länger vor der Verwendung unpassender Modellsysteme[518] und setzt sich für mehr Vielfalt ein, sowohl was Exemplare aus der freien Wildbahn bzw. Gefangenschaft betrifft als auch hinsichtlich der Bandbreite der verwendeten Arten. Wenn wir von Anfang an nach den Grundprinzipien gehandelt hätten, wäre die Wahl nie auf die Taufliegen als Basis der Forschung zur sexuellen Selektion gefallen; ihre Eigenarten haben den Bestätigungsfehler noch verstärkt, so Zuk. Sie warnt vor einem sehr realen »taxonomischen Chauvinismus«[519], der bedeutet, dass bestimmte besonders charismatische oder bequem verfügbare Tiergruppen – vor allem Insekten und Vögel – in der Forschung zur sexuellen Selektion vorherrschen, wodurch die natürliche Vielfalt unter den Tisch fällt. Was für die Evolutionsbiologie mit ihrem eigentlich inhärenten Interesse für Vielfalt besonders paradox ist.

Wir brauchen auch mehr Vielfalt bei den Menschen, die wissenschaftlich tätig sind. Die Grundsätze der Evolutionsbiologie wurden nicht nur ausschließlich von Männern entwickelt, sondern von weißen Männern aus der Oberschicht westlicher, postindustrieller Gesellschaften. Ein Zusammenwirken von verschiedenen biologischen Geschlechtern, sexuellen Orientierungen, sozialen Geschlechtern, Hautfarben, Klassen, Kulturen, Befähigungen und Altersstufen bei Forschungsprojekten wird dabei helfen, Voreingenommenheiten jeglicher Art auszumerzen, ob sexistisch, geografisch, heteronormativ, rassistisch oder sonst wie gestrickt. Wir müssen besser darin werden, diese Stimmen für die Forschung zu gewinnen und sie zum Bleiben zu ermutigen. Eine neuere Studie ergab, dass LGBTQ-Menschen in den MINT-Fächern nach wie vor unterrepräsentiert sind, wenig Unterstützung erfahren und in besorgniserregendem Maße abwandern.[520] Und trotz Jahrzehnten des Feminismus müssen Frauen bis heute bei Promotionen und Forschungsgeldern um gleiche Chancen kämpfen. Die abgedroschene Propaganda von den angeblichen Geschlechtsunterschieden hinsichtlich der inneren Neigung zu Naturwissenschaften behindert Forscherinnen bis heute, obwohl sie nun wirklich jeglicher Legitimation entbehrt.[521]

Im 19. Jahrhundert drehte sich alles darum, Ordnung in die Natur zu bringen, indem man Regeln und Gesetze erschuf, die wiederum kulturellen Normen entsprachen. Die jüngste Generation von Evolutionswissenschaftler:innen dagegen lernt gerade, das Chaos individueller Flexibilität, die Plastizität der Individualentwicklung und die grenzenlosen Möglichkeiten in der Natur anzunehmen. Viele denken nicht nur außerhalb der alten Schubladen, sondern sind dabei, herauszufinden, wie sie die Maske der Theorie endgültig herunterreißen können.

In den letzten fünf bis zehn Jahren fand viel kritische Introspektion statt. Metaanalysen und Begutachtungen von Artikeln zur Evolutionsbiologie stellten heraus, dass schon im Design und in der Umsetzung von Versuchen eine Voreingenommenheit stecken kann, und gaben Empfehlungen dazu, wie sich dies vermeiden ließe.

Eine Untersuchung von fast 300 Studien aus dem Zeitraum von 1970 bis 2012 zu Themen der Evolution und Ökologie ergab, dass mehr als die Hälfte davon keine vollständigen Angaben zu Versuchsergebnissen und Statistik enthielten. In vielen Fällen war die Stichprobengröße zu gering, um ein Ergebnis zu liefern, das als nicht zufällig einzustufen wäre; dennoch wurden die Ergebnisse als signifikant dargestellt.[522] Die verfügbaren Daten lassen darauf schließen, dass die Forschungspraktiken besorgniserregend oft fragwürdig sind. Die Ökologin Hannah Fraser von der University of Melbourne befragte mehr als 800 Ökolog:innen und Evolutionsbiolog:innen, von denen viele eingestanden, mindestens einmal Rosinenpickerei bei statistisch signifikanten Ergebnissen betrieben, Daten nur bis zum Erzielen des gewünschten Ergebnisses erhoben oder ihre Hypothese nachträglich den Ergebnissen angepasst zu haben.[523] Die schlimmsten Schummler:innen waren jene, die mitten in oder am Ende ihrer Berufslaufbahn standen und es eigentlich besser wissen sollten.

Diese alarmierenden Ergebnisse machen deutlich, dass es dringend der kritischen Auswertung vorliegender Arbeiten und vor allem der Wiederholung maßgeblicher Studien bedarf, so wie es Gowaty mit Batemans Untersuchungen getan hat. Die Wiederholung ist ein wichtiger Eckstein der Wissenschaft; allerdings mag es schwierig sein, für solche Studien Fördermittel zu bekommen, und sie könnten für Wissenschaftler:innen mit

Blick auf ihre berufliche Laufbahn wenig attraktiv wirken, da es keine Originalarbeiten wären. Hier müssen Vergabestellen für Forschungsgelder sowie Herausgeber:innen von wissenschaftlichen Publikationen dabei helfen, das Stigma zu überwinden.[524]

Trotz alledem habe ich Hoffnung.

Die Recherchen für dieses Buch waren für mich regelrecht befreiend. Ich fühle mich nicht mehr wie eine traurige Außenseiterin. Weibliche Wesen sind keineswegs dafür vorgesehen, passiv und scheu zu sein, evolutionäre Anhängsel, die darauf warten, von männlichen Wesen dominiert zu werden. Selbst wenn sie körperlich schwächer sind, können sie Macht haben. Nie werde ich vergessen, wie tief berührt ich vor der Küste des US-Bundesstaates Washington in jenem winzigen Boot schaukelnd durch die Anwesenheit jenes sozial gesinnten, ungemein empathischen postmenopausalen Orcaweibchens war, das mir sehr nachdrücklich zeigte, dass Stärke aus Weisheit und Alter erwachsen kann.

Stärke kann auch aus der Gemeinschaft mit anderen weiblichen Wesen erwachsen. Die Solidarität der weiblichen Bonobos untereinander war absolut inspirierend. Damit will ich nicht anregen, dass wir alle Sex miteinander haben sollten; dennoch können wir von ihrer friedlichen Gesellschaft vieles lernen. Sowohl die Bonobo- als auch die Orca-Matriarchinnen zeigen uns, dass Dominanz und Führung zweierlei Dinge sind. Das eine folgt nicht zwangsläufig aus dem anderen, und sie können sogar nebeneinander existieren.

Was mein Weltbild jedoch am stärksten erschütterte, waren jene im Übergang befindlichen Anemonenfische. Sie brachten mich am intensivsten dazu, über mein biologisches Geschlecht nachzudenken, und zwangen mich, zentrale Annahmen über seine Definition infrage zu stellen. Dass das biologische Geschlecht in Wahrheit ein ganzes Spektrum darstellt und alle Geschlechter letztlich das Produkt derselben Gene, derselben Hormone und derselben Gehirne sind, war und ist für mich die größte Erkenntnis von allem. Ich musste meine Sichtweise ändern, meine kulturellen Voreingenommenheiten anerkennen und versuchen, alle potenziellen heteronormativen Annahmen zum Verhältnis zwischen biologischem Geschlecht, sexueller Identität, vom Geschlecht geprägten Verhalten und Sexualität auszuschalten. Diese Freiheit im Denken ist schwer zu erreichen, gibt mir aber angesichts der unbegrenzten Möglichkeiten weiblichen Erlebens Kraft.

Auf meiner intellektuellen Reise habe ich zudem mit vielen jungen Wissenschaftler:innen aller biologischen und sozialen Geschlechter gesprochen, die mir ebenfalls Hoffnung machen. Ihre Generation scheint so viel mehr darauf eingestellt zu sein, althergebrachte binäre Annahmen über das biologische Geschlecht infrage zu stellen. Deutlich vernehmbar artikulieren sie die Maßnahmen für Diversität und Transparenz, die die Maske der Theorie schließlich herunterreißen könnten. Das kann gar nicht schnell genug passieren. »Biologie ist Politik mit anderen Mitteln«, wie die US-amerikanische Autorin und Akademikerin Anne Fausto-Sterling anmerkte.[525] Theorien von alten, sexistischen weißen Männern dienen besonders sexistischen, weißen, männlichen Politikern. Der Kampf um die biologische Wahrheit ist entscheidend, wenn wir eine inklusivere Gesellschaft erschaffen wollen, die den Schutz der Zukunft unseres Planeten und aller, die darauf leben, umsetzen kann.

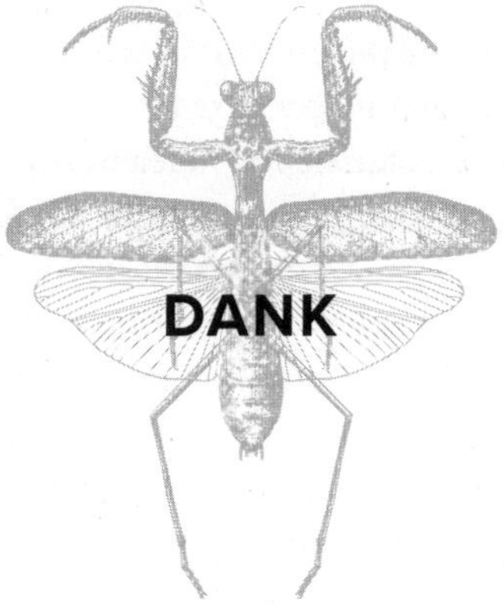

DANK

Kein Buch ist einfach zu schreiben, aber *Bitch* war diesbezüglich wirklich eine echte Bitch – gigantisch, entmutigend, schmerzlich, intellektuell zermürbend und eine persönliche Herausforderung. Mein großer Dank gilt meinen Lektor:innen Susanna Wadeson und Thomas Kelleher für ihre Geduld, Unterstützung und ihren Glauben an dieses Biest von einem Buch. Ihre Teams auf beiden Seiten des Atlantiks haben hervorragende Arbeit geleistet – danke an Bella Bosworth für ihr Korrektorat, Alison Barrow für die Mundpropaganda sowie Kate Samano und Melissa Veronesi dafür, dass sie das Buch unerbittlich in die Produktion gebracht haben. Mein besonderer Dank geht an Emma Berry für ihre klugen Anmerkungen, die das Buch entscheidend vorangebracht haben. Meine Agent:innen Will Francis und Jo Sarsby verdienen beide größten Dank für ihre beständige Unterstützung und ihr Vertrauen in mich.

Die Recherche für dieses Buch war monumental, und ich stehe in der Schuld der vielen brillanten Köpfe, die meine Hand hielten, während wir diese geistigen Höhen erklommen. Die Grundlagen wurden von einigen supersmarten jungen Akademiker:innen gelegt: Anne Hilborn, Adriana Lowe und Mrinalini Erkenswick Watsa halfen mir mit entscheidenden Ideen und Erkenntnissen auf den Weg. Dann wurde die tüchtige Jenny Easley im Dickicht der Dinge meine forschende rechte Hand. Großen Dank schulde ich meinen akademischen Gegenleser:innen Kelsey Lewis (Wittig Fellow für feministische Biologie an der University of Wisconsin in Madison) und Jakob Bro-Jørgensen (Senior Lecturer für Evolution und Tierverhalten an der University of Liverpool), deren sorgfältige Anmerkungen zu jeder Fassung unendlich wertvoll waren.

Tiefste Dankbarkeit empfinde ich gegenüber jenen Wissenschaftler:innen, deren wegbereitende Forschung in dieses Buch eingeflossen ist. Ich stehe in ihrer Schuld und bin ihnen so dankbar dafür, dass sie mir ihre kostbare Zeit geopfert, viele Fragen beantwortet und geduldig ihre Forschungsarbeit erklärt haben, oftmals mehr als einmal. Ihre Großzügigkeit, Aufrichtigkeit und ihr Vertrauen beschämen mich gleichermaßen. Dies gilt besonders für David Crews und Patty Gowaty, die sich mehr als die meisten anderen meinen Fragen stellten und mit mir so oft sprachen, dass ich sie inzwischen als Freund:innen empfinde.

Mein besonderer Dank geht an jene Wissenschaftler:innen, die so mutig waren, mich an ihre Forschungsstätte mitzunehmen, ob im Feld, daheim oder im Labor: Rebecca Lewis und Andrea Baden für den Lemuren-Grundkurs in Madagaskar, Gail Patricelli und Eric Tymstra für die Beifußhuhn-Show, Amy Parish für die Bekanntschaft mit Loretta, Chris Faulkes für das Kraulen eines Nacktmulls, Patricia Brennan für unzählige Gummi-Vaginen, Deborah Giles dafür, dass sie mir zeigte, wie man Walkot fischt, Molly Cummings für Gin und fiese Fische, Amber Wright für Geckos in letzter Minute, Lindsay Young für die Begegnung mit einzigartigen Albatrossen und Joan Roughgarden für Pickles und provokative Gespräche. Und nicht zuletzt der Urkraft Sarah Blaffer Hrdy dafür, dass sie mich bei einem so erlesenen Treffen willkommen hieß, mir einen speziellen »Geier«-Kuchen buk und mich von Anbeginn bei diesem Mammutprojekt großzügig unterstützte. Ich stehe in vielfacher Hinsicht sehr tief in ihrer Schuld.

Die drei Jahre, die ich brauchte, um dieses Buch zu schreiben, waren für mich persönlich turbulent. Meine Mutter starb, und ich musste mit der Einsamkeit während der Pandemie zurechtkommen. Ich möchte meinem Hund Kobi für das dringend benötigte Oxytocin danken und meinen Lockdown-Energiequellen Ruth Illger und Drew Carr dafür, dass ich nicht den Verstand verlor. Ein besonderer Dank geht an meine Sonnenaufgangs-Schwimmfreund:innen Luke Gottelier, Sarah Farinhia, Jemima Dury und Berry White, die sich mit mir in eisige Fluten stürzten, um die Ängste wegzuwaschen und sie durch herzhaftes Lachen zu ersetzen. Und an Penny und Marcus Fergusson für eine Schreibklause auf Feltham's Farm, inklusive Versorgung mit herrlich stinkendem Käse. Etliche meiner engsten Freund:innen hörten mir geduldig zu, während ich die Fakten zu Geschichten zusammenfügte, lasen erste Fassungen und gaben mir guten Rat: Sarah Rollason, Heather Leach, Bini Adams, Wendie Ottiewill, Rebecca Keane, Jess Search, Sara Chamberlain, Alexa Haywood und Charlotte Moore. Ein besonderes Dankeschön geht an Carole Cadwalladr dafür, dass sie *Bitch* einen Titel gab. Und an Maxx Ginnane dafür, dass sie in einem spätabendlichen Gespräch das binäre Dogma infrage stellte und mich zwang, mich meinen eigenen Vorurteilen zu stellen. Dieses Buch handelt von kulturellen Voreingenommenheiten, und ich bin dankbar dafür, so kluge und diverse Bitches um mich zu haben, die mir dabei helfen, dass sich mein Weltbild stetig weiterentwickelt. Ich liebe euch alle.

ANMERKUNGEN

Da das Quellenverzeichnis zu diesem Buch sehr umfassend ist, finden Sie im Folgenden eine gekürzte Version. Der QR-Code, der mit einem mobilen Endgerät gescannt werden kann, führt zu einer ausführlichen Fassung und dem Literaturverzeichnis, die auch unter https://www.piper.de/cooke-buch abrufbar sind.

Einführung

1 Dawkins, Richard (2007), *Das egoistische Gen*
2 ibid.
3 siehe dazu https://www.darwinproject.ac.uk/commentary/survival-fittest
4 Darwin, Charles (1871), *Die Abstammung des Menschen und die geschlechtliche Zuchtwahl*
5 Begriffe lt. Darwin, Charles (1859), *Die Entstehung der Arten durch natürliche Zuchtwahl*
6 Darwin, *Die Abstammung des Menschen und die geschlechtliche Zuchtwahl*
7 siehe dazu Cronin, Helena (1991), *The Ant and the Peacock*
8 Darwin, *Die Abstammung des Menschen und die geschlechtliche Zuchtwahl*

9 Darwin, *Die Entstehung der Arten durch natürliche Zuchtwahl*
10 Aristoteles, *De generatione animalium/Über die Zeugung der Geschöpfe*
11 Darwin, Charles (2008), *Mein Leben 1809–1882*
12 Richards, Evelleen (1983), »Darwin and the Descent of Woman«
13 Tang-Martinez, Zuleyma (2016), »Rethinking Bateman's Principles: Challenging Persistent Myths of Sexually Reluctant Females and Promiscuous Males«, in *Journal of Sex Research*
14 Darwin, *Die Abstammung des Menschen und die geschlechtliche Zuchtwahl*
15 Marzluff, John; Balda, Russell (1992), *The Pinyon Jay: Behavioral Ecology of a Colonial and Cooperative Corvid*
16 ibid.
17 ibid.
18 ibid.
19 Lawton; Garstka; Hanks (1997), »The Mask of Theory and the Face of Nature«
20 Eberhard, William G. (1990), »Inadvertent Machismo?«, in *Trends in Ecology & Evolution*
21 Ganetz, Hillevi (2004), »Familiar Beasts: Nature, Culture and Gender in Wildlife Films on Television«, in *Nordicom Review*
22 Fausto-Sterling; Gowaty; Zuk (1997), »Evolutionary Psychology and Darwinian Feminism«, in *Feminist Studies*
23 ibid.

Kapitel 1

24 »Species – Mole«, Mammal Society
25 Campbell; Storz; Signore; Moriyama; Catania; Payson; Bonaventura; Stetefeld; Weber (2010), »Molecular Basis of a Novel Adaptation to Hypoxic-hypercapnia in a Strictly Fossorial Mole«, in *BMC Evolutionary Biology*
26 Migutsch; Richardson; Jiménez; Martin; Kondrashov; de Bakker; Sánchez-Villagra (2012), »Circumventing the Polydactyly ›Constraint‹: The Mole's ›Thumb‹«, in *Biology Letters*
27 Marshall Graves, Jennifer A. (2020), »Fierce Female Moles Have Male-like Hormones and Genitals. We Now Know How This Happens«, in *The Conversation*
28 Watkins Sinclair; Glickman; Baskin; Cunha (2016), »Anatomy of Mole External Genitalia: Setting the Record Straight«, in *The Anatomical Record*
29 Crews, David (1988), »The Problem with Gender«, in *Psychobiology*
30 Roughgarden, Joan (2004), *Evolution's Rainbow*
31 Hawkins; Dallas; Fowler; Woodroffe; Racey (2002), »Transient Masculinization in the Fossa, *Cryptoprocta ferox* (Carnivora, Viverridae)«, in *Biology of Reproduction*
32 ibid.
33 Drea, Christine M. (2009), »Endocrine Mediators of Masculinization in Female Mammals«, in *Current Directions in Psychological Science*

34 Racey, Paul A.; Skinner, Jennifer (1979), »Endocrine Aspects of Sexual Mimicry in Spotted Hyenas *Crocuta crocuta*«, in *Journal of Zoology*
35 Conley; Place; Legacki; Hammond; Cunha; Drea; Weldele; Glickman (2020), »Spotted Hyaenas and the Sexual Spectrum: Reproductive Endocrinology and Development«, in *Journal of Endocrinology*
36 Fausto-Sterling, Anne (2000), *Sexing the Body*
37 Phoenix; Goy; Gerall; Young (1959), »Organizing Action of Prenatally Administered Testosterone Propionate on the Tissues Mediating Mating Behavior in the Female Guinea Pig«, in *Endocrinology*
38 Fausto-Sterling, *Sexing the Body*
39 ibid.
40 Thornton, J. (2009), »Effects of Prenatal Androgens on Rhesus Monkeys: A Model System to Explore the Organizational Hypothesis in Primates«, in *Hormones and Behavior*
41 Drea, »Endocrine Mediators of Masculinization in Female Mammals«
42 Wilhelm; Palmer; Koopman (2007), »Sex Determination and Gonadal Development in Mammals«, in *Physiological Reviews*
43 Bryson, Bill (2020), *Eine kurze Geschichte des menschlichen Körpers*
44 Sinclair; Berta; Palmer; Hawkins; Griffiths; Smith; Foster; Frischauf; Lovell-Badge; Goodfellow (1990), »A Gene from the Human Sex-determining Region Encodes a Protein with Homology to a Conserved DNA-binding Motif«, in *Nature*
45 Roughgarden, *Evolution's Rainbow*
46 Real; Haas; Franchini; Xiong; Simakov; Kuhl; Schöpflin; Heller; Moeinzadeh; Heinrich; Krannich; Bressin; Hartman; Wudy; Dechmann; Hurtado; Barrionuevo; Schindler; Harabula; Osterwalder; Hiller; Wittler; Visel; Timmermann; Meyer; Vingron; Jiménez; Mundlos; Lupiáñez (2020), »The Mole Genome Reveals Regulatory Rearrangements Associated with Adaptive Intersexuality«, in *Science*
47 Grützner; Rens; Tsend-Ayush; El-Mogharbel; O'Brien; Jones; Ferguson-Smith; Marshall Graves (2004), »In the Platypus a Meiotic Chain of Ten Sex Chromosomes Shares Genes with the Bird Z and Mammal X Chromosomes«, in *Nature*
48 Veyrunes; Waters; Miethke; Rens; McMillan; Alsop; Grützner; Deakin; Whittington; Schatzkamer; Kremitzki; Graves; Ferguson-Smith; Warren; Marshall Graves (2008), »Bird-like Sex Chromosomes of Platypus Imply Recent Origin of Mammal Sex Chromosomes«, in *Genome Research*
49 Marshall Graves, Jennifer A. (2006), »Sex Chromosome Specialization and Degeneration in Mammals«, in *Cell*
50 Kuroiwa; Ishiguchi; Ymada; Shintaro; Matsuda (2010), »The Process of a Y-loss Event in an XO/XO Mammal, The Ryukyu Spiny Rat«, in *Chromosoma*; Mulugeta; Wassenaar; Sleddens-Linkels; van IJcken; Heard; Grootegoed; Just; Gribnau; Baarends (2016), »Genomes of Ellobius Species Provide Insight into the Evolutionary Dynamics of Mammalian Sex Chromosomes«, in *Genome Research*

51 Bianchi, N.O. (2002), »*Akodon* Sex Reversed Females: The Never Ending Story«, in *Cytogenetic and Genome Research*
52 West-Eberhard, Mary Jane (2003), *Developmental Plasticity and Evolution*
53 Rodrigues; Vuille; Loman; Perrin (2015), »Sex-chromosome Differentiation and ›Sex Races‹ in the Common Frog (*Rana temporaria*)«, in *Proceedings of the Royal Society B*
54 Lambert; Stoler; Smylie; Relyea; Skelly (2016), »Interactive Effects of Road Salt and Leaf Litter on Wood Frog Sex Ratios and Sexual Size Dimorphism«, in *Canadian Journal of Fisheries and Aquatic Sciences*
55 Reiner, Vivienne (2016), »Sex in Dragons: A Complicated Affair«
56 Li; Holleley; Elphick; Georges; Shine (2016), »The Behavioural Consequences of Sex Reversal in Dragons«, in *Proceedings of the Roval Society B*
57 Holleley; Sarre; O'Meally; Georges (2016), »Sex Reversal in Reptiles: Reproductive Oddity or Powerful Driver of Evolutionary Change?«, in *Sexual Development*
58 Li; Holleley; Elphick; Georges; Shine, »The Behavioural Consequences of Sex Reversal in Dragons«
59 Thurlow Macklin, Madge (1923), »A Description of Material from a Gynandromorph Fowl«, in *Journal of Experimental Zoology*
60 Wright, Laura (2003), »Unique Bird Sheds Light on Sex Differences in the Brain«, in *Scientific American*
61 Agate; Grisham; Wade; Mann; Wingfield; Schanen; Palotie; Arnold (2003), »Neural, Not Gonadal, Origin of Brain Sex Differences in a Gynandromorphic Finch«, in *PNAS*
62 Clinton; Zhao; Nandi; McBride (2012), »Evidence for Avian Cell Autonomous Sex Identity (CASO) and Implications for the Sex-determination Process?«, in *Chromosome Research*
63 Thornton; Need; Crews (2003), »Resurrecting The Ancestral Steroid Receptor: Ancient Origin of Estrogen Signaling«, in *Science*
64 Crews, David (1994), »Temperature, Steroids and Sex Determination«, in *Journal of Endocrinology*

Kapitel 2

65 Horsfall, R. Bruce (1932), »A Morning with the Sage-Grouse«, in *Nature*
66 Scott, John W. (1942), »Mating Behaviour of the Sage-Grouse«, in *The Auk*
67 Darwin, Charles, Brief an Asa Gray vom 3. April 1860, https://www.darwinproject.ac.uk/letter/DCP-LETT-2743.xml
68 Darwin, *Die Abstammung des Menschen und die geschlechtliche Zuchtwahl*
69 Darwin, *Die Abstammung des Menschen und die geschlechtliche Zuchtwahl*
70 Miller, Geoffrey F. (1998), »How Mate Choice Shaped Human Nature: A Review of Sexual Selection and Human Evolution«
71 Darwin, *Die Abstammung des Menschen und die geschlechtliche Zuchtwahl*
72 Ratterman, Nicholas L.; Jones, Adam G. (2009), »Mate Choice and Sexual Selection: What Have We Learned Since Darwin?«, in *PNAS*
73 Wallace, Alfred R. (1891), *Der Darwinismus*

74 ibid.
75 Prum, Richard O. (2022), *Die Evolution der Schönheit: Darwins vergessene Theorie zur Partnerwahl*
76 ibid.
77 Hoquet, Thierry (Hrsg.) (2015), *Current Perspectives on Sexual Selection: What's Left After Darwin?*
78 Mackenzie; Reynolds; Brown; Sutherland (1995), »Variation in Male Mating Success on Leks«, in *The American Naturalist*
79 Höglundi; Kålås; Fiske (1992), »The Costs of Secondary Sexual Characters in the Lekking Great Snipe *(Gallinago media)*«, in *Behavioral Ecology and Sociobiology*
80 Dantzker; Deane; Bradbury (1999), »Directional Acoustic Radiation in the Strut Display of Male Sage Grouse *Centrocercus urophasianus*«, in *Journal of Experimental Biology*
81 Amlacher, J.; Dugatkin, L.A. (2005), »Preference for Older Over Younger Models During Mate-Choice Copying in Young Guppies«, in *Ethology Ecology & Evolution*
82 Keagy; Savard; Borgia (2009), »Male Satin Bowerbird Problem-solving Ability Predicts Mating Success«, in *Animal Behaviour*
83 Wallace, Alfred R. (1876), »Mivart's ›Lessons from Nature, as Manifested in Mind and Matter‹«, in *Academy*
84 Ryan, Michael J.; Rand, A. Stanley (1990), »The Sensory Basis of Sexual Selection for Complex Calls in the Túngara Frog, *Physalaemus pustulosus* (Sexual Selection for Sensory Exploitation)«, in *Evolution*
85 Rodd; Hughes; Grether; Baril (2002), »A Possible Non-sexual Origin of Mate Preference: Are Male Guppies Mimicking Fruit?«, in *Proceedings of the Royal Society*
86 Madden, Joah Robert; Tanner, Kate (2003), »Preferences for Coloured Bower Decorations Can Be Explained in a Nonsexual Context«, in *Animal Behaviour*
87 Ryan, Michael J. (2021), »Darwin, Sexual Selection, and the Brain«, in *PNAS*
88 Rosenthal, Gil (2017), *Mate Choice: The Evolution of Sexual Decision Making from Microbes to Humans*
89 Ryan, Michael J. (2021), »Resolving the Problem of Sexual Beauty«
90 Bird; Aldridge; Carpenter; Paszkowski; Boyce; Coltman (2013), »The Secret Sex Lives of Sage-grouse: Multiple Paternity and Intraspecific Nest Parasitism Revealed through Genetic Analysis«, in *Behavioral Ecology*

Kapitel 3

91 Boersma, P. Dee; Davies, Emily M. (1984), »Why Lionesses Copulate with More than One Male«, in *The American Naturalist*
92 Hrdy, Sarah Blaffer (1986), »Empathy, Plyandry, and the Myth of the Coy Female«
93 Dawkins, *Das egoistische Gen*
94 Aristoteles [Aristotle], *The History of Animals, books VI–X* (350 v. Chr.)

95 Darwin, *Die Abstammung des Menschen und die geschlechtliche Zuchtwahl*
96 ibid.
97 ibid.
98 Tang-Martínez, Zuleyma (2016), »Rethinking Bateman's Principles: Challenging Persistent Myths of Sexually Reluctant Females and Promiscuous Males«, in *Journal of Sex Research*
99 Darwin, *Die Abstammung des Menschen und die geschlechtliche Zuchtwahl*
100 Bateman, A.J. (1948), »Intrasexual Selection in *Drosophila*«, in *Heredity*
101 ibid.
102 ibid.
103 Wilson, Margo; Daly, Martin (1978), *Sex, Evolution and Behaviour*
104 Milam, Erika Lorraine (2016), »Science of the Sexy Beast«
105 Palmer, Craig; Thornhill, Randy (2000), *A Natural History of Rape*
106 Bray; Kennelly; Guarino (1975), »Fertility of Eggs Produced on Territories of Vasectomized Red-Winged Blackbirds«, in *The Wilson Bulletin*
107 Lack, David (1968), *Ecological Adaptations for Breeding in Birds*
108 Zuk, Marlene (2002), *Sexual Selections: What We Can and Can't Learn about Sex from Animals*
109 Morris, F.O. (1856), *A History of British Birds*
110 Davies, Nicholas B. (1992), *Dunnock Behaviour and Social Evolution*
111 Zuk, Marlene; Simmons, Leigh (2018), *Sexual Selection: A Very Short Introduction*
112 Birkhead, Tim (2000), *Promiscuity*
113 Tang-Martínez, Zuleyma; Brandt Ryder, T. (2005), »The Problem with Paradigms: Bateman's Wordview as a Case Study«, in *Integrative and Comparative Biology*
114 Birkhead, Tim; Biggins, J.D. (1986), »Reproductive Synchrony and Extra-pair Copulation in Birds«, in *Ethology*
115 Smith, Susan M. (1988), »Extra-pair Copulations in Black-capped Chickadees: The Role of the Female«, in *Behaviour*
116 Neudorf; Stutchbury; Piper (1997), »Covert Extraterritorial Behavior of Female Hooded Warblers«, in *Behavioural Ecology*
117 Petrie, Marion; Kempenaers, Bart (1998), »Extra-pair Paternity in Birds: Explaining Variation Between Species and Populations«, in *Trends in Ecology & Evolution*
118 Zuk; Simmons, *Sexual Selection*
119 Tang-Martínez; Brandt Ryder, »The Problem with Paradigms«
120 Birkhead, *Promiscuity*
121 Hrdy, »Empathy, Plyandry, and the Myth of the Coy Female«
122 ibid.
123 Hrdy, Sarah Blaffer (2010), »Myths, Monkeys and Motherhood«
124 Jay, Phyllis (1963), »The Female Primate«, in *Potential of Women*
125 ibid.
126 Hrdy, »Empathy, Plyandry, and the Myth of the Coy Female«
127 ibid.
128 Hrdy, Sarah Blaffer (1981), *The Woman That Never Evolved*

129 Hrdy, »Empathy, Plyandry, and the Myth of the Coy Female«
130 Morris, Desmond (1968), *Der nackte Affe*
131 Tutin, Caroline (1975), *Sexual Behaviour and Mating Patterns in a Community of Wild Chimpanzees*
132 Dixson, Alan, F. (2012), *Primate Sexuality: Comparative Studies of the Prosimians, Monkeys, Apes, and Humans*
133 Hershkovitz, Philip (1977), *Living New World Monkeys*
134 Chevalier-Skolnikoff, Suzanne (1974), »Male–Female, Female–Female, and Male–Male Sexual Behavior in the Stumptail Monkey, with Special Attention to the Female Orgasm«, in *Archives of Sexual Behaviour*
135 Burton, Frances (1971), »Sexual Climax in Female *Macaca Mulatta*«, in *Proceedings of the Third International Congress of Primatologists*
136 Symons, Donald (1979), *The Evolution of Human Sexuality*
137 Hrdy, *The Woman That Never Evolved*
138 Hrdy, Sarah Blaffer (1974), »Male–Male Competition and Infanticide Among the Langurs of Abu Rajesthan«, in *Folia Primatologica*
139 Dowling, Claudia Glenn (2003), »Maternal Instincts: From Infidelity to Infanticide«, in *Discover*
140 Soltis, Joseph (2002), »Do Primate Females Gain Nonprocreative Benefits by Mating with Multiple Males? Theoretical and Empirical Considerations«, in *Evolutionary Anthropology*
141 Hrdy, »Male–Male Competition and Infanticide«
142 Hrdy, Sarah Blaffer (2000), »The Optimal Number of Fathers: Evolution, Demography, and History in the Shaping of Female Mate Preferences«, in *Annals of the New York Academy of Sciences*
143 ibid.
144 Hrdy, Sarah Blaffer (1992), »The Evolution of the Meaning of Sexual Intercourse«
145 Hrdy, »The Optimal Number of Fathers«
146 Hrdy, »The Evolution of the Meaning of Sexual Intercourse«
147 Zuk, *Sexual Selections*
148 Kenagy, G.J.; Trombulak, Stephen C. (1986), »Size and Function of Mammalian Testes in Relation to Body Size«, in *Journal of Mammology*
149 Birkhead, *Promiscuity*
150 Harcourt; Harvey; Larson; Short (1981), »Testis Weight, Body Weight and Breeding System in Primates«, in *Nature*
151 Tang-Martínez, Zuleyma (2012), »Repetition of Bateman Challenges the Paradigm« in *PNAS*
152 Bateman, »Intrasexual Selection in *Drosophila*«
153 Dewsbury, Donald (1982), »Ejaculate Cost and Male Choice«, in *The American Naturalist*
154 Tang-Martínez, »Rethinking Bateman's Principles«
155 Wedell; Gage; Parker (2002), »Sperm Competition, Male Prudence and Sperm-limited Females«, in *Trends in Ecology and Evolution*
156 Fine, Cordelia (2017), *Testosterone Rex*
157 Tang-Martínez, »Rethinking Bateman's Principles«

158 Gowaty; Steinichen; Anderson (2003), »Indiscriminate Females and Choosy Males: Within- and Between-Species Variation in *Drosophila*«, in *Evolution*
159 Birkhead, *Promiscuity*
160 Tang-Martínez, »Rethinking Bateman's Principles«
161 Gowaty, Patricia Adair; Snyder, Brian F. (2007), »A Reappraisal of Bateman's Classic Study of Intrasexual Selection«, in *Evolution*
162 Gowaty, Patricia Adair (2018), »Biological Essentialism, Gender, True Belief, Confirmation Biases, and Skepticism«
163 Gowaty; Snyder, »A Reappraisal of Bateman's Classic Study«
164 Gowaty; Kim; Anderson (2012), »No Evidence of Sexual Selection in a Repetition of Bateman's Classic Study of *Drosophila melanogaster*«, in *PNAS*; und Hoquet; Bridges; Gowaty (2020), »Bateman's Data: Inconsistent with ›Batman's Principles‹«, in *Ecology and Evolution*
165 Trivers, Robert (1972), »Parental Investment and Sexual Selection«
166 Birkhead, Tim (2010), »How Stupid Not to Have Thought of That: Post-copulatory Sexual Selection«, in *Journal of Zoology*
167 Ah-King, Malin; Gowaty, Patricia Adair (2016), »A Conceptual Review of Mate Choice: Stochastic Demography, Within-sex Phenotypic Plasticity, and Individual Flexibility«, in *Ecology and Evolution*
168 Tang-Martínez, »Rethinking Bateman's Principles«
169 ibid.
170 Schärer; Rowe; Arnqvist (2012), »Anisogamy, Chance and the Evolution of Sex Roles«, in *Trends in Ecology & Evolution*
171 Saini, Angela (2017), *Inferior*
172 Interview mit einem Professor für Evolutionsbiologie an der Oxford University, geführt von Jenny Easley für dieses Buch, 2020
173 Gowaty, Patricia Adair (2013), »Adaptively Flexible Polyandry«, in *Animal Behaviour*
174 Tang-Martínez, »Rethinking Bateman's Principles«

Kapitel 4

175 Kuntner; Zhang; Grecorič; Li (2012), »*Nephila* Female Gigantism Attained Through Post-maturity Molting«, in *Journal of Arachnology*
176 Darwin, *Die Abstammung des Menschen und die geschlechtliche Zuchtwahl*
177 ibid.
178 Arnqvist, Göran; Rowe, Locke (2005), *Sexual Conflict*
179 Fromhage, Lutz; Schneider, Jutta M. (2004), »Safer Sex with Feeding Females: Sexual Conflict in a Cannibalistic Spider«, in *Behavioral Ecology*
180 Baruffaldi, Luciana; Andrade, Maydianne C.B. (2015), »Contact Pheromones Mediate Male Preference in Black Widow Spiders: Avoidance of Hungry Sexual Cannibals?«, in *Animal Behaviour*
181 Anderson, Alissa, G.; Hebets, Eileen A. (2016), »Benefits of Size Dimorphism and Copulatory Silk Wrapping in the Sexually Cannibalistic Nursery Web Spider, *Pisaurina mira*«, in *Biology Letters*
182 Gregorič; Šuen; Cheng; Kralj-Fišer; Kuntner (2016), »Spider Behaviors Include Oral Sexual Encounters«, in *Scientific Reports*

183 Persons, Matthew H. (2017), »Field Observations of Simultaneous Double Mating in the Wolf Spider *Rabidosa punctulata* (Araneae: Lycosidae)«, in *Journal of Arachnology*
184 Li; Oh; Kralj-Fišer; Kuntner (2012), »Remote Copulation: Male Adaptation to Female Cannibalism«, in *Biology Letters*
185 Uhl; Zimmer; Renner; Schneider (2015), »Exploiting a Moment of Weakness: Male Spiders Escape Sexual Cannibalism by Copulating with Moulting Females«, in *Scientific Reports*
186 Alcock, John (2000), »Science and Nature: Misbehavior«, in *Boston Review*
187 Gould, Stephen Jay (1989), »Übrig blieben nur seine Flügel«, in *Das Lächeln des Flamingos*
188 ibid.
189 »Life History«, Fen Raft Spider Conservation
190 Zhang; Kuntner; Li (2011), »Mate Binding: Male Adaptation to Sexual Conflict in the Golden Orb-web Spider (Nephilidae: *Nephila pilipes*)«, in *Animal Behaviour*
191 »Peacock Spider 7 (*Maratus speciosus*)« (2013), https://www.youtube.com/watch?v=d_yYC5r8xMI
192 Jackson, Robert R.; Pollard, Simon D. (1997), »Jumping Spider Mating Strategies: Sex Among the Cannibals in and out of Webs«
193 Girard; Elias; Kasumovic (2015), »Female Preference for Multi-modal Courtship: Multiple Signals are Important for Male Mating Success in Peacock Spiders«, in *Proceedings of the Royal Society B*; und Elias; Mason; Maddison; Hoy (2003), »Seismic Signals in a Courting Male Jumping Spider (Araneae: Salticidae)«, in *Journal of Experimental Biology*
194 Elias; Maddison; Peckmezian; Girard; Mason (2012), »Orchestrating the Score: Complex Multimodal Courtship in the *Habronattus coecatus* Group of *Habronattus* Jumping Spiders (Araneae: Salticidae)«, in *Biological Journal of the Linnean Society*
195 Jackson; Pollard (1992), »Jumping Spider Mating Strategies: Sex Among Cannibals in and out of Webs«; und Clark, David L.; Uetz, George W., »Morph-independent Mate Selection in a Dimorphic Jumping Spider: Demonstration of Movement Bias in Female Choice Using Video-controlled Courtship Behaviour«, in *Animal Behaviour*
196 Herberstein; Wignall; Hebets; Schneider (2014), »Dangerous Mating Systems: Signal Complexity, Signal Content and Neural Capacity in Spiders«, in *Neuroscience & Biobehavioral Reviews*
197 Salomon; Aflalo; Coll; Lubin (2015), »Dramatic Histological Changes Preceding Suicidal Maternal Care in the Subsocial Spider *Stegodyphus lineatus* (Araneae: Eresidae)«, in *Journal of Arachnology*
198 Darwin, *Die Abstammung des Menschen und die geschlechtliche Zuchtwahl*
199 Hormiga; Scharff; Coddington (2000), »The Phylogenetic Basis of Sexual Size Dimorphism in Orb-weaving Spiders (Araneae, Orbiculariae)«, in *Systematic Biology*
200 »Spider Bites Australian Man on Penis Again«, BBC News, 28. September 2016

201 Foster, L.M. (1992), »The Stereotyped Behaviour of Sexual Cannibalism in *Latrodectus-Hasselti Thorell* (Araneae, Theridiidae), the Australian Redback Spider«, in *Australian Journal of Zoology*
202 ibid.
203 ibid.
204 Andrade, Maydianne C.B. (1996), »Sexual Selection for Male Sacrifice in the Australian Redback Spider«, in *Science*
205 Schneider; Fromhage; Uhl (2003), »Fitness Consequences of Sexual Cannibalism in Female *Argiope bruennichi*«, in *Behavioral Ecology and Sociobiology*
206 Schwartz; Wagner Jr.; Hebets (2016), »Males Can Benefit from Sexual Cannibalism Facilitated by Selfsacrifice«, in *Current Biology*
207 Dougherty; Burdfield-Steel; Shuker (2013), »Sexual Stereotypes: the Case of Sexual Cannibalism«, in *Animal Behaviour*

Kapitel 5

208 Hartman, Carl G. (1952), *Possums*
209 Krause, William John (2005), *The Opossum: Its Amazing Story*
210 Eberhard, William G. (2009), »Postcopulatory Sexual Selection: Darwin's Omission and its Consequences«, *PNAS*
211 Schilthuizen, Menno (2016), *Darwins Peep Show*
212 Eberhard, »Postcopulatory Sexual Selection«
213 Waage, J.K. (1979), »Dual Function of the Damselfly Penis: Sperm Removal and Transfer«, in *Science*
214 Ah-King; Barron; Herberstein (2014), »Genital Evolution: Why Are Females Still Understudied?«, in *PLoS Biology*
215 Eberhard, William G. (2010), »Rapid Divergent Evolution of Genitalia«; und Stockley, Paula; Hosken, David J. (2014), »Sexual Selection and Genital Evolution«, in *Trends in Ecology & Evolution*
216 Prum, *Die Evolution der Schönheit* (*The Evolution of Beauty*
217 McCracken; Wilson; McCracken; Johnson (2001), »Are Ducks Impressed by Drakes' Display?«, in *Nature*
218 Brennan; Clark; Prum (2010), »Explosive Eversion and Functional Morphology of Waterfowl Penis Supports Sexual Conflict in Genitalia«, in *Proceedings of the Royal Society B*
219 McCracken; Wilson; McCracken; Johnson, »Are Ducks Impressed by Drakes' Display?«
220 Brennan; Clark; Prum, »Explosive Eversion and Functional Morphology«
221 Brennan; Prum; McCracken; Sorenson; Wilson; Birkhead (2007), »Coevolution of Male and Female Genital Morphology in Waterfowl«, in *PLoS One*
222 Brennan, Patricia L.R. (2013), »Genital Evolution: Cock-a-Doodle-Don't«, in *Current Biology*
223 Gowaty, »Forced or Aggressively Coerced Copulation«
224 Prum, *Die Evolution der Schönheit* (*The Evolution of Beauty*
225 Ah-King; Herberstein, »Genital Evolution«
226 Kamimura, Yoshitaka; Matsuo, Yoh (2001), »A ›Spare‹ Compensates for the

Risk of Destruction of the Elongated Penis of Earwigs (Insecta: Deraptera)«, in *Naturwissenschaften*

227 Kamimura, Yoshitaka (2005), »Last-male Paternity of *Euborellia plebeja*, an Earwig with Elongated Genitalia and Sperm-removal Behaviour«, in *Journal of Ethology*

228 Kamimura, Yoshitaka (2013), »Promiscuity and Elongated Sperm Storage Organs Work Cooperatively as a Cryptic Female Choice Mechanism in an Earwig«, in *Animal Behaviour*

229 Eberhard, »Inadvertent Machismo?«

230 Zuk, *Sexual Selections*

231 Eberhard, William G. (1996), *Female Control: Sexual Selection by Cryptic Female Choice*

232 Brennan, Patricia L.R. (2016), »Studying Genital Coevolution to Understand Intromittent Organ Morphology«, in *Integrative and Comparative Biology*

233 Furuichi; Connor; Hashimoto (2014), »Non-conceptive Sexual Interactions in Monkeys, Apes and Dolphins«

234 Orbach; Kelly; Solano; Brennan (2017), »Genital Interactions During Simulated Copulation Among Marine Mammals«, in *Proceedings of the Royal Society B*

235 Buechel; Booksmythe; Kotrschal; Jennions; Kolm (2016), »Artificial Selection on Male Genitalia Length Alters Female Brain Size«, in *Proceedings of the Royal Society B*

236 Brennan, Patricia L.R.; Orbach, Dara N. (2019), »Functional Morphology of the Dolphin Clitoris«, in *The FASEB journal*

237 O'Connell; Sanjeevan; Hutson (2005), »Anatomy of the Clitoris«, in *Journal of Urology*

238 Schilthuizen, *Darwins Peep Show*

239 Clarke, Adele E.; Moore, Lisa Jean (1995), »Clitoral Conventions and Transgressions: Graphic Representations in Anatomy Texts«, in *Feminist Studies*

240 O'Connell; Sanjeevan; Hutson, »Anatomy of the Clitoris«

241 O'Connell, Helen (1998), »Anatomical Relationships Between Urethra and Clitoris«, in *Journal of Urology*

242 Sloan, Nadia S.; Simmons, Leigh W. (2019), »The Evolution of Female Genitalia«, in *Journal of Evolutionary Biology*

243 Eberhard, *Female Control*

244 Poza Moreno, Victor (2011), »Stimulation During Insemination: The Danish Perspective«, Professional Pig Community

245 Orr, Teri J.; Hayssen, Virginia (2017), *Reproduction in Mammals: The Female Perspective*

246 Puts; Dawood; Welling (2012), »Why Women Have Orgasms: An Evolutionary Analysis«, in *Archives of Sexual Behaviour*

247 Carosi, Monica; Troisi, Alfonso (1998), »Female Orgasm Rate Increases With Male Dominance in Japanese Macaques«, in *Animal Behaviour*

248 Puts; Dawood; Welling, »Why Women Have Orgasms«

249 Orr; Hayssen, *Reproduction in Mammals*

250 Martin, Emily (1991), »The Egg and the Sperm: How Science Has Constructed a Romance Based on Stereotypical Male–Female Roles«, in *Signs*

251 Fitzpatrick; Willis; Devigili; Young; Carroll; Hunter; Brison (2020), »Chemical Signals from Eggs Facilitate Cryptic Female Choice in Humans«, in *Proceedings of the Royal Society B*

Kapitel 6

252 Darwin, Charles (1875), *Die Abstammung des Menschen und die geschlechtliche Zuchtwahl*

253 Davis, Adam, »*Aotus nigriceps* Black-headed Night Monkey«, https://animaldiversity.org/accounts/Aotus_nigriceps/

254 Hosken, David J.; Kunz, Thomas H. (2008), »Male Lactation: Why, Why Not and Is It Care?«, in *Trends in Ecology & Evolution*

255 Fischer; Roland; Moskowitz; Tapia; Summers; Coloma; O'Connell (2019), »The Neural Basis of Tadpole Transport in Poison Frogs«, in *Proceedings of the Royal Society B*

256 Wu; Autry; Bergan; Watabe-Uchida; Dulac (2014) »Galanin Neurons in the Medial Preoptic Area Govern Parental Behaviour«, in *Nature*

257 Hrdy, Sarah Blaffer (1999), *Mother Nature*

258 Wilson, Margo; Daly, Martin (1978) *Sex, Evolution and Behaviour*

259 Altmann, Jeanne (1974), »Observational Study of Behaviour: Sampling Methods«, in *Behaviour*

260 Interview mit Dr. Rebecca Lewis, Professorin für Anthropologie an der University of Texas in Austin, 2016

261 Hrdy, *Mother Nature*

262 Altmann, Jeanne (1980), *Baboon Mothers and Infants*

263 ibid.

264 Hrdy, *Mother Nature*

265 Trivers, Robert L. (1974), »Parent–Offspring Conflict«, in *American Zoology*

266 Hrdy, *Mother Nature*

267 Silk; Alberts; Altmann (2003), »Social Bonds of Female Baboons Enhance Infant Survival«, in *Science*

268 Maestripieri, Dario (2016), »What Cortisol Can Tell Us About the Costs of Sociality and Reproduction Among Free-ranging Rhesus Macaque Females on Cayo Santiago«, in *American Journal of Primatology*

269 Brent; Koban; Ramirez (2002), »Abnormal, Abusive, and Stress-related Behaviours in Baboon Mothers«, in *Society of Biological Psychiatry*

270 Maestripieri, Dario (1998), »Parenting Styles of Abusive Mothers in Group-living Rhesus Macaques«, in *Animal Behaviour*

271 Maestripieri, Dario (2005), »Early Experience Affects the Intergenerational Transmission of Infant Abuse in Rhesus Monkeys«, in *PNAS*

272 Silk; Altmann, »Social Bonds of Female Baboons Enhance Infant Survival«

273 Silk; Beehner; Bergman; Crockford; Engh; Moscovice; Wittig; Seyfarth; Cheney (2009), »The Benefits of Social Capital: Close Social Bonds Among Female Baboons Enhance Offspring Survival«, in *Proceedings of the Royal Society B*

274 Altmann; Hausfater; Altmann (1988), »Determinants of Reproductive Success in Savannah Baboons, *Papio cynocephalus*«
275 Hinde, Katherine (2009), »Richer Milk for Sons But More Milk for Daughters: Sex-biased Investment during Lactation Varies with Maternal Life History in Rhesus Macaques«, in *American Journal of Human Biology*
276 Hrdy, *Mother Nature*
277 Roberts; Lu; Bergman; Beehner (2012), »A Bruce Effect in Wild Geladas«, in *Science*
278 Hrdy, *Mother Nature*
279 Surbeck; Boesch; Crockford; Emery Thompson; Furuichi; Fruth; Hohmann; Ishizuka; Machanda; Muller; Pusey; Sakamaki; Tokuyama; Walker; Wrangham; Wroblewski; Zuberbühler; Vigilant; Langergraber (2019), »Males with a Mother Living in their Group Have Higher Paternity Success in Bonobos But Not Chimpanzees«, in *Current Biology*
280 Hrdy, *Mother Nature*
281 Smout; King; Pomeroy (2019), »Environment-sensitive Mass Changes Influence Breeding Frequency in a Capital Breeding Marine Top Predator«, in *Journal of Animal Ecology*
282 Kouliev, Timur; Cui, Victoria (2015), »Treatment and Prevention of Infection Following Bites of the Antarctic Fur Seal (*Arctocephalus gazella*)«, in *Open Access Emergency Medicine*
283 Crockford; Wittig; Langergraber; Ziegler; Zuberbühler; Deschner (2013), »Urinary Oxytocin and Social Bonding in Related and Unrelated Wild Chimpanzees«, in *Proceedings of the Royal Society B*
284 Nagasawa; Mitsui; En; Ohtani; Ohta; Sakuma; Onaka; Mogi; Kikusui (2015), »Oxytocin-gaze Positive Loop and the Coevolution of Human–Dog Bonds«, in *Science*
285 Strathearn; Fonagy; Amico; Read Montague (2009), »Adult Attachment Predicts Maternal Brain and Oxytocin Response to Infant Cues«, in *Neuropsychopharmacology*
286 Hahn-Holbrook; Holt-Lunstad; Holbrook; Coyne M.; Lawson (2011), »Maternal Defense: Breast Feeding Increases Aggression by Reducing Stress«, in *Psychological Science*
287 Fedak, M.A.; Anderson, S.S. (1982), »The Energetics of Lactation: Accurate Measurements from a Large Wild Mammal, the Grey Seal (*Halichoerus grypus*)«, in *Journal of Zoology*
288 Robinson; Twiss; Hazon; Pomeroy (2015), »Maternal Oxytocin Is Linked to Close Mother–Infant Proximity in Grey Seals (*Halichoerus grypus*)«, in *PLoS One*
289 ibid.
290 Robinson; Hazon; Twiss; Pomeroy (2019), »High Oxytocin Infants Gain More Mass with No Additional Maternal Energetic Costs in Wild Grey Seals (*Halichoerus grypus*)«, in *Psychoneuroendocrinology*
291 Rilling, James K.; Young, Larry J. (2014), »The Biology of Mammalian Parenting and its Effect on Offspring Social Development«, in *Science*

292 Perkeybile; Carter; Wroblewski; Puglia; Kenkel; Lillard; Karaoli; Gregory; Mohammadi; Epstein; Bales; Connell (2019), »Early Nurture Epigenetically Tunes the Oxytocin Receptor«, in *Psychoneuroendocrinology*
293 Strathearn; Li; Fonagy; Read Montague (2008), »What's in a Smile? Maternal Brain Responses to Infant Facial Cues«, in *Pediatrics*
294 Strathearn; Fonagy; Amico; Montague, »Adult Attachment Predicts Maternal Brain and Oxytocin Response«
295 Hrdy, *Mother Nature*
296 Orr, Teri J.; Hayssen, Virginia (2017), *Reproduction in Mammals: The Female Perspective*
297 Baden; Webster; Bradley (2020), »Genetic Relatedness Cannot Explain Social Preferences in Black-and-white Ruffed Lemurs, *Varecia variegata*«, in *Animal Behaviour*
298 Hrdy, *Mother Nature*
299 Darwin, *Die Abstammung des Menschen und die geschlechtliche Zuchtwahl*
300 Hrdy, Sarah Blaffer (2010), *Mütter und andere. Wie die Evolution uns zu sozialen Wesen gemacht hat*
301 »The Evolution of Motherhood« (2009), Nova, https://www.pbs.org/wgbh/nova/article/evolution-motherhood/
302 Darwin, *Die Abstammung des Menschen und die geschlechtliche Zuchtwahl*

Kapitel 7

303 Darwin, *Die Abstammung des Menschen und die geschlechtliche Zuchtwahl*
304 ibid.
305 ibid.
306 ibid.
307 ibid.
308 Khamsi, Roxanne (2007), »Male Antelopes Play Hard to Get«, in *New Scientist*
309 Pangle, Wiline M.; Bro-Jørgensen, Jakob (2010), »Male Topi Antelopes Alarm Snort Deceptively to Retain Females for Mating«, in *The American Naturalist*
310 Khamsi, »Male Antelopes Play Hard to Get«
311 Dawkins, *Das egoistische Gen*
312 Bro-Jørgensen, Jakob (2007), »Reversed Sexual Conflict in a Promiscuous Antelope«, in *Current Biology*
313 ibid.
314 »Male Topi Antelope's Sex Burden«, BBC News, 28. November 2007
315 Doran-Sheehy; Fernandez; Borries (2009), »The Strategic Use of Sex in Wild Female Western Gorillas«, in *American Journal of Primatology*
316 Stoinski; Perdue; Legg (2009), »Sexual Behavior in Female Western Lowland Gorillas (*Gorilla gorilla gorilla*): Evidence for Sexual Competition«, in *American Journal of Primatology*
317 Darwin, *Die Abstammung des Menschen und die geschlechtliche Zuchtwahl*
318 Stockley, Paula; Bro-Jørgensen, Jakob (2011), »Female Competition and its Evolutionary Consequences in Mammals«, in *Biological Review*

319 Darwin, Charles (1860), *Über die Entstehung der Arten im Thier- und Pflanzenreich durch natürliche Züchtung oder Erhaltung der vervollkommneten Rassen im Kampfe um's Daseyn*
320 Hobson, K.A.; Sealy, S.G. (1990), »Female Song in the Yellow Warbler«, in *Condor*; und Mundy, Rachel (2018), *Animal Musicalities: Birds, Beasts, and Evolutionary Listening*
321 Catchpole, Clive K.; Slater, Peter J.B. (2005), *Bird Song: Biological Themes and Variations*
322 Odom; Hall; Riebel; Omland; Langmore (2014), »Female Song is Widespread and Ancestral in Songbirds«, in *Nature Communications*
323 Austen, Oliver L., »Passeriform«, in *Britannica*
324 Langmore, Naomi (2020), »Quick Guide to Female Birdsong«, in *Current Biology*
325 McLeonard, Keiren (2014), »Aussie Birds Prove Darwin Wrong«, in ABC
326 Oliveros, Carl H.; et al. (2019), »Earth History and the Passerine Superradiation«, in *PNAS*
327 Odom; Hall; Riebel; Omland; Langmore, »Female Song is Widespread and Ancestral in Songbirds«
328 Hobson; Sealy, »Female Song in the Yellow Warbler«
329 West-Eberhard, Mary Jane (1979), »Sexual Selection, Social Competition, and Evolution«, in *Proceedings of the American Philosophical Society*
330 West-Eberhard, Mary Jane (1983), »Sexual Selection, Social Competition, and Speciation«, in *The Quarterly Review of Biology*
331 Clutton-Brock, Tim H. (2009), »Sexual Selection in Females«, in *Animal Behaviour*
332 Amundsen, Trond (2000), »Why Are Female Birds Ornamented?«, in *Trends in Ecology & Evolution*
333 Tobias; Montgomerie; Lyon (2012), »The Evolution of Female Ornaments and Weaponry: Social Selection, Sexual Selection and Ecological Competition«, in *Philosophical Transactions of the Royal Society B*
334 ibid.
335 Rajecki, D.W. (1988), »Formation of Leap Orders in Pairs of Male Domestic Chickens«, in *Aggressive Behavior*
336 El-Hai, Jack (2016), »The Chicken-hearted Origins of the ›Pecking Order‹«, in *Discover*
337 Zuk, *Sexual Selections*
338 Abernethy, Virginia (1978), »Female Hierarchy: An Evolutionary Perspective«
339 Hrdy, *The Woman That Never Evolved*
340 Sperling, Susan (1991), »Baboons with Briefcases: Feminism, Functionalism, and Sociobiology in the Evolution of Primate Gender«, in *Signs*
341 Gray, Richard (2019), »Why Meerkats and Mongooses Have a Cooperative Approach to Raising their Pups«, in *Horizon: The EU Research and Innovation Magazine*
342 Young, Andrew J.; Clutton-Brock, Tim (2006), »Infanticide by Subordinates Influences Reproductive Sharing in Cooperatively Breeding Meerkats«, in *Biology Letters*

343 Clutton-Brock, Tim (2016), *Mammal Societies*
344 Hodge; Manica; Flower; Clutton-Brock (2008), »Determinants of Reproductive Success in Dominant Female Meerkats«, in *Journal of Animal Ecology*
345 Gill, A.A. (2007), *AA Gill is Away*
346 MacLeod; Nielsen; Clutton-Brock (2013), »Factors Predicting the Frequency, Likelihood and Duration of Allonursing in the Cooperatively Breeding Meerkat«, in *Animal Behaviour*
347 »Infanticide Linked to Wet-nursing in Meerkats«, 2013, *Science Daily*
348 Young; Clutton-Brock, »Infanticide by Subordinates«
349 Gómez; Verdú; González-Megías; Méndez (2016), »The Phylogenetic Roots of Human Lethal Violence«, in *Nature*
350 Gray, »Why Meerkats and Mongooses Have a Cooperative Approach«
351 Elsner; Meusemann; Korb (2018), »Longevity and Transposon Defense, the Case of Termite Reproductives«, in *PNAS*
352 Abe, Takuya; Higashi, Masahiko (2001), »Macrotermes«, in *Science Direct*
353 Clarke, F.M.; Faulkes, C.G. (1997), »Dominance and Queen Succession in Captive Colonies of the Eusocial Naked Mole-rat, *Heterocephalus glaber*«, in *Proceedings of the Royal Society B*
354 Interview mit C.G. Faulkes, 2020
355 Tian; Azpurua; Hine; Vaidya; Myakishev-Rempel; Ablaeva; Mao; Nevo; Gorbunova; Seluanov (2013), »High-molecular-mass Hyaluronan Mediates the Cancer Resistance of the Naked Mole-rat«, in *Nature*
356 Hartman, Brady (2018), »Google's Calico Labs Announces Discovery of a ›Non-aging Mammal‹«, Lifespan.io; und Buffenstein, Rochelle (2005), »The Naked Mole-rat: A New Long-living Model for Human Aging Research«, in *The Journals of Gerontology: Series A*
357 Faulkes, Chris, »Animal Showoff« (2014), https://www.youtube.com/watch?v=6VmxP7nDQnM
358 »Naked Mole-rat (*Heterocephalus glaber*) Fact Sheet: Reproduction & Development«, San Diego Zoo Wildlife Alliance Library
359 Faulkes, »Animal Showoff«
360 Rozen, Daniel E. (2018), »Eating Poop Makes Naked Mole-rats Motherly«, in *Journal of Experimental Biology*
361 Clarke; Faulkes, »Dominance and Queen Succession«
362 Faulkes, C.G.; Abbot, D.H. (1993), »Evidence that Primer Pheromones Do Not Cause Social Suppression of Reproduction in Male and Female Naked Mole-rats (*Heterocephalus glaber*)«, in *Journal of Reproduction and Fertility*

Kapitel 8

363 Jolly, Alison (2004), *Lords and Lemurs*
364 Drea, Christine M.; Scordato, Elizabeth S. (2008), »Olfactory Communication in the Ringtailed Lemur *(Lemur catta)*: Form and Function of Multimodal Signals«
365 Mertl-Millhollen, Anne S. (2006), »Scent Marking as Resource Defense by Female *Lemur catta*«, in *American Journal of Primatology*
366 Charpentier, Marie J.E.; Drea, Christine M. (2013), »Victims of Infanticide

and Conspecific Bite Wounding in a Female-dominant Primate: A Long-term Study«, in *PLoS One*
367 ibid.
368 Jolly, Alison (1966), *Lemur Behaviour: A Madagascar Field Study*
369 ibid.
370 ibid.
371 Washburn, S.; Hamburg, D. (1968), »Aggressive Behaviour in Old World Monkeys and Apes«
372 Despret, Vinciane (2008), »Culture and Gender Do Not Dissolve into How Scientists ›Read‹ Nature: Thelma Rowell's Heterodoxy«
373 Peterson, Dale; Wrangham, Richard (2001), *Bruder Affe: Menschenaffen und die Ursprünge menschlicher Gewalt*
374 Strier, Karen B. (1994), »The Myth of the Typical Primate«, in *American Journal of Physical Anthropology*
375 Di Fiore, Anthony; Rendall, Drew (1994), »Evolution of Social Organization: A Reappraisal for Primates by Using Phylogenetic Methods«, in *PNAS*
376 Lewis, Rebecca J. (2018), »Female Power in Primates and the Phenomenon of Female Dominance«, in *Annual Review of Anthropology*
377 Lawler; Richard; Riley (2005), »Intrasexual Selection in Verreaux's Sifaka« *(Propithecus verreauxi verreauxi)*, in *Journal of Human Evolution*
378 Parga; Maga; Overdorff (2006), »High-resolution X-ray Computed Tomography Scanning of Primate Copulatory Plugs«, in *American Journal of Physical Anthropology*
379 Dunham, A. E.; Rudolf, V. H. W. (2009), »Evolution of Sexual Size Monomorphism: The Influence of Passive Mate Guarding«, in *Journal of Evolutionary Biology*
380 Dunham, Amy E. (2008), »Battle of the Sexes: Cost Asymmetry Explains Female Dominance in Lemurs«, in *Animal Behaviour*
381 Drea, Christine M. (2009), »Endocrine Mediators of Masculinization in Female Mammals«, in *Current Directions in Psychological Science*
382 Drea, Christine M. (2008), »External Genital Morphology of the Ringtailed Lemur *(Lemur catta)*: Females are Naturally ›Masculinized‹«, in *Journal of Morphology*
383 Grebe; Fitzpatrick; Sharrock; Starling; Drea (2019), »Organizational and Activational Androgens, Lemur Social Play, and the Ontogeny of Female Dominance«, in *Hormones and Behavior*
384 Glickman; Cunha; Drea; Conley; Place (2006), »Mammalian Sexual Differentiation: Lessons from the Spotted Hyena«, in *Trends in Endocrinology and Metabolism*
385 Charpentier; Drea, »Victims of Infanticide and Conspecific Bite Wounding in a Female-dominant Primate«
386 Pozzi; Hodgson; Burrell; Sterner; Raaum; Disotell (2014), »Primate Phylogenetic Relationships and Divergence Dates Inferred from Complete Mitochondrial Genomes«, in *Molecular Phylogenetics and Evolution*
387 de Waal, Frans (1986), *Unsere haarigen Vettern. Neueste Erfahrungen mit Schimpansen* (*Chimpanzee Politics: Power and Sex Among Apes*)

388 ibid.
389 de Waal, Frans (2020), *Mamas letzte Umarmung*
390 de Waal, *Unsere haarigen Vettern*
391 de Waal, *Mamas letzte Umarmung*
392 ibid.
393 ibid.
394 Smuts, Barbara (1995), »The Evolutionary Origins of Patriarchy«, in *Human Nature*
395 ibid.
396 Kappeler; Fichtel; van Vugt; Smith (2019), »Female Leadership: A Transdisciplinary Perspective«, in *Evolutionary Anthropology*
397 Leca; Gunst; Thierry; Petit (2003), »Distributed Leadership in Semifree-ranging White-faced Capuchin Monkeys«, in *Animal Behaviour*
398 Tiger, Lionel (1970), »The Possible Biological Origins of Sexual Discrimination«
399 Smith; Ortiz; Buhbe; van Vugt (2020), »Obstacles and Opportunities for Female Leadership in Mammalian Societies: A Comparative Perspective«, in *Leadership Quarterly*
400 Wrangham, Richard (1980), »An Ecological Model of Female-bonded Primate Groups«, in *Behaviour*
401 Hrdy, *The Woman That Never Evolved*
402 ibid.
403 de Waal, Frans (1995), »Bonobo Sex and Society«, in *Scientific American*
404 ibid.
405 ibid.
406 ibid.
407 Douglas, Pamela Heidi; Moscovice, Liza R. (2015), »Pointing and Pantomime in Wild Apes? Female Bonobos Use Referential and Iconic Gestures to Request Genito-genital Rubbing«, in *Scientific Reports*
408 Smuts, »The Evolutionary Origins of Patriarchy«
409 ibid.
410 de Waal, Frans; Parish, Amy R. (2006), »The Other ›Closest Living Relative‹: How Bonobos *(Pan paniscus)* Challenge Traditional Assumptions about Females, Dominance, Intra- and Intersexual Interactions, and Hominid Evolution«, in *Annals of the New York Academy of Sciences*
411 ibid.
412 de Waal, »Bonobo Sex and Society«

Kapitel 9

413 Hof; Chanis; Marino (2005), »Cortical Complexity in Cetacean Brains«, in *American Association for Anatomy*
414 Garrett, Howard, »Orcas of the Salish Sea«, Orca Network
415 Morton; Stone; Singh (2013), »Mate Choice and the Origin of Menopause«, in *PLoS Computational Biology*
416 Hawkes, K. et al. (1998), »Grandmothering, Menopause and the Evolution of Human Life Histories«, in *PNAS*

417 Kachar; Sowosz; Chwalibog (2018), »Orcas are Social Mammals«, in *International Journal of Avian & Wildlife Biology*
418 McComb; Moss; Durant; Baker; Sayialel (2001), »Matriarchs as Repositories of Social Knowledge in African Elephants«, in *Science*
419 Stansfield; Nöthling; Allen (2013), »The Progression of Small-follicle Reserves in the Ovaries of Wild African Elephants *(Loxodonta africana)* from Puberty to Reproductive Senescence«, in *Reproduction, Fertility and Development*
420 Wright; Stredulinsky; Ellis; Ford (2016), »Kin-directed Food Sharing Promotes Lifetime Natal Philopatry of Both Sexes in a Population of Fish-eating Killer Whales, *Orcinus orca*«, in *Animal Behaviour*
421 Croft; Johnstone; Ellis; Nattrass; Franks; Brent; Mazzi; Balcomb; Ford; Cant (2017), »Reproductive Conflict and the Evolution of Menopause in Killer Whales«, in *Current Biology*
422 Cant; Johnstone; Russell (2009), »Reproductive Conflict and the Evolution of Menopause«
423 Cozzi; Mazzariol; Podestà; Zotti; Huggenberger (2016), »An Unparalleled Sexual Dimorphism of Sperm Whale Encephalization«, in *International Journal of Comparative Psychology*
424 ibid.
425 Marino, Lori, »Dolphin and Whale Brains: More Evidence for Complexity«, https://www.youtube.com/watch?v=4SOzhyU3jMo
426 Lee, Phyllis C.; Moss, C.J. (2012), »Wild Female African Elephants *(Loxodonta africana)* Exhibit Personality Traits of Leadership and Social Integration«, in *Journal of Comparative Psychology*

Kapitel 10

427 Mooallem, Jon (2010), »Can Animals Be Gay?«, in *New York Times*
428 Young; Zaun; Vanderwurf (2008), »Successful Same-sex Pairing in Laysan Albatross«, in *Biology Letters*
429 Mooallem, »Can Animals Be Gay?«
430 Falla, Jack (1998), »Wayne Gretzky«
431 Schneiderman; Zagoory-Sharon; Feldman (2012), »Oxytocin During the Initial Stages of Romantic Attachment: Relations to Couples' Interactive Reciprocity«, in *Psychoneuroendocrinology*
432 Kenny; Birkhead; Green (2017), »Allopreening in Birds is Associated with Parental Cooperation Over Offspring Care and Stable Pair Bonds Across Years«, in *Behavioural Ecology*
433 Baker; Littman; Johnston (2006), »Potential Effects of Sea Level Rise on the Terrestrial Habitats of Endangered and Endemic Megafauna in the Northwestern Hawaiian Islands«, in *Endangered Species Research*
434 Hunt, George L.; Hunt, Molly Warner (1977), »Female–Female Pairing in Western Gulls *(Larus occidentalis)* in Southern California«, in *Science*
435 Nisbet, Ian C.T.; Hatch, Jeremy J. (1999), »Consequences of a Female-biased Sex-ratio in a Socially Monogamous Bird: Female–female Pairs in Roseate Tern *Sterna dougallii*«, in *International Journal of Avian Science*

436 Izadi; Stewart; Penlidis (2014), »Role of Contact Electrification and Electrostatic Interactions in Gecko Adhesion«, in *Journal of the Royal Society*
437 Landau, Elizabeth (2015), »Gecko Grippers Moving on Up«, NASA
438 Laskowski; Doran; Bierbach; Krause; Wolf (2019), »Naturally Clonal Vertebrates Are an Untapped Resource in Ecology and Evolution Research«, in *Nature Ecology & Evolution*
439 Bell, Graham (1982), *The Masterpiece of Nature*
440 Chipkin; Olofsson; Daileda; Azevedo (2018), »Muller's Ratchet in Asexual Populations Doomed to Extinction«, eLife,
441 Ah-King, Malin (2009), »Queer Nature: Towards a Non-normative View on Biological Diversity«
442 Smith, *The Evolution of Sex*
443 Boschetti; Carr; Crisp; Eyres; Wang-Koh; Lubzens; Barraclough; Micklem; Tunnacliffe (2012), »Biochemical Diversification through Foreign Gene Expression in Bdelloid Rotifers«, in *PLoS Genetics*
444 Neiman; Meirmans; Meirmans (2009), »What Can Asexual Lineage Age Tell Us about the Maintenance of Sex?«, in *The Year in Evolutionary Biology*
445 Denton; Morales; Lisle Gibbs (2018), »Genomespecific Histories of Divergence and Introgression Between an Allopolyploid Unisexual Salamander Lineage and Two Ancestral Sexual Species«, in *Evolution*
446 Laskowski; Doran; Bierbach; Krause; Wolf, »Naturally Clonal Vertebrates Are an Untapped Resource«
447 Volobouev, V.; Pasteur, G. (1993), »Chromosomal Evidence for a Hybrid Origin of Diploid Parthenogenetic Females from the Unisexual-bisexual *Lepidodactylus lugubris* Complex«, in *Cytogenetics and Cell Genetics*
448 Laskowski; Doran; Bierbach; Krause; Wolf, »Naturally Clonal Vertebrates Are an Untapped Resource«
449 Werner, Yehudah L. (1980), »Apparent Homosexual Behaviour in an All-female Population of a Lizard, *Lepidodactylus lugubris* and its Probable Interpretation«, in *Zeitschrift für Tierpsychologie*
450 Crews, David (1980), »›Sexual‹ Behavior in Parthenogenetic Lizards *(Cnemidophorus)*«, in *PNAS*
451 O'Connell; Matthews; Crews (2011), »Neuronal Nitric Oxide Synthase as a Substrate for the Evolution of Pseudosexual Behaviour in a Parthenogenetic Whiptail Lizard«, in *Journal of Neuroendocrinology*
452 Crews, »The Problem with Gender«
453 Leuck, Beth E. (1982), »Comparative Burrow Use and Activity Patterns of Parthenogenetic and Bisexual Whiptail Lizards (*Cnemidophorus*: Teiidae)«, in *Copeia*
454 Otto, Sarah P.; Nuismer, Scott L. (2004), »Species Interactions and the Evolution of Sex«, in *Science*
455 Yashiro; Lo; Kobayashi; Nozaki; Fuchikawa; Mizumoto; Namba; Matsuura (2018), »Loss of Males from Mixed-sex Societies in Termites«, in *BMC Biology*
456 Margonelli, Lisa (2018), *Underbug: An Obsessive Tale of Termites and Technology*

457 Yashiro, Toshihisa; Matsuura, Kenji (2014), »Termite Queens Close the Sperm Gates of Eggs to Switch from Sexual to Asexual Reproduction«, in *PNAS*

458 Yashiro; Lo; Kobayashi; Nozaki; Fuchikawa; Mizumoto; Namba; Matsuura, »Loss of Males from Mixed-sex Societies in Termites«

459 Highfield, Roger (2007), »Shark's Virgin Birth Stuns Scientists«, in *Telegraph*

460 Booth, Warren; Schuett, Gordon W. (2015), »The Emerging Phylogenetic Pattern of Parthenogenesis in Snakes«, in *Biological Journal of the Linnean Society*

461 Fields; Feldheim; Poulakis; Chapman (2015), »Facultative Parthenogenesis in a Critically Endangered Wild Vertebrate«, in *Current Biology*

462 McGowan, Kat (2016), »When Pseudosex is Better Than the Real Thing«, in *Nautilus*

463 Fields; Feldheim; Poulakis; Chapman, »Facultative Parthenogenesis in a Critically Endangered Wild Vertebrate«

Kapitel 11

464 Deutsch, Jean (2010), »Darwin and Barnacles«, in *Comptes Rendus Biologies*

465 Darwin, Charles (1851), *Living Cirripedia: A monograph of the sub-class Cirripedia, with figures of all the species. The Lepadidae; or, pedunculated cirripedes*, Ray Society

466 ibid.

467 Darwin, Charles, letter to J.S. Henslow, 1 April 1848, in Burkhardt; Smith (1988), *The Correspondence of Charles Darwin*

468 Darwin, Charles, letter to Joseph Hooker, 10 May 1848, in Burkhardt; Smith (1988), *The Correspondence of Charles Darwin*

469 Darwin, Charles, letter to Charles Lyell, Juni 1849, http://darwin-online.org.uk/converted/pdf/1887_AutobiographyGerman_F1515.1.pdf

470 Lin; Høeg; Yusa; Chan (2015), »The Origins and Evolution of Dwarf Males and Habitat Use in Thoracican Barnacles«, in *Molecular Phylogenetics and Evolution*

471 Yusa; Takemura; Sawada; Yamaguchi (2016), »Diverse, Continuous, and Plastic Sexual Systems in Barnacles«, in *Integrative and Comparative Biology*

472 ibid.

473 Roughgarden, *Evolution's Rainbow*

474 ibid.

475 ibid.

476 Ah-King, Malin (2010), »Sex in an Evolutionary Perspective: Just Another Reaction Norm«, in *Evolutionary Biology*

477 Roughgarden, *Evolution's Rainbow*

478 Bagemihl, Bruce (2000), *Biological Exuberance: Animal Homosexuality and Natural Diversity*

479 Roughgarden, *Evolution's Rainbow*

480 Roughgarden, *Evolution's Rainbow*

481 Bagemihl, *Biological Exuberance*

482 Roughgarden, *Evolution's Rainbow*

483 Gowaty, Patricia Adair (2003), »Sexual Natures: How Feminism Changed Evolutionary Biology«, in *Signs*; und Ketterson, Ellen (2005), »Do Animals Have Gender?«, in *Bioscience*
484 Roughgarden, *Evolution's Rainbow*
485 ibid.
486 ibid.
487 Hrdy, Sarah Blaffer (2004), »Sexual Diversity and the Gender Agenda«, in *Nature*; und Gowaty, Patricia Adair (2015), »Standing on Darwin's Shoulders: The Nature of Selection Hypotheses«
488 Hoquet, *Current Perspectives on Sexual Selection*
489 Ah-King, »Queer Nature: Towards a Non-normative View on Biological Diversity«
490 Dodd; Nowak; Lange; Parker; DeAngelis; Gonzalez; Rhodes (2019), »Active Feminization of the Preoptic Area Occurs Independently of the Gonads in *Amphiprion ocellaris*«, in *Hormones and Behavior*
491 West-Eberhard, *Developmental Plasticity and Evolution*
492 Jiménez; Burgos; Caballero; Diaz de la Guardia (1988), »Sex Reversal in a Wild Population of *Talpa occidentalis*«, in *Genetics Research*
493 Sánchez; Bullejos; Burgos; Hera; Stamatopoulos; Diaz de la Guardia; Jiménez (1996), »Females of Four Mole Species of Genus *Talpa* (insectivora, mammalia) are True Hermaphrodites with Ovotestes«, in *Molecular Reproduction and Development*
494 Real; Haas; Franchini; Ziong; Simakov; Kuhl; Schöpflin; Heller; Moeinzadeh; Heinrich; Krannich; Bressin; Hartman; Wudy; Dechmann; Hurtado; Barrionuevo; Schindler; Harabula; Osterwalder; Hiller; Wittler; Visel; Timmermann; Meyer; Vingron; Jiménez; Mundlos; Lupiáñez (2020), »The Mole Genome Reveals Regulatory Rearrangements Associated with Adaptive Intersexuality«, in *Science*
495 Leonard, Janet L. (2018), *Transitions Between Sexual Systems*
496 ibid.
497 ibid.
498 Ah-King, »Queer Nature: Towards a Non-normative View on Biological Diversity«
499 Crews, David (2012), »The (bi)sexual brain«, in *EMBO Reports*
500 Lawson; Wexler; Wnuk; Portman (2020), »Dynamic, Non-binary Specification of Sexual State in the *C. elegans* Nervous System«, in *Current Biology*
501 »Biology Blurs Line Between Sexes, Behaviors«, *ScienceDaily* (2020)
502 Fuentes, Augustín (2021), »Searching for the ›Roots‹ of Masculinity in Primates and the Human Evolutionary Past«, in *Current Anthropology*

Schluss

503 Gowaty, Patricia Adair (1997), *Feminism and Evolutionary Biology: Boundaries, Intersections and Frontiers*
504 Whewell, William (1847), *The Philosophy of the Inductive Sciences: Founded Upon Their History*
505 Brown Blackwell, Antoinette (1875), *The Sexes Throughout Nature*

506 ibid.; und Gowaty, *Feminism and Evolutionary Biology: Boundaries, Intersections and Frontiers*

507 Brown Blackwell, Antoinette, https://www.darwinproject.ac.uk/antoinette-brown-blackwell

508 Hrdy, *Mother Nature*

509 Vasconcelos; Ahnesjö; Brealey; Günter; Martinossi-Allibert; Morinay; Siljestam; Stångberg (2020), »Considering Gender-biased Assumptions in Evolutionary Biology«, in *Evolutionary Biology*

510 Fuselier; Eason; Jackson; Spauldin (2018), »Images of Objective Knowledge Construction in Sexual Selection Chapters of Evolution Textbooks«, in *Science and Education*

511 Karlsson Green, Kristina; Madjidian, Josefin A. (2011), »Active Males, Reactive Females: Stereotypic Sex Roles in Sexual Conflict Research?«, in *Animal Behaviour*

512 Brealy; Günter; Martinossi-Allibert; Morinay; Siljestam; Stångberg; Vasconcelos, »Considering Gender-biased Assumptions in Evolutionary Biology«

513 Cooper; Bond; Davis; Portela Miguez; Tomsett; Helgen (2019), »Sex Biases in Bird and Mammal Natural History Collections«, in *Proceedings of the Royal Society B*

514 Beery, Annaliese K.; Zucker, Irving (2010), »Males Still Dominate Animal Studies«, in *Nature*

515 Shansky, Rebecca M. (2019), »Are Hormones a ›Female Problem‹ for Animal Research?«, in *Science*

516 Zuk; Garcia-Gonzalez; Herberstein; Simmons (2014), »Model Systems, Taxonomic Bias, and Sexual Selection: Beyond *Drosophila*«, in *Annual Review of Entomology*

517 ibid.

518 ibid.

519 ibid.

520 Freeman, Jonathan B. (2020), »Measuring and Resolving LGBTQ Disparities in STEM«, in *Policy Insights from the Behavioral and Brain Sciences*

521 Barres, Ben A. (2006), »Does Gender Matter?«, in *Nature*

522 Law, Yao-Hua (2018), »Replication Failures Highlight Biases in Ecology and Evolution Science«, in *The Scientist*

523 Fraser; Parker; Nakagawa; Barnett; Fidler (2018), »Questionable Research Practices in Ecology and Evolution«, in *PLoS One*

524 Fraser; Barnett; Parker; Fidler (2020), »The Role of Replication Studies in Ecology«, in *Academic Practice in Ecology and Evolution*

525 Fausto-Sterling, *Sexing the Body*